计算机网络工程

主　编　邓世昆
副主编　胡长生

北京理工大学出版社
BEIJING INSTITUTE OF TECHNOLOGY PRESS

内 容 简 介

本书介绍了计算机网络基础、局域网、网络设备、互联网、广域网、网络安全与管理、组网技术、网络应用服务、网络工程及其规划设计、综合布线系统。

本书将理论与工程实践结合，具有较强的实用性，可以作为网络工程专业的教材，也可以作为从事网络设计、建设、管理与应用的技术人员的参考用书。

图书在版编目（CIP）数据

计算机网络工程／邓世昆主编. --北京：北京理工大学出版社，2021.8

ISBN 978-7-5763-0201-1

Ⅰ.①计… Ⅱ.①邓… Ⅲ.①计算机网络-高等学校-教材 Ⅳ.①TP393

中国版本图书馆 CIP 数据核字（2021）第 166139 号

出版发行／北京理工大学出版社有限责任公司
社　　址／北京市海淀区中关村南大街 5 号
邮　　编／100081
电　　话／（010）68914775（总编室）
（010）82562903（教材售后服务热线）
（010）68944723（其他图书服务热线）
网　　址／http：//www.bitpress.com.cn
经　　销／全国各地新华书店
印　　刷／唐山富达印务有限公司
开　　本／787 毫米×1092 毫米　1/16
印　　张／16.75
字　　数／391 千字
版　　次／2021 年 8 月第 1 版　2021 年 8 月第 1 次印刷
定　　价／49.80 元

责任编辑／李　薇
责任校对／刘亚男
责任印制／李志强

前 言

本书以计算机网络技术发展为主线，在介绍计算机网络体系结构和计算机网络原理的基础上，从网络工程和系统集成的角度介绍网络体系结构、局域网、TCP/IP 网络、广域网、网络设备、组网技术、网络安全与管理、网络工程与规划设计、综合布线系统、网络机房工程等内容，突出网络工程、系统集成的主要技术，内容新颖、翔实，可读性强。

第 1 章为计算机网络，介绍了计算机网络的发展过程、定义和功能、分类和体系结构。

第 2 章为局域网，介绍了局域网的体系结构、IEEE 802 标准，数据链路层、物理层功能实现及相应协议，以及以太网和无线局域网的内容。

第 3 章为网络设备，介绍了网卡、集线器、网桥、交换机、路由器、网关的工作原理，包括冲突域、广播域，VLAN 划分、子网划分和路由技术。

第 4 章为互联网——TCP/IP 网络，介绍了 TCP/IP 网络的体系结构、IP 地址、网络层协议、传输层协议和应用层协议，包括异构网络互连的原理，TCP/IP 网络各层的功能实现，IP 地址、子网划分、地址规划，IP、ARP、ICMP、RIP、OSPF、BGP、TCP、UDP，HTTP、FTP、Telnet、SMTP、SNMP、DNS 等协议。

第 5 章为广域网，介绍了广域网基础、公共传输网络、分组交换网络、ATM 网、SDH，包括组成结构、交换、路由技术等。按照技术演进，分别介绍了 X. 25、帧中继、ATM、SDH 广域网的技术和应用。本章内容是学习、理解网络互联的重要内容。

第 6 章为网络安全与管理，介绍了为网络安全的概念、加密技术、密钥分配与管理、报文鉴别、防火墙、入侵检测系统、网络管理，包括数据加密算法、密钥分配管理、防火墙、入侵防护系统、网络管理系统等网络设备的原理和应用。

第 7 章为组网技术，介绍了交换机组网技术、路由器组网技术、组网地址分配、WLAN 组网，包括交换机、路由器设备选型与设备互联，VLAN 配置，RIP 和 OSPF 路由配置，地址分配，地址转换 NAT，无线局域网 WLAN 组网技术等内容。

第 8 章为网络工程及其规划设计，介绍了网络工程和网络逻辑设计，包括网络工程的任务及流程、进度及质量，技术标准、需求分析、规划设计、深化设计、文档规范等内容，是学习网络工程建设和网络系统设计的重要应用技术。

第 9 章为综合布线系统，介绍了传输介质、综合布线系统设计与测试、网络中心机房设计，包括综合布线系统构成、技术标准、双绞线、光缆、连接器、配线架等部件，园区光缆布线系统设计、楼宇综合布线系统设计、综合布线系统测试，网络中心机房建设，是学习网络工程建设的重要应用技术。

本教材第 1 ~6 章由邓世昆编写，第 7 ~9 章由胡长生编写。因时间、水平和范围的限制，教材中难免有错误和不当的地方，殷切希望同行专家和广大读者批评指正。

北京理工大学出版社的编辑们为本书的出版做了大量的工作，在此对他们的辛勤工作和大力的支持表示诚挚的感谢！

目　录

第1章　计算机网络

铁路、公路、海运等组成的交通运输网将城市与乡镇连接在一起，传输人流和物流。类似的计算机网络则将分布在不同地点的多个独立的计算机系统连接起来，传输数据流，实现网络通信，并让用户共享网络上的软硬件资源和数据信息资源。

1.1　计算机网络的发展

计算机网络是计算机技术和通信技术结合的产物，其发展历史与通信技术的发展紧密相关。计算机网络起源于20世纪50年代，经历了5个发展阶段，形成了全球互连、支持多媒体信息传输的高速传输网络。

1. 第一代计算机网络

第一代计算机网络通过面向终端的集中式联机网络系统，即多个终端与计算机连接，多个用户共享一台主机。集中式联机网络系统利用一台中央计算机连接分散在不同位置的终端，用户通过这些终端共享中央计算机的资源，如图1-1所示。

图1-1　集中式联机网络系统示意

在集中式联机网络系统中，数据通过终端设备输入中央计算机，经过中央计算机处理后由终端设备进行输出，终端只具有数据输入和数据输出的能力。历史上典型的集中式联机网络系统有SAGE和SABRE-1。

1951年，美国麻省理工学院林肯实验室开始为美国空军设计半自动化地面防空系统。该系统被称为SAGE(Semi-Automatic Ground Environment)，它将17个防区的计算机通过通信线路连接起来，形成计算机联机系统，自动引导飞机并对导弹进行拦截。这个系统最终于1963年建成，被认为是计算机技术和通信技术结合的先驱。

20世纪60年代，美国航空公司与IBM成功研制了飞机订票系统SABRE-l。该系统由一台中央计算机与全美范围内的2000个终端组成，这些终端采用多点线路与中央计算机相连，从而完成全美的航空售票业务。

随着终端数量的增加，为了减轻中央计算机的数据处理负荷，在通信线路和中央计算机之间设置了通信控制器，将数据处理和通信控制进行分工。通信控制器控制中央计算机与终端之间的通信，中央计算机集中进行数据处理，从而更好地发挥中央计算机的数据处理能力。另外，在终端集中的地区设置集中器和多路复用器，将通过低速线路传输的终端与集中器或多路复用器连接，将高速线路、调制解调器与远地中央计算机的前端机相连，构成如图1-2所示的远程联机系统，提高通信线路的利用率，节约远程通信线路的投资。

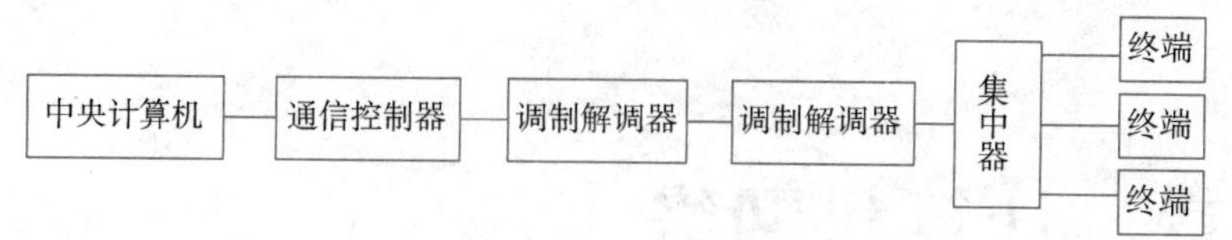

图1-2　远程联机系统示意

2. 第二代计算机网络

随着计算机价格的下降，集中式联机网络系统被分布式网络取代。

1) ARPA网

1969年，美国国防部高级研究计划局（Defense Advanced Research Projects Agency，DARPA）建成了ARPA网，标志着计算机与计算机互连的分布式网络的兴起。

ARPA网借助当时的通信系统，使与通信系统连接的计算机系统之间进行数据通信和资源共享。ARPA网从最初的4个节点，以电话线路作为通信主干网络，两年后，建成15个节点，进入工作阶段。此后，ARPA网的规模不断扩大。到20世纪70年代后期，网络超过60个，主机有100多台，地理范围跨越了美洲大陆，联通了美国东部和西部的许多大学与研究机构，而且通过通信卫星与美国夏威夷州，甚至欧洲的计算机网络互连。

ARPA网采用分布式网络、分组传输方式和分层的网络协议，为计算机网络的发展打下了基础。

☞ 分布式网络。ARPA网的示意如图1-3所示，其中计算机负责信息处理，IMP（Interface Message Processor，接口信息处理机）负责通信控制。图中的通信网组成计算机网络，是分布式网络的典型结构。

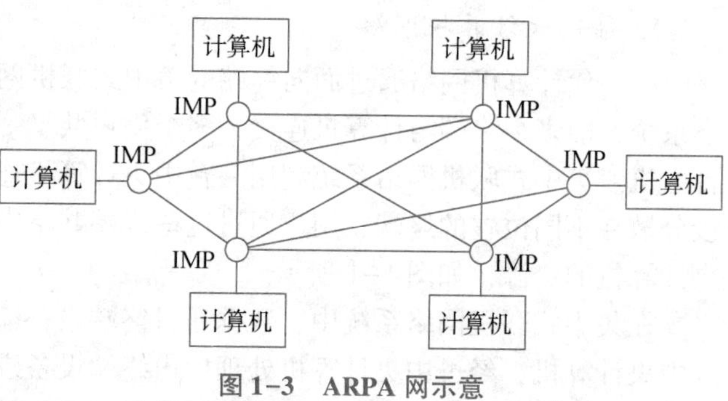

图1-3　ARPA网示意

☞ 分组传输方式。在数据发送时，将一个数据文件划分成若干个数据块，并对每个数据块进行编号，称为分组。每个分组单独选择路由进行传输，到达接收方后，根据其编号重新组装成数据文件。分组传输能很好地利用网络链路资源，大大提高传输效率。

☞ 网络分层将完整的网络功能分解成若干子功能，每个子功能由不同的层次共同实现，同层间按照协议进行通信，层间的信息交互通过接口实现。网络分层思想使网络体系结构变得清晰，各层的设计与实现可以由独立的软件和硬件完成，便于厂家设计网络产品。

在ARPA网以后，又建立了军用网络MILNET，并扩展到欧洲。MILNET连接到ARPA网，卫星网SATNET也连接到ARPA网，许多大学和政府的局域网也陆续加入ARPA网，形成拥有数百万台主机和超过千万用户的ARPA网际网，成为Internet的最早形态。

ARPA网推动了计算机网络的迅猛发展。20世纪70年代中后期，很多国家的政府部门、研究机构和公司开始发展各自的分组交换广域网，广域网进入大发展的时期。

2) SNA 和 DNA

随着组网技术、方法和理论的研究日趋成熟，为了促进网络产品的开发，各大计算机公司纷纷制定自己的网络技术标准，相继推出了各自的计算机网络体系结构。

1994 年，IBM 公司首先推出了 SNA(System Network Architecture，系统网络结构)。SNA 描述了网络部件的功能，通过网络传输信息，控制配置和运行的逻辑构造、格式、协议等，主要用于集中式面向终端的计算机网络。1976 年，SNA 将一台主机和它的终端设备连成树型网络，并进一步扩展成带树型分支的多台主机的互连网络。1979 年 SNA 去掉上述限制，允许用户之间进行通信，形成了比较完善的分布式网络体系结构。

DEC 公司在 1975 年推出了 DNA(Distributed Network Architecture，分布式网络结构)；1978 年推出了在实时、分时和多任务操作系统上运行，并支持对远程资源进行操作的第二代网络体系结构；1980 年推出了第三代网络体系结构。DEC 的第三代网络体系结构增强了分布式管理，可以进行路径选择和多点通信，网络的节点可达 255 个。

SNA 和 DNA 大大推动了网络的发展，以后凡是按 SNA 组建的网络都被称为 SNA 网，而凡是按 DNA 组建的网络都被称为 DNA 网。

3. 第三代计算机网络

20 世纪 70 年代后期，网络有了较大的发展，世界上有很多计算机网络在运行。由于不同公司的产品采用不同的网络体系结构，遵循不同的标准，一个公司的计算机网络产品很难和其他公司的计算机网络产品互连并进行通信。要充分发挥计算机网络的作用，需要制定一个国际范围的网络标准，不同厂家生产的计算机网络产品遵循该标准，实现互连并进行通信。第三代计算机网络统一了网络体系结构，制定了统一的网络标准。

1) OSI/RM

1977 年，ISO(International Organization for Standardization，国际标准化组织)的 SC16 分技术委员会(TC97 信息处理系统技术委员会)开始制定 OSI/RM(Open System Interconnection/Reference Model，开放式系统互连参考模型)。

OSI/RM 规定了网络的体系结构及互连的计算机之间的通信协议，遵循 OSI/RM 网络体系结构及协议的网络通信产品是开放系统，可以和其他遵循该标准的网络系统互连并进行通信。这种统一的、标准化的产品市场带来了网络市场的繁荣，推动了互连网络的快速发展，开创了计算机网络的新纪元。

2) 局域网

20 世纪 80 年代，微型计算机产品有了极大的发展，由微型机构成的局域网(Local Area Network，LAN)技术得到了发展。

1980 年 2 月，IEEE(Institute of Electrical and Electronics Engineers，电气和电子工程师协会)推出了局域网标准 IEEE 802，后来被国际标准化组织采纳，作为局域网的国际标准，称为 ISO 8802 标准。

局域网厂商从一开始就按照标准化、互相兼容的方式生产局域网产品，用户在建设局域网的时候选择面更宽，设备更新更快，促进了局域网的快速发展，局域网厂商进入专业化的成熟时期。

4. 第四代计算机网络

第四代计算机网络是光纤、宽带、高速计算机网络，网络得到广泛应用。20 世纪 90 年代以来，计算机网络技术获得飞跃的发展、高速光纤和光器件的成熟，高速交换技术的出现，使传输速率不断提升，网络速率达到 1 Gb/s、10 Gb/s，100 Gb/s 的局域网标准已经形成并发布。高性能、低价格的计算机产品，丰富的网络设备产品成为计算机网络发展的催化剂，促进了计算机网络的发展。

信息时代的到来、信息高速公路的建立、Internet 的迅速扩大，使得计算机网络应用更加广泛，管理信息系统、办公室自动化、高性能计算、网络媒体服务、网上购物等形成计算机网络应用的巨大市场。

5. 第五代计算机网络

21 世纪，计算机网络进入 IPv6、移动互联网、云计算、物联网时代。

1) IPv6

第一代 IPv4 网络采用 32 位的地址表达，只有 40 亿个网络地址，发展至今已经使用 30 多年，随着网络的日益普及和业务的广泛开展，网络出现了 IP 地址枯竭的问题。

2011 年，ICANN(The Internet Corporation for Assigned Names and Numbers，互联网名称和地址分配公司)公布 IPv4 网络地址的最后一批资源已经在全球分配完毕。IPv4 网络地址成为基于 IPv4 发展起来的互联网可持续发展的瓶颈，制约移动互联网、云计算、物联网等新兴业务的发展。IETF(the Internet Engineering Task Force，互联网工程任务组)设计了 128 位地址的 IPv6 网络，其技术更加先进、成熟。IPv6 除了具有足够的地址空间之外，还具有许多比 IPv4 更加强大的新功能。

基于 IPv6 的互联网具备可持续发展的优势和成熟的技术，许多发达国家制定了明确的 IPv6 发展路线图。在政府层面，2010 年 6 月前美国政府机构网络已经切换到 IPv6，并于 2014 年完成全国性的 IPv6 升级改造。2010 年底欧盟 1/4 的企业、政府机构和家庭用户切换到 IPv6。在应用商层面，日本 NTT 公司基于 IPv6 网络地址的 IPv6 网络已经全面应用。我国建成了基于 IPv6 网络地址的大规模下一代互联网示范网络，多所高校、科研单位和企业建设了 IPv6 驻地网，并积极参加 IPv6 网的研究项目。

2) 移动互联网

移动互联网是一种通过智能移动终端，采用移动无线通信方式获取业务和服务的新兴业务，包含终端、软件和应用 3 个层面。终端层包括智能手机、平板电脑等，软件包括操作系统、中间件、数据库和安全软件等，应用包括休闲娱乐类、工具媒体类、商务财经类等应用与服务。目前移动互联网在传输带宽、传输距离、抗干扰能力、安全性能方面已经接近有线网络，在某些方面甚至已经超过传统的有线网络，市场应用价值越来越高。移动互联网络技术已经成为网络通信技术下一步的主要发展方向。

3) 云计算

21 世纪是云计算的时代。云计算是一种基于 Internet 的超级计算模式，在远程的数据中心，几万台甚至几千万台电脑和服务器连接成一片，具有超过 10 万亿次/s 的运算能力，为用户提供网络服务。用户通过电脑、笔记本、手机等方式接入数据中心，按各自的需求进行信息检索、数据存储和科学运算。

4) 物联网

物联网是 21 世纪信息技术的重要组成部分，是在互联网基础上的延伸和扩展的网络，其用户端延伸和扩展到了一切物品与物品之间。它通过射频识别(RFID)、红外感应器、全球定位系统、激光扫描器等信息传感设备，按约定的协议，把物品与互联网连接，进行信息交换和通信，以实现对物品的智能化识别、定位、跟踪、监控和管理。

21 世纪，网络速率、安全性、可靠性不断提升，IPv6 拥有无限的地址空间，语音、数据、视频业务全方位支持物物相连的物联网络，无处不在的移动网络及高性能的智能终端，以及呈爆炸性增长的网民数量和网络业务，正在开创网络的新纪元。

1.2 计算机网络的定义和功能

1. 计算机网络的定义

计算机网络在不同的发展阶段或从不同的观点看有不同的定义。

☞ ARPA 网建立后对计算机网络的定义：计算机网络是以相互共享资源的方式连结起来且各自具有独立功能的计算机系统集合。这个定义强调应用目的，而未指出物理结构。

☞ 分布式计算机网络出现后，为了区分联机网络和分布式网络，计算机网络被定义为：在网络协议的控制下，由多台功能独立的主计算机、若干台终端、数据传输设备，以及计算机与计算机之间、终端与计算机进行通信的设备所组成的计算机复合系统。这个定义强调联网的计算机必须具有数据处理能力且功能独立。

☞ 目前公认的计算机网络定义：计算机网络是利用通信设备和线路将地理位置不同的、功能独立的多个计算机系统互连起来，以功能完善的网络软件实现软件、硬件资源共享和信息传递的系统。这个定义强调计算机网络是通信技术和计算机技术结合的产物，计算机网络将处在不同地理位置的计算机进行互连，互连的计算机主机是具有独立的数据处理能力的计算机，互连的目的是实现信息传输和资源共享。

2. 计算机网络的功能

计算机网络的主要目的是为用户提供一个网络环境，使用户能通过计算机网络实现资源共享和数据传输，现在的计算机网络还可以实现分布式处理。

☞ 资源共享。计算机在广大的地域范围连网后，资源子网中各主机的资源原则上都可以共享。计算机网络的共享资源有硬件、软件、数据等。硬件资源有超大型存储器、特殊的外部设备，以及大型机、巨型机的 CPU 等，共享硬件资源是共享其他资源的物质基础；软件资源有各种语言处理程序、服务程序和应用程序等；数据资源有各种数据文件、数据库等，共享数据资源是计算机网络最重要的目的。

☞数据通信是计算机网络最基本的功能。它用来快速传送计算机与终端、计算机与计算机之间的各种信息，包括语音、视频的即时通信，文件、数据、图形和图像等多媒体信息的传输，上传和下载，将分散在各个地区的单位或部门用计算机网络联系起来，进行统一的调配、通信控制和管理。

☞分布式处理。由于计算机价格下降的速度快，在计算机网络内计算机和通信装置的价格比发生了显著的变化，这使得在计算机网络内部可以充分利用计算机资源，把相同的资源分布在地理位置不同的计算机上，用户可以采用最便捷的路径访问这些资源，获得快速响应的服务。

分布式处理可以在计算机网络上设置一些专用服务器，专门进行某种业务的处理，把所需的各种处理功能分散到计算机网络上，提高处理能力和效率。

1.3　计算机网络的分类

计算机网络可以按地域范围、拓扑结构、交换技术、在线及无线等进行分类。

1. 按地域范围分类

计算机网络按地域范围分为局域网、城域网、广域网。

1）局域网

局域网的通信距离局限在一定的范围，主要特点如下：

(1)地域范围有限，一般只有几千米，覆盖办公室、计算机机房、建筑物、公司和学校等；

(2)一般采用基带传输，局域网的速率取决于传输介质和网络设备，数据传输速率较高，一般为 100 Mb/s、1 000 Mb/s、10 Gb/s，最高速率可达 100 Gb/s；

(3)可采用多种通信介质，如双绞线、同轴电缆或光纤等；

(4)可靠性高，误码率低；

(5)有特定的拓扑结构和数据传输方式。

2）城域网

城域网的地域范围为一个城市的 100 km 以内，主要是专门机构的网络，如每个城市的大学网络、中学网络和政府有关管理机构的专用网络等。

3）广域网

广域网的地域范围是互连网络，指各个城市、各个省，乃至各个国家互连的网络。广域网一般要借助电信网络覆盖全国或全省，实现各个城市、各个局域网之间的互连，主要是电信运营商的网络。

广义上讲，局域网以外的网络都可以归为广域网。有的网络定义在局域网和广域网之间引入了校园网、企业网和城域网的概念，校园网指覆盖大学校园分散建筑群的网络，企业网指同一城市、同一行业范围内建设的专用网络。从本质上讲，校园网、企业网属于规模较大的局域网，以局域网技术为主。而城域网跨度大，需要采取远程通信技术，即广域网技术，是广域网和局域网技术的结合。

2. 按拓扑结构分类

网络中的连接模式被称为网络的拓扑结构。在网络中负责信息处理的计算机、服务器等被称为数据终端设备(Data Terminal Equipment，DTE)，负责通信控制的交换机、路由器等被称为数据通信设备(Data Communication Equipment，DCE)。在拓扑结构表示中，DTE、DCE 被抽象成节点，传输介质被抽象成线段，计算机网络被抽象成点和线的连接，如图 1-4 所示。这种点线连接构成的网络结构图被称为网络拓扑结构。

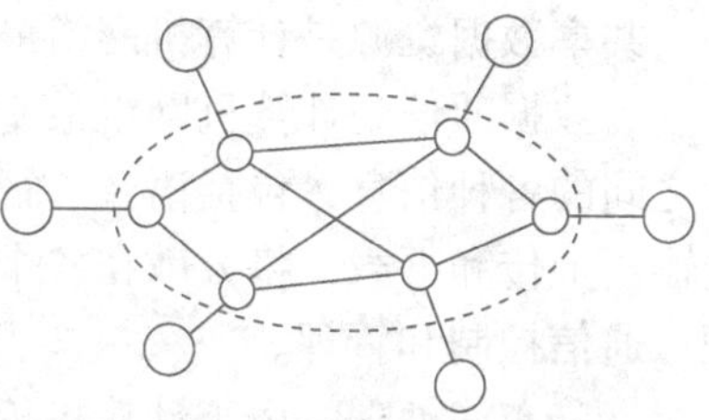

图 1-4　抽象成网络节点和通信链路的计算机网络

在计算机网络中，计算机互连采用全连接型构成点到点的通信，即每对节点之间都存在一条线路直接连接(如图 1-5(a)所示)时，全连接的传输速度最快。当系统需要的链路数为 n 时，节点数为 n^2。全连接方式需要大量传输线路，通信线路的费用高，在实际网络中采用

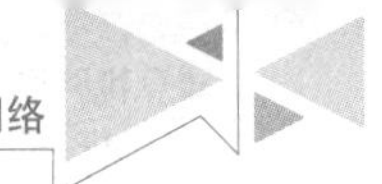

全连接是不现实的。

在实际网络中通常采取中间转接方式，如图 1-5(b)所示。主机 Ha 与 Hb 通信时，传输的数据可以经过 a—b—d—f 到达主机 Hb，也可以经过 a—b—e—f 达到主机 Hb。此时，通信的两台主机 Ha 和 Hb 之间没有直接连接，而是通过中间节点的转接实现数据传输。该方式需要的线路大大减少，节省了大量的通信费用。

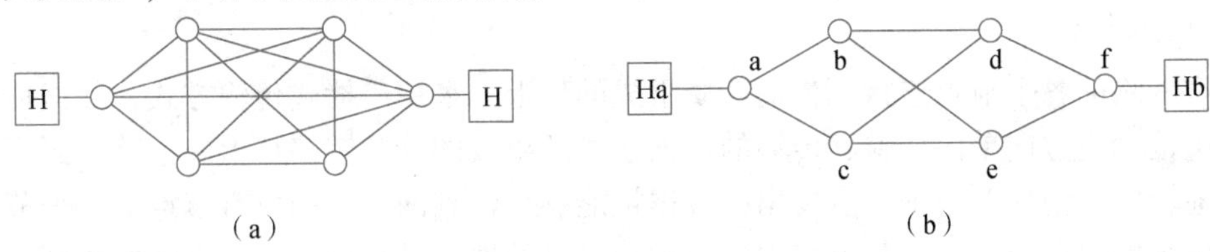

图 1-5　计算机网络的连接方式

(a)全连接；(b)中间转接

计算机网络按照网络拓扑分类有网型网络、树型网络、总线型网络、星型网络、环型网络和混合型网络，如图 1-6 所示。

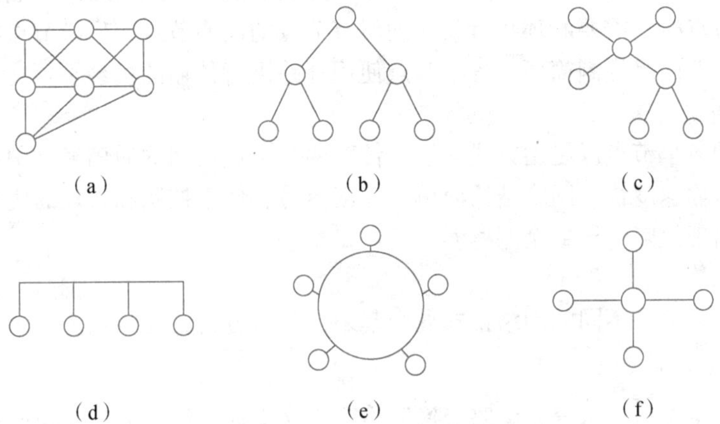

图 1-6　计算机网络的拓扑结构

(a)网型网络；(b)树型网络；(c)总线型网络；(d)环型网络；(e)星型网络；(f)混合型网络

1)网型网络

网型网络的节点之间有多条路径相连，可以为数据分组的传输选择适当的路由。当网络某部分出现故障或数据流量过大时，数据分组可以绕过失效的部件或忙碌的节点，提高网络的传输可靠性。

网型网络的网络协议复杂，但可靠性高，被广泛使用在广域网中。

2)树型网络

树型网络像一棵倒置的树，顶端是树根，树根以下有若干分支，每个分支有子分支。树型网络的某个节点发送数据时，根节点接收该数据后广播到全网。树型网络容易扩充，新的分支或节点容易加入网络中。

树型网络的某一分支或节点出现故障时，可以将故障分支或节点与整个网络系统隔离，但对根节点的依赖较大，根节点出现故障将导致全网不能正常工作。

3)总线型网络

总线型网络通过总线进行数据传输，当一个节点有数据发送时，该数据传输到总线上，所有连接在总线上的节点根据数据中的地址决定是否接收(复制)数据，数据中的地址与节点地址相符时接收数据帧，地址不相符时丢弃该帧。通过这种方式，实现网络上任意两个节点之间的数据传输通信，从而实现网络数据的传输。

总线型网络的数据传输方式属于广播式传输方式，其优点是结构简单，组网容易，建网成本低，扩充方便，在组网中广泛使用。

4)环型网络

环型网络的各个节点连接到传输介质组成的环上，采用广播式传输方式，数据传输时信息在网中按固定方向单向传输，传输的数据通过环组成的传输链路从上一个节点到下一个节点不断地转发，使任意一个节点发出的数据帧能够传输到网络上的所有节点。每个节点在收到环上传来的数据帧时，将数据帧中的地址与自己的地址进行核对，与自己的地址相符说明自己是目的节点，接收(复制)数据帧；若与自己的地址不相符说明自己不是目的节点，则不接收该帧，同时将该帧继续向后继节点转发。以这种方式，环上的每个节点都能收到任意节点发来的数据帧，实现环上任意两个节点之间的数据通信，从而实现网络数据传输功能。

环型网络组网时需要将各个节点连入环路，并明确前向节点与后继节点的关系，在网络需要扩充新的节点时，需要断环，重新明确所有节点的前向节点与后继节点的关系，组网复杂，扩充性差，但网络控制简便，各个节点使用环路进行传输的机会平等，公平性好。

5)星型网络

星型网络的各个节点以星型方式连接，任意两个节点之间的通信经过中心节点的转发即可到达，具有传输速度快、网络结构简单、建网容易、便于控制和管理的优点，但可靠性较差，中心节点出现故障将导致全网瘫痪。

6)混合型网络

混合型网络将两种不同的网络拓扑混合起来，具有各自的优缺点。

3. 按交换方式分类

计算机网络按交换技术分为电路交换网络、报文交换网络、分组交换网络。

1)电路交换网络

电路交换网络通信时，在源节点和目的节点间建立一条专用的物理通路用于信息传输，传输的信息独占该条通路。电路交换通信的过程包括建立连接、维持连接、拆除连接3个阶段。电路交换的传输延迟小，但线路利用率低，也不便于差错控制。典型的电路交换网络是实现话音通信的电话网络。

2)报文交换网络

报文交换采用存储转发方式。源节点将要传输的数据加上源地址、目的地址、差错校验码等信息封装成数据报文，转发到前向节点存储，待前向节点可以接收该报文时，由前向节点将该报文转发到下一个节点存储，待下一节点可以接收时再继续进行转发。数据报文通过节点逐个转发，最终到达目的节点。

报文交换延迟较大，但可以充分利用网络多条路径可达的特点，让不同的报文在不同的路径并行传输，提高线路的利用率和传输速度。由于数据报文到达每个节点都先被存储，节点可以对数据报文进行适当的处理，实现网络的差错控制和安全控制。

3)分组交换网络

分组交换将一份数据报文分割成若干段分组进行传输，同一个报文的各分组可以同时在

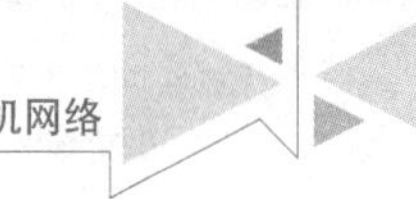

网络内分别沿不同的路径“并行”传输，从而减少传播时延，提高速度。

分组交换采用存储转发方式，发送节点先将传送的信息分割成大小相等的分组(最后一个例外)，并对每个分组进行编号，然后逐个分组发送，交换节点收到分组后先存储，再根据交换节点的路由表转发分组，经过各节点的不断转发，最终到达目的节点。目的节点收齐分组后，根据分组编号重新组装分组，恢复完整的数据信息。分组交换的传输速率远远高于报文传输，加上线路技术不断提高，线路支持的传输速率越来越高，目前计算机网络一般采用分组交换方式。

4. 按有线及无线分类

计算机网络还可以分为有线网络和无线网络。有线网络使用光纤、双绞线等进行通信，无线网络使用无线信道进行通信。企业、校园、小区的网络一般采用有线网络，城市公共区域的网络一般采用无线网络，企业、校园、小区的网络也可以在有线网络的基础上延伸无线网络 WLAN(Wireless Local Area Network，无线局域网)，覆盖企业、校园、小区户外的公共区域，支持移动上网功能。

1.4　计算机网络体系结构

计算机网络体系结构定义了计算机网络的构成及组成网络的各个部分之间的逻辑关系和功能。按照 ISO 的定义，计算机网络体系结构是为了完成网络功能，将其功能划分成不同的部分(层次)并进行明确的层次定义，计算机网络体系结构规定了各层次的功能、通信双方同层次进程通信的协议、相邻层次之间的接口和下层为上层提供的服务、网络的分层、各层的功能和服务、同层间通信的协议、相邻层的接口等内容。

1.4.1　计算机网络的功能

为了实现数据传输，计算机网络需要满足以下两个基本要求：

(1)及时而可靠地将数据从发送节点传送到目的节点；

(2)保证发送节点发送的数据到达接收节点后，传输的内容(从语法和语义上)能被接收节点识别。

为了满足上述要求，计算机网络需要具备以下功能。

1. 信号识别

计算机数据通信和电话语音通信不同。电话语音通信只要求传输信道清晰、噪声低，能够保证语音信号的可靠传输，由终端用户解决通信内容的识别。而在计算机数据通信中，信号的识别至关重要。数据通信是机器与机器之间的通信，必须按预定的数据格式发送和接收数据，各种命令和控制符应事先规定并精确定义，在通信开始前，终端用户必须一致同意预定的数据格式、各种命令和控制符的定义，这些事前规定的定义被称为通信的协议。计算机网络通信的双方在通信前必须建立特定的规程协议，并按照协议进行通信。

2. 打包和解包

为了高效地使用通信线路，计算机网络将要传送的数据分成若干个分组进行传输。为了将分组正确地传输到目的节点，分组的每段数据必须加入附加信息，如用于识别分组开始和结束的同步信息、验证收到的分组是否正确的差错控制信息、指明发送分组的发送节点和接收分组的目的节点的地址信息等。

计算机网络将每段数据加入附加信息形成数据分组的过程被称为打包，打包在发送方完成。打包的分组经过计算机网络传输后，需要除去附加信息，取出传输的数据。将分组数据中加入的附加信息去除的过程被称为解包，解包在接收方完成。计算机网络通信要实现打包和解包。

3. 路由选择

如果网络中从发送节点到接收节点没有直接的链路存在，则数据分组通过网络中存在的若干个节点和链路不断地转发，最终到达目的节点。发送节点通往接收节点之间往往存在若干条路径，需要选择最佳的路径进行传输，即数据报文到达每个转发节点时，都存在为该数据报文选择一条最佳传输路径的问题。计算机网络的各节点设备要为转发的数据分组解决路由选择的问题。

4. 差错控制

计算机网络的数据包在传输过程中难免发生差错。当传输发生差错时，网络需要及时发现差错并进行相应的处理，如要求重新发送。在计算机网络中，发现差错并进行相应的处理，最终得到正确数据报文的过程被称为差错控制。

5. 流量控制

复杂网络中的数据通信情况与交通系统中的车辆流量情况类似，如果不进行流量控制，在数据流量太大时会引起拥挤和堵塞，因此计算机网络在进行数据通信时，需要进行数据流量控制，如限制进入网络的数据分组数量，使网络的数据流量比较均匀，避免发生拥挤和阻塞。

6. 会话管理

两个节点的通信是按进程进行的，这种进程的通信在网络中被称为会话。网络系统要对通信双方的会话进行管理，以确定什么时候该谁说(发送)，什么时候该谁听(接收)，发生差错后从哪儿恢复会话。

7. 信息表示

两个节点进行通信时，双方的信息表示要能够互相识别，如果双方采用不同的信息表示，还需要完成信息表示的转换。

8. 网络应用服务提供

计算机网络传输数据的目的是实现网络应用，需要提供各种基本的网络应用服务，如网站访问、电子邮件收发、文件下载。

计算机网络的基本功能是由网络中的软硬件完成的，这些软硬件处于计算机网络整体结构的不同部分，实现了计算机网络的部分功能，其功能的组合实现了计算机网络的所有功能。

1.4.2 OSI 层次模型

计算机网络数据传输涉及两个基本层次：第一个层次为低层功能，与通信传输有关，主

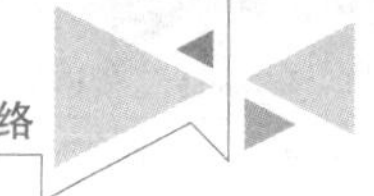

要由通信设备和通信线路完成数据的可靠传输；第二个层次为高层功能，与信息处理有关，主要由计算机主机系统或设备中的软件识别传输的内容，有序地交互，实现应用服务。

按照高层、低层两个基本层次进行划分，计算机网络可以分成面向通信的通信子网和面向信息处理的资源子网，其中通信子网完成低层功能，资源子网完成高层功能，二者的关系如图 1-7 所示。

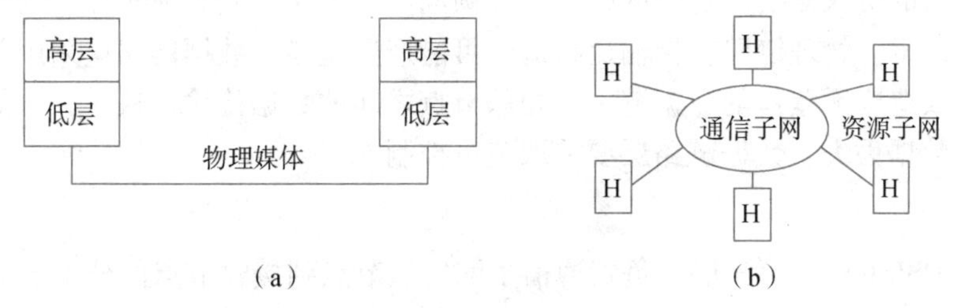

图 1-7　计算机网络的功能层次

(a)高层与低层；(b)通信子网与资源子网

通信子网和资源子网要实现的功能很复杂，在网络技术中需要进一步划分，某些功能划分成一个层次，划分的每一层只完成某些特定的功能，所有层的功能组合实现网络的整体功能。

按照 OSI/RM 技术标准，一个计算机网络被划分成 7 个层次，分别为物理层、数据链路层、网络层、传输层、会话层、表示层、应用层，称为七层网络体系结构，如图 1-8 所示。7 个子层分别完成自己的子功能，最终实现计算机网络的功能。其中，物理层、数据链路层、网络层和传输层负责数据的可靠传输，对应通信子网；会话层、表示层和应用层负责数据处理，对应资源子网。

应用层	应用层协议	应用层
表示层	表示层协议	表示层
会话层	会话层协议	会话层
传输层	传输层协议	传输层
网络层	网络层协议	网络层
数据链路层	数据链路层协议	数据链路层
物理层	物理层协议	物理层
物理介质		

图 1-8　OSI/RM 的七层网络体系结构

1. 物理层

物理层是 OSI/RM 的最底层，涉及网络传输介质和设备的接口，在 DTE 和 DCE 之间传输比特流。

OSI/RM 中对物理层的定义为：在物理信道实体之间合理地通过中间系统为比特流的传输建立、维持和终止物理连接，提供机械的、电气的、功能的和规程的手段。具体地说，为完成比特流在传输介质上的传输，物理层对以下内容进行了约定，构成物理层的协议：

(1)物理层采用的传输介质；

(2)DTE 和 DCE 之间的连接方式；

(3)连接设备采用的插接器件及插接器件的引脚排列方式，各引脚信号的工作规程；

(4)数据 0 和 1 的编码方式，比特同步的实现方法，能够实现的传输速率；

(5)最初的连接建立方式，传输完成后连接的终止方式等。

2. 数据链路层

数据链路层是 OSI/RM 的第二层，它将物理层传送的比特流组织成数据链路层的协议数据单元(帧)进行传送，负责在相邻节点的链路上传输数据帧，建立、维持和释放数据链路，通过校验、确认和反馈重发等手段将原始的物理链路改造成无差错的数据链路。

数据链路层的协议需要约定帧的格式，如帧同步、差错控制和流量控制的实现方式。由于噪声干扰等因素，物理链路在传输比特流时可能产生差错。数据链路层采用差错控制将原始的物理链路改造成无差错的数据链路。相邻节点之间的数据传输过快时，可能由于来不及接收数据导致数据丢失，数据链路层要采取流量控制。

3. 网络层

网络层是 OSI/RM 的第三层，负责通信子网发送节点到接收节点的分组数据传输，通过网络连接交换传输层实体发出的数据报文，在通信子网上建立分组数据传输，维持和释放网络连接，将上层传输的数据报文分割成分组，在通信子网的节点间转接、传送，解决传输中节点的寻址、路由选择问题。

网络层需要解决的问题有：在通信子网中缓冲区装满、局部节点无法进行转发时，会造成局部的拥挤或全面的阻塞，网络层需要采取流量控制防止这种情况发生；当不同的网络互连使传送的分组跨越一个网络的边界时，网络层需要对不同网络中的分组长度、寻址方式等进行变换，以适应两个网络通信协议的不同，即解决网际互连的问题。

网络层传输双方为实现网络层功能所作的约定构成网络层的协议。

4. 传输层

传输层在通信子网提供的服务的基础上提供通用的传输服务，负责节点主机到节点主机的传输。传输层处于高层用户和通信子网之间，向高层用户屏蔽通信子网的存在及技术细节，使高层用户可以直接使用传输层进行端到端的数据传输，而不需要知道通信子网的细节；采用分用和复用的方式优化网络的传输性能，使高层可以并行运行多个应用服务，将多个网络连接用于一个传输服务，或将一个网络连接用于多个应用服务。

传输层在节点主机到节点主机间实现流量控制，避免高速主机发送的信息淹没低速主机。传输层服务可以按顺序提供无差错的端到端连接，也可以提供无顺序的独立报文传输，为高层用户提供灵活的选择。

传输层的传输双方为实现传输层功能所作的约定构成传输层的协议。

5. 会话层

会话层负责不同主机进程到进程的会话，组织和管理进程间的会话，允许双向或一个方向进行会话，解决会话过程中通信双方该谁说、该谁听的问题，同时提供会话同步和会话活动管理的功能，在开始会话时建立会话连接，在会话结束时拆除会话连接。

☞ 会话同步：在两台主机间的进程需要进行较长时间的文件传输时，如果传输发生错误，全部重新传输是不合理的。会话同步提供了在数据流中插入同步点的机制，对传输的文件进行分段，发生错误后可以在距离出错点最近的段开始恢复传输，提高传输效率。

☞ 会话活动管理：会话层之间的通信可以划分为不同的逻辑单位，每个逻辑单位为一个活动，每个活动具有相对的完整性和独立性。活动的启动、结束、恢复、放弃等由会话活动进行管理。

会话层的功能需要会话层提供专门的协议支持。

6. 表示层

表示层为上层用户提供数据或语法表示。

在网络通信中，大多数用户间交换的信息并非随机的比特流，而是人名、日期、数量和商业凭证等信息。这些信息通过字符串、整型数、浮点数，以及由简单类型组合成的各种数据结构来表示。不同的机器采用不同的编码方法表示数据。

表示层将不同的编码转换成对方能够识别的编码，或者采取抽象的标准方法定义数据结构，并采用标准的编码表示形式管理抽象的数据结构，将计算机内部的数据表达形式转换成网络通信中采取的标准形式，让采用不同编码方法的计算机通信后相互理解数据的值。

表示层还具有数据压缩和数据加密等数据表示功能。

7. 应用层

应用层由若干个应用进程(程序)组成，是 OSI/RM 的最高层，网络中的其他层都是为支持应用层的功能而存在的。应用层管理开放系统的互连，包括系统的启动、维持和终止，为特定的网络应用提供访问 OSI 环境的手段。

应用层实现网络环境下不同主机之间的文件传输、访问、管理，邮件处理系统，网络域名的使用，网络管理等基本的网络应用服务。

第 2 章　局域网

局域网是一种局限在较小范围的计算机网络，为所在单位的网络通信、信息管理、资源共享等提供服务。例如，一个计算机教室中的计算机组成的网络、一个单位办公大楼内的计算机组成的网络和一个学校多栋大楼组成的网络都属于局域网。

2.1　局域网概述

局域网一般采用 3 种典型的拓扑结构：总线型、环型和星型。在局域网的 3 种拓扑结构中，网络仅由一条物理传输介质连接所有的设备，各节点以分时共享传输介质方式进行数据发送，当一个节点在发送数据时，只能由该节点占用传输介质，其他节点不能发送数据。由于局域网面对的是多个源节点的传输，在传输数据之前要确定发送数据的源节点，即占用传输介质的源节点。解决由哪个节点占用传输介质的方法在网络中被称为**介质访问控制方法**。介质访问控制方法是局域网的重要技术，不同的局域网采用不同的介质访问控制方法，具有不同的技术特性。

局域网的介质访问控制方法和拓扑结构密切相关，不同的拓扑结构采用不同的介质访问控制方法。例如，总线型结构采用载波侦听多路访问/冲突检测(CSMA/CD)的介质访问控制方法，环型结构采用令牌(Token) 控制的介质访问控制方法。拓扑结构、介质访问控制方法和介质种类一旦确定，则在很大程度上可以确定网络的响应时间、吞吐率和利用率等各种网络技术特性。

局域网的拓扑结构比较简单，网络上的主机都直接连接，并采用广播式发送。局域网中的一个主机发送数据帧时，其他主机都能收到该数据帧，目的主机核对并确认帧的目的地址后完成数据帧的接收。在不考虑局域网之间的互连时，局域网不存在路由问题。一个单独的局域网通过数据链路层和物理层就可以实现网络数据通信功能，可以只设置数据链路层和物理层，而不设置网络层。

局域网除了解决网络的通信功能，还要解决局域网与主机交互的问题。主机连入网络，通过网络实现主机间的通信。为了实现局域网与高层的交互，局域网在数据链路层与高层的界面设置了 LSAP(Link Service Access Point，链路服务访问点)，局域网与高层(主机)通过 LSAP 进行交互。

1. IEEE 802 参考模型

局域网的体系结构定义了物理层和数据链路层的功能，以及与网际互连有关的网络层接口服务功能，其参考模型由 IEEE 制定。

在参考模型中，数据链路层被细分为 LLC(Logical Link Control，逻辑链路控制)子层和 MAC(Media Access Control，介质访问控制)子层，MAC 子层描述不同的介质访问控制方式。该方法具有以下好处：(1)不同局域网采用的介质访问控制方式可以单独地表示，LLC 子层与介质及介质访问控制方式无关，无论 MAC 子层采用什么样的介质访问控制方式，都可以采用统一的 LLC 子层实现逻辑链路层功能；(2)LLC 子层在高层与 MAC 子层之间起到了隔离作用，对高层屏蔽底层的实现细节。

分层后的局域网参考模型由 LLC 子层、MAC 子层和物理层构成，如图 2-1 所示。LLC 子层的功能与 OSI/RM 定义的数据链路层的功能基本是一样的，不同局域网的 LLC 子层具有同样的结构，采用同样的协议，实现同样的功能，它们在规范标准中统一以 LLC 子层来表达；不同的局域网在介质访问控制方式、物理层使用的传输介质和接口不同，在局域网的规范标准中通过 MAC 子层和物理层表示。

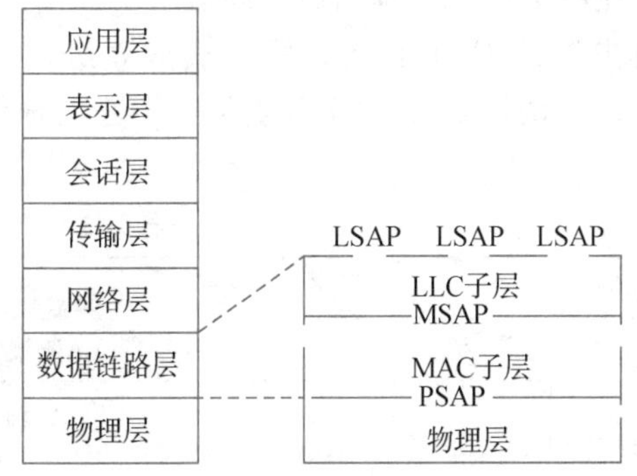

图 2-1 IEEE 802 参考模型与 ISO/RM 的对应关系

在计算机网络的一个主机上，可能同时存在多个进程与另外一个或多个主机的不同进程进行通信。为了解决不同进程之间的通信问题，在 LLC 子层的上边界处设置了多个 LSAP。例如，用户使用一台主机访问网页的同时收发电子邮件，此时该主机具有两个 LSAP，分别访问网页和收发电子邮件，该主机同时与远端的网站服务器、邮件服务器通信。

此外，在 MAC 子层的上边界设置了 MSAP(Media Service Access Point，介质服务访问点)，MAC 子层实体通过 MSAP 向 LLC 子层实体提供访问服务；在物理层上边界设置了 PSAP(Physics Service Access Point，物理服务访问点)，物理层实体通过 PSAP 向 MAC 子层实体提供访问服务。

2. IEEE 802 标准

1980 年 2 月，IEEE 成立了局域网标准化委员会(简称 IEEE 802 委员会)，专门制定局域网协议标准，形成了一系列标准，称为 IEEE 802 标准(即 1980 年 2 月推出的标准)。IEEE 802 标准被 ISO 采纳，作为局域网的国际标准系列，称为 ISO 8802 标准。

IEEE 802 标准体系由实现网络互连、网络寻址、网络管理等功能的 802.1 标准和 LLC 子层 802.2 标准，以及 MAC 子层、物理层系列 802 标准构成。

不同的局域网采用了不同的介质访问控制方式、传输介质、传输编码和网络接口，在局域网标准中，网际互连层和 LLC 子层是统一定义的，MAC 子层和物理层标准对不同局域网是分别定义的。IEEE 802 标准的参考模型如图 2-2 所示。

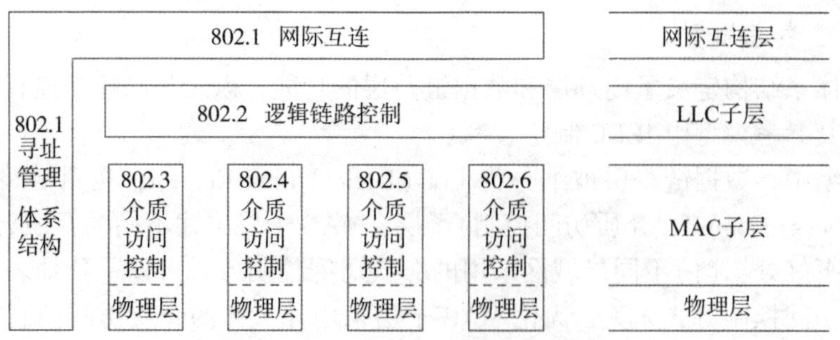

图 2-2 IEEE 802 标准的参考模型

IEEE 802 标准推出后，局域网快速发展，新的技术不断出现，使得 IEEE 802 需要不断地推出新标准。IEEE 802 委员会成立最初有 6 个分委员会，分别制定 802.1～802.6 标准，现在已经增加到 20 多个分委员会，分别研究和制定相关标准。目前 IEEE 802 的主要标准见表 2-1。

表 2-1 IEEE 802 的主要标准

标准	网络	内容
802.1		LAN 概述、体系结构、网络互连、网络寻址、网络管理等
802.2	LLC 子层	定义 LLC 子层的规范及其与高层协议、MAC 子层的接口，是高层协议与 MAC 子层之间的标准接口
802.3	CSMA/CD 共享总线的局域网	定义共享总线网的介质接入控制、物理层的相关规范和设备的互操作方式，是最早的 10 Mb/s 以太网标准
802.4	令牌总线网	定义令牌传递总线网的介质接入控制和物理层的相关规范
802.5	令牌环型网	定义令牌传递环形网的介质接入控制和物理层的相关规范
802.6	城域网	定义城域网的介质接入控制和物理层的相关规范（分布式队列双总线 DQDB）
802.7	宽带局域网技术标准	
802.8	光纤网络技术标准	
802.9	综合语音数据局域网	定义 LAN-ISDN 接口
802.10	可互操作的局域网的安全标准（SILS）	以 802.10a（安全体系结构）和 802.10c（密匙管理）的形式提出数据安全标准
802.11	无线局域网	定义无线局域网介质访问控制子层与物理层相关规范，主要包括 IEEE 802.11a、IEEE 802.11b、IEEE 802.11g、IEEE 802.11n、IEEE 802.11ac
802.12	需求优先级局域网协议（100 VG-AnyLAN）	为 100 Mb/s 需求优先 MAC 的开发提供两种物理层和中继规范
802.13	100Base-X 以太网	

续表

标准	网络	内容
802. 14	交互式电视网(包括 CableModem)	定义有线电视和有线调制解调器的物理与介质访问控制层规范
802. 15	无线个人网络	规定短距离无线网络规范，包括蓝牙技术的所有技术参数
802. 16	固定宽带无线接入标准	主要用于解决最后一公里本地环路问题，提出了有关声音、视频、数据的服务质量问题
802. 17	弹性封包环传输技术	利用空分复用、统计复用技术提高带宽利用率，优化在 MAN 拓扑环上数据报的传输
802. 20	移动宽带无线接入标准	为高速运动(250 km/h)的车载终端提供 1 ~ 4 Mb/s 的数据速率，覆盖距离可达 24 km
802. 21	移动局域网切换技术	允许各种无线网络使用不同的切换机制实现相互之间的切换
802. 22	无线区域网，感知无线广域接入网络技术	在 VHF/UHF 频段内不干扰授权用户的情况下，灵活、自适应、合理地配置频谱

2. 2 局域网的分层

如果不考虑互连问题，局域网只有两层，即数据链路层和物理层，数据链路层和物理层之上是高层，即应用系统。局域网中数据通信的问题由数据链路层和物理层实现，而数据处理的问题由高层实现。

2. 2. 1 LLC 子层

LLC 子层向高层提供多个 LSAP，为多个应用提供服务，并提供帧发送与接收中的顺序控制、差错控制、流量控制等功能。

1. LSAP

LLC 子层处于高层与 MAC 子层之间，向上通过 IEEE 802. 2 规范向高层提供服务，向下使用 MAC 子层提供的服务，通过本层的实体实现本层功能。LLC 子层通过其上边界处设置的 LSAP 与主机的应用进程建立联系。层间关系示意如图 2-3 所示。

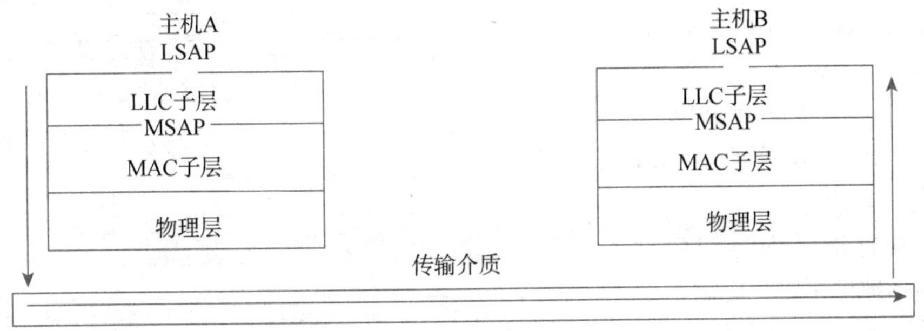

图 2-3 层间关系示意

当主机 A 向主机 B 发送一个报文时，主机 A 利用 LLC 子层的 LSAP 向主机 B 的 LSAP 发出一个连接请求。该连接请求中包含主机 A 的源 MAC 地址、主机 B 的 MAC 地址、进程在主机中的访问控制点的 LSAP 地址。即主机通过局域网进行通信涉及 MAC 地址和 LSAP 地址。MAC 地址用来找到主机，LSAP 地址用来找到主机的应用进程，从而实现通信双方的进程通信。

LLC 子层通过不同的 LSAP 与同一主机中的不同进程建立通信，实现网络与主机应用进程的通信。

一台主机可以设置多个 LSAP，多个 LSAP 的设置使得在同一台主机上可以并行运行多个应用任务，如在发送电子邮件的同时浏览 Web 页面、下载 FTP 文档，每个任务进程使用同样的 MAC 地址，但对应不同的 LSAP 地址，这种通信方式在网络中被称为复用。

2. LLC 子层提供的服务

从局域网的体系结构可以看出，LLC 子层主要涉及 3 个部分：LLC 子层与高层的界面，主要向高层提供服务；MAC 子层的界面，指明 LLC 子层要求 MAC 子层提供的服务；LLC 子层本身的功能。

在 LLC 子层与高层的界面服务中，LLC 子层向高层提供 3 种操作类型的服务。

☞ LLC 1 操作提供无确认、无连接的数据报服务，信息帧在 LLC 实体间交换，不需要在同等层实体间事先建立逻辑链路（连接）。其操作对传输的 LLC 帧既不确认，也无任何流量控制或差错控制。

在局域网中，LLC 1 一般用于点对点、点对多点和广播传输的情况。由于局域网具有较低的误码率，可靠性高，这种方式仍然适用于局域网的通信。

☞ LLC 2 操作是有确认、面向连接的服务，提供 SAP 之间的虚电路服务。在任何信息帧交换前，在一对 LLC 实体间必须建立逻辑链路，即建立连接。在数据传送过程中，信息帧依次发送，并提供差错恢复和流量控制功能，传输结束后，需要拆除连接。

☞ LLC 3 操作提供有确认的数据报服务，但不建立连接，主要用于类似自动控制系统的过程控制的情况。在这样的系统中，为了及时传输控制命令，中心站用数据报的方式发送各种控制命令，节省建立连接的时间开销。由于控制命令的重要性，需要对传输的 LLC 帧进行确认。

用户可以根据传输的业务情况选择相应的操作类型，提供最合适的服务。

3. LLC 子层的帧格式

LLC 子层标准由 IEEE 802. 2 标准描述。IEEE 802. 2 标准与高级数据链路控制（High-lerd Data Link Control，HDLC）协议是兼容的，即 IEEE 802. 2 采用了 HDLC 协议标准，但使用的帧格式不同。在局域网体系结构中，数据链路层的功能由 LLC 子层和 MAC 子层实现。在 IEEE 802. 2 标准中，同步功能和帧校验 FCS 由 MAC 子层实现，LLC 帧没有帧的校验字段。

IEEE 802 标准采用的 LLC 子层帧格式包括地址字段、控制字段和数据字段，如图 2-4 所示。

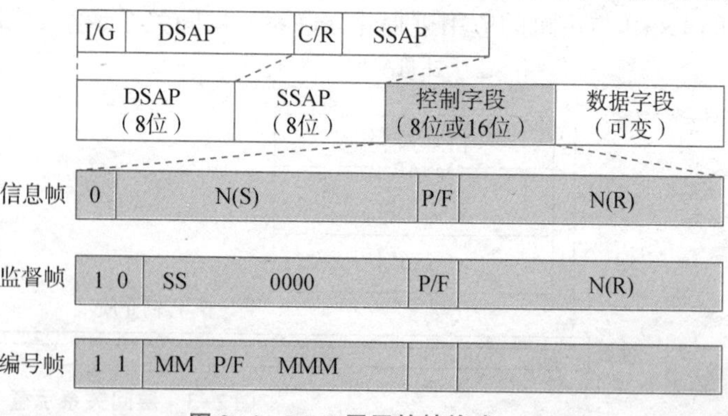

图 2-4　LLC 子层的帧格式

1)地址字段

LLC 帧的地址字段是 LLC 子层 SAP 地址，其中 DSAP 为目的地址，SSAP 为源地址。

☞ DSAP 地址字段包含 1 个字节，其中 7 位为 DSAP 的实际值。I/G 位为地址类型标志，I/G=0 表示单个 DSAP，I/G=1 表示数据发往某个特定站的一组 SAP。当 DSAP 全为 1 时，表示所有的 DSAP，即广播地址。

☞ SSAP 字段包含 1 个字节，其中 7 位为 SSAP 的实际值。在源地址中，C/R 位为命令/响应标志位，用于指示命令帧和响应帧，C/R=0 为命令帧，C/R=1 为响应帧。发起传输方发出的帧为命令帧，接收方返回的帧为响应帧。

2)控制字段

控制字段占 8 位或 16 位，存在 3 种帧，分别是信息帧(I)、监督帧(S)、无编号帧(U)。当 LLC 帧为无编号帧时，控制字段为 8 位；当 LLC 帧为信息帧或监督帧时，控制字段为 16 位。信息帧和监督帧的控制字段与 HDLC 扩展字段的格式一样，无编号帧也与 HDLC 一样。

控制字段主要实现传输控制。

☞ 信息帧用来完成信息传送，以控制字段首位为 0 进行标识，通过 N(S)、N(R)实现顺序控制。N(S)表示发送站发送帧的序号，N(R)表示发送站已经正确接收对方发来的 N(R)帧，期望继续接收 N(R+1)帧。N(R)采用捎带应答方式。

P/F 是探寻/终止位，意义与 HDLC 一样。在主站发出的命令帧中将 P/F 置 1，表示要求从站立即发送响应帧。从站在响应主站命令时，在发出数据的响应帧中将 P/F 置 1，表示数据已经发送，传输结束。

☞ 监督帧用于链路的差错控制和流量控制，以控制字段首部的两位为 10 进行标识，SS 标识监督帧的类型。监督帧有 4 种类型，见表 2-2。

表 2-2 监督帧

帧类型	SS	N(R)的意义	帧功能
RR	00	N(R)前各帧已接收	接收准备就绪
RNR	10	N(R)前各帧已接收	接收准备未就绪
REJ	01	重发 N(R)开始的各帧	N(R)帧出错
SREJ	11	重发 N(R)帧	N(R)帧出错

RR 和 RNR 为流量控制帧。返回 RNR 帧时表示队列已满，不能接收新的帧，要求对方暂停发送；当队列被清空，可以继续接收新的帧时，返回 RR 帧，通知可以继续发送。

REJ 和 SREJ 为差错控制帧。返回 REJ 帧时，REJ 帧中的 N(R)表示发来序号为 N(R)的帧出错，希望重新发送从 N(R)开始的各帧(GO-BACK-N 策略)；返回 SREJ 帧时，SREJ 帧中的 N(R)表示发来序号为 N(R)的帧出错，希望重新发送序号为 N(R)的这一帧(选择重发策略)。

☞ 无编号帧用来实现链路管理功能，以控制字段首部的两位为 11 进行标识，主要用于设置链路操作方式，建立数据链路等。无编号帧使用控制字段的第 3 位、第 4 位、第 6 位、第 7 位、第 8 位共 5 位组成 32 种不同的编码，实现不同的链路管理功能。详细的描述参阅 IEEE 802.2。

在数据传输时，LLC 子层把高层的用户数据封装成 LLC 帧，即把高层用户数据作为 LLC

帧的数据段，加上 LLC 子层的 DSAP、SSAP 及控制字段（帧头），构成 LLC 协议数据单元（Protocol Data Unit，PDU），如图 2-5 所示。

2.2.2 MAC 子层

MAC 子层通过 MSAP 为 LLC 子层提供服务，完成介质访问控制、帧发送时的封装及帧接收时的解封，并实现帧的同步和寻址。

1. MAC 子层的介质访问控制

在局域网中，数据传输采用同一个传输介质，需要有效地分配传输介质的使用权。传输介质使用权的分配问题为局域网的介质访问控制问题。局域网主要采用竞争式、循环式、预约式等介质访问控制方式。

1）竞争式

竞争式用于总线型网络拓扑，所有工作站连接在总线上，共享传输总线，采用谁先发送成功谁获得传输介质使用权的控制方式。竞争式在负载较轻时效率很高，即发送成功率很高，当负载较重时，效率下降，即发送成功率下降。

以太网采用竞争式介质访问控制，任何站在发送前，先侦听线路是否空闲，空闲就发送数据，不空闲就不发送数据。侦听到空闲并成功发送数据的站获得介质的使用权。竞争式介质访问控制方式的工作原理示意如图 2-6 所示。

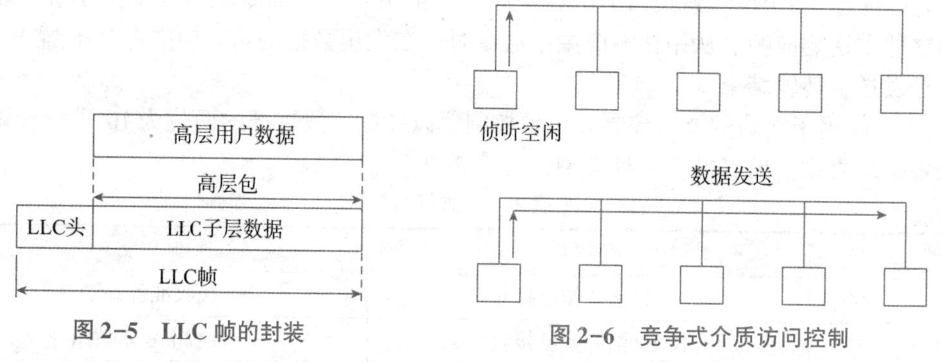

图 2-5 LLC 帧的封装

图 2-6 竞争式介质访问控制

2）循环式

循环式用于环型网络拓扑，传输线路构成环，所有工作站连接在环路上，共享环路。各个节点轮流获得发送机会。轮流到某节点时，该节点获得发送权，需要发送则进行数据发送，不需要发送则将发送权交给下一个节点，继续轮询。发送节点在获得发送权并发送数据后，一直占用传输介质，直到传输结束，再将发送权交给下一个节点。

环上有许多节点需要发送数据时，循环式的效率较高，而当环上仅有少量的节点需要发送数据时，由于必须等待发送权轮询到发送节点，发送节点才能发送数据，使得轮询开销较大，效率不高。同时，环网的一个节点与另外一个节点通信时，网上的每个节点都要为其进行转发，参与传输，使得转发时间开销较大。

令牌环网采用循环式介质访问控制方式，使用一个被称为令牌的数据帧实现介质访问控制。令牌有 3 个字节，前面 8 位和后面 8 位指示帧的起始与结束，实现同步控制。中间的 8 位为控制段，其中 3 位为预约优先级（RRR），3 位为当前优先级（PPP），完成令牌环网的优先级控制；1 位为令牌标志位（T），1 位为监控位（M）。令牌没有源地址和目的地址，在没有数据发送时 T=0，令牌为空令牌，有数据发送时 T=1，令牌为忙令牌。

(1)在网络中没有数据传输时，空令牌沿着环形网不停地循环传递，从一个节点传到下一个节点，如图 2-7(a)所示。

(2)当一个节点需要发送数据时，必须等待空令牌到来。一旦空令牌到达，该节点截获空令牌，在令牌帧中加上控制信息和数据信息，形成一个数据帧，并将令牌的标志位 T 置 1，指示当前令牌为忙令牌，传输介质已被占用，其他节点不可发送数据，如图 2-7(b)所示。

(3)发送节点形成的数据帧发出后，数据帧沿着环路传输，经过每个下一个节点时，该节点核对目的地址，是本节点的地址则接收该帧，不是本节点的地址则继续转发。该数据帧经过各节点的依次传递到达目的节点时，目的节点接收该数据帧，如图 2-7(c)所示。

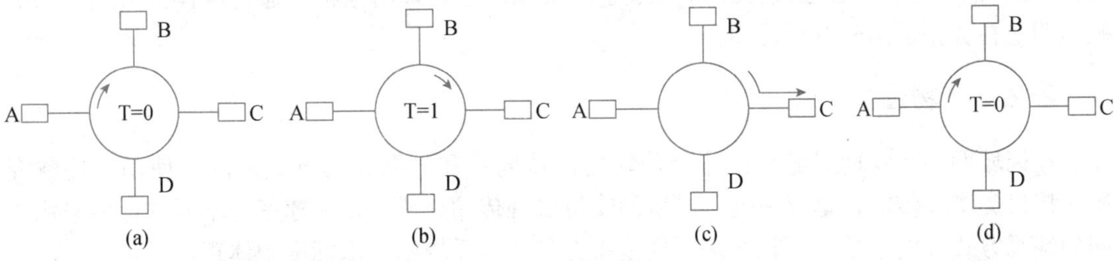

图 2-7 循环式介质访问控制

(a)空令牌；(b)忙令牌；(c)数据接收；(d)放出空令牌

(4)目的节点接收数据帧后，将应答信息捎带在帧控制段的尾部，并继续将该帧向前转发，直到该帧到达发送节点。发送节点收到该帧时，根据应答信息知道目的节点已经收到该帧，发送节点重新将令牌标记位置 T，放出一个空令牌，发送过程结束，如图 2-7(d)所示。

传输结束后，再次放出的空令牌继续在网络中不停地循环传递，节点可以通过截获空令牌获得介质使用权，进行数据发送。

在总线型拓扑的竞争式介质访问控制方式中，由于各个节点采用竞争的方式获得总线的使用权，处理性能高的节点获得介质使用权的概率高，而处理性能较低的节点获得介质使用权的概率低，存在相对不公平的问题。在循环式的介质访问控制方式中，拓扑结构是环网，空令牌顺着每个节点依次传递，各个节点获得空令牌的机会是一样的，因此它们获得介质使用权的概率是一样的，这是环网的优点。在实际的网络中，一般通过光纤组成光纤环网，传输速度可以达到很高，避免了环网可能存在的速度慢的问题。

3)预约式

预约式介质访问控制方式采用事先预约的方法实现介质访问控制。需要发送数据的节点事先向网络管理者申请传输介质，获准后，在获准的时间进行数据传输，而没有申请或申请没有获准的节点是不能发送数据的，使得介质上的传输有序地进行。

2. MAC 子层帧格式

在局域网中，不同的局域网具有不同的 MAC 帧格式。在数据帧传输时，MAC 子层把 LLC 帧封装成 MAC 帧，即把 LLC 帧作为 MAC 帧的数据段，加上 MAC 头和 MAC 尾构成 MAC 帧，如图 2-8 所示。源主机和目的主机的 MAC 地址及帧起始同步信息构成 MAC 头，帧校验系列 FCS、帧结束同步信息构成 MAC 尾。封装好的 MAC 帧将传递给物理层进行比特流传输。

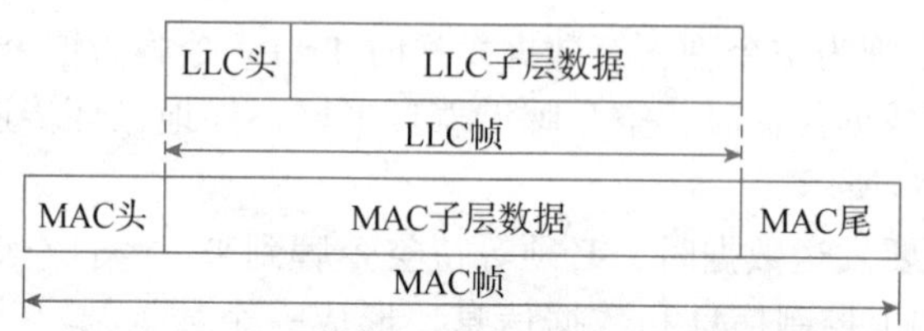

图 2-8　数据封装关系

通过物理层传递的比特流到达后，完成比特同步，接收数据流，再交给 MAC 子层。MAC 子层通过前导码、起始符、长度等同步信息，完成 MAC 帧的同步接收和帧校验等处理，在接收帧正确的情况下，去除帧尾，恢复 LLC 帧，将其交给 LLC 子层。在接收帧出错时，MAC 子层向 LLC 子层报告，由 LLC 子层按照规范处理出错帧。通过这样的方式，数据帧透明地在数据链路间进行传输。

2.2.3　物理层

在局域网中，物理层定义比特流传输的比特同步和数据编码方式，以及使用的传输介质、接口类型、传输速率等规范。局域网支持多种传输介质和传输速率，不同的标准采用不同的编码方式和网络接口，其物理层规范将在具体的局域网技术标准中体现。

综上所述，LLC 子层完成与高层应用的交互，通过 LASP 实现对不同应用进程的寻址，完成链路管理、差错控制、流量控制。MAC 子层完成对主机的物理地址寻址、数据帧的同步、介质访问控制、最小帧处理等。LLC 子层和 MAC 子层共同完成局域网体系结构中数据链路层的功能。物理层完成数据编码、码元同步后形成比特流，通过网络接口完成发送与接收。局域网通过 LLC 子层、MAC 子层和物理层实现局域网的通信功能。

2.3　以太网

以太网(Ethernet)起源于 20 世纪 70 年代，是由 Xerox 公司创建并由 Xerox、Intel 和 DEC 公司联合开发的基带局域网规范。1982 年 12 月，IEEE 公布了与以太网规范兼容的 IEEE 802.3 标准，它们的出现标志着以太网技术标准的起步，为符合国际标准、具有高度互通性的以太网产品的面世奠定了基础。

以太网结构简单、组网容易、建网成本低、扩充方便，一出现就受到业界的普遍欢迎，并迅速发展起来，逐步取代了其他局域网标准，如当时比较流行的令牌环、FDDI 和 ARCNET 都逐渐被以太网淘汰。目前以太网已经成为局域网的主流，在局域网市场的占有率超过 90%。

2.3.1　以太网的发展

20 世纪 80 年代推出的以太网以 10 Mb/s 的速率在共享介质上传输数据，90 年代，网络速度有了较大的提升，100 Mb/s 的快速以太网出现。为了提高网络带宽，改善介质的传输效率，同时提供多条传输路径的以太网技术——交换式以太网出现，标志着以太网从共享时代进入交换时代。

交换式以太网利用多端口的以太网交换机将竞争介质的站点和端口减少到 2 个，为需要传输的多台主机间建立独立的传输通道，同时进行数据传输。交换式以太网的出现，改变了站点共享 10 Mb/s 带宽的局面，显著地提高了网络系统的整体带宽。1993 年，在交换技术的基础上出现了全双工以太网技术，它改变了原来以太网半双工的工作模式，使以太网的传输速度提高了一倍，并彻底解决了收发数据的端口信道竞争。

以太网的数据传输速率不断提高，组网的拓扑结构从早期的总线型拓扑结构发展到现在的层次性拓扑结构，极大地提高了以太网的服务能力，使以太网成为高速局域网络组网的主流技术，并进入城域网和广域网技术领域。

以太网采用 CSMA/CD 的 MAC 子层协议和相同的以太网帧结构，使得以太网在对网络性能进行升级的同时，保护原有的投资，受到用户的广泛欢迎。

2.3.2 介质访问控制

以太网采用总线型拓扑结构，以共享传输总线的方式传输数据信息，即连接在一个以太网上的所有站点使用公共的传输总线收发数据。共享传输介质的网络存在介质访问控制问题，以太网采用 CSMA/CD(Carrier Sense Multiple Access/Collision Detection，载波侦听多路复用/冲突检测)介质访问控制方式，以争用的方法决定对介质的访问权，最早是用于无线信道争用的协议。

1. 载波侦听多路访问：CSMA

CSMA 协议的技术实现是：一个节点在发送数据前，要侦听总线上的状态，测试总线上是否有载波信号，确定是否有别的节点在传输，即总线是否被占用，处于“忙”状态。如果总线没有被占用，即介质“空闲”，则希望传输的节点可以进行传输。如果总线上有节点正在发送，即介质不空闲，处于“忙”状态，则希望发送数据的节点将退避一段时间后重新侦听。

CSMA/CD 存在 3 种退避策略。

(1)0-坚持策略在侦听到总线空闲时发送数据。如果侦听到总线忙，则延迟一段随机的时间再重复侦听。采用随机的延迟时间可以减少冲突的可能性，但在再次侦听之前信道可能已经空闲，产生浪费。

(2)1-坚持策略在侦听到总线空闲时发送数据。如果侦听到总线忙，则继续侦听，直至侦听到总线空闲即发送数据。1-坚持策略的总线利用率高，但两个或两个以上的节点发送数据，冲突不可避免，反而不利于吞吐量的提高。

(3)P-坚持策略在侦听到总线空闲时发送数据。如果侦听到总线忙，则继续侦听，直至侦听到总线空闲，以 P 的概率发送数据，而以 1-P 的概率延迟 1 个时间单位(时间单位通常等于冲突检测时间)重新侦听总线。具体地说，在侦听到空闲时，发送节点产生一个随机数 d，如果 P>d，该节点不能马上发送数据帧，需要延迟 1 个时间单位再进行侦听；如果 P<d，该节点可以马上发送数据帧。

P-坚持策略使得连接在总线上的节点被分为两类；一类节点在侦听到总线空闲后进行发送，而另一类节点需要延迟一段时间发送，从而有效减小发生冲突的概率。

P 值如果过大，总线空闲时会有多个节点试图发送数据，介质利用率较高，但发生冲突的可能性也较大；P 值如果过小，总线空闲时试图发送数据的节点数量减少，发生冲突的可能性减小，但介质利用率降低。

P-坚持的流程如图2-9所示。1-坚持和0-坚持是P分别等于1和0时的情形。

以太网采用1-坚持策略。

2. CD

冲突是两个或两个以上站点同时使用总线发送数据，导致数据帧在总线上发生“碰撞”，双方的信号都被破坏的现象。

采用CSMA技术虽然避免了一个节点在正常使用总线时，其他节点使用总线造成冲突的现象，但是只能减少发生冲突的概率，并不能完全避免冲突。

网络上的节点是互相独立的，使用总线的时间取决于节点侦听总线的结果。当总线上有两个或两个以上的节点需要发送数据时，如果都侦听到空闲，都向总线上发送数据，就会发生冲突。当一个远端的节点开始发送数据时，另外一边远端的节点还没有收到载波信号，也会认为总线空闲，开始发送数据，造成冲突。

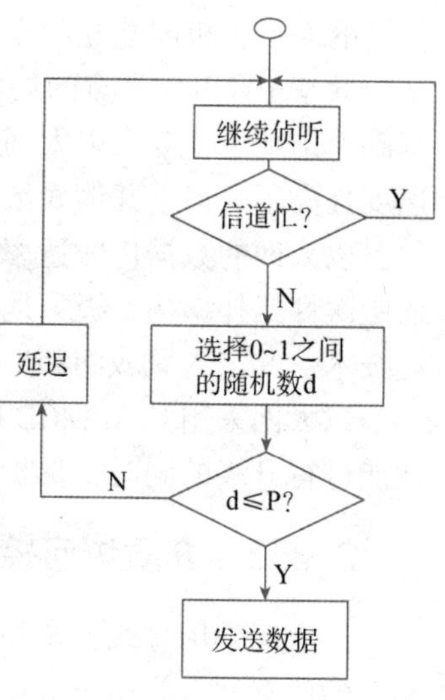

图2-9　P-坚持的流程

当总线上发生冲突时，数据发送失败，网络需要检测冲突，并通知总线上的所有节点，让所有需要发送数据帧的站“安静”下来，使总线重新投入使用。以太网采用检测信号电平的技术检测冲突。

采用曼彻斯特编码进行传输，在正常数据帧传输时，传输总线上的电平会保持在一定的范围，发生冲突时，由于信号的叠加，总线上的信号会明显增大，以太网正是依据这一情况进行冲突检测，当传输总线上的电平超出正常范围时，检测出发生冲突。

采用冲突检测技术后，如果发生上述冲突，正在发送数据帧的节点会检测到冲突的发生。此时该节点立即停止当前数据帧的发送(此时在总线上形成不完整的帧，称为碎片)，等待下一次发送机会，并发送一个特殊的冲突信号(强化冲突码)到网络上，强化冲突，以保证总线上所有的节点都知道该帧是一个碎片帧，线路发生了冲突。

发送冲突信号必须保证冲突信号传输到整个共享总线上，使总线上的所有节点知道发生了冲突。从数据开始发送到冲突信号在总线上传输给每个节点所花的时间称为**冲突检测时间**。在网络直径或总线长度一定的情况下，冲突检测时间决定了以太网的最小帧长度。

在以太网中，冲突检测时间为信号在总线上从网络一端传送到另一端的时间的2倍。例如，当网络一端的节点A发送信号，该信号传输到另一端的节点B的时间为a。当节点A发送的信号到达节点B时，正好节点B也发送信号，此时发生了冲突，节点B检测到冲突，并发出强化冲突信号，如图2-10所示。节点A必须等强化冲突信号经过网络传输到自己，才能检测到冲突，因此最大的冲突检测时间为2a。

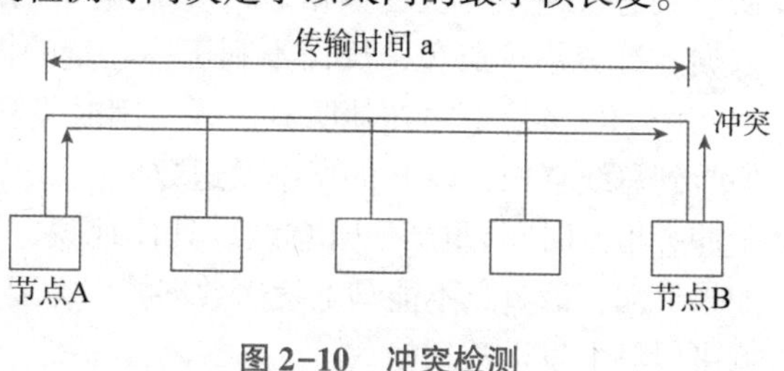

图2-10　冲突检测

如果节点A发送的帧较短，在T=2a时间内已经发送完毕，节点A在整个发送期内将检测不到冲突。为了避免这种情况，提出了最小帧长度的要求。最小帧长度是在网络速度一定的情况下，2a 时间内传输的数据位数。

设信号的传输速度为 V，网段长度为 D，网络速度为 R，则最小帧长度 L 为

$$L=R\times T=R\times 2a=2RD/V。$$

载波侦听可以减少发生冲突的概率，充分利用传输介质。网络上每一个节点发生冲突后，冲突检测可以检测到冲突，并发送强化冲突信号，通知其他节点。网上的其他节点在收到强化冲突信号后将进入退避等待，等待一段退避时间再重新发送，以避免再次发生冲突。

3. 二进制指数退避算法

以太网采用二进制指数退避算法决定需要等待的退避时间。二进制指数退避算法等待的退避时间与重发次数形成二进制指数关系。

设冲突检测时间为 2a，当某个节点发送数据帧发生了冲突后，按以下策略进行退避：第一次发生冲突时等待的退避时间为 2a，第二次发生冲突时等待的退避时间为 4a，第三次发生冲突时等待的退避时间为 8a，即每次发生冲突时等待的退避时间按二进制指数增加，直到不发生冲突为止。如果连续多次(一般为 10 次)发生冲突，则认为此时不能发送数据帧，网络出现错误。

由于网上各个节点发送数据帧时发生冲突的次数不一样，按照二进制指数退避算法，网上各个节点退避的时间将不一样，也就是说各个节点分发到不同的发送时间，可以较好地降低冲突发生的概率。

4. 帧发送过程

以太网节点发送数据帧的流程如图 2-11 所示。

(1) 侦听信道是否空闲，如果介质空闲，则发送数据帧，并进行冲突检测；

(2) 如果介质忙，则继续侦听，一旦侦听到介质空闲，就进行发送；

(3) 如果在帧发送过程中检测到冲突，则停止发送数据帧，并发送一个强化冲突的信号，以保证总线上的所有节点都知道网络上发生了冲突；

(4) 根据二进制指数退避策略延迟发送，等待一段时间，重新尝试发送；

(5) 如果在帧发送过程中一直没有检测到冲突，则发送成功。

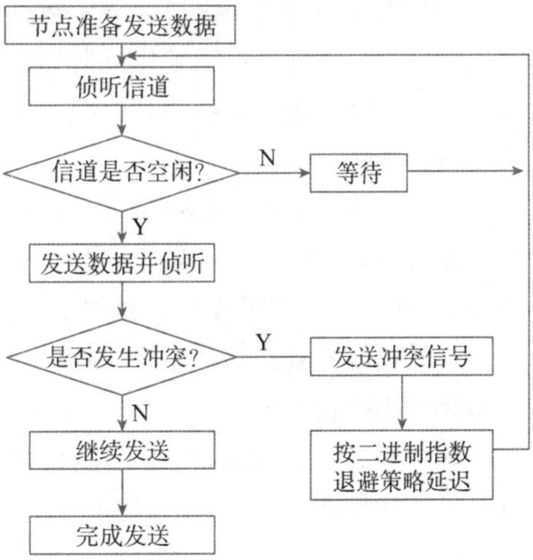

图 2-11　帧发送流程

5. 以太网的流量控制

在数据传输过程中，发送速率高于网络处理速率时，会出现网络来不及处理而将帧丢失的情况，这种情况将导致传输发生差错。为了避免这种情况，网络需要采取流量控制措施。

以太网利用冲突来实现流量控制，当来不及处理数据帧时，可以向线路上发送强化冲突信号，强行制造冲突，使线路上的各节点暂时退避，不再发送数据帧，达到流量控制的目的。

2.3.3 MAC 帧结构

以太网 MAC3 层的标准是 IEEE802.3。IEEE802.3 MAC 帧包括前导码、起始符、目的地址、源地址、表示数据长度的长度字段、要发送的 LLC 数据、需要进行填充的字段和帧校验序列字段，如图 2-12 所示。除 LLC 数据和填充字段外，其他字段的长度都是固定的。

字节数	7	1	6	6	2	46~1 500	0~46	4
	前导码	起始符	目的地址	源地址	长度	数据	填充	校验码

图 2-12　以太网的 MAC 帧

①前导码字段包含 7 个字节，由二进制 1 和 0 间隔构成，它使物理层的比特流接收达到稳定同步。

②起始符字段是 10101011，紧跟在前导码后，用于帧同步，指示一个帧的开始。

③目的地址字段规定该帧发往的目的地。该地址是 48 位的 MAC 地址，是网络传输识别每个节点的物理地址。

④源地址字段用于标识起始发送该帧的节点。MAC 子层有两类地址：单地址和组地址。单地址说明该数据帧仅发送给地址为该地址的节点，组地址说明该数据帧将发送给从属于该组的所有节点。当地址段全为 1 时，该地址是广播地址，表明该数据帧将发送给网上所有的节点。

⑤长度字段为 2 个字节，表示数据字段中数据的字节数量。以太网的数据帧以这种方式实现帧同步，即起始符决定帧的起始，通过固定的帧格式给出数据长度并指示帧的结束。

⑥数据字段包含数据序列，填充需要发送的数据。数据的长度只能按照长度字段指示的长度进行填充。

⑦填充字段为 0 ~ 46 个字节。在以太网中，由于需要进行冲突检测，规定了最小帧的长度必须大于 64 个字节。当帧长度达不到这个长度时，必须进行填充。填充字段是为了满足 CSMA/CD 协议的正常操作需要的最小帧长度而设置的。

当帧长度没有达到最小帧长度时，可以在 LLC 数据字段之后的填充字段进行填充，使其满足最小帧长度要求。

⑧校验码字段是供差错控制使用的校验码系列，该校验码系列由循环冗余校验码（CRC）算法所产生的帧校验系列 FCS 构成。帧校验序列字段的长度为 4 个字节，使用 32 bit 的 CRC 进行校验。

IEEE802.3 标准规定凡是出现下列情况之一的帧即是无效帧：

(1)帧的长度与数据长度字段不一致；

(2)帧的长度不是整字节数；

(3)收到的帧的 CRC 校验出错；

(4)收到的帧的长度小于规定的最小帧长度。

无效帧被丢弃，将出现无效帧的情况通知网络管理。

Digtal、Inter、Xerox 三家公司开发的 DIX（由 3 家公司的第一个字母组成）以太网标准被称为 Ethernet 标准，这个标准有两个版本，分别是在 1980 年 9 月发布的 1.0 版本和 1982 年

11 月发布的 2.0 版本(Ethernet Ⅱ)。

DIX 以太帧结构如图 2-13 所示。在 DIX 以太帧中，帧数据段的前面是协议类型字段，用于指出上一层使用的协议，以便把 DIX 以太帧的数据交给高层协议，如协议字段为 0X08000 指出上层使用的是 IP。

字节数	7	1	6	6	2	46~1 500	0~46	4
	前导码	起始符	目的地址	源地址	协议类型	数据	填充	校验码

图 2-13　DIX 以太帧结构

DIX 以太网不专门设置 LLC 子层，直接使用协议类型取代 LSAP 与高层交互，实现向上多种应用的复用。而 IEEE 802.3 需要通过 LLC 子层的 LSAP 与高层交互，实现向上多种应用的复用。

DIX 与 IEEE 802.3 的工作机制是一致的，但 DIX 把 OSI 参考模型中的物理层和数据链路层所完成的功能合并在一起，Ethernet Ⅱ只有数据链路控制层帧。而 IEEE 802.3 把数据链路控制层分成了 LLC 子层和 MAC 子层，在 IEEE 802 标准中有 LLC 帧和 MAC 帧。

这样划分的目的是使 LLC 帧的传输独立于局域网络，不同的局域网可以使用相同的 LLC 帧，即采用 IEEE 802.2 标准。而不同的局域网介质访问控制方法、物理介质、网络接口等方面的差别通过 IEEE 802.3，IEEE 802.4，IEEE 802.5 等体现。

2.3.4　以太网系列标准

根据传输速率、传输介质的不同，以太网可以分成不同的类型。IEEE 802.3 用统一的标准表示不同的以太网标准，并定义了相应的命名方法。每个标准以 IEEE 802.3 X Type-Y 表示。其中，X 表示数据传输速率，Type 表示信号的传输方式，Y 表示传输介质。例如，在 IEEE 802.3 10Base-T 中，10 表示传输速率，Base 表示使用基带传输，T 表示支持 5 类双绞线。

1. 标准以太网

标准以太网即 10 M 以太网，传输速率为 10 Mb/s，采用曼彻斯特编码，CSMA/CD 介质访问控制方法，包括 10Base-2、10Base-5、10Base-T、10Base-F 等类型，技术标准见表 2-3，连接方式如图 2-14 所示。

表 2-3　标准以太网的技术标准

以太网标准	传输介质	最大网段数	最大网段长度	拓扑结构	连接器
10Base-5	粗同轴电缆①	5	500 m	总线型	DB-15
10Base-2	细同轴电缆②	5	185 m	总线型	BNC
10Base-T	非屏蔽双绞线(UTP)	5	100 m	物理上构成星型网络，逻辑上属于总线型网络	RJ45
10Base-F	多模光缆	5	2 000 m	物理上构成星型网络，逻辑上属于总线型网络	ST

①常用的型号为 RG-8(50 Ω)；②常用的型号为 RG-58(50 Ω)。

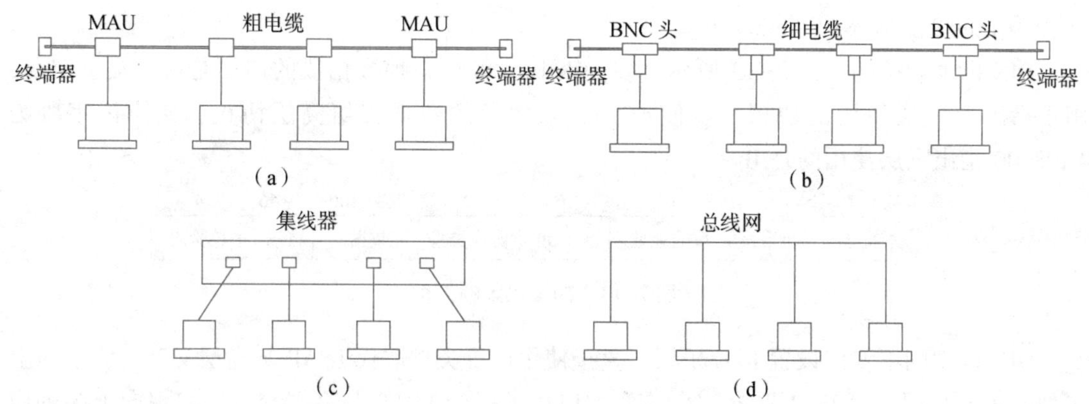

图 2-14　标准以太网的连接方式

(a)10Base-5；(b)10Base-2；(c)10Base-T 的物理连接；(d)10Base-T 的逻辑连接

(1)10Base-5 以太网是最早出现的以太网，使用粗同轴电缆进行连接，站点与以太网的连接使用外接收发器 MAU。

(2)10Base-2 以太网是 20 世纪 80 年代初逐渐出现的基于细同轴电缆的以太网。1984 年，IEEE 发布了 10Base-2 以太网标准。10Base-2 使用 BNC 头的 T 形连接器作为连接配件。10Base-2 的收发功能集成在网络站点的网卡上，不需要外接收发器，每接入一个站点，就产生两个连接点，一个点上连接不好，就会影响整个网络的稳定和可靠。

10Base-5 和 10Base-2 的总线两端需要连接终端器。

(3)1991 年 IEEE 发布了 10Base-T 以太网标准。10Base-T 以太网通过连接设备集线器和双绞线连接站点构成星型网络。集线器内部采用广播方式工作，当数据信号到达集线器时，集线器对信号的幅度和相位进行补偿，将再生信号向集线器其他端口广播，因此逻辑上属于总线型网络。

10Base-T 的收发功能集成在网络站点的网卡上，不需要外接收发器。每个工作站上插网卡，使用双绞线跳线，分别接入网卡的 RJ45 网络接口和集线器的 RJ45 网络端口。集线器内部采用总线连接方式，从而实现了一个总线网的连接。

目前一般不采用集线器实现网络，而采用交换机实现，但集线器仍然被用于用户工作区端口扩展使用。当用户工作区端口数量不够时，可以使用集线器扩充端口。

(4)10Base-F 以太网用光纤替代 10Base-T 的双绞线，以增加传输距离。光纤的最大传输距离与光纤材料、传输速率有关，当传输速率为 10 Mb/s 时，光纤的最大传输距离可以达到数千米。

光纤是局域网远距离传输介质中的佼佼者，在 10Base-F 标准中，传输距离为 2 000 m。由于光纤价格较贵，10Base-F 一般用于需要长距离连接的站点、支持高速率传送的服务器、主干网等场合。

2. 快速以太网

随着网络的发展，10 Mb/s 以太网技术已难以满足日益增长的网络数据流量和速度需求。在 1993 年 10 月以前，100 Mb/s 以上数据流量的局域网只能使用光纤分布式数据接口(FDDI)，它是一种基于光缆传输的 LAN，价格非常昂贵。

1992 年，Grand Junction 公司成立后开始研制 100 Mb/s 的快速以太网，并于 1993 年 10

月推出了世界上第一台快速以太网集线器 Fastch 10/100 和网络接口卡 FastNIC 100，快速以太网技术正式得以应用，随后 Intel、SynOptics、3COM、BayNetworks 等公司相继推出了快速以太网装置。同时，IEEE 802 工程组对 100 Mb/s 以太网的各种标准进行研究，提出了快速以太网标准 IEEE 802.3u。1995 年年末，各厂家不断推出新的快速以太网产品，快速以太网达到了鼎盛时代。

1)快速以太网标准

快速以太网沿用标准以太网的机制。IEEE 802.3u 有 100Base-TX、100Base-T4 和 100Base-FX 三种规范，它们采用不同的编码/译码方式、传输介质和连接器，见表 2-4。

表 2-4　IEEE 802.3u 标准

以太网标准	编码/译码方式	信号频率	传输介质	最大传输距离	连接器
100Base-TX	4B/5B①	125 MHz	5 类 UTP 或 STP(2 对)	100 m	RJ45
100Base-T4	8B/6T②	25 MHz	3 类 UTP 或 STP(4 对)，支持 5 类线	100 m	RJ45
100Base-FX	4B/5B	125 MHz	多模光缆 MMF	550 m	ST 或 SC
			单模光缆 SMF	3 000 m	

①4B/5B 编码将 4 bit 数码映射为 5 bit 二进制代码，可以同时传输数据和同步信号，编码效率为 80%；

②8B/6T 编码将 8 bit 二进制数据编码成一个 6 bit 传输序列。6 bit 序列由一个三进制代码表示，包括正电压、零电压和负电压。这种编码方法与 4B/5B 使用的 NRZ(不归零)编码方法不同。

100Base-TX 支持全双工的传输方式，即由 2 对双绞线实现传输，分别用于发送和接收数据。100Base-T4 使用 4 对双绞线，通过复用技术实现 100 Mb/s 的传输速度，适用于布设了 3 类线的场所。100Base-FX 支持全双工传输，最大网段长度与所使用的光纤类型及工作模式有关，为 150 m、412 m、2 000 m，甚至可以达到 10 km，适用于有电气干扰的环境、较大距离连接、高保密环境等情况。

在快速以太网中，物理层被分为物理编码子层(PCS)和物理介质相关子层(PMA)，如图 2-15 所示。

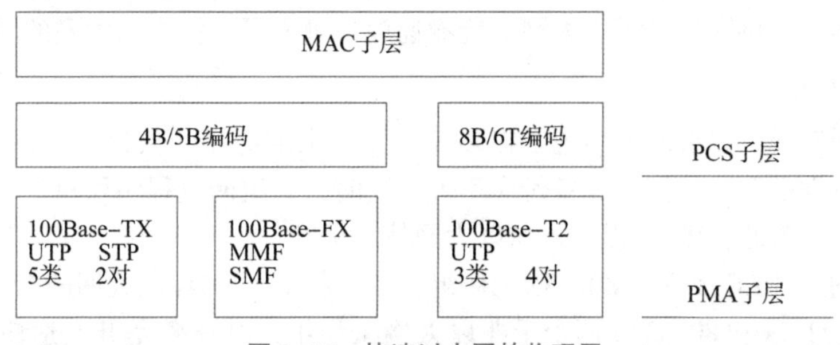

图 2-15　快速以太网的物理层

MAC 子层的介质访问控制策略为 CSMA/CD，其传输速率为原来的 10 倍，帧间隙为原来的 1/10，帧格式、冲突时间(512 bit)、最大传输帧(1 518B)、最小传输帧(64B)、地址长度(6B)等与 10Base-T 相同。

2)快速以太网与标准以太网的连接

10Base-T 与 100Base-TX 在编码方式、信号电平上互不兼容，如果把符合上述标准的站点直接互连，会造成相互之间不能通信，甚至损坏设备。当具有不同速率的站点互连时，为了实现逻辑上的互通，可以人工配置支持 802.3u 标准的端口，采用合适的工作方式，使设备在相同的速率下工作。

IEEE 802.u 推出了 IEEE 自动协商模式(NWay)，自动完成端口的配置，消除网络损坏危险，简化 LAN 管理员的工作。IEEE 802.3u 标准详细说明了自动协商的功能和操作过程。支持自动协商模式的设备上电后会在端口上发送快速链路脉冲(Fast Link Pulse，FLP)，FLP 信号中包含描述设备工作模式的信息。如果端口已与对方互连，双方设备则利用 FLP 进行自动协商，根据协商结果自动配置端口到最佳模式，并在共同的最高优先级的工作模式下交换数据。自动协商完成后 FLP 不再出现。如果设备重新启动，或者介质在工作期间中断后重新连接，则再次启动自动协商过程。

两个支持自动协商模式的设备用 UTP 互连后，可以通过端口间速率的自动协商，获得二者共同具有的最佳工作模式。例如，如果双方都支持 100Base-TX 和 10Base-T 工作模式，则自动协商后，两个端口将在 100Base-TX 模式下工作；如果双方一个支持 100Base-TX，另一个仅支持 10Base-T 工作模式，自动协商后，两个端口将在 10Base-TX 模式下工作。

3)共享式以太网络与交换式以太网络

快速以太网能够保障用户在布线基础实施上的投资，支持 3、4、5 类双绞线以及光纤的连接，有效地利用现有的设施。由于快速以太网使用集线器，属于共享总线的工作方式，采用 CSMA/CD 的介质访问控制技术，当网络负载较重时，效率会降低。

快速以太网可以使用共享型集线器联网，也可以使用交换机联网。采用集线器组成的网络为共享式以太网，采用交换机组成的网络为交换式以太网。使用集线器组建的共享网络升级为交换式以太网，不需要改变网络中的任何硬件，只需用交换机取代网络中的集线器即可。

交换式以太网克服了快速以太网的不足。它利用多端口的以太网交换机将竞争介质的站点和端口减少到两个，为需要传输的多台主机间建立独立的传输通道，同时进行数据传输。交换式以太网的出现，改变了站点共享 100 Mb/s 带宽的局面，提高了网络系统的带宽性能。1993 年，交换式以太网在交换技术的基础上出现了全双工以太网技术，改变了原来以太网半双工的工作模式，再次提高了以太网的传输速度，进入了交换式以太网的时代。

3. 千兆以太网

随着技术的发展，以太网上出现了很多高带宽需求的应用，如视频会议、多媒体交互、多媒体图像、科学模型、数据库和备份应用等。同时，在组网过程中用户对网络主干提出了更高的带宽需求。为此，IEEE 提出千兆以太网技术标准。

1996 年 3 月，IEEE 成立了 802.3z 工作组，开始制定 1 000M 以太网的标准。IEEE 802.3 工作组建立了 802.3z 和 802.3ab 两个千兆以太网工作组，其任务是开发适应不同需求的千兆位以太网标准。这两个标准分别为 IEEE 802.3z 和 IEEE 802.3ab。其中 IEEE 802.3z 采用光纤实现千兆速率，而 IEEE 802.3ab 采用双绞线实现千兆速率。

千兆以太网建立在标准以太网的基础上，千兆以太网标准继承了 IEEE 802.3 标准的体系结构，分成 MAC 子层和物理层两部分，在 MAC 子层采用与 IEEE 802.3 标准相同的帧格式和帧长度，保证了以太网、快速以太网和千兆以太网帧结构之间的兼容性。千兆以太网标准支持全双工传输。在实际的组网应用中，千兆以太网基本应用在核心层到汇聚层，汇聚层到接入层的上下层级连接线路。在这种环境下，网络不再共享带宽，碰撞检测、载波监听和多重访问已不再重要。

千兆以太网支持流量管理技术，保证以太网的服务质量，这些技术包括 IEEE 802.1p 第二层优先级、第三层优先级的 QoS 编码位，特别服务和资源预留协议（Resource Reservation Protocol，RSVP）。

千兆以太网采用与以太网、快速以太网完全兼容的技术规范，提供 1 Gb/s 的通信带宽、QoS 服务，具有升级平滑、实施容易、性价比高和易管理等优点。

IEEE 802.3z 标准和 IEEE 802.3ab 标准采用同样的 MAC 子层，但是在物理层采用不同的编码/译码方式和传输介质，见表 2-5。

表 2-5　千兆以太网标准

<table>
<tr><th colspan="2">以太网标准</th><th>传输介质</th><th>最大传输距离</th><th>信号源</th><th>连接器</th><th>编码方式</th></tr>
<tr><td rowspan="5">IEEE 802.3z</td><td rowspan="2">1000Base-LX</td><td>纤芯为 62.5 μm 或 50 μm 的多模光纤</td><td>550 m</td><td rowspan="2">波长为 1 300 nm 的长波激光</td><td rowspan="2">SC 型光纤连接器</td><td rowspan="5">8B/10B</td></tr>
<tr><td>纤芯为 10 μm 的单模光纤</td><td>5 000 m</td></tr>
<tr><td rowspan="2">1000Base-SX</td><td>纤芯为 62.5 μm 的多模光纤</td><td>300 m</td><td rowspan="2">波长为 800 nm 的短波激光</td><td rowspan="2">SC 型光纤连接器</td></tr>
<tr><td>纤芯为 50 μm 的多模光纤</td><td>550 m</td></tr>
<tr><td>1000Base-CX</td><td>150 Ω 屏蔽铜缆</td><td>25 m</td><td></td><td></td></tr>
<tr><td>IEEE 802.3ab</td><td>1000Base-T</td><td>5 类非屏蔽双绞线（4 对）</td><td></td><td></td><td></td><td>PAM-5①</td></tr>
</table>

①PAM-5 为卷积编码技术，又称为五级脉冲放大调制。该编码技术在 4 对线上传输 5 个电平幅度的信号，即五进制信号，在 4 对线上可以实现 625（5^4）种可能的编码，可以大大提高编码效率。

1000Base-CX 适用于机房内高速设备间的连接，如机房内集群网络设备的互连，机房内核心交换与服务器的连接。1000Base-T 工作在全双工模式下，采用复用技术，在每个线对上实现 250 Mb/s 的速率，4 对线复用后可以达到 1 000 Mb/s。

1000Base-T 确立了以太网技术在桌面的统治地位。千兆以太网以及随后出现的万兆以太网标准是两个比较重要的标准，以太网技术通过这两个标准从桌面的局域网技术延伸到校园网、企业网的局域网组建以及城域网的汇聚层网络和骨干层网络的组建。

4. 万兆以太网

以太网的带宽、传输距离制约了其在城域网和广域网的应用。1999 年，IEEE 成立了专门研究万兆以太网标准的 IEEE 802.3 HSSG 小组，进一步完善 802.3 协议，将以太网应用扩展到城域网、广域网，提供更高的带宽，兼容已有的 802.3 标准。

2002 年 6 月 12 日，IEEE 802.3ae 标准正式发布，这是工业界第一个纯光纤的以太网，数据传输速率达到 10 Gb/s，开创了以太网的万兆时代。

万兆以太网的出现使传统以太网技术有了一次较大的升级，推动以太网从局域网领域向城域网、广域网领域渗透。

1）万兆以太网与其他以太网的不同

以太网属于 OSI 网络层次模型的第二层协议。万兆以太网使用同一个 MAC 子层，也使用 IEEE 802.3 以太网 MAC 协议和帧长度，用户升级后的以太网可以与低速的以太网通信，实现向下兼容。万兆以太网与快速以太网、千兆以太网的不同主要体现在物理层。

（1）万兆以太网数据率非常高，主要用于网络骨干。网络骨干传输需要满足高带宽和远传输距离的要求，因此，万兆以太网采用光纤作为传输介质，工作在全双工模式，省略了 CSMA/CD 策略。

（2）万兆以太网的物理层定义了两种工作模式，即 LAN 模式和 WAN 模式。LAN 模式用于局域网，可以直接采用万兆光纤作为连接的物理传输介质，传输速率为 10 Gb/s。WAN 模式用于广域网，需要通过广域网的 SDH 网络进行连接。用于广域网的万兆以太网物理层需要增加 SONET/SDH 子层作为第一层，将以太网帧格式转换成 SDH 帧格式在 SDH 网络中进行传输。

（3）以太网在设计时是面向局域网的，作为广域网进行长距离的高速传输时，信号频率和相位会产生较大的抖动，导致在目的端实现同步比较困难。同时数据帧的帧头内容是实现传输控制的重要内容，为了保证帧头信息传输的可靠性，需要对帧头信息进行差错控制。因此以太网帧在广域网中传输时，需要对以太网帧格式进行修改。万兆以太网对帧格式中的同步方式进行了修改，以保证接收方的同步接收，并添加头校验码 HEC 对头部信息进行差错校验。

（4）万兆以太网的数据端口速率为 10 Gb/s，广域网的数据端口速率为 9.584 64 Gb/s。由于两种速率的物理层共用一个 MAC 子层，而 MAC 子层的工作速率为 10 Gb/s，因此万兆以太网在用于广域网工作在 WAN 模式时，必须采取相应的调整策略，降低网络速度，与广域网物理层的传输速率匹配，适应广域网的使用。

（5）万兆以太网需要提供更远传输距离的支持，在接口类型及应用上提供了更为多样化的选择。通过各种标准，局域网、城域网及广域网接口可以适用于不同的应用。万兆以太网在局域网可以采用多模光纤支持长达 300 m 的传输距离，或针对大楼与大楼间/园区网的需要采用单模光纤支持长达 10 km 的传输距离；城域网采用 1 550 nm 波长单模光纤支持长达 40 km 的传输距离，广域网支持 70～100 km 的传输距离。

（6）传统的以太网采用“尽力而为”的网络机制，强调用户接入所实现的网络资源和信息的共享，而不提供带宽控制能力和实时业务支持的服务保证，也不能提供故障定位、多用户共享节点和网络计费等。随着千兆以太网和万兆以太网的出现，以及在光纤上直接架构千兆以太网和万兆以太网技术的成熟，以太网进入了城域网和广域网，也采取了多种技术措施来提供端到端的网络服务保证。

各类以太网虽然速度不同，但都基于以太网技术，可以很好地向下兼容和速度扩展，是目前唯一能够将速度从 10 Mb/s 无缝升级到 10 Gb/s 的网络技术。

2）万兆以太网标准

万兆以太网标准分为 4 类，即基于光纤的局域网万兆以太网规范、基于双绞线（或铜线）的局域网万兆以太网规范、基于光纤的广域网万兆以太网规范和基于刀片服务器一类的背板应用规范，有 2002 年的发布的 IEEE 802.3ae，2004 年发布的 IEEE 802.3ak，2006 年发布的 IEEE 802.3an 和 2007 年发布的 IEEE 802.3ap，见表 2-6。

表 2-6　万兆以太网标准

以太网标准		传输介质	传输距离	编码方式	数据速率	时钟速率
IEEE 802.3ae	10GBase-SR	短波（850 nm）多模光纤（MMF）	2～300 m①	64B/66B	10.000 Gb/s	10.3 Gb/s
	10GBase-LR	长波（1 310 nm）单模光纤（SMF）	2～300 m	64B/66B	10.000 Gb/s	10.3 Gb/s
	10GBase-SW	短波(850 nm)、多模光纤（MMF）	2 m～10 km	64B/66B	9.585 Gb/s	9.953 Gb/s
	10GBase-LW	长波（1 310 nm）单模光纤（SMF）	2 m～10 km	64B/66B	9.585 Gb/s	9.953 Gb/s
	10GBase-LX4	多模光纤和单模光纤	多模光纤为 2～300 m，单模光纤为 10 km		10 Gb/s	3.125 Gb/s
IEEE 802.3ak	10GBase-CX4	CX4 铜缆③	15 m	8B/10B		
IEEE 802.3an	10GBase-T	双绞线	100 m	PAM-8		
IEEE 802.3ap	10GBase-KX4	6 类线	55 m	8B/10B		
		6a 类双绞线	100 m			
	10GBase-KR			64B/66B		

①10GBase-SR 支持 300 m 传输需要采用经过优化的 50 μm 线径 OM3（OptimizedMultimode3，优化的多模 3）光纤。没有优化的线径 50 μm 光纤称为 OM2 光纤，而线径为 62.5 μm 的光纤称为 OM1 光纤。

②10GBase-LR、10GBase-LW 的传输距离最高可以达到 25 km。

③一种屏蔽双绞线。

（1）10GBase-SR 具有成本低、电源消耗低、光纤模块小等优点，适用于短距离的局域网。10GBase-LR 适用于长距离的局域网。10GBase-SW、10GBose-LW 与 SONETOC-192 兼容，分别适用于短距离的广域网和长距离的广域网。10GBase-SW 通过广域网接口子层 WIS 把以太网帧封装到 SDH 的帧结构中，并做了速率匹配，以便实现与 SDH 的无缝连接。10GBase-LX4 采用波分复用技术，通过使用 4 路波长为 1 300 nm、工作在 3.125 Gbit/s 的分离光源来实现 10 Gb/s 传输，主要适用于需要在一个光纤模块中同时支持多模和单模光纤的环境。

（2）10GBase-CX4 使用 802.3ae 中定义的 XAUI（万兆附加单元接口）和用于 InfiniBand 中的 4X 连接器，适用于数据中心交换机与内部服务器之间的连接应用。10GBase-CX4 规范利用铜线链路的 4 对线缆传送万兆数据，通过 4 个发送器和 4 个接收器采用复用技术传送万兆数据，以每信道 3. 125 GBd/s 的波特率传送 2. 5 Gb/s 的数据，具有电源消耗低、成本低、响应延时低的优点。

(3)10GBase-T 依靠损耗消除、模拟到数字转换、线缆增强和编码改进 4 项技术在双绞线上实现 10 Gb/s 的传输速率。10GBase-T 的电缆结构也可用于 1000Base-T 规范，以便使用自动协商协议顺利从 1000Base-T 升级到 10GBase-T 网络。10GBase-T 具有更高的响应延时和消耗。在 2008 年，多个厂商推出了一种硅元素实现低于 6 W 的电源消耗，响应延时小于 1 μs。支持 833 Mb/s 和 400 MHz 带宽，对布线系统的带宽要求为 500 MHz，如果仍采用 PAM-5 的 10GBase-T 对布线带宽的需求是 625 MHz。10GBase-T 使用 RJ45 连接器。

(4)10GBase-KX4 和 10GBase-KR 主要用于背板应用，如刀片服务器、路由器和交换机的集群线路卡，因此又称为背板以太网。

在 10GBase-KR 规范中，为了防止信号在较高的频率发生衰减，背板本身的性能要求更高，而且可以在更大的频率范围内保持信号的质量。IEEE 802. 3ap 标准采用并行设计，包括两个连接器的 1 m 长铜布线印刷电路板。目前，对于具有总体带宽需求或需要解决走线密集过高问题的背板，许多供应商提供的 SerDes 芯片均采用 10GBase-KR 解决方案。

10GBase-SW、10GBase-LW 和 10GBase-EW 是应用于广域网的接口类型，其传输速率和 OC-192SDH 相同，物理层使用 64B/66B 的编码，通过 WIS 把以太网帧封装到 SDH 的帧结构中，并做了速率匹配，以便实现和 SDH 的无缝连接。

2. 4　无线局域网

无线局域网(Wireless Local Area Network，WLAN)是以无线方式接入有线网络的局域网，网络主干仍然是局域网，它通过在有线网络的接入层连接无线接入设备，实现无线方式接入有线网络，并延伸局域网的覆盖范围。

WLAN 采用电磁波作为信息传输介质，使用 2. 4 ~ 2. 48 GHz 和 5. 725 ~ 5. 850 GHz 频段进行传输，它们属于无线电波中的超高与极高的频段。

WLAN 主要采用扩展频谱方式与窄带调制方式。

在扩展频谱方式中，数据基带信号的频谱被扩展几倍至几十倍后，再迁移至射频发射出去。该方式牺牲了频带带宽，但提高了通信系统的抗干扰能力和安全性。由于单位频带内的功率降低，减小了对其他电子设备的干扰。

采用扩展频谱方式的 WLAN 一般选择 ISM(Industrial Scientific Medical)频段，许多工业、科研和医疗设备辐射的能量集中于该频段，如果发射功率及带宽辐射满足美国联邦通信委员会(Federal Communication Commission，FCC)的要求，则无须向 FCC 提出专门的申请即可使用 ISM 频段。

在窄带调制方式中，数据基带信号的频谱不做任何扩展即被直接迁移到射频发射出去。与扩展频谱方式相比，窄带调制方式占用频带少，频带利用率高。采用窄带调制方式的 WLAN 一般选用专用频段，需要经过国家无线电管理部门的许可方可使用。

基于红外线的传输技术最近几年有了很大发展。目前广泛使用的家电遥控器几乎都采用红外线传输技术。红外线传输不受无线电干扰，且使用不受国家无线电管理委员会的限制，但对非透明物体的透过性极差，传输距离有限。

2.4.1 无线局域网技术

WLAN 通信采用载波调制技术实现传输，发送端通过调制将传输的数据信息加载在射频载波上进行传输，接收端将收到的射频载波进行解调，提取并恢复传输数据信息。

1. 调制技术

调制技术基本的调制方式有幅移键控(ASK)、频移键控(FSK)和相移键控(PSK)，ASK 通过两个不同幅度的载波来表示 0、1，FSK 通过两个不同频率的载波来表示 0、1，PSK 通过两个不同相位的载波来表示 0、1。

为了提高通信速率，无线数字通信中还使用其他综合调制方式。在 WLAN 中，一般采用二进制相移键控(Binary Phase Shift Keying，BPSK)、四相相移键控(Quadrature Phase Shift Kefing，QPSK)、补码键控(Complementary Code Keying，CCK)和正交调幅(Quadrature Amplitude Modulation，QAM)进行调制。

(1)BPSK 用一个相位表示二进制中的一个 1，另一个相位表示 0。在 WLAN 技术标准中，IEEE 802. 11 的 1 Mb/s 速率，IEEE 802. 11 a/g 的 6 Mb/s 速率或 9 Mb/s 速率使用 BPSK。

(2)QPSK 用 4 个相位分别表示二进制数中的 00、01、10、11。在 WLAN 技术标准中，IEEE 802. 11 的 2 Mb/s 速率，IEEE 802. 11a/g 的 12 Mb/s 速率或 19 Mb/s 速率使用 BPSK。

(3)CCK 采用一个复杂的数学函数，使若干个 8 bit 序列在每个子码中编码 4 bit 或 8 bit。在 WLAN 技术标准中，IEEE 802. 11b 的 5. 5 Mb/s 速率和 11 Mb/s 速率使用 CCK。

(4)QAM 是一种综合调制方式，通过对同相和正交两种信号进行调幅，用调制后的信号相位和幅度表示不同的信息。如 16 QAM 可以得到 16 种组合，用来表示 4 位二进制数的 16 种信息编码，IEEE 802. 11a/g 的 24 Mb/s 速率或 36 Mb/s 速率使用 16 QAM 调制方式。64 QAM 可以得到 64 种组合，表示 6 位二进制数的 64 种信息编码，IEEE 802. 11 a/g 的 48 Mb/s 速率或 54 Mb/s 速率使用 64 QAM 调制方式。

2. 扩频技术

扩频技术是传输信息时所用信号带宽远大于传输信息所需最小带宽的一种信号处理技术。它在对数据基带序列信号进行射频调制之前，先进行频谱扩展，将原基带数字序列信号的频谱扩展几倍到几十倍，然后通过射频调制进行传输。扩展频谱方式可以用比窄带调制方式低得多的信号功率来发送，在比信号强的噪声环境下保证信息的正确接收，大大提高通信系统的抗干扰能力。

扩频技术展宽信号频谱，需要在更宽的频带上进行干扰，能够分散干扰功率，提高通信的抗干扰能力。如果信号频谱展宽 10 倍，在总功率不变的条件下，其干扰强度只有原来的 1/10。显然，扩展的频谱越宽，抗干扰能力就越强。

WLAN 的传输环境干扰因素多，信噪比差，增加带宽可以可靠地传输信号，在信号被噪声淹没的情况下，只要增加带宽，仍然能够保持可靠地通信。

WLAN 中传输的信号为数据基带序列信号，采用扩频传输技术时，在发送端输入的数据基带序列信号由扩频码发生器产生的扩频码序列调制数据基带信号以展宽信号的频谱，展宽后的信号被调制到射频发送出去。由此可见，采用扩频传输技术，基带数字信号在发送端要经过两次调制，第一次调制为扩频调制，第二次调制为射频调制。在接收端解调也相应地要经过射频解调和扩频解调两次解调，与一般通信系统比较，扩频通信多了扩频调制和解扩部分。

WLAN 中常用的扩频方式有直接序列扩频(Direct Sequence Spread Spectrum，DSSS)、跳频扩频(Frequency Hopping Spread Spectrum，FHSS)和正交频分复用技术(Orthogonal Frequency Division Multiplexing，OFDM)。

1)DSSS

DSSS 采用高频率的二进制比特流，这种二进制比特流是由数字电路按照特定的算法产生的扩频码序列。传输时，在发送端使用扩频码序列对无线传输载波进行调制，被扩频码序列调制的载波与传输数据信息混合，通过发射机发射扩频和数据。在接收端，接收机内能够产生相同的扩频码序列，按照接收端的二次逆过程解调，解析出传输的数据信息。DSSS 直接用高频率的扩频码序列调制载波，扩展信号的频谱，在接收端用相同的扩频码序列解扩，把展宽的扩频信号还原成原始的信息。

2)FHSS

FHSS 使用 FSK 技术，使收发双方的载波频率按照预定算法或规律产生离散的变化。FHSS 利用无线电从一个频率跳到另外一个频率来发送数据信号，在每个频率上传输若干位数据信息。

在跳频技术中，数据基带信号被调制成带宽的基带信号后进行载波调制，载波频率受伪随机码发生器控制，其带宽远远大于基带信号的带宽，FHSS 实现基带信号带宽到发射信号带宽的频谱扩展。

简单的 FSK 使用两个频率，而无线通信的跳频系统使用几十个，甚至上千个频率的伪随机码控制，在传输中不断跳变。接收端使用与发送端完全相同的伪随机码进行第一次解扩，恢复带宽的基带信号，再经过第二次解调恢复原有的数据信息。与定频通信相比，跳频通信比较隐蔽也难以被截获，只要对方不清楚载频跳变的规律，就很难截获发送方的通信内容，具有较高的安全性。

3)OFDM

OFDM 是一种独特的扩频技术。它将信道分成若干个正交子信道，一个高速的数据信号被转换成并行的低速子数据流后，被调制到多个子信道上传输，减小了载波间的干扰。

扩频技术采用扩频编码进行扩频调制发送，信号接收需要采用相同的扩频编码解扩，为频率复用和多址通信提供了基础。利用不同码型的扩频编码之间的相关特性，给不同的用户分配不同的扩频编码，就可以区别不同用户信号，实现多个用户同时通信(复用通信)。通过无线进行通信的众多用户，只要配对使用自己的扩频编码，就可以互不干扰地同时使用同一频率通信，实现频率复用。

扩频技术具有抗干扰能力强、隐蔽性好、便于复用等优点，在无线网络通信传输中被广泛使用。

2.4.2 无线局域网标准 IEEE802.11

20 世纪 80 年代，一些厂家推出了 WLAN 的雏形产品。随着 WLAN 技术的成熟，1990 年，IEEE 成立了无线网标准工作组，该工作组致力于 WLAN 相关技术研究和标准制定工作。1997 年 IEEE 发布了第一个 WLAN 的国际标准 IEEE802.11，1999 年完成修订，并相继发布了 IEEE802.11a 和 IEEE802.11b 两个标准。

随着 WLAN 的网络速率不断提高，2003 年 6 月，IEEE 发布了 IEEE802.11g 标准，2009 年 9 月发布了 IEEE802.11n 标准，2013 年推出了 IEEE802.11ac 标准(Wave1)，2016 年推出了 802.11ac 标准(Wave2)。

(1)IEEE 802.11 采用 BPSK、QPSK/FHSS 调制传输方式，工作频段为 2.4 GHz，传输速率可在 1 Mb/s、2 Mb/s 之间切换，最高速率为 2 Mb/s。

(2)IEEE 802.11a 发布于 1997 年 9 月，是第一个在国际上被认可的 WLAN 标准。该标准采用 64QAM/OFDM 调制传输方式，工作频段为 5.8GHz，最高速率为 54 Mb/s，传输速率可在 6 Mb/s、9 Mb/s、12 Mb/s、18 Mb/s、24 Mb/s、36 Mb/s、48 Mb/s、54 Mb/s 之间切换。

(3)IEEE 802.11b 是对 IEEE 802.11 的补充，于 1999 年 9 月被正式批准。它引入了 CCK/DSSS 调制传输方式，工作频段为 2.4 GHz，最高速率为 11 Mb/s，传输速率可在 1 Mb/s、2 Mb/s、5.5 Mb/s、11 Mb/s 之间切换。

在 IEEE 802.11 和 IEEE 802.11b 标准中，2.4 GHz 是免费开放的频段，采用 2.4 GHz 频段的 IEEE 802.11b 被大多数国家采用，而 5.8 GHz 是 IEEE 802.11a 独有的频段，目的是避免 2.2 GHz 公共频段的信号干扰。5.8 GHz 频段在一些国家和地区的使用情况比较复杂，而且高载波频率的负面效果，限制了 802.11a 的普及。

(4)IEEE 802.11g 是针对 IEEE 802.11b 的低速情况提出的标准，其工作频段仍然采用 2.4 GHz，传输速率提升到了 54 Mb/s，并且可以在 6 Mb/s、9 Mb/s、12 Mb/s、18 Mb/s、24 Mb/s、36 Mb/s、48 Mb/s、54 Mb/s 之间切换 。IEEE 802.11g 采用 CCK/DSSS 和 64 QAM/OFDM 调制传输方式，终端设备可以访问现有的 IEEE 802.11b 接入点和新的 IEEE 802.11g 接入点。

(5)IEEE 802.11n 是为进一步提高 WLAN 传输安全性和传输速率提出的标准。该标准通过对 IEEE 802.11 的物理层和 MAC 子层进行技术改造，其安全性显著提高，传输速率可达 300 ~ 600 Mb/s，可工作在双频模式，包含 2.4 GHz 和 5.8 GHz 两个工作频段，可以与 IEEE 802.11a/b/g 兼容。

IEEE 802.11n 采用 OFDM/ MIMO 调制传输方式，将高速率的数据流调制成多个较低速率的子数据流，通过已划分为多个子载体的物理信道进行通信，减少码间的干扰。MIMO(多入多出)技术在链路的发送端和接收端采用多副天线，可以在不增加信道带宽的情况下，成倍地提高通信系统的容量和频谱利用率，将 WLAN 系统速率从 54 Mb/s 提高到 300 Mb/s。

IEEE 802.11n 将两个相邻的 20 MHz 带宽捆绑在一起，组成一个 40 MHz 通信带宽，在实际工作时可以作为两个 20 MHz 的带宽使用(一个为主带宽，一个为次带宽，收发数据时既可以工作在 40 MHz 的带宽，也可以工作在单个 20 MHz 带宽)，将速率提高到 600 Mb/s。

(6)IEEE 802.11ac 是在 802.11a 和 802.11n 标准上建立起来的最新的技术标准，它使用 5.8GHz 频段，采用 OFDM/ MIMO 调制技术，通过增加调制阶次和通道带宽来提高传输速率。调制阶次由 802.11n 的 64 QAM 增加到 256 QAM；在通道带宽设置上，每个通道的工作到宽增加到 80 MHz，甚至是 160 MHz，理论传输速率跃升至 1 Gb/s，达到有线电缆的传输速率。

为了解决 802.11 标准中安全机制的缺陷，IEEE 802.11i 工作组提出了 802.11i 标准。802.11i 标准结合 IEEE 802.1x 的用户端口认证和设备验证，对 WLAN 的 MAC 子层进行了修改，定义了严格的加密格式和授权机制，提升了 WLAN 的安全性。此外，中国制定了无线局域网鉴别和保密基础结构(WLAN Authentication and Privacy Infrastructure，WAPI)标准。WAPI 是一种新的无线网络安全协议，可以防范无线局域网“钓鱼”、蹭网、非法侦听等安全威胁，为无线网络提供安全防护能力，目前正在申请成为国际标准。802.11i 和 WAPI 都可以保障用户无线数据的安全。

WLAN 的大规模部署和 Voice Over WLAN 等需求对无线网络的覆盖范围、无线资源、无线终端管理提出了更高要求，IEEE 相继推出了 802.11h、802.11k 和 802.11v 标准。此外，为了简化大量 AP 设备部署时的操作成本，IETF 成立了 CAPWAP 工作组，制定相关标准。

为了满足 Voice Over WLAN 等业务对 QoS、快速漫游的要求，IEEE 推出了 802.11e 和 802.11r 标准，为了标准化基于 WLAN 的 mesh 网络技术又推出了 802.11s 标准。

IEEE 802.11 历经十几年的发展，已经从最初的 IEEE 802.11a/b/g/n/ac 发展到目前的 IEEE 802.11z 等 27 种标准。IEEE 802.11 标准还在不断地推出，更多新的 IEEE 802.11 标准正在制定中。

IEEE 802.11 关注技术标准和协议接口，并没有提出 802.11 协议产品化的具体实现，即使各厂家基于相同的协议标准开发，仍然存在无法互通的风险。802.11 标准的产品化、产业化需要一个组织来推动，产品互通性需要一个组织来认证，这些需求促进了 Wi-Fi 联盟的诞生。Wi-Fi 联盟包括 Intel、Broadcom、华为、华硕、BenQ 等 WLAN 设备生产商。该联盟参考 IEEE 802.11 标准制定了大量认证标准，如参考 802.11i 协议制定了 WPA/WPA2 认证标准，参考 802.11e 协议制定了 WMM 认证标准。凡是通过 Wi-Fi 联盟兼容性测试的产品，都能保证互连互通。Wi-Fi 联盟推动了 WLAN 产业化。

2.4.3 MAC 子层

1. CSMA/CA

CSMA/CD 在 WLAN 中存在隐蔽站问题和暴露站问题。

(1)隐蔽站问题。由于 WLAN 的接收信号强度随传输距离的增大而不断减小，在数据传输时，距离发射天线距离较远的站无法侦听到网上已经有数据发送，这种站被称为隐蔽站。网上不空闲时，隐蔽站认为网上空闲而继续发送数据，导致冲突产生，发送失败。

如图 2-16(a)所示，图中画出了 4 个无线移动站，无线信号的传播范围是以发送站为圆心的一个圆。图中 A 站和 C 站都要与 B 站通信，但 A 站与 C 站相距较远，彼此听不到对方，检测到信道空闲时就向 B 站发送数据，结果产生碰撞，发生冲突。

(2)暴露站问题。WLAN 允许在同一时刻多对站点同时发送数据。如图 2-16(b)所示，B 站向 A 站发送数据，同时 C 站向 D 站发送数据，由于 B 站的数据发送导致 C 站检测到信道忙，C 站不发送数据而处于等待状态。但实际上 B 站向 A 站发送数据并不影响 C 站向 D 站发送数据。

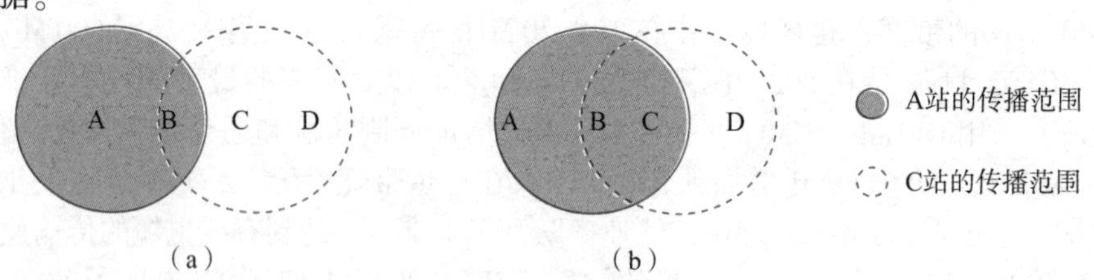

图 2-16 CSMA/CD 在 WLAN 中存在的问题

(a)隐蔽站；(b)暴露站

由于隐蔽站和暴露站问题的存在，WLAN 将冲突检测改造为冲突避免，即将 CSMA/CD 改造成 CSMA/CA。为了有效避免冲突，IEEE 802.11 的 MAC 子层定义了两种模式，即点协调功能(Point Coordination Function, PCF)和分布协调功能(Distribution Coordination Function, DCF)。

(1)PCF 是一种无争用服务，采用集中式控制方式，由网上的控制中心采用轮询的办法将发送权轮流交给网上的各个站，从而避免冲突的发生。

(2)DCF 是一种争用服务，采用分布式控制方式，通过 CSMA 争用来获取信道，并通过发送数据前对信道的预约来避免冲突(CA)发生。

IEEE 802.11 规定，DCF 和 PCF 可以共存于一个站中，PCF 是可选用的功能，DCF 是必备功能。

CSMA/CA 协议的工作流程分为两步：

(1)每个站发送数据前，先监听信道状态，监听到信道空闲，维持一段随机时间后，再发送数据。由于每个站采用的维持随机时间不同，因此可以减少发生冲突的可能性。

(2)发送站发送一个请求发送(Request to Send，RTS)帧给接收站，接收站收到 RTS 帧后，回应一个允许发送(Clear to Send，CTS)帧，发送站收到 CTS 后即可完成预约，向接收站发送数据帧(没有收到 RTS 的站不能发送数据)。接收站收到数据帧后，向发送站返回确认(Acknowledge，ACK)帧。CSMA/CA 利用 RTS-CTS 握手机制完成信道预约，确保发送数据帧时，不会发生碰撞。

CSMA/CA 的工作机制可以有效地解决隐蔽站和暴露站的问题，如图 2-17 所示。设 B 站、C 站、E 站在 A 站的无线信号覆盖范围内，而 D 站不在其中；A 站、E 站、D 站在 B 站的无线信号覆盖范围内，而 C 站不在其中。

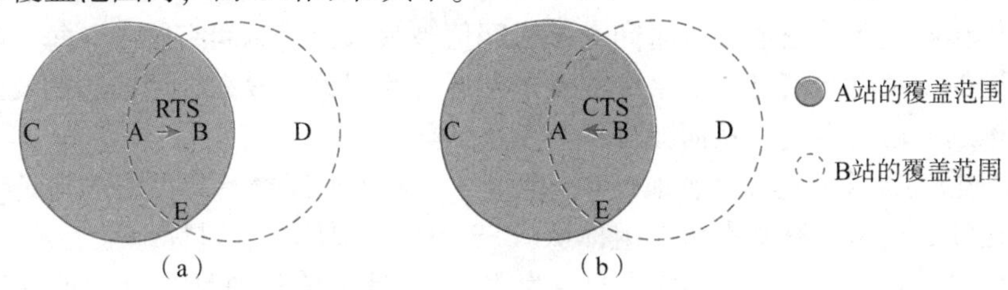

图 2-17　CSMA/CA 工作机制

如果 A 站要向 B 站发送数据，则在发送数据帧前先向 B 站发送 RTS 帧，B 站收到 RTS 帧后向 A 站回应 CTS 帧。A 站收到 CTS 帧后完成预约，即可向 B 站发送数据帧。

C 站在 A 站的覆盖范围内，能够收听到 A 站发送的 RTS 帧。经过一段时间后，C 站收听不到 B 站发送的 CTS 帧，说明 C 站不在 B 站的覆盖范围内，可以与在 B 站覆盖范围内的 D 站传输数据，而不会干扰 B 站接收数据。因此 C 站可以向 D 站发送数据。

D 站收听不到 A 站发送的 RTS 帧，但能收听到 B 站发送的 CTS 帧，说明 D 站在 B 站的覆盖范围内，不能发送数据。因此，D 站在收到 B 站发送的 CTS 帧后，应在 B 站随后接收数据帧的时间内关闭数据发送操作，以避免干扰 B 站接收 A 站的数据。

E 站处于 A 站和 B 站的覆盖范围，能收听到 RTS 帧和 CTS 帧，因此，在 A 站发送数据帧的整个过程中不能发送数据。

CSMA/CA 协议通过 RTS 帧和 CTS 帧预约信道能有效地避免冲突的发生，同时不影响无线传输范围以外的其他站发送数据。虽然使用 RTS 帧和 CTS 帧会降低网络的效率，但两种控制帧的长度分别为 20 B 和 14 B，数据帧最长可达 2 346 B，相比之下的开销并不大。若不使用 RTS 帧和 CTS 帧，发生冲突会导致数据帧重发，浪费更多的时间。

尽管 CSMA/CA 协议经过了精心设计，但冲突仍然会发生。例如，B 站和 C 站同时向 A 站发送 RTS 帧。两个 RTS 帧发生冲突后，A 站收不到正确的 RTS 帧，无法发送后续的 CTS 帧。这时，B 站和 C 站各自随机地推迟一段时间后重新发送其 RTS 帧。推迟时间的算法使用二进制指数退避。

2. MAC 帧

WLAN 中的 MAC 帧由 30B 的帧头、长度可变(0～2 312 B)的帧主体信息(数据)和 14 B 的帧校验序列 FCS 组成，如图 2-18 所示。

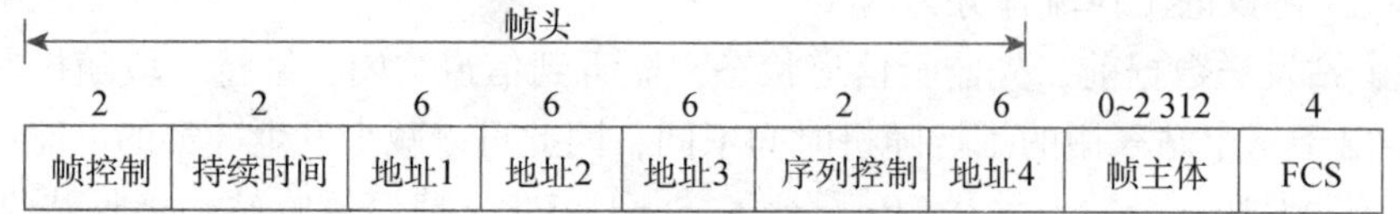

图 2-18　WLAN 的 MAC 帧格式

1)帧格式

☞ 帧控制字段是在工作站之间发送的控制信息，可分为若干个子字段。重要的子字段有协议字段、类型字段和有线等效保密字段等。其中，协议字段表明使用的协议版本；类型字段表明当前发送帧的类型，如控制帧、数据帧或管理帧；有线等效保密字段表明在无线信道上使用 WEP 加密算法，可以如同在有线信道上通信一样地保密。

☞ 持续时间字段包含发送站请求发送持续的时间，该时间取决于帧的类型。CSMA/CA 协议中允许传输站点预约信道一段时间，该时间值被写入持续时间字段中。每个帧包含表示下一个帧发送的持续时间信息。网络中的各个站通过监视该字段来推测前边的发送站需要占用的时间，推迟自己的发送，从而减少冲突发生的概率。

☞ 地址字段有 4 个：地址 1、地址 2、地址 3、地址 4 包含不同类型的地址，地址的类型取决于发送帧的类型，有基本服务组标识(BSS-ID)、源地址、目标地址、发送站(AP)地址和接收站(AP)地址。各段地址的长度均为 48 位，且有单独地址、组播地址和广播地址之分。

地址 4 用于自组网络，在这里不予讨论。当无线网上的两个终端站 A、B 之间进行数据通信时，发送站 A 需要先将数据发送给无线接入点 AP，然后从 AP 转发给 B，此时从 A 发出的数据帧中需要给出自己的地址(源地址)、接收站的地址(目的地址)及转发无线 AP 的地址，即要给出 3 个地址，分别用地址 1、2、3 表示。例如，A 站要将数据发给 B 站，此时数据帧中的地址 1 表示目的地址，地址 2 表示 AP 地址，地址 3 表示源地址。

☞ 序列控制字段指出当前发送帧的序列号，帮助接收方区分某一帧是新传送来的，还是因为出现错误而重传的。该字段最左边的 4 位由分段号子字段组成，第一个分段号为 0，其他发送分段的分段号依次加 1。站点在数据接收时，可以通过监视序列号和分段号来判断是否为重复帧。

☞ 帧主体字段的有效长度可变，所加载的信息取决于发送帧的类型。如果发送帧是数据帧，该字段则包含一个 LLC 数据单元。如果发送帧是管理帧或控制帧，则在帧体中包含一些特定的控制参数。如果帧不需要承载信息，帧主体字段的长度则为 0。

☞ 帧校验序列字段用于差错控制。WLAN 采用 CRC 对传输的数据帧进行差错校验，发送方对发送的数据按照 CRC 算法生成帧校验序列，接收方通过帧校验序列对接收到的数据信息进行校验，检查接收帧的数据传输是否发生差错。

检验出现错误的帧要设法进行恢复。差错恢复在接收方把接收到错误帧和没有收到帧一样对待，就是简单地不给响应帧；当发送方向某站点发送出一个帧后，若经过一定的时间间隔之后，接收不到对方(目的工作站)的响应帧，则判断已发送的帧出现传输错误，要重发该帧。系统要控制重发的次数，超过重发次数限制之后，工作站会丢弃该帧。

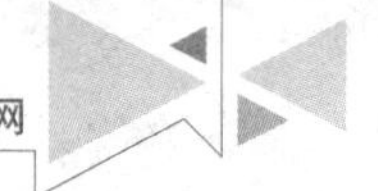

2)MAC 帧的类型

MAC 帧分为数据帧、管理帧和控制帧。

☞ 数据帧向目的工作站的 MAC 子层传送数据信息。发送方要发送数据时，将来自子 LLC 层的数据帧封装成 MAC 帧，由物理层调制成无线信号进行传输。接收站收到无线信号时，由物理层解调恢复 MAC 帧，对 MAC 帧解封得到 LLC 帧，交给 LLC 子层。

☞ 管理帧负责发现无线 AP 并在工作站与无线 AP 之间建立初始的通信，建立连接并提供认证服务。用户接入无线网络时，要通过扫描发现当前环境下存在的无线 AP，才能进行无线通信，实现数据传输。

工作站发送数据时，选择当前环境中存在的无线 AP，向其发起认证，通过认证后，用户终端向无线 AP 发起连接，完成连接后，用户终端与无线 AP 之间的传输链路建立，二者就可以收发数据帧。管理帧有 Beacon、Probe、Authenticcation、Association，其中 Beacon、Probe 用于扫描无线 AP，Authenticcation 用于认证，Association 用于连接。

☞ 控制帧实现通信传输的介质控制。当用户终端与无线 AP 之间建立连接并完成认证后，控制帧按照 CSMA/CA 协议的工作流程为数据帧的发送提供 RTS 帧和 CTS 帧，获取信道的使用权，进行数据发送。接收方对发来的数据进行接收，并对接收到的数据信息进行差错校验。如果校验结果正确，则向发送方返回 ACK 帧，表示数据已正确接收。

3. MAC 子层的功能

WLAN 的大部分无线功能是建立在 MAC 子层上的。MAC 子层负责用户终端与无线 AP 之间的通信，主要功能有扫描、认证、接入、传输、加密和漫游等。这些功能通过通信双方交换 MAC 帧完成。

扫描是用户终端接入 WLAN 的第一个步骤，用户终端通过扫描发现当前环境中存在的无线 AP，或者在漫游时寻找新的无线 AP。WLAN 从用户终端的角度划分为主动扫描(Active Scanning)和被动扫描(Passive Scanning)两种方式。

☞ 被动扫描：在 AP 上设置服务集标识符(SSID)信息后，AP 会定时(100ms)发送一个 Beacon 帧，Beacon 帧中包含该 AP 的 SSID 名称、通信速率、认证方式、加密算法、工作信道、发送时间间隔等信息，上网的用户终端通过侦听无线 AP 定期发送的 Beacon 帧发现周围的无线 AP。用户终端会在不同的信道之间不断切换，等待 Beacon 帧的到来。当一个等待户终端进入无线信号覆盖的环境时，将记录所有收到的 Beacon 帧信息，以此来发现周围的无线 AP，获取网络服务。

☞ 主动扫描：用户终端主动在每个信道上发送 Probe Ruestest 帧，从 AP 回应的 Probe Response 帧中获取 AP 的 SSID 名称、通信速率、认证方式、加密算法、工作信道，发送时间间隔等信息，以此来发现周围的无线 AP，获取网络服务。

在一般情况下，WLAN 采用被动扫描方式，用户终端进入无线信号覆盖的环境时，就能发现该环境下的所有无线 AP，通过选择合适的无线 AP 获取网络服务。当系统需要隐藏某个 SSID 信息时，可以将 AP 设置为主动扫描方式。例如，在一栋办公大楼中提供了两个无线接入 AP，其 SSID 名称分别是“Office”和“Visitor”，其中 Office 为公司人员提供无线接入服务，连接此 SSID 可以访问公司内网资源，而 Visitor 为外部访客提供无线接入服务，连接此 SSID 仅可以访问 Internet 资源。为了提高无线网络的安全性，可以将 Office 的无线服务设置为隐藏 SSID 方式，外部访客便不知道 Office 的 AP 存在，而内部员工可以通过主动扫描方式连接此 SSID，获取公司内网的资源服务。隐藏 SSID 是最简单的无线网络安全接入手段。

第3章 网络设备

计算机网络由网络设备、通信线路组成，而网络设备有网内连接设备和网间连接设备。网内连接设备主要有网卡、集线器、交换机，网间连接设备有网桥、路由器、网关。

3.1 网卡、集线器、网桥

3.1.1 网卡

网卡也称网络适配器，计算机通过网卡实现与网络连接。网卡将源端计算机的数据转换成网络线缆上传输的电信号并发送出去，同时从网络线缆上接收信号并把电信号转换成在计算机内传输的数据。

网卡工作在 OSI/RM 的数据链路层和物理层，属于二层设备，主要完成并行数据和串行信号之间的转换，数据编码，数据帧的装配和拆装，数据帧传输的差错校验、流量控制、介质访问控制和数据缓冲等。

由于网络上的数据率和计算机总线上的数据率不同，在网卡中装有缓存数据的存储芯片，其外形如图 3-1 所示。目前多数计算机已将网卡集成在计算机主板上。

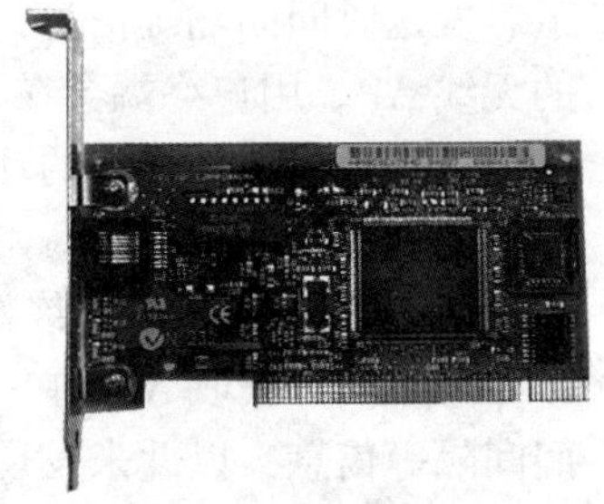

图 3-1 网卡

每台联网的计算机都安装了一块网卡，网络通过网卡上的地址进行物理寻址，找到指定的计算机。每块网卡在厂家生产时，分配了一个唯一的地址，这个地址为 MAC 地址，网络在数据链路层的寻址通过 MAC 地址实现。

因为 MAC 地址是计算机联网的物理地址，全世界联网的计算机都使用 MAC 地址进行寻址，所以 MAC 地址要在全球进行统一的分配。MAC 地址用 48 位二进制数表示，共 6 个字节，由 IEEE 统一进行管理。IEEE 在进行地址分配时，向设备生产商分配前 3 个字节的地址，通过它来区别不同厂家生产的网卡，后面的 3 个字节由厂家进行地址分配。同一个厂家生产的网卡，前 3 个字节的地址是相同的，后 3 个字节的地址是不同的。

由于 48 位二进制数不容易书写和阅读，一般采用十六进制数表示 MAC 地址。每位二进制数用一个十六进制数表达，如 MAC 地址 0000 0010 0110 0000 1000 1010 0001 0001 0001 0100

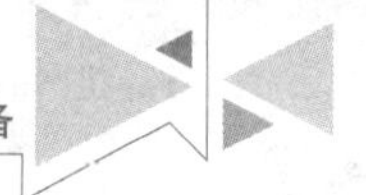

0011 1111 用十六进制表示为 0260 8C11 143f。

在 MAC 地址中，第一个字节存在两位特殊地址位，分别为 I/G 位和 G/L 位，用于表示组/单地址和全局/局部管理地址。

I/G=0 为单地址，表示把含有该地址的报文发送给该地址的单台计算机。I/G=1 为组地址，表示将该地址的报文发送给这一组地址的所有计算机。

G/L=1 表示全局管理地址，属于向 IEEE 申请购买的地址块，用户只能按 IEEE 分配的地址范围使用；G/L=0 表示局部管理地址，不属于向 IEEE 申请购买的地址块，用户可以任意分配网络上的地址。全局管理地址使用 46 位表达近 70 万亿个地址，保证了全球每一个联网计算机的 MAC 地址互不相同。

3.1.2 集线器

由于传输线路噪声和线路衰减的影响，信号的传输距离受到限制，需要使用中继器对接收到的信号进行再生、整形、放大，增加网络的传输距离。网络中起中继器作用的设备是集线器(Hub)。集线器是一个多端口的中继器设备，它把接收到的信号再生、放大后广播到其他端口，以保证所有端口具有同样质量的信号。

集线器内部采用总线连接方式，任意一台连接在集线器的计算机发出的数据信息，都能够通过总线传输到集线器上的所有端口，即所有连接在集线器端口上的计算机能接收到任意一台计算机发出的数据信号。集线器以这种方式实现连接在集线器上的计算机的相互通信。集线器工作在 OSI 层次模型的物理层。

连接在集线器上的每台设备共享总线带宽。如果总线带宽为 100 Mb/s，集线器上连接 10 台计算机，由于共享总线，各台计算机只能分时使用总线进行传输，在理想情况下，分给每个端口的带宽只有 10 Mb/s。

总线连接方式的网络常常通过集线器扩充网络的端口数。集线器产品根据用户的需要设计了不同数量的端口，常见的集线器有 4 端口、8 端口、12 端口、16 端口、24 端口等多种形式。以太网使用集线器进行网络连接时，只要将每个计算机连接到集线器的一个端口上即可，如图 3-2 所示。

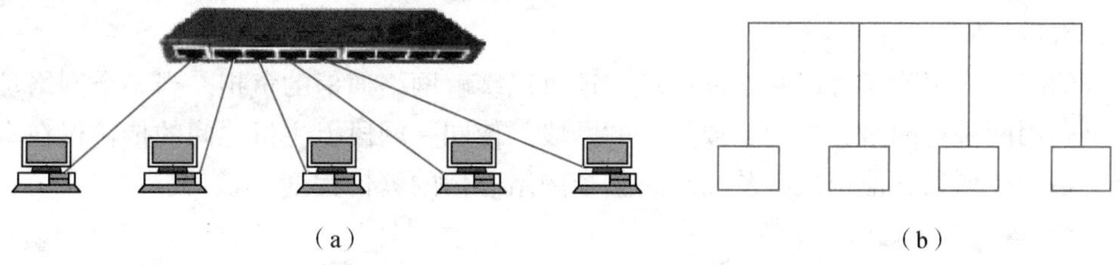

图 3-2 使用集线器联网

(a) Hub；(b) 总线式拓扑

集线器联网只能用在规模很小的网络。当网络规模较大时，需要采用网桥将网络分割成若干个规模较小的网络，解决由于网络发生冲突的概率上升而导致的传输效率下降问题。

3.1.3 网桥

网桥工作在 OSI/RM 的物理层和数据链路层，使用 MAC 地址在各网段或局域网间转发信息帧，实现不同局域网的通信。它存在若干个端口，每个端口连接一个网段或一个局域网。在实际应用中，网桥主要用于同一网络中不同网段的互连，完成信息帧的过滤与转发。

1. 网桥的工作原理

网桥属于二层设备，用来接收、存储、转发信息帧。网桥接收到信息帧时，先进行存储，然后对信息帧中的目的 MAC 地址进行分析，决定该信息帧过滤或转发。

当一个信息帧到达时，网桥通过分析信息帧地址字段的目的地址，判断源主机与目的主机是否处于同一网段。如果源主机与目的主机处于同一网段，目的主机能够直接收到该信息帧，不必由网桥转发，网桥丢弃该信息帧(过滤)；如果源主机与目的主机处于不同的网段，目的主机不能直接收到该信息帧，需要由网桥转发，该信息帧被转发到与目的网段连接的端口，并传输到目的网段。利用网桥实现两个网段的网络互连示意如图 3-3 所示。

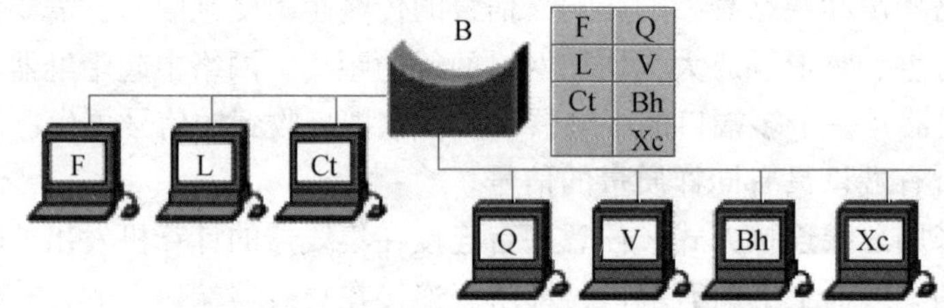

图 3-3　利用网桥实现两个网段的网络互连示意

当主机 Xc 发送信息帧给主机 V 时，目的主机与源主机处于同一端口所连接的网段上，能够直接收到信息帧，不必经过网桥转发。当主机 Xc 发送信息帧给主机 L 时，目的主机与源主机处于不同端口所连接的网段，不能直接收到信息帧，必须经过网桥转发。

在一个网段内互相传送信息帧时网桥不将其转发到其他网段，具有隔离作用，实现了将一个较大的网络隔离成若干个网段的功能。

一个连接着较多主机的以太网，如果采用网桥将其隔离成若干个小的网段，网络的冲突域被限制在每一个小网段内，整个网络的冲突域减小，网络发生冲突的可能性进一步减小，传输效率大大提高。不同网段的信息帧可以通过网桥进行转发，网桥的加入不影响整个网络通信的正常进行，

网桥的隔离作用除了可以减小冲突域，还可以缓解网络通信的负担。当一个网络负载很重时，可以用网桥将网络分成两个或更多的网段，使同一网段上主机之间的传输仅在本网段上进行，不会传输到其他网段，从而缓解整个网络通信的繁忙程度。

2. 地址转发表的建立

网桥通过查询内部的地址转发表决定转发输出端口，实现转发功能。

地址转发表描述了与网桥各端口连接的主机，建立每个网段所连主机地址与端口的对应关系。连接在网桥同一端口上的所有主机属于同一网段，连接在不同端口上的主机属于不同网段。

网桥通过学习自动建立地址转发表。下面采用图 3-4 所示的网络连接说明网桥的学习与建立地址转发表的工作原理。

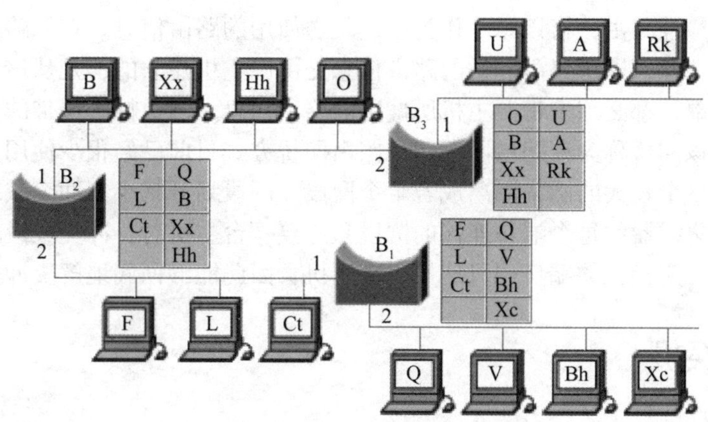

图 3-4 3 个网桥的网络连接

图中将局域网通过 3 个网桥分割成 4 个网段。当网络连接完毕加电时，网桥启动，此时网桥还没学到任何信息，地址转发表是空的，当主机 Xc 发送信息帧到主机 Q 时，由于处于同一网段，所有连接在该网段上的主机和网桥都会收到这个信息帧。通过读取源地址，网桥 B_1 学习到主机 Xc 连接在端口 2 的网段上，将主机 Xc 的地址收录到自已的地址转发表中，并建立 Xc 与端口 2 的对应关系。以这样的方式，当与端口 2 连接的网段上的所有主机都发送过信息帧后，学习到所有连接在网桥端口 2 网段上的主机地址信息，建立了其地址与端口 2 的关系；同样，当连接在网桥 B_1 端口 1 的网段上所有的站都发送过信息帧时，网桥学习到所有连接在网桥端口 1 上的主机地址信息，并建立其地址与端口的关系。网桥通过这样的学习方式，建立地址转发表。建好地址转发表后，在网上有信息帧发送时，网桥按照转发表中的信息对收到的信息帧进行地址分析，决定是否转发。

当网桥收到的信息帧在地址转发表中没有对应的地址信息时(如刚刚打开电源的主机)，查询地址转发表是无法确定转发端口的。在这种情况下，网桥采用广播的方式，将该信息帧向所有网段转发，使该信息帧到达刚刚打开电源的主机，同时收到该信息帧的主机向源主机回送应答帧时，网桥学习到该主机的地址与网段所连接端口的关系，更新原来的地址转发表。网桥通过这样的学习方式，学习连接在自己各个端口上的所有主机的地址信息，建立完备的地址转发表。

3. 网桥的类型

按照工作方式，网桥分为透明网桥和源路由网桥两种类型。

1)透明网桥

按照以上学习方式建立转发表的网桥为透明网桥。透明网桥通过自学习在网桥中建立转发地址表后，按地址表传输数据。主机不必关心网络的内部情况，也不必了解数据帧是如何传输到目的主机的，主机知道信息帧发送出去以后，一定能到达目的主机，从这个意义上来说，数据帧以一个主机传输到另外一个主机是没有障碍的，即是透明的，所以被称为透明网桥。

2)源路由网桥

源路由网桥在发送信息帧时，将详细的路由信息放在信息帧的首部，收到信息帧的网桥按照帧首部的路由信息进行转发。路由信息的获取在网络初始化时完成，由源主机以广播的方式向准备通信的目的站发送一个发现帧，每个发现帧都记录所经过的路由信息。当发现帧到达目的主机时，又沿着各自的路由返回源主机。源主机获取路由信息后，从所有可能的路由中选择出一个最佳路由，将该路由作为后续发送使用的路由信息。在源路由网桥中，由源端进行传输路径选择，即源路由网桥的路由信息是由源主机建立的，凡从该源主机向该目的主机发送的帧首部，都必须携带源主机所确定的路由信息。传送帧上携带的路由信息是由源端给出的，所以该网桥称为源路由网桥。源路由网桥方式目前已经很少使用。

网桥可以将一个较大的网络隔离成若干个网段，网段划分越小，冲突域就越小，网络的传输效率越高。集线器的每个端口连接的网段只连接一台主机时，冲突域最小，能够较彻底地解决冲突问题。交换机的端口也只连接一台主机，因此能够彻底地解决冲突问题。

3.2 交换机

交换技术按照通信两端传输信息的需要，把需要传输的信息从输入端送到输出端，存在电路交换、报文交换和分组交换 3 种技术，网络中主要采用分组交换技术。分组交换技术通过网络中的交换节点不断地向目的端转发(交换)数据分组。网络中各节点实现交换的设备是交换机。

3.2.1 交换机的工作原理

集线器与交换机的工作方式比较如图 3-3 所示。集线器共享一条传输总线，任何一对站点在需要传输时，均会占用总线，此时其他站不能使用总线传输，否则将产生冲突。交换机采用与集线器完全不同的工作方式。它通过交换，连通需要传输的一对端口，在需要传输的端口之间建立独立的传输通路，传输的数据从输入端口送入交换机，从输出端口送出，完成交换。交换机在交换时，不需要传输的端口间不连通，即不建立传输通路。

交换机通过交换矩阵在需要传输的一对端口之间建立传输通路，如图 3-5 所示。当端口 E_1 与端口 E_{11} 需要建立传输通路时，交换矩阵将节点 A 连通；当端口 E_2 与端口 E_7 需要建立传输通路时，交换矩阵将节点 B 连通；当端口 E_4 与端口 E_9 需要建立通路时，交换矩阵将节点 C 连通。

交换机可以同时为多对需要传输的端口建立通路。当两个以上的站需要发送时，只要目的站点不同，它们的通信就可以同时进行。由于使用互不相干的通道，它们的传输不会发生冲突。在如图 3-6 所示的交换矩阵中，端口 E_1 和 E_{11}、端口 E_2 和 E_7、端口 E_4 和 E_9 互不相干，可以同时接通，并完成交换。

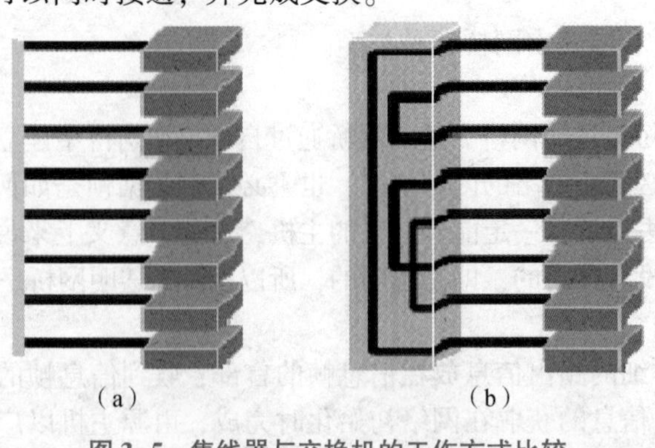

图 3-5 集线器与交换机的工作方式比较

(a)集线器方式；(b)交换机方式

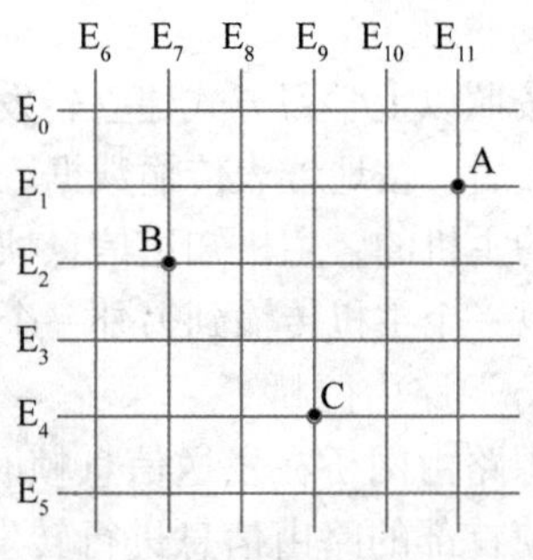

图 3-6 交换矩阵

当网络中有一个端口的帧要发送给另外一个端口时，如果通过集线器传输，由于集线器是广播形式发送，接入集线器的所有端口都会收到这个帧；如果通过交换机传输，则只在需要传输的端口之间建立独立的传输通道，该帧从输入端口被转发到输出端口，完成交换，而其他端口与这一对端口都是没有连通的，即其他端口是收不到发送方的信息帧的。也就是说，在交换机的工作方式下，数据帧不会传输到其他网段，其他网段的带宽不会受到影响，更不会与其他端口的发送发生冲突，彻底地解决了冲突问题。

交换机工作在独享总线带宽方式，两个端口之间建立独立的传输通道。总线带宽为100 Mb/s 的交换机，每个端口的速率可以达到100 Mb/s，与连接在交换机上的计算机数量无关。

3.2.2　交换机的类别

按照OSI层次模型，交换机可以工作在不同的网络层次。工作在数据链路层和物理层的交换机为二层交换机，工作在网络层、数据链路层和物理层的交换机为三层交换机，而工作在传输层、网络层、数据链路层和物理层的交换机为四层交换机。

1. 二层交换机

数据链路层使用MAC地址传输数据帧，二层交换机根据MAC地址完成数据帧的交换。二层交换机有许多端口，联网的计算机连接到各个端口，实现网络的连接。二层交换机的工作原理示意如图3-7所示，4台主机分别连接交换机的端口 E_1、E_2、E_3、E_4。

1) MAC地址转发表

二层交换机使用MAC地址转发表完成交换。当两台主机需要通信时，源主机发出的数据帧传输到交换机，交换机根据数据帧的目的地址查找MAC地址表，确定目的主机的端口，建立传输通道。数据帧从通往目的主机的端口送出，到达目的主机，完成交换。

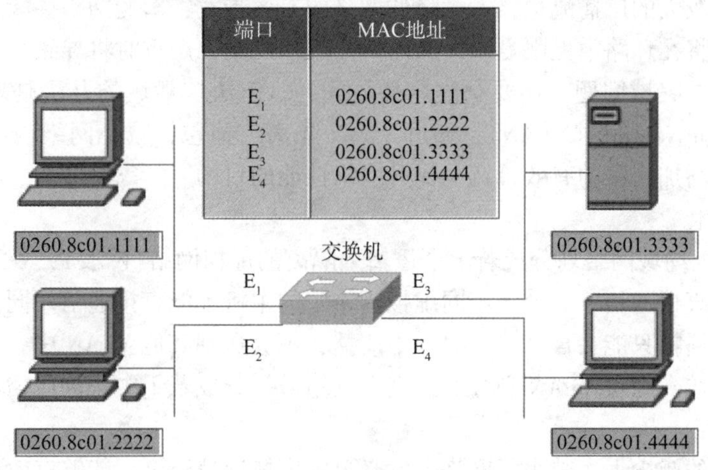

图3-7　二层交换机的工作原理

例如，当MAC地址为0260.8c01.1111的主机要发送数据帧给MAC地址为0260.8c01.3333的主机时，该帧从交换机的端口 E_1 进入交换机；交换机通过查找MAC地址转发表，得知0260.8c01.3333的主机连接在交换机的端口 E_3，便通过交换矩阵在端口 E_1 和 E_3 之间建立传输通道；交换机将由端口 E_1 进入交换机的数据帧从端口 E_3 转发出去，完成交换。

MAC 地址转发表记录了连在交换机各个端口的主机的 MAC 地址与端口的对应关系。交换机实现数据帧交换要先建立 MAC 地址转发表。交换机的 MAC 地址转发表是在网络连接并加电后通过自学习自动建立起来的。

交换机通过自学习建立 MAC 地址转发表的工作过程如下：网络连接加电后，某台主机发送数据帧，交换机从与该主机连接的端口收到数据帧后，读取该帧中的源 MAC 地址，学习到源 MAC 地址的计算机是连在数据帧进入交换机的端口上的，将该 MAC 地址与端口的对应关系记录在 MAC 地址转发表中。当连接在交换机各端口上的主机都发送过数据帧时，交换机学习到交换机上所有端口连接的机器与之对应的端口关系，建立 MAC 地址转发表。

如果主机发送的数据帧中对应的目的 MAC 地址在转发表中不存在(如刚开机的主机)，交换机则将该数据帧广播到所有的端口，目的主机收到数据帧后，向源主机和交换机返回响应帧。交换机学习到新加入的主机 MAC 地址与对应的端口关系，并把它加入内部 MAC 地址转发表中，在下次发送数据时就不需要对所有端口进行广播了。交换机以这样的方式实现 MAC 地址表的更新，获得连接在交换机各端口的主机的 MAC 地址，建立整个网络连接在交换机上各端口的主机的 MAC 地址转发表。

MAC 地址转发表的建立是由交换机自动完成的，不需要人为处理。网络完成组网后，交换机通过不断地循环以上过程学习全网的 MAC 地址信息，自动建立和维护地址表。

二层交换机在需要传输数据的端口间建立了独立的通道，较好地解决了冲突的问题，克服了冲突域的问题，但还存在广播域的问题。在交换机中，一个广播帧发出后，将被广播到所有端口。在网络技术中，一台交换机的所有端口连接的网络是同一广播域。当网络具有若干个网段时，网络中的一台交换机发出的广播帧向该交换机的所有端口发送，所有的端口又会继续把这个广播帧送到与该端口连接的主机或与其相连的其他网段，使该广播帧在整个网络中流动，产生较大的广播流量，大大降低网络的有效带宽，影响网络性能。当网络中存在环路时，广播帧将在环路中无限复制，从而产生广播风暴，严重时将导致网络不能使用。网络中不但要解决冲突域问题，还要解决广播域问题。解决广播域的办法是划分虚拟局域网(Vitual Local Area Network，VLAN)，通过 VLAN 隔离广播包，减小网络内的广播域，达到减小广播流量、增加网络的有效带宽、提升网络性能的目的。

2) VLAN 技术

VLAN 将一个局域网络划分成若干个逻辑上隔离的虚拟网络(网段)，处于同一个虚拟网络中的主机可以直接通信，而处于不同虚拟网络中的主机不能直接通信。同一 VLAN 中的各个站点发出的广播帧只能在自己的 VLAN 中广播，不会送到其他 VLAN 中，即一个 VLAN 是一个独立的广播域。经过 VLAN 划分后，整个网络被划分成若干个小的广播域，有效地抑制了广播帧。

网络广播帧的减少大大减小了网络上不必要的广播通信流量，能够有效地提高整个网络的带宽利用率，解决交换技术中存在的广播域问题。

当一个网络划分成若干个 VLAN 时，处于不同 VLAN 的终端不能通信，从而提高网络的安全性。在不需要直接通信的网段或含有敏感数据的用户组，可以通过 VLAN 划分进行隔离，提高网络的安全性，这也是 VLAN 技术在组网中得到广泛应用的另一个原因。

VLAN 是为解决以太网的广播域问题和安全性而提出的，VLAN 的具体实现是在以太网帧的基础上增加 VLAN 信息字段 VLAN ID，标识出转发帧所属的 VLAN，交换机按照划分的

VLAN，转发属于同一网段的帧，不属于同一网段的帧则不进行转发，即同一 VLAN 的用户可以直接通信，而不同 VLAN 的用户不可以直接通信。

在组网的实际工作中，往往将同一部门的用户划分在同一 VLAN 中，而不同部门的用户划分在不同 VLAN 中，从而实现部门间的安全控制。例如，一个学校的组网可以将学生处、教务处、财务处的用户分别划分在 VLAN1、VLAN2 和 VLAN3 中，如图 3-8 所示。3 个部门被划分在不同的 VLAN 中，不可以直接通信，提高了网络的安全性。

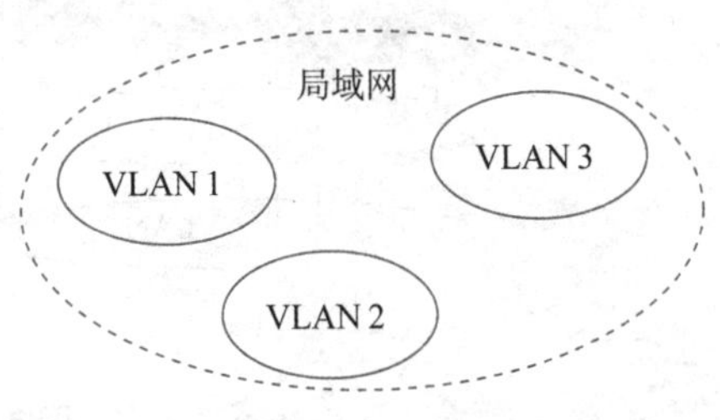

图 3-8　一个网络被划分成 3 个 VLAN

3) VLAN 的划分方式

在实际应用中，VLAN 的划分需要在支持 VLAN 协议的交换机上实现。交换机支持基于端口、MAC 地址、网络层 IP 或协议类型的 VLAN 划分方式。

☞ 基于端口划分的 VLAN 在交换机上创建 VLAN，定义端口，将交换机的端口划分在不同的 VLAN，划分在同一 VLAN 中的设备接在处于同一 VLAN 的交换机端口中，划分在不同的 VLAN 中的设备接在其他 VLAN 的端口中。例如，将一台 8 端口交换机的端口 0—3 划分为 VLAN1，端口 4—7 划分为 VLAN2。属于 VLAN1 的设备接在端口 0—3，属于 VLAN2 的设备接在端口 4—7。按照这样的划分，接在端口 0—3 的设备可以直接通信，接在端口 4—7 的设备也可以直接通信，接在端口 0—3 的设备与接在端口 4—7 的设备则不可以直接通信。

早期的交换机在按端口划分的模式下，VLAN 的划分被限制在一台交换机上。第二代端口 VLAN 技术允许跨越多个交换机的不同端口划分 VLAN，不同交换机上的若干个端口可以组成同一个 VLAN。将 1 台交换机的不同端口划分在 2 个 VLAN 的示意如图 3-9(a)所示。

基于端口划分的 VLAN 在定义 VLAN 成员时非常简单，只要将交换机上相应的端口指定到对应的 VLAN 中即可。基于端口划分的缺点是如果 VLAN 的用户离开了原来的端口，接入新的交换机必须重新定义该用户的 VLAN 关系。

☞ 基于 MAC 地址划分的 VLAN 在交换机上创建 VLAN，定义 MAC 地址，将需要划分在同一 VLAN 中的主机按 MAC 地址定义在同一个 VLAN 中。

例如，交换机上创建了 VLAN 1、VLAN 2，将 MAC 地址为 0260. 8c01. 1111、0260. 8c01. 2222、0260. 8c01. 3333 的计算机划分在 VLAN 1 中，将 MAC 地址为 0260. 8c01. 5555、0260. 8c01. 6666、0260. 8c01. 7777 的计算机划分在 VLAN2 中。按照这样的划分，MAC 地址为 0260. 8c01. 1111、0260. 8c01. 2222、0260. 8c01. 3333 的计算机可以直接通信，而 MAC 地址为 0260. 8c01. 5555、0260. 8c01. 6666、0260. 8c01. 7777 的计算机不可以与 MAC 地址为 0260. 8c01. 1111、0260. 8c01. 2222、0260. 8c01. 3333 的计算机直接通信。

按 MAC 地址划分 VLAN 的最大优点是当用户物理位置移动时，即用户计算机的接入从一个交换机的端口换到其他交换机的端口时，用户原来的 VLAN 关系不会被破坏，该用户的 VLAN 关系不必重新定义。可以认为根据 MAC 地址的划分方法是基于用户的 VLAN，其缺点是初始化时所有的用户都必须进行配置，网络规模较大时，配置的工作量将大大增加。利用 2 台交换机划分 VLAN 的示意如图 3-9(b)所示。

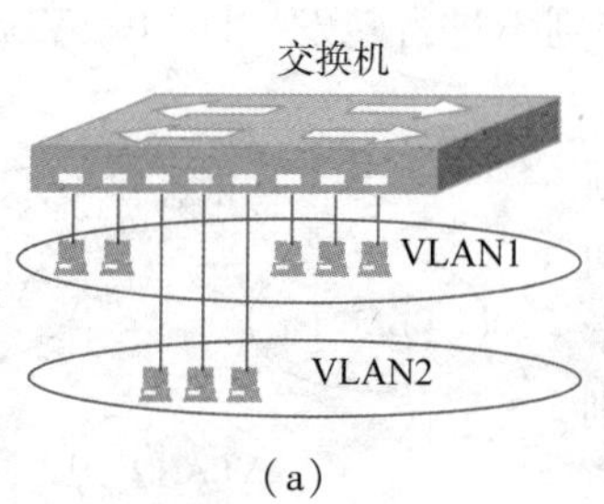

（a）

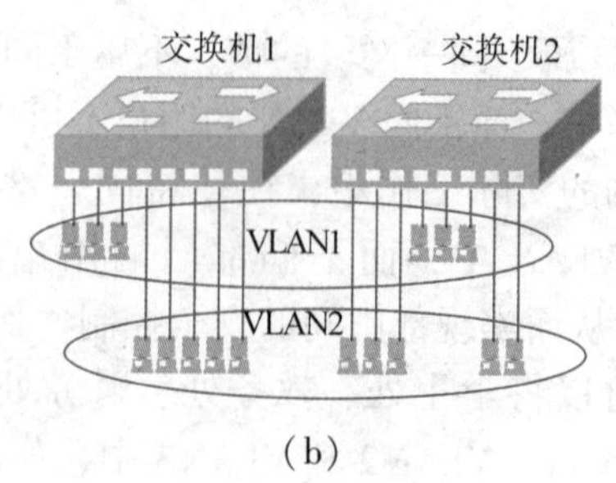

（b）

图 3-9　利用交换机划分 VLAN

（a）1 台交换机；（b）2 台交换机

☞ 基于网络层 IP 地址或协议类型划分的 VLAN 根据每个主机的网络层 IP 地址或协议类型（如果支持多协议）划分 VLAN。用户的物理位置改变时，需要重新配置所属的 VLAN。采用基于协议类型划分的 VLAN，网络管理者可以根据网络协议对用户访问网络进行控制。此外，这种方法不需要附加的帧标签来识别 VLAN，可以减少网络的通信量。

基于端口划分的 VLAN 建立在物理层上，虽然稍欠灵活，但比较成熟，在实际应用中效果显著，广受欢迎；基于 MAC 地址划分的 VLAN 建立在数据链路层上，为移动计算提供了可能性，但存在遭受 MAC 欺诈攻击的隐患；基于协议划分的 VLAN 建立在网络层上，理论上非常理想，但实际应用尚不成熟。

组网时，VLAN 间的主机不需要相互通信时，用二层交换机即可解决问题。而在实际中，网络的主要目的是实现联网计算机之间的相互通信，进行了 VLAN 划分后，各个 VLAN 之间的主机往往需要相互通信。

不同 VLAN 间的主机通信通过路由器或带路由功能的三层交换机来实现。当不同的 VLAN 间要通信时，可以将不同的 VLAN 通过路由器或三层交换机实现互连，通过路由器或三层交换机对不同 VLAN 间的数据帧的转发，实现不同 VLAN 间的通信，如图 3-10 所示。

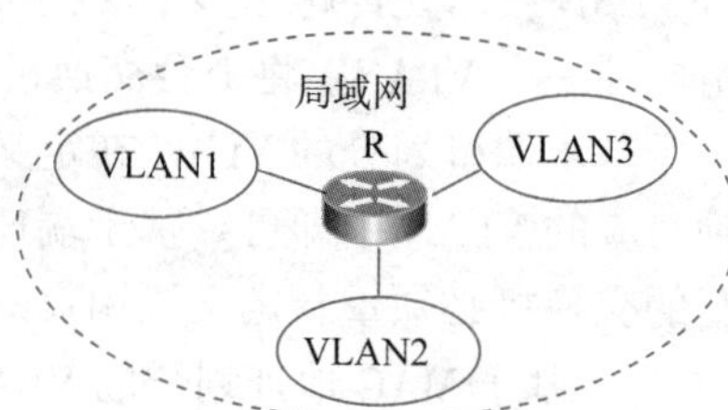

图 3-10　不同 VLAN 通过路由器实现互连

采用路由器或三层交换机互连不同的 VLAN 后，由于路由器或三层交换机不转发广播帧，各个 VLAN 之间的广播帧仍然被隔离，VLAN 减小广播域的功能仍然存在，能够起到减小网络中的广播流量、提高网络带宽利用率的作用。各 VLAN 之间传送的帧可以通过路由器进行安全控制，提高网络的安全性。采用路由器或三层交换机实现 VLAN 之间的通信，既能减小网络的广播域，又不影响通信，网络的安全性也得到了进一步的提高，在二层交换机上划分 VLAN，用三层交换机实现 VALN 之间的通信成为组网中广泛使用的一种技术。

2. *三层交换机*

三层交换机工作在网络层，是带有路由功能的交换设备，网络层传输使用 IP 地址数据包（分组），三层交换机根据 IP 地址完成数据分组的交换。三层交换机在构造上既要考虑完成路由选择的任务，还要保持二层交换所具有的快速交换，在二层交换机的基础上引入第三层路由模块实现三层路由功能。三层交换机具有第三层模块和第二层模块，它根据数据分组的情况，灵活地在网络第二层或第三层进行数据包转发，即三层交换机是一个带有第三层路由功能的二层交换机。

三层交换机采用一次路由（三层实现）、多次转发（二层实现）的技术实现转发。当交换机收到需要路由的一个数据包时，先进行路由功能，根据数据分组的 IP 地址找到目的网络的对应端口，转发出去，而后续具有同样源地址和目的地址的数据包到达时，三层交换机直接采取二层的转发方式进行快速转发，大大提高了数据的转发速度。

当一个源数据包进入三层交换机后，交换机通过第三层模块完成该对数据包的路由功能，找到对应的转发端口，转发到网络，同时建立该数据包目的 IP 地址与目的 MAC 地址的映射关系，当后续具有同样源地址和目的地址的数据包到达时，直接根据数据包 IP 地址对应的 MAC 地址采用二层模块进行转发，而不再经过第三层的处理，消除路由选择造成的网络延迟，提高数据包转发的速率和效率。三层交换的目标非常明确，即在源地址和目的地址之间建立快捷的二层通道，而不必经过路由器转发同一信息源的每一个数据包。

三层交换机主要用于局域网网段之间的通信，它的二层交换功能解决了数据的速率问题。三层、二层结合的工作方式为网段之间的数据转发带来了较高的速率，给网络组网带来极大的优势，在网络中得到了广泛的应用。

在网络中，路由器和三层交换机都可以实现 VLAN 之间的通信。但是路由器采用软件方式进行路由计算，速率较慢，网络中一般使用三层交换机实现不同 VLAN 间的通信。

在如图 3-11 所示网络中，在二层交换机上划分了不同的 VLAN，同一 VLAN 的主机通信通过二层交换机实现，而不同 VLAN 间的通信则需要连接在上层的三层交换机为其进行转发。例如，VLAN 1 的主机通信通过二层交换机 SW_1 进行交换，而 VLAN 1 与 VLAN 3 之间的主机通信通过三层交换机 SW_3 进行转发。VLAN 1 与 VLAN 2 虽然连接在一台交换机上，但是属于不同的 VLAN，在二层交换机上不能直接通信，它们间的主机通信仍然需要转发到三层交换机 SW_1 进行转发。

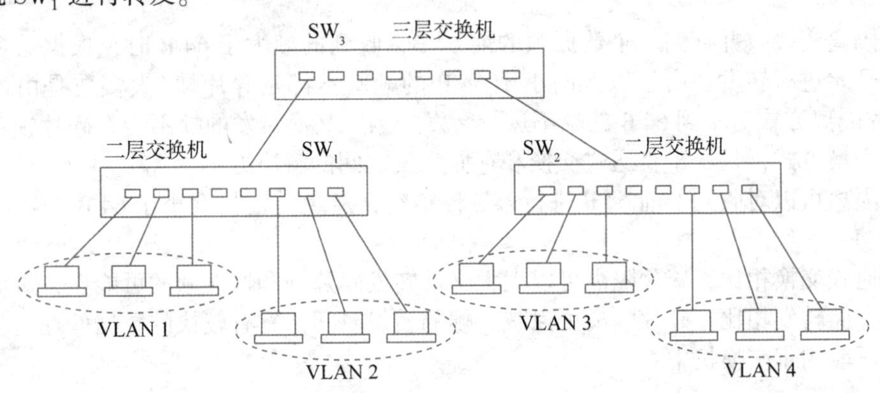

图 3-11 VLAN 通信示意

二层交换机存在的广播域问题可以通过划分 VLAN 解决，不同 VLAN 间的主机通信则通过三层交换机解决。二层交换、三层交换、VLAN 技术较好地解决了网络中的广播域问题。

3.2.3 交换方式

交换机通过交换将数据帧从一个端口转发到另外一个端口，不同结构的交换机内部在交换源端口和目的端口的数据帧时有不同的交换方式，目前交换机采用的交换技术通常有存储转发、直通式交换和碎片隔离 3 种交换方式。

1. *存储转发*

存储转发将交换机端口接收到的数据帧存储在该端口的高速缓存中，在完整地接收到一个数据帧后进行差错验证。如果数据帧没有出错，则根据数据帧中的地址查找交换机的转发地址表，找到对应的转发端口后，从该端口转发出去。如果出错则不进行转发，并通知源端重新发送。

由于存储转发方式要将数据帧完整地接收后才进行转发，转发处理的延时较大，但是存储转发通过对整个数据帧进行差错校验，提高了传输的可靠性，同时可以支持不同速率的输入、输出端口的交换，在网络中得到了广泛的使用，是计算机网络的主流技术方式。

2. 直通式交换

采用直通式交换的以太网交换机可以理解为各端口间纵横相交的线路矩阵，在输入端口检测到一个数据帧时，读出目的地址并进行转发，转发处理的延时较小，具有较高的交换速率。

在实际的工作过程中，交换机的端口接收到数据帧的帧头后，根据帧头中的地址查找转发表找到对应的端口，将正在接收的帧转发到对应端口，而不必等到整个帧接收完毕后再进行转发。在这种交换方式中，数据帧从输入端口进入后，直接通过交换机输出端口送出，所以称为直通式交换。

直通式交换存在以下不足：

(1)数据帧的内容没有被以太网交换机保存，无法检查所传送的数据包是否有误，不能提供错误检测能力。

(2)设备的输入/输出端口间存在速率差异时，需要通过缓存解决速率差别。如果没有缓存，则不能将具有不同速率的交换设备的输入/输出端口直接接通，而且容易丢帧。

(3)以太网交换机的端口增加时，交换矩阵变得复杂，实现困难。

3. 碎片隔离

碎片隔离先接收并存储每个数据帧的前 64 B，收到的帧大于 64 B 时，根据数据帧帧头中的地址开始进行转发。由于以太网小于 64 B 的帧基本都是碎片帧(大多数是由冲突引起的)，碎片隔离方式对不到 64 B 的帧不进行转发，因此交换转发的帧不会有碎片帧存在，也称无碎片交换方式，是介于直通式交换和存储转发之间的解决方案。

碎片隔离可以对收到的前 64 B 进行合法性检查，避免转发长度小于 64 B 的帧和前 64 B 有错误的帧。

与直通式交换相比，碎片隔离可以大大降低转发碎片帧和错误帧的可能性，避免残帧的转发；与存储转发相比，碎片隔离可以减少帧的转发时间，具有较快的数据处理速度。碎片隔离被广泛应用于交换机中。

3.3 路由器

路由器工作在 OSI/RM 的网络层，用于互连通信子网内逻辑上分开的网络，为互连的各个网络间传输的数据分组进行路由选择和数据转发。

1. 工作原理

路由器通过内部路由转发表实现路由选择。内部路由转发表建立了路由器上各端口与其连接网络的对应关系，数据包到达路由器时，路由器根据数据包中的目的地址在路由表中查找目的网络的转发端口，然后将数据包从该端口转发出去。

目的网络与路由器直接相连的简单网络如图 3-12 所示，路由器的路由选择和数据转发如下：

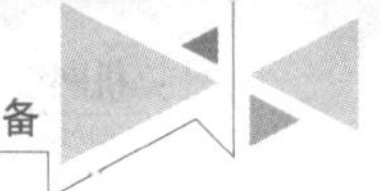

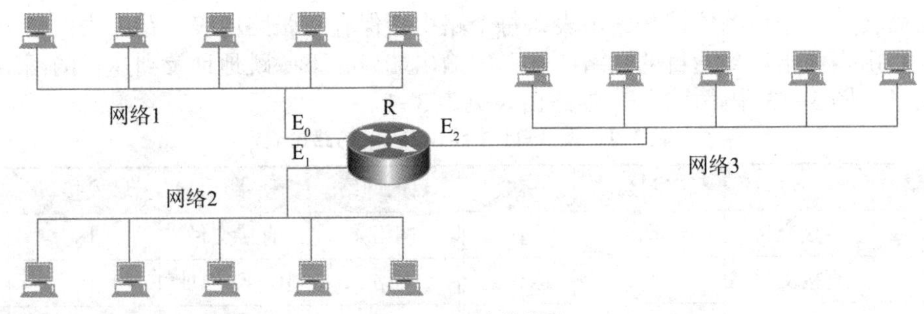

图 3-12 简单网络

当网络 1 上的主机需要传送数据到网络 2 时，网络 1 上的主机发出的数据包从路由器端口 E_0 到达路由器 R，R 根据内部路由表得知网络 2 接在端口 E_1 上，选择 E_1 作为数据包的传输路径，并将数据包转发到端口 E_1 送出，到达网络 2。

实际的网络是更为复杂的网络，如图 3-13 所示。数据传输的两个主机之间存在一个通信子网，通信子网的内部有若干个网络存在，通过若干个路由器进行互连，源主机所在网络与目的主机所在网络没有直接相连。

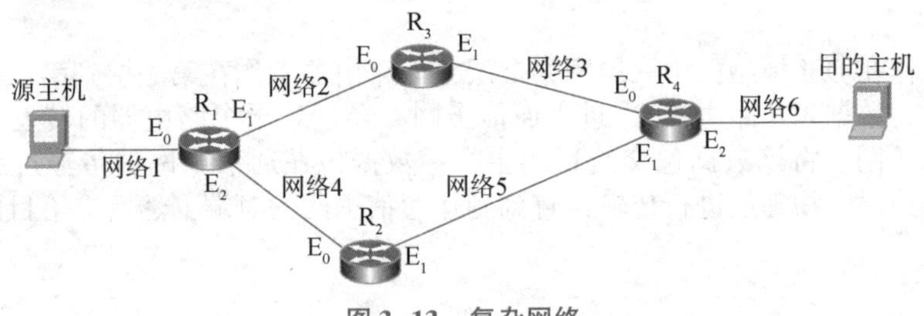

图 3-13 复杂网络

在复杂网络中，源主机发出的数据包需要经过通信子网的各路由器不断地为其选择路由，进行逐节点的转发，通向目的网络的各节点路由器不断地进行路由选择和数据转发，数据包才能到达目的网络，被目的主机接收。

源主机向目的主机发送数据包的通信过程如下：网络 1 的源主机发出的数据包通过通信子网中的路由器 R_1 转发到网络 2，经网络 2 传输到达路由器 R_3。路由器 R_3 将数据包转发到网络 3，经网络 3 传输到达路由器 R_4，路由器 R_4 将数据包转发到网络 6，经网络 6 传输到达目的主机。即源主机发出的数据包通过路由器 R_1、R_3 和 R_4 转发，最终到达目的主机。

源主机发出的数据包也可以通过通信子网中的路由器 R_1、R_2 和 R_4 转发，最终到达目的主机，因此在复杂网络中，从源主机到达目的主机往往存在多条路径可达，路由选择将在多条路径中选择一条最优路径进行数据包的传输。

2. 路由表

路由表记录了网络中连接的网络与路由器端口的关系，为传输的数据包进行转发的端口，使数据包到达目的网络。

路由器对数据包的转发有直接交付和间接交互两种情况。当数据包到达与目的网络相连的路由器时，经过该路由器的转发就可到达目的网络的情况为直接交付，即可以直接交付给目的网络。当数据包要经过该路由器继续转发到下一个路由器的情况为间接交付。

在如图 3-13 所示的网络中，数据包需要经过多个路由器的转发才能到达目的网络。在这种情况下，数据包的转发需要经过多次的间接交付，才能到达与目的网络相连的路由器，最后通过直接交付送到目的网络，传输到目的主机。

路由器转发数据包的依据是路由表，每个路由器保存一张路由表。路由表由路由表项组成，每条路由表项指出到达目的网络应选择的输出端口、下一跳地址及到达目的网络所需的跳数等信息。图 3-13 中路由器 R_1 的路由表见表 3-1。

表 3-1　图 3-11 中路由器 R_1 的路由表

目的网络	下一跳地址	转发接口	跳数	目的网络	下一跳地址	转发接口	跳数
网络 1	直接交付	E_0	0	网络 4	直接交付	E_2	0
网络 2	直接交付	E_1	0	网络 5	R_2-E_0 地址	E_1	1
网络 3	R_3-E_0 地址	E_1	1	网络 6	R_2-E_0 地址	E_2	2

路由器在进行数据包转发时，将数据包的目的网络地址作为索引查找路由表，从匹配的表项得到转发的端口及下一个路由器的输入端口地址，将数据包从对应的端口转发出去，使数据包经过与路由器相连的网络传输到下一个路由器的输入端口。

在数据包转发的过程中，每个节点路由器只负责转发到下一跳，经过路由器不断地转发，数据包最终到达目的网络，传输给目的主机。这种工作模式称为路由的逐跳性，即每个路由器只负责本路由器的转发行为，不影响其他路由器的转发行为，每个路由器的转发是相互独立的。

3. 包转发

端主机工作在 OSI 模型的第一层到第七层，而路由器工作在第一层到第三层。源主机进行数据传输时，数据包从路由器 R_1 进入通信子网，经过若干个路由器的转发，到达路由器 R_3，送出通信子网，将该数据包交给目的主机。数据包在通信子网的传输过程中，仅在网络层、数据链路层、物理层进行传输，直到到达通信子网的对端，然后交给目的主机，如图 3-14 所示。

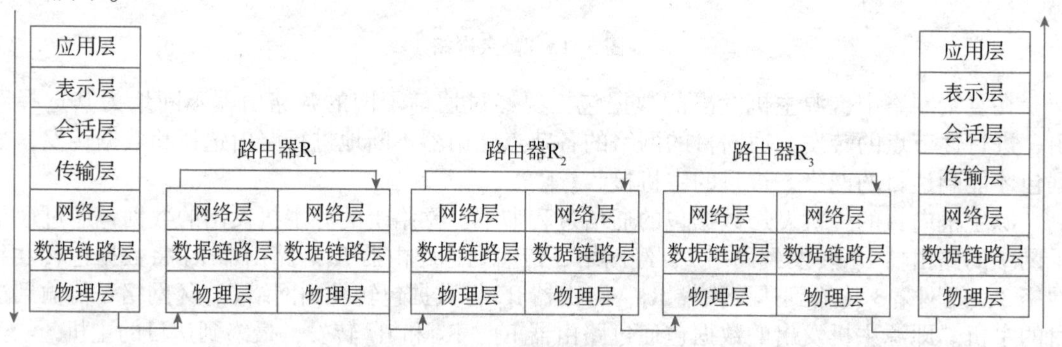

图 3-14　数据包在通信子网中的传输

源主机将数据分组交给通信子网的转发过程中，路由器 R_1 从物理层接收数据包的比特流，以帧的形式交给数据链路层，数据链路层完成处理后，以数据分组的形式交给网络层。解包后的数据分组到达路由器 R_1 的网络层，网络层为该数据分组进行路由选择，找到出口，并从该出口转发出去。在此转发过程中，网络层的数据包被封装成帧交给数据链路层，数据链路层处理后，再以比特流的形式交给物理层从选择的端口发送出去。

在各节点路由器不断转发的过程中，每个路由器在接收时都存在解包的过程，发送时都存在打包的过程。

4. 路由方式

在网络组网完成后，路由器可以采用直连路由、静态路由、动态路由设置路由表。

1) 直连路由

直连路由是与路由器直接相连的网络路由，其表项信息由路由器自动发现并完成建立，

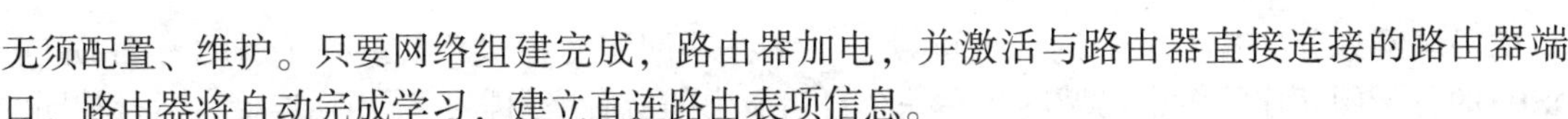

无须配置、维护。只要网络组建完成，路由器加电，并激活与路由器直接连接的路由器端口，路由器将自动完成学习，建立直连路由表项信息。

2）静态路由

静态路由由网络管理人员根据网络连接情况配置路由规则及路由表的表项信息，数据按照网络管理人员指定的路径或规则进行转发。

在静态路由方式中，当网络的拓扑结构或链路的状态发生变化时，网络管理人员需要手工修改路由表中相关的路由信息，一般适用于比较简单的网络环境，在这样的环境中，网络管理人员易于清楚地了解网络的拓扑结构，便于设置正确的路由信息。

静态路由方式中经常用到默认路由。默认路由是在路由表的表项信息中没有找到匹配的路由时，路由器将所有在路由表中没有匹配的数据包发送到事前指定的端口（默认路由）。在没有设置默认路由的情况下，该数据包将被丢弃。

3）动态路由

网络中的状态信息往往是不断变化的，不同时间采集到的网络状态信息可能不同，提供的最优路径也可能不同，即不同时刻路由器提供的最优路径是动态变化的，这种路由方式被称为动态路由。

网络拓扑发生变化（原来的网络接入新的子网或链路）、网络的某个路由器需要处理的数据分组太多引起较大的传输延迟，都会影响网络的传输速率。

动态路由能自动采集网络中各种影响传输速度的状态信息，按照路由算法计算最优转发路径，为转发的数据包提供最优路由选择，可用于复杂的网络环境。它通过自学习方式建立路由转发表，即网络中的路由器与其他路由器交换网络状态信息，获取完整的网络拓扑信息和影响网络传输速率的其他网络状态信息，根据获取的信息自动建立路由表。

由于网络的各种状态信息在不断地变化，为了保证路由器提供的路由始终是当前网络的最优路由，路由器需要按照一定的时间周期与其他路由器交换网络状态信息，获得最新的网络状态信息，并根据最新的网络状态信息决定最优路径。路由器定期收集网络的最新状态信息，重新计算路由表的工作机制被称为路由表的更新。

实际的网络在网络拓扑固定、路由器数量不变的情况下，由于网络上各链路的流量、队列等状态信息是不断变化的，每次收集到的信息和计算出来的最佳路径可能是不一样的，因此同一对主机在不同时刻可能选择不同的传输路径。

5. 路由协议

路由器根据当前网络拓扑及收集到的网络状态信息，按照一定的算法生成路由表，根据路由表进行路由选择和数据转发。网络的状态信息包含网络拓扑结构、网络链路的流量、各路由器缓存中等待转发的数据包的队列等信息。网络中存在不同的路由协议，不同的路由协议收集不同的网络状态信息，采用不同的路由算法确定路由。

1）自治域

Internet 规模很大，连接着数量巨大的路由器，数量可达几百万个，让 Internet 上的每个路由器建立整个 Internet 的路由表是不可能的。实际的网络采用了分层次路由的办法，将整个 Internet 划分成许多自治域（Autonomous Systems，AS），再将一个自治域中的网络划分成若干个子网。每个自治域定义相应的自治域地址，每个子网定义相应的子网地址。在 Internet 内进行路由选择时，先根据自治域地址找到目的网络所在的自治域，再根据子网地址在自治域内找到子网。

一个自治域是处于一个管理机构控制之下的路由器和网络群组，它既可以是一个行政单位的局域网划分的若干个子网，也可以是一个互联网服务提供商(Internet Service Provider，ISP)的骨干网互连的多个局域网。在一个自治域中的所有路由器必须相互连接，运行相同的路由协议。每个自治域都有一个唯一的自治域编号来区分不同的自治域系统，自治域的编号范围是1~65 535。

例如，一个地区有若干所大学，一个大学是一个行政单位，其网络可以定义为一个自治域，该大学又被划分成若干个子网。这些大学的网络互连在一起形成若干个自治域网络的互连。每个大学自治域中又存在若干子网的互连。当A大学中某个子网上的计算机要访问B大学中某个子网的计算机时，路由根据自治域地址找到B大学自治域的路径，将数据包转发到B大学所在的自治域，在该自治域中的路由器根据子网地址找到要访问子网的路径，并将数据包转发到该子网，完成数据包的路由选择。

2)内部网关协议

一个自治域内部的网络一般属于一个行政单位、企业或互联网服务提供商，每个自治域内部的路由器只收集自治域内部的网络状态信息，计算最佳路由，在自治域内部完成路由表更新。在一个自治域内部使用的路由协议被称为内部网关协议(Interior Gateway Protocol，IGP)。内部网关协议按照路由算法的不同分为距离向量路由协议和链路状态路由协议两种。

(1)距离向量路由协议在确定路由时，将网络中链路的距离、经过的跳数、节点的延迟、链路的带宽等影响网络传输速率的因素中的一个因素作为路由选择的依据，按照距离最短、跳数最少、延迟最小、带宽最宽等确定路由。

(2)链路状态路由协议在确定路由时，将链路的距离、经过的跳数、节点的延迟、链路的带宽等影响网络传输速率的因素综合起来作为路由选择的依据，折算成链路权值，根据最小的链路权值确定最佳路由。

目前使用的主要内部网关路由协议有RIP-1、RIP-2、IGRP、EIGRP、IS-IS和OSPF等，其中RIP-1、RIP-2、IGRP、EIGRP属于距离向量路由协议，IS-IS和OSPF属于链路状态路由协议。

3)外部网关协议

在不同自治域之间使用的路由协议被称为外部网关协议(Exterior Gateway Protocol，EGP)或边界网关路由协议。常用的外部网关协议是BGP(Border Gateway Protocol，边界网关协议)。

通过IGP和EGP的协同工作，全世界互连的计算机可以从一个自治域访问另一个自治域，从一个网络访问另一个网络，从一台主机访问另一台主机，实现全世界范围的网络互连、主机互访。

3.4 网关

网关用于不同体系结构的网络互连，又称网间连接器。不同体系结构的网络协议不同，需要通过网关实现协议转换，所以网关又称协议转换器。

网关可以在不同的层次进行协议转换，一般是一对一的协议转换。如果不同的通信子网互连，网关在网络层实现通信协议的转换；如果两个网络在传输层使用了不同的传输协议，则需要在传输层实现传输协议的转换；如果在应用层的应用系统使用了不同的数据格式，则使用网关完成数据格式的转换。

根据应用任务网关可以分为协议网关、应用网关和安全网关。协议网关在使用不同通信协议的网络之间实现协议转换。应用网关使用不同数据格式的应用系统之间实现数据格式转换。安全网关主要用于网络安全控制，是融合各种技术的复杂设备。

第4章　互联网——TCP/IP网络

TCP/IP(Transmission Control Protocol/Internet Protocol，传输控制协议/因特网互连协议)是网络互连技术经过多年发展形成的互联网协议。在互联网体系结构标准中，有OSI/RM和TCP/IP体系结构，OSI/RM是一种理论模型标准，TCP/IP是真正实现网络互连的模型。

TCP/IP起源于1969年美国高级国防研究局的APAR Net研究计划，APAR Net主要研究分组交换网络。1970年APAR Net将加利福尼亚大学洛杉矶分校、加利福尼亚大学圣塔芭芭拉分校、斯坦福大学、犹他州立大学4台不同型号，不同操作系统，不同数据格式，不同终端的计算机，采用分组交换技术实现了互连。

1973年，APAR Net与英国、挪威的网络互连成功，实现了国际互连。1974年，著名的TCP/IP研究成功，彻底解决了不同计算机系统之间的互连和通信问题。1978年，美国国防部决定以TCP/IP的第4版作为数据通信网络的标准，极大地推动了互联网的发展。1982年，美国国防通信局与高级研究项目署确立了TCP/IP，TCP/IP被加入UNIX内核中，美国国防通信局将APAR Net各站点的通信协议全部改为TCP/IP，APAR Net从实验网向实用网转变，标志着全球Internet的正式诞生，也确立了TCP/IP成为Internet协议的地位。TCP/IP成为互联网事实上的体系结构标准。

目前全球的网络采用TCP/IP体系结构实现互连，因此现在的互联网络也被称为TCP/IP网络，简称IP网络。

4.1　TCP/IP网络体系结构

TCP/IP网络体系结构规定了TCP/IP网络的架构、互连的方法、网络的寻址、路由的选择等通信细节。采用TCP/IP互连的网络可以在该网络的集合中进行通信。

4.1.1　TCP/IP网络的层次

TCP/IP网络分为4个层次，分别是应用层、传输层、网络层(又称网际层)、网络接入层(又称网络接口层)，如图4-1(a)所示。OSI/RM与TCP/IP两种体系结构在层次上的对应关系如图4-1(b)所示。

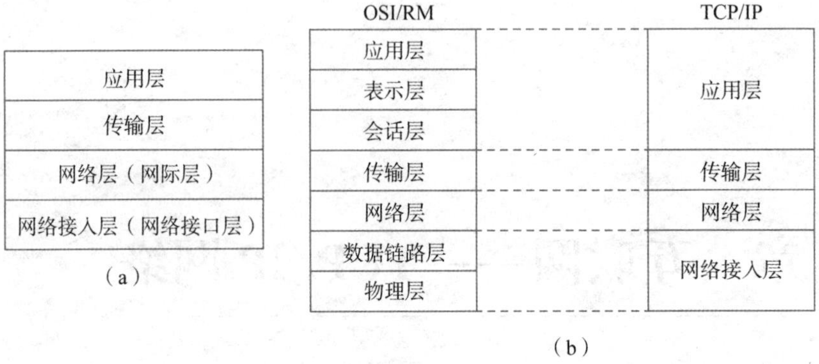

应用层
传输层
网络层（网际层）
网络接入层（网络接口层）

（a）

OSI/RM	TCP/IP
应用层	应用层
表示层	
会话层	
传输层	传输层
网络层	网络层
数据链路层	网络接入层
物理层	

（b）

图 4-1　TCP/IP 网络层次

(a)TCP/IP 参考模型；(b)TCP/IP 与 OSI/RM 的对应关系

TCP/IP 网络采用网络级的互连技术思想，将底层的通信和上层的应用分开，认为只要解决网络级的通信，即可完成网络互连，会话层、表示层、应用层的功能交给主机完成，TCP/IP 网络体系结构将 OSI/RM 的应用层、表示层、会话层的功能集中在应用层，将它们的功能交给主机完成。

(1) 传输层和网络层的功能与 OSI/RM 类似。传输层完成端主机到端主机的可靠传输控制，并向应用层提供主机到主机的进程通信服务，网络层完成与网际互连有关的网络层功能。

(2) 各种物理网络一般对应数据链路层与物理层，TCP/IP 网络体系结构将数据链路层、物理层合并为网络接入层，将不同的物理网络接入 TCP/IP 网络。TCP/IP 构造了一个标准的逻辑网络，不同体系结构的物理网络通过接入 TCP/IP 标准的逻辑网络实现网络互连。按照这种互连模式，任何两个异构的网络要实现互连，只要将自己的网络接入 TCP/IP 网络，并在接入边界将自己的网络协议转换成 TCP/IP，就可以在 TCP/IP 网络内传输，到达对端接入网络的边界后，再完成从 TCP/IP 网络到对端网络的协议转换，即可实现相互通信，较好地解决了不同网络的互连问题。

TCP/IP 网络没有重新定义数据链路层和物理层，而是支持现有的各种局域网的数据链路层、物理层网络技术和标准。

(3) 在 TCP/IP 结构中，传输层之上是应用层，数据通信由传输层、网络层、网络接入层实现，而数据处理由应用层实现。

传输层与应用层的边界设置了服务访问点，称为端口。传输层通过端口与主机的应用进程建立联系，TCP/IP 网络通过不同的端口号与同一主机中的不同应用进程建立通信，这样在同一台主机上可以并行运行多个应用任务，如在发送电子邮件的同时浏览 Web 页面，下载 FTP 文档，实现应用程序对网络通道的复用。

TCP/IP 网络实现了不同网络的互连、联网主机间的数据传输，建立了运行在主机上的不同应用的联系。

4.1.2　TCP/IP 协议簇

按照网络体系架构，网络由若干层组成，各层通过相应的协议完成相应的功能，并为上层提供服务。TCP/IP 网络是层次架构，并通过各层协议实现其功能，各层功能的集合实现整体网络的功能。网络技术中将 TCP/IP 网络的所有协议称为 TCP/IP 协议簇，即 TCP/IP 不

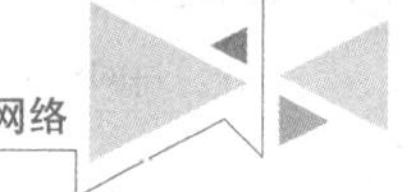

是单一的协议，而是对应4层结构各层协议的协议簇。

TCP/IP 各层协议见表4-1。

表4-1　TCP/IP 协议簇

TCP/IP 网络体系结构	功能	协议
应用层	将网络通信常用的应用服务和功能标准化，直接为用户的应用进程提供服务	文本传输协议(HTTP、FTP)、简单邮件服务传输协议(SMTP)、远程登录协议(Telnet)、域名解析协议(DNS)、简单网络管理协议(SNMP)
传输层	完成端主机之间的传输控制和进程通信	传输控制协议(TCP)、数据报传输协议(UDP)
网络层	实现互连网络间的通信	Internet 协议(IP)、地址解析协议(ARP)和反向地址解析协议(RARP)、Internet 控制报文传输协议(ICMP)、路由协议(OSPF)、边界网关协议(BGP)
网络接入层	包含各种物理网络协议	以太网协议(802.3)、令牌环网(802.5)、公用数据网(X.25)、帧中继网(FR)、异步传输模式(ATM)

在 TCP/IP 协议簇中，最主要的协议是传输层协议和网络层协议。

1. 传输层协议

通信子网往往是由运营商负责建设、维护并对外提供服务，网络用户无法对通信子网进行控制。不同的通信子网在构架和服务质量方面存在很大的差异，为了对高层通信提供统一的服务质量，TCP/IP 网络体系结构的设计者通过传输层弥补和加强不同通信子网的服务质量。

不同的网络业务对网络的传输要求往往是不一样的，有的网络业务强调传输的可靠性，有的网络业务强调实时性，面对不同的网络业务要求，传输层提供了 TCP 和 UDP 两种不同类型的服务，强调传输可靠性的网络业务可以选用 TCP，强调实时性的网络业务可以选用 UDP。

(1)TCP 提供面向连接的传输服务，针对传输质量较差的网络而设计，采取多种措施提高传输的可靠性，协议较为复杂，有较多的功能时间开销，实时性较差，适用于传输可靠性要求高、数据量大、实时性要求不高的传输。

(2)UDP(User Datagram Protocol，用户数据报协议)提供无连接的传输服务。其协议简单，没有太多提高可靠性的措施，功能时间开销较少，传输效率高，实时性较好，适用于传输可靠性要求不高、数据量少、实时性要求较高的传输。

在现代通信技术中，由于光纤网的出现，通信子网的通信质量越来越高，TCP、UDP 的选择依据不再完全遵循以上准则。目前，越来越多的网络应用业务直接采用 UDP。

2. 网络层协议

网络层的主要功能是使互连的计算机网络能够相互通信，完成在互连网络间的路由选择和数据转发，涉及的主要设备是路由器，主要的协议为 IP、ICMP、ARP、RARP、RIP、OSPF 协议、BGP 等。

☞ IP 将源端传输层送来的报文段封装成 IP 数据分组(IP 包)，送到通信网络，在通信网络中为传输的数据分组选择路由，并按照选择的路由转发分组，使分组到达目的网络，交给目的端的传输层。

☞ ICMP 主要处理网络层发生的传输差错、流量拥塞等问题，提供差错报告、拥塞控制、路径控制，以及路由器和主机报告差错等服务。

☞ ARP、RARP 主要完地址解析。TCP/IP 网络中的任何一台设备同时存在两个地址，即 IP 地址和 MAC 地址，数据在通信网络内传输时，在网络层使用 IP 地址寻址，在数据链路层使用 MAC 地址寻址，ARP、RARP 在这两种地址间建立映射关系和相互的地址解析。

☞ RIP、OSPF 协议是路由协议，在通信网中为传输的分组实现路由选择。RIP 适用于小规模的简单网络，OSPF 适用于大规模的复杂网络。

☞ BGP 是边界网关路由协议，用于实现不同自治域之间的路由。

在网络层协议中，IP 横跨网络层，所有上层交来的数据必须通过 IP 传输，所有下层协议收到的信息必须通过 IP 进行处理，判断是转发、接收还是丢弃。IP 在网际层 TCP/IP 协议簇中处于核心地位。

4.2 IP 地址

IP 地址又称互联网地址，是互联网的重要概念。不同的物理网可能存在不同的物理地址，但网络层使用统一的 IP 地址进行寻址。IP 地址在网络层实现了网络地址的统一。网络为全网的每一台主机分配一个 IP 地址，使得互联网在网络层的地址具有唯一性和一致性。IP 地址标识了一个主机所属网络的位置，是网络层进行网络寻址和路由选择的依据。

TCP/IP 网络是一个逻辑网络，而数据在物理网络上传输使用的是物理地址，TCP/IP 网络在使用 IP 地址的同时，还要使用数据链路层的物理地址，即 MAC 地址。IP 地址是逻辑地址、软件地址、三层地址，MAC 地址是物理地址、硬件地址、二层地址。

4.2.1 IP 地址的组成及分类

1. IP 地址的组成

IP 地址用 32 位二进制数来表达，每 8 位组成一个段，32 位共 4 段，如地址 11001010. 11001011. 11010000. 00100001。用二进制表示地址不容易记忆和书写，所以 IP 地址一般用十进制书写，以上 IP 地址用十进制表示为 202. 203. 208. 33。

TCP/IP 网络采用层次寻址方式，即网络寻址时，先找到主机所在的网络，再从该网络找到对应的主机，因此 IP 地址由网络地址与主机地址两个部分表示，网络地址描述了互联网中的不同网络，主机地址描述了同一个网络内部的不同主机。

TCP/IP 网络中的 IP 地址采用全局通用的地址格式，为全球互联网的每个网络分配一个网络地址，为全网的每台主机分配一个主机地址。

ICANN（The Internet Corporation for Assigned Names and Numbers，互联网名称与数字地址分配机构）①将部分 IP 地址分配给地区级的 Internet 注册机构（Regional Internet Registry，RIR），由这些 RIR 负责地区的登记注册服务。现在，全球共有 4 个 RIR，分别是 ARIN、

---

① 成立于 1998 年 10 月，是一个集合了全球网络界商业、技术及学术各领域专家的非营利性国际组织，负责 IP 地址的空间分配，协议标识符的指派，通用顶级域名（gTLD）、国家和地区顶级域名（ccTLD）系统、根服务器系统的管理。

RIPE、APNIC、LACNIC。其中，ARIN负责北美地区的互联网IP地址分配，RIPE负责欧洲和非洲地区的互联网IP地址分配，APNIC负责亚洲地区的互联网IP地址分配，LACNIC负责拉丁美洲、加勒比地区的互联网IP地址分配。

中国的互联网IP地址由CNNIC(China Internet Network Information Center，中国互联网信息中心)向APNIC申请获得，并由以CNNIC为召集单位的IP地址分配联盟负责向各网络单位分配IP地址。

2. IP地址的分类

为了适应不同的需求，IP地址被分为5类：A类、B类、C类、D类、E类。A类、B类、C类是单播(单目的地址)地址，带有这个地址的数据分组只传输给一台主机；D类是组播地址(多目的地址)，带有这个地址的数据分组将传输给一组主机，如视频广播业务；E类是保留地址。

5类地址以不同的首段来表示：A类地址的首段为0，首段范围为0~127；B类地址的首段为10，首段范围为128~191；C类地址的首段为110，首段范围为192~223；D类地址的首段为1110，首段范围为224~239；E类地址的首段为1111，首段范围为240~255。通过首段的地址可以识别出IP地址的类型，如IP地址202.203.208.36的首段地址202在192~223，属于C类地址；IP地址176.168.22.156的首段地址176在128~191，属于B类地址。

互联网中有大型网络，也有小型网络，为了适应各种规模的网络情况，IP地址定义了不同类别的地址。如前所述，32位的IP地址由网络地址和主机地址组成，网络地址的位数决定了网络的数量，主机地址的位数决定了每个网络能容纳、标识的主机数量。在TCP/IP网络中，单播地址的网络地址和主机地址所占位数是不一样的，如图4-2所示。

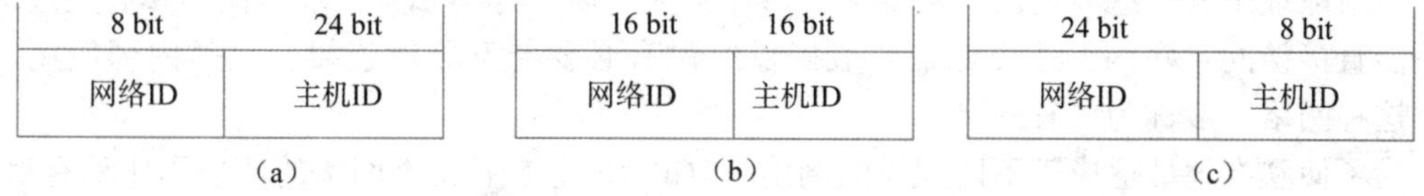

图4-2 单播地址的位数分配

(a)A类地址；(b)B类地址；(c)C类地址

A类地址的主机地址为24 bit，在一个网络内可以容纳、标识更多的主机，适用于规模较大的网络；B类地址的主机地址为16 bit，适用于中等规模的网络；C类地址的主机地址为8 bit，可以容纳、标识的主机较少，适用于规模较小的网络。

(1)A类地址的前8位为网络地址，能有效表示不同网络的位数是7位，标识128个A类网络；后24位用于标识主机地址，每个A类网络可以标识1677216台主机。

(2)B类地址的前16位为网络地址，能有效表示不同网络的位数是14位，标识6384个B类网络；后16位用于标识主机地址，每个B类网络可以标识65536台主机。

(3)C类地址的前24位为网络地址，能有效表示不同网络的位数是21位，标识2097152个C类网络；后8位用于标识主机地址，每个C类网络可以标识256台主机。

互联网由很多不同的网络互连在一起，互联网的网络寻址就是根据该地址找到相应的网络。IP地址的网络地址是一个IP地址中主机地址段全为0的地址。在以下IP地址中，对应的网络地址见表4-2。

表 4-2 IP 地址的网络地址

IP 地址	二进制表达	地址类别	网络地址
10. 192. 208. 33	00001010. 11000000. 11010000. 00100001	A 类	10. 0. 0. 0
192. 168. 102. 32	11000000. 10101010. 01100110. 00100000	B 类	192. 168. 0. 0
202. 192. 208. 33	11001010. 11000000. 11010000. 00100001	C 类	202. 192. 208. 0

D 类地址用于组播，又称为组播地址。D 类地址不能分配给主机，因此不分网络地址和主机地址，它的第 1 个字节的前 4 位为 1110，后 4 位为 0000 ~ 1111，第 2 ~ 4 个字节的地址范围为 0. 0. 0 ~ 255. 255. 255，故 D 类地址范围为 224. 0. 0. 0 ~ 239. 255. 255. 255。每个 D 类地址对应一个组，发往某一个组的数据将被该组中的所有成员接收。

4. 2. 2 特殊 IP 地址

在 IP 地址中，有些地址具有特殊意义，这样的地址为特殊 IP 地址。特殊 IP 地址有广播地址、私有地址两种。

1. 广播地址

当一个 IP 分组带有广播地址时，该分组将被发送给网内的所有主机。在 IP 地址中，主机地址段全部为“1”的 IP 地址是广播地址。A、B、C 三类地址的主机位数不一样，它们的广播地址表示也不一样。A 类地址的广播地址后 24 位全为“1”，如 10. F. F. F；B 类地址的广播地址后 16 位全为“1”，如 132. 64. F. F；C 类地址的广播地址后 8 位全为“1”，如 232. 186. 65. F。

2. 私有地址

网络地址中有一些地址没有被分配，留作其他用途，称为私有地址。使用私有地址的主机不能直接访问互联网，这类地址一般提供给没有必要与互联网连接，只是内部使用的网络，这种网络一般称为私有网络。

为了使私有地址适应于不同规模的网络，TCP/IP 将 1 个 A 类网络的地址用作私有地址，将 16 个 B 类网络的地址用作私有地址，将 256 个 C 类网络的地址用作私有地址，见表 4-3。

表 4-3 A 类、B 类、C 类地址的私有地址范围

地址类型	地址范围
A 类	10. 0. 0. 0 ~ 10. 255. 255. 255
B 类	172. 16. 0. 0 ~ 172. 31. 255. 255
C 类	192. 168. 0. 0 ~ 192. 168. 255. 255

私有地址是可以重复使用的。例如，两个单位需要使用私有地址规划内部的网络，它们都选用了地址段 192. 168. 0. 0 ~ 192. 168. 10. 255，由于它们不与互联网连接，也不相互连接，因此它们共同使用这段地址来规划网络是不会发生地址冲突的。

TCP/IP 定义的私有地址可以提供给所有不与互联网连接的单位使用，相当于地址空间可以无限地扩大，对于资源宝贵的 IP 地址有很大意义。

当使用私有地址进行网络地址分配的网络需要访问互联网时，可以采用地址转换的办法，即在与互联网连接的边界采用地址转换技术(NAT)，把私有地址转换为对外的公有 IP 地址，实现对互联网的访问。

4.2.3　子网及掩码

1. 子网

在实际组建网络的设计中，往往需要将基于 A、B、C 分类的 IP 网络进一步分成更小的子网络，划分子网的主要原因如下：

(1) A 类、B 类、C 类网络地址的地址空间很大，按照这种地址分配情况规划网络容易造成地址空间的浪费。例如组建一个 60 台计算机的机房网络，即使是使用主机数量最小的 C 类网络地址，也将造成 75% 的地址被浪费。

(2) 地址空间太大，每个网络的广播域范围很大，网络很难得到有效利用。将网络划分成若干个子网后，广播域减小了，广播包被局限在子网中，网络带宽可以得到有效地应用。子网划分后，各子网间的通信通过路由器实现，通信不会受到影响。

(3) 按照工作性质将同一部门的用户划分在同一子网，同一部门的数据传输可以在子网内完成，不必交换到骨干网，有利于减小网络骨干的负担，有效地提高整个网络的传输性能。

(4) 将网络划分成若干个子网，各子网相对隔离，便于进行安全控制，提高整网的安全性。

按照网络层次寻址的工作方式，当基于 A、B、C 分类的网络被分成更小的子网时，IP 地址将被划分成网络地址、子网地址、主机地址 3 个部分，如图 4-3 所示。网络的寻址变成先通过 IP 地址中的网络地址找到该网络，再通过 IP 地址的子网地址找到该网络的某个子网，最后通过 IP 地址的主机地址找到主机。

网络地址	子网地址	主机地址

图 4-3　子网划分后的地址描述

在划分了子网的 IP 地址表示中，将原来基于 A、B、C 分类网络的 IP 地址中的主机地址段的一部分作为子网地址，即将 IP 地址的主机地址分成两部分，分别标识子网地址和主机地址。划分子网的数量与主机地址的位数存在一定的关系：2 个子网需要 1 位主机地址位，3 ~ 4 个子网需要 2 位主机地址位，5 ~ 8 个子网需要 3 位主机地址位。

将网络 202.203.128.0 ~ 202.203.108.255 划分成 2 个子网，需要 1 位主机地址位，该位为 0 标识第一子网，为 1 标识第二子网。2 个子网的划分见表 4-4。

表 4-4　2 个子网的划分

子网	子网地址	地址范围
第一子网	202.203.128.0	202.203.128.0 ~ 202.203.128.127
第二子网	202.203.128.128	202.203.128.128 ~ 202.203.128.255

将网络 202.203.128.0 ~ 255 划分成 4 个子网，需要 2 位主机地址位，00 标识第一子网，01 标识第二子网，10 标识第三子网，11 标识第四子网。4 个子网的划分见表 4-5。

表 4-5　4 个子网的划分

子网	子网地址	地址范围
第一子网	202.203.128.0	202.203.128.0 ~ 202.203.128.63
第二子网	202.203.128.64	202.203.128.64 ~ 202.203.128.127

续表

子网	子网地址	地址范围
第三子网	202. 203. 128. 128	202. 203. 128. 128 ~ 202. 203. 128. 191
第四子网	202. 203. 128. 192	202. 203. 128. 192 ~ 202. 203. 128. 255

在划分了子网的网络中，路由器将按照子网地址进行路由。路由器需要从数据包的 IP 地址中获得子网地址，即从 IP 地址中分离出子网地址。网络中使用掩码(Mask)从 IP 地址中分离出子网地址。

2. 掩码

掩码是将 IP 地址中网络地址和子网地址的对应部分全为 1，主机地址的对应部分全为 0 所得的编码。当一个网络被划分子网后，通过掩码，子网被隐藏起来，使得从外部看网络没有变化。

将网络 202. 203. 128. 0 ~ 202. 203. 128. 255 划分成 4 个子网，网络地址和子网地址位全为 1 时，得到的掩码为 255. 255. 255. 192，如图 4-4 所示。

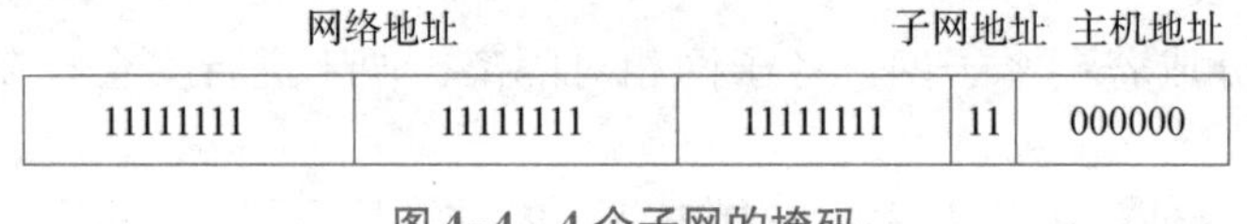

图 4-4　4 个子网的掩码

网络中的路由器得到一个 IP 地址后，将该 IP 地址与其对应的掩码进行“与”运算，即可得到子网地址。路由器通过掩码得到 IP 地址对应的网络地址和主机地址位。

如以上例子中，某数据包的目的 IP 地址为 202. 203. 128. 106，到达路由器后，路由器将其与掩码进行“与”运算，分离出子网 202. 203. 128. 64，说明目的主机属于第二子网，路由器查找第二子网的路径端口，将数据包送往第二子网。掩码运算如图 4-5 所示。

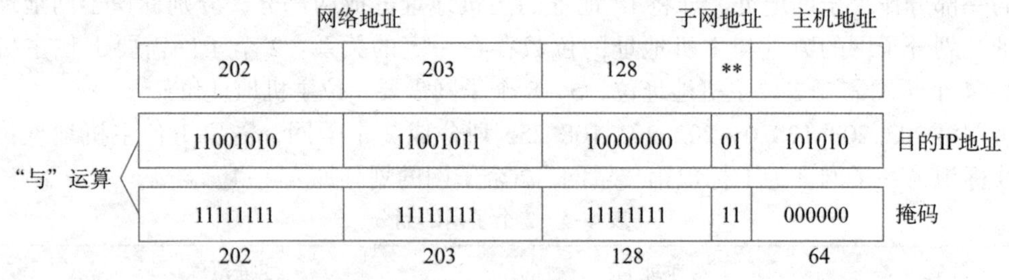

图 4-5　掩码运算

在划分了以上子网后，子网的广播地址仍然是主机地址段全部为 1 的地址。在以上例子中，第二子网的广播地址为 202. 203. 128. 127。

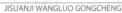

在子网划分中，划分子网的数量与拿出的主机地址位及能使用的主机地址存在一定的关系：1 个主机地址位可以划分 2 个子网，每个子网有 128 个主机地址；2 个主机地址位可以划分 4 个子网，每个子网有 64 个主机地址；3 个主机地址位可以划分 8 个子网，每个子网有 32 个主机地址。

在实际的子网划分中，广播地址和网络地址会占用两个地址，主机地址全为 1 时被广播地址占用，不能进行分配，主机地址全为 0 时被网络地址占用，也不能进行分配。例如在以上 C 类地址的子网划分例子中，主机地址拿出 2 位分配子网，还有 6 位主机地址，可以有

64 个主机地址，但实际可以使用的主机地址只有 62 个。

同样，在 C 类地址中拿出 2 位划分子网，可以分出 4 个子网，分别为 00、01、10、11，但 00、11 已经被网络地址和广播地址占用，实际划分出的子网只能用 01、10 的两个子网，即网络地址为 202. 203. 128. 64 和 202. 203. 128. 128 的两个子网。实际能分配使用的子网数是 2^N-2。

综上所述，IP 地址分配应遵守以下原则：

(1) 同一网络上的所有主机应采用相同的网络地址；

(2) 一个网络中的主机地址必须是唯一的；

(3) 主机地址不能全为 0 或全为 1；

(4) 划分的子网数与拿出的主机地址位存在 2^N-2 的关系。

【例 4-1】某单位的网络地址为 155. 168. 0. 0，组网需要划分成 50 个子网，每个子网支持 600 台计算机设备。

【解】　该单位的网络地址为 B 类地址：

155. 168. 0. 0 = 10011011. 10101000. 00000000. 00000000

50 个子网需要 6 位主机地址来划分，位数为第 11 ~ 16 位，可得 64 个子网，如图 4-6 所示。

子网				
第 1 个子网	155 1001 1011	168 1010 1000	0 0000 0000	0 0000 0000
第 2 个子网	155 1001 1011	168 1010 1000	4 0000 0100	0 0000 0000
第 3 个子网	155 1001 1011	168 1010 1000	8 0000 1000	0 0000 0000
第 4 个子网	155 1001 1011	168 1010 1000	12 0000 1100	0 0000 0000
⋮				
第 63 个子网	155 1001 1011	168 1010 1000	248 1111 1000	0 0000 0000
第 64 个子网	155 1001 1011	168 1010 1000	252 1111 1100	0 0000 0000

图 4-6　例 4-1 的子网划分

第 1 个子网地址和第 64 个子网地址不能使用，实际可以使用 62 个子网地址，组网需要的 50 个子网地址，可以采用这 62 个子网地址的任意 50 个子网地址。划分后，主机地址位的 16 位拿出 6 位，还剩 10 位用于标识每个子网内的主机，10 位二进制数可以标识 1 024 台主机，组网要求每个子网内支持 600 台主机，可以满足要求。

按照以上划分，得出的子网掩码为：

11111111. 11111111. 11111100. 00000000 = 255. 255. 252. 0

4. 2. 4　VLSM 和 CIDR

子网划分是基于固定长度子网掩码技术的划分，这种划分方式有一个基本的限制，即整个网络只能有一个子网掩码。不论选择哪个子网掩码，都意味着各个子网内具有的主机地址数量完全相等。但是在实际的网络组建中，子网划分往往对应不同的下属单位或部门，它们的规模不同，对组网计算机的数量也不同，对子网大小的要求也不同。按照以上子网划分方法，规模较小的单位存在 IP 地址的浪费问题。

例如，某单位分配到一个 B 类网络地址空间，网络地址为 172. 16. 0. 0，如果将主机位中的6位用来划分子网，则可以划分出64个子网，每个子网的主机地址数量可以达到1 022个，即$2^{10}-2$个。大多数情况下，一个单位可能只有少数部门拥有这样大的主机数量，而大多数部门可能只有一两百台主机，甚至只有十多台主机。按照固定长度掩码子网技术划分子网，必然造成IP地址的浪费。

针对这个问题，多个子网掩码划分子网的技术被提出，并被IETF（The Internet Engineering Task Force，国际互联网工程任务组）确定为子网划分的技术标准（RFC 1009）。该技术标准规定，同一个IP网络可以划分为多个子网，每个子网可以有不同的大小。该技术被称为可变长子网掩码（Variable Length Subnet Mask，VLSM）。

1. VLSM

VLSM技术允许使用不同大小的子网掩码，对IP地址空间进行灵活的划分。主机数量较大的下属单位或部门可以用更多的主机位数划分较大的子网，满足主机数量较大的需求，主机数量较少的下属单位或部门可以用更少的主机位数划分较小的子网满足需求，避免地址浪费。

【例4-2】某城市电子政务网络中心从省电子政务网络中心分配得到IP地址：172. 24. 0 ~ 172. 24. 15，该网络中心将市电子政务网络中心，市委、市政府、市人大、市政协等市级各个单位及其下属的各个单位互连，为各个单位分配网络地址。

【解】地址首段172属于B类地址，主机地址为16位，地址范围172. 24. 0 ~ 172. 24. 15共16个网段。

地址分配设计如下：

（1）将172. 24. 0 ~ 172. 24. 4共5个地址网段分配给市电子政务网络中心、市委、市人大、市政府、市政协使用，将172. 24. 5 ~ 172. 24. 15共11个地址网段分配给市级各下属单位使用，每个网段可以提供254个主机地址。具体分配见表4-6。

表4-6 电子政务网的地址网段划分

地址网段	使用部门	地址网段	使用部门
172. 24. 0	市电子政务网络中心	172. 24. 3	市政府
172. 24. 1	市委	172. 24. 4	市政协
172. 24. 2	市人大	172. 24. 5 ~ 172. 24. 15	市级各下属单位

（2）市级各下属接入单位组网用户接入的主机近2 000台，分成4个层次，各层次接入的主机数量见表4-7。

表4-7 市级各下属单位各层次可接入的主机数量

层次	主机数量	层次	主机数量
第一层次	31 ~ 61	第二层次	15 ~ 29
第三层次	7 ~ 13	第四层次	6台以内

其中，172. 24. 5 ~ 172. 24. 10共6个地址网段，每个地址段分成4个子网，00为本地址网段的网络地址，11为本地址网段的广播地址，实际只有2个有用子网地址，6个地址网段共12个子网。各子网地址如图4-7所示。

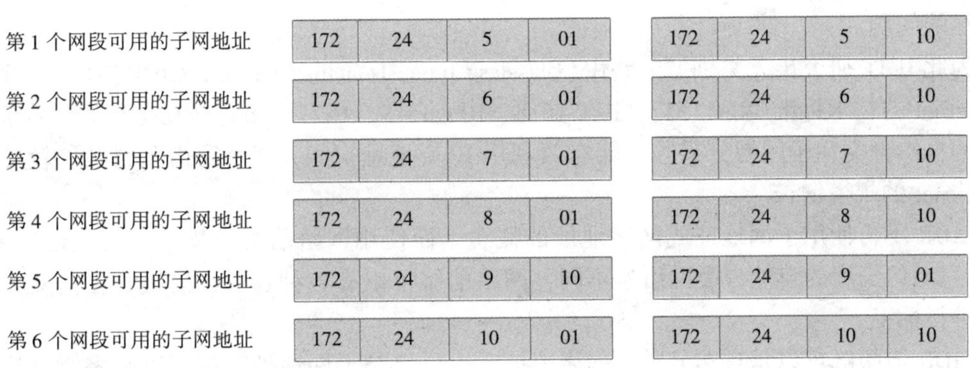

图 4-7　172. 24. 5 ~ 172. 24. 10 网段的子网地址

32 位地址的最后一段(后 8 位)作为主机地址使用，划分子网用去 2 位，每个子网还有 62 个主机地址，提供给主机数量为第一层次的市发改委、市教育局、人事局等市级单位使用。

(3)172. 24. 11 ~ 172. 24. 13 共 3 个网段，每个网段分成 8 个子网，000 为本地址网段的网络地址，111 为本地址网段的广播地址，实际只有 6 个有用子网地址，3 个网段共 18 个子网。各子网地址如图 4-8 所示。

图 4-8　172. 24. 11 ~ 172. 24. 13 网段的子网地址

32 位地址的最后一段(后 8 位)作为主机地址使用，划分子网用去 3 位，每个子网还有 30(2^5-2)个主机地址，提供给主机数量为第二层次的市纪委、市组织部等市级单位使用。

(4)将 172. 24. 14 网段分成 16 个子网，0000 为本地址网段的网络地址，1111 为本地址网段的广播地址，实际只有 14 个有用子网地址，每个子网有 14 个主机地址，提供给主机数量为第三层次的市妇联、市扶贫办等市级单位使用。

(5)将 172. 24. 15 网段分成 32 个子网，00000 为本地址网段的网络地址，11111 为本地址网段的广播地址，实际只有 30 个有用子网地址，每个子网有 6 个主机地址，提供给主机数量为第四层次的市老干局、市工会等 14 个单位使用。

通过以上划分，共划分出 79 个子网，最多可支持 2 734 台主机接入。

2. CIDR

VLSM 技术解决了 IP 地址的浪费问题，但是随着网络的迅速发展和普及，网络地址的需求日益增加，20 世纪 90 年代中期，Internet 主干路由表的条数急剧增长，查找路由的时间增加，影响了路由的速率，同时随着大量地址被使用，IP 地址开始出现分配紧张、地址即

将耗尽的问题。

为此 IETF 研究出无类别域间路由(Classless Inter-Domain Routing，CIDR)技术，并发布为 Internet 的技术标准(RFC 1517、RFC 1518、RFC 1519、RFC 1520)。CIDR 消除了传统网络地址的自然分类和子网划分界限，能有效利用 IPv4 地址空间，减小路由条目数，较好地应对 Internet 的规模增长。

CIDR 不再使用子网地址或网络地址的概念，而使用网络前缀的概念。与只使用 8 位、16 位、24 位长度的自然分类网络号不同，网络前缀可以有各种长度，前缀长度由其相应的掩码进行标识。

CIDR 前缀既可以是自然分类的网络地址，也可以是子网地址，还可以是多个自然分类网络聚合而成的超网地址。超网是利用较短的网络前缀将多个较长网络前缀的小网络聚合成的一个或多个较大的网络。

CIDR 可以将相同网络前缀的 IP 地址组成 CIDR 地址块。一个 CIDR 地址块使用地址块的起始地址作为前缀和起始地址的长度(掩码)来定义子网。

例如，某单位分配到两个 IP 地址：200. 1. 2. 0 和 200. 1. 3. 0，该单位要在一个网络内部署 500 台计算机主机，可以通过 CIDR 构成超网来满足要求。在 200. 1. 2. 0 和 200. 1. 3. 0 两个地址的起始地址为 200. 1. 2. 0，长度为 23 位，则超网的前缀为 200. 1. 2. 0，掩码为 255. 255. 254. 0(11111111. 11111111. 11111110. 00000000)。

该超网中可以容纳的主机地址空间为 9 位编码，实现 510 个地址空间，满足部署 500 台主机的要求。

同样，如果某单位分配的 256 个 C 类地址为 200. 1. 0. 0 ~ 200. 1. 255. 0，则可以将这些地址合并为一个 B 类大小的 CIDR 地址块。由于它们的起始地址为 200. 1. 0. 0，起始地址的长度为 16 位，因此组成的 CIDR 地址块的前缀为 200. 1. 0. 0，掩码为 255. 255. 0. 0。

一个 CIDR 地址块可以表示多个网络地址，支持 CIDR 的路由器可以利用 CIDR 地址块查找网络，这种地址的聚合称为强化地址汇聚。Internet 的路由条目数强化地址整合可以减少和路由器之间路由选择信息的交互量，提高 Internet 的性能。例如，在 256 个 C 类地址构成的 CIDR 地址块中，路由表只占用一条条目，大大减少了路由表的条目数。

4. 3　网络层协议

网络层主要完成网络寻址、路由选择、数据包转发的功能，涉及的主要设备是路由器，主要的协议为 IP、ARP、RARP、ICMP、RIP、OSPF、IGMP 等。

4. 3. 1　IP

IP 是用来互连多个不同的网络并进行通信的协议，是 TCP/IP 网络的核心协议，具有以下特点：

☞ IP 不关心传输的数据内容，主要完成 IP 数据包在互联网中的传输。

☞ IP 提供无连接的数据传输服务，各个数据包带上完整的地址信息，独立地在通信子网中传输，各节点根据数据包携带的地址信息逐节点向目的节点转发，最终到达目的节点。传输的数据包可能存在不按顺序到达的现象，需要进行排序处理。

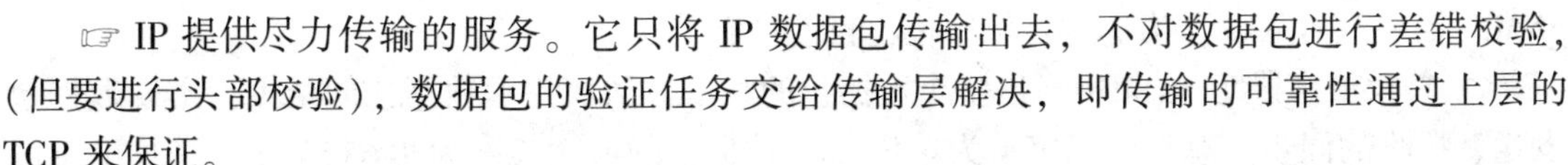

☞ IP 提供尽力传输的服务。它只将 IP 数据包传输出去，不对数据包进行差错校验，(但要进行头部校验)，数据包的验证任务交给传输层解决，即传输的可靠性通过上层的 TCP 来保证。

☞ IP 处于物理网络和传输层之间，向下可以面向不同的物理网络，通过建立 IP 地址和 MAC 地址的映射，以统一的 IP 地址面向传输层，实现网络地址的向上统一。IP 将底层物理网的数据帧封装成 IP 数据包进行传输，以统一的 IP 数据包面向传输层，实现数据包的向上统一。IP 地址和数据包的向上统一可以实现向上层屏蔽底层网络差异的目的。

IP 的传输效率高，实现简单，随着底层通信网传输质量的不断提高，IP 的尽力传输的优势也更加显著。

1. IP 数据包的格式

IP 数据包由头部和数据两部分组成，头部又分为定长部分和变长部分。定长部分由 20 个字节组成，变长部分由 IP 选项组成，如图 4-9 所示。

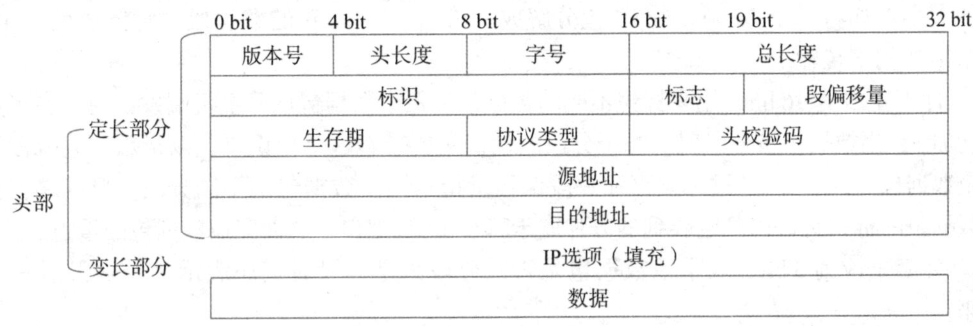

图 4-9　IP 数据包的格式

1) 定长部分

IP 数据包头部的定长部分包括版本号、头长度、服务类型、总长度、标识、标志、段偏移量、生存期、协议类型、头校验码、源地址和目的地址等字段。

版本号指出当前 IP 数据包的协议版本。在网络中，通信双方使用的 IP 的版本必须一致。目前广泛使用的网络是 IPv4 网络，版本号为 4，如果通信双方使用 IPv6 网络，则版本号为 6。版本号向处理机所运行的 IP 软件指明 IP 数据包的版本，所有字段按照此版本的协议解释。

☞ 头长度字段为 4 bit，指出 IP 数据包头的长度，从而确定数据包头和数据的界面，指示包头结束和数据开始的时间。头长度以 4 B 为一个基本单位，不带 IP 选项的数据包头占 20 B，即 5 个 4 B 的长度。头长度字段占 4 bit，最大可以达到 15 bit，意味着头部最大长度为 15 个 4 B，所以 IP 选项部分不能超过 10 个 4B，即 40 B。

☞ 服务类型字段使用 8 bit 来表示优先级和服务质量。第 0 ~ 2 位表示优先级，从 0 到 7 分为 8 个级别，0 为最低优先级，7 为最高优先级。当网络出现拥塞时，路由器可以根据数据包的优先级决定首先丢弃的数据包。第 3 ~ 6 位指示服务质量，分别用 D、T、R、C 表示。D 代表传输最小延迟，T 代表传输最大吞吐率，R 代表传输最大可靠性，C 代表最低传输成本。D、T、R、C 每次只能设置一个，也就是说，路由设备中只能考虑一个指标，不可能同时设定多个指标，多个参数的设定只能使路由器无所适从，没有意义。数据量大的业务(如 FTP)需要高吞吐率，数据量少的业务(如 Telnet)需要低延迟，路由和网络管理业务(如 IGP、

SNMP)需要高可靠性。第 7 位是保留位，目前没有定义。

☞ 总长度字段为 16 bit，指出整个数据包的长度，从而指示数据包的结束，实现数据包发送、接收的同步。总长度以字节为单位，IP 数据包的最大长度为达 65 535 B。总长度字段可以知道整个 IP 包的长度，减去头长度即可得到实际的数据长度。

数据包的总长度在传输时是非常重要的参数。IP 网络数据传输时，发送方将 IP 包交给物理网络，由物理网络封装成数据帧进行传输。不同的物理网络最大帧的长度是不一样的，当 IP 包的长度超出物理网络的最大帧长度时，存在无法封装的问题。底层物理网络能够封装的最大帧数称该物理网络的最大传输单元(Maximum Transmission Unit，MTU)，以太网的 MTU 为 1 500 B，令牌网的 MTU 为 4 500 B，FDDI 网的 MTU 为 4 770 B。

如果当前 IP 包的数据长度超过了 MTU，IP 层必须将该 IP 数据包分段后再传输。例如，物理网络是以太网时，如果单个数据包长度大于 1 500 B，则需要将该数据包被分解成 1 500 B 的小段，然后封装成 IP 包进行传输。在数据传输中，IP 层协议会根据底层的物理网络计算分段的大小。如将一个 2 200 B 的 IP 包分解成 1 500 B 和 700 B 的数据段，封装成两个 IP 包再交给物理网络传输。

☞ 标识字段为 16 bit，用来标识不同的数据包。每个数据包从源主机端发出时，在标识字段自动加 1，当数据包被分段时，每个分段的包仍然要带着这个标识符，以指示这些分段属于同一个数据包。TCP/IP 通过标识符和片段偏移量指示一个数据包的不同分段。目的端根据收到的数据包的标识符可以判定收到的分片属于哪个 IP 数据包，从而完成数据包的重组。

☞ 标志字段为 3 bit，表示该数据包是否被分段，是分段时，还表示是否是最后一个分段到来。

☞ 段偏移量字段为 13 bit，指示 IP 包被进一步分段时的各个分段及顺序。段偏移量指示出在分段中，该包在原始数据区的偏移量。段偏移量以 8 B 为一个单位计算。每个分段的长度是 8 B 的整数倍。段偏移量为目的端的主机进行各分段的重组提供顺序依据。

☞ 生存期字段为 8 bit，指示该数据包的生存期。由于数据包的转发是由路由器实现的，当路由器上的路由表出问题时，数据包可能无法正确传输到目的主机，这样的数据包将在网中不断传输，始终不能到达目的主机，消耗网络带宽资源。为了避免这样的情况发生，每个主机在发出数据包时，为每个数据包设置一个生存时间，数据包每经过一个路由器，减去 1，当生存时间小于或等于 0 时，数据包仍然没有达到目的端，则视为无法到达，采取删除处理。

☞ 协议类型字段为 8 bit，指出当前数据包封装的协议，TCP = 6，UDP = 17，ICMP = 1，OSPF = 89 等。源主机的 IP 根据被封装的协议设置协议类型值，目的主机的 IP 根据数据包中的协议类型标识将该数据包分发到传输层相应的协议处理。例如，协议类型字段为 6，表示当前数据包封装的 TCP，传输层用 TCP 处理该包；协议类型字段为 17，表示当前数据包封装的 UDP，传输层用 UDP 处理该包。

☞ 头校验码为 16 bit，为了提高传输效率，IP 只对数据包头(不含源 IP 地址和目的 IP 地址)进行差错校验，而将差错校验的任务交给传输层解决。

数据包头的差错校验通过头校验码字段实现。在数据包发送时，将数据包头按照算法形成 16 bit 的校验码，填到校验码字段，然后按照路由转发表转发给下一跳路由器。下一跳路由器收到数据包后，通过校验码进行数据包头的差错校验。当验证收到的数据包头是正确的，该路由器进入路由选择、数据转发。

IP 属于网络层协议，实现了一个路由器到下一跳路由器的数据转发处理，在这个过程中发生的差错不可能交到负责端到端的传输层处理。而且，IP 头部字段在点对点的传输过程中是不断变化的(生存期值、标志和分段偏移量等)，只能在各发送路由器节点形成校验数据，在接收路由器节点完成校验，即在相邻节点间进行校验，所以对数据包头的校验必须在网络层完成。

☞ 源地址字段为 32 bit，指示源主机的 IP 地址。

☞ 目的地址字段为 32 bit，指示目的主机的 IP 地址。

2)变长部分

选项字段为可变字段，是数据包传输时可选的附带功能，用于控制数据在网络中的传输路径，记录数据包经过的路由器，获取数据包在传输中经过的路由器的时间戳及测试业务等。选项字段的字节数不是 4 B 的整数倍时，通过填充字段扩充。

2. IP 数据包的传输

路由器转发 IP 数据包时要经过头部校验、路由选择、数据分段及数据转发。

IP 数据包包头的差错校验过程如下：将头部的数据按顺序分成多个数据块，头校验码字段的初始值设为“0”，用“1”的补码对数据块求和，再对结果求补码得到头校验码。

当数据包转发到下一跳路由器时，下一跳路由器将数据包的头部分成多个 16 bit 的数据块，用“1”的补码算法对数据块求和，再对结果求补码，若得到的结果为“0”，则说明收到的头部是正确的。

接收路由器校验其头部正确后，查找路由表，为该数据包找到对应前向网络的输出端口，将数据包从该输出端口进行转发。

IP 按照底层物理子网最合适的数据包大小传输数据，当前向网络的 MTU 较小时，数据包被分成较小的数据片进行传输。数据包在从源端到目的端的传输过程中，可能会被多次分段。

数据包的每个分段都带有头部，分段头部的标识字段、标志字段、段偏移量不同，其他内容与原数据包相同。标识字段指示数据包是否属于同一个数据包；标志字段指示当前分段是不是最后一个分段；段偏移量指示被分段的各个小包在大报文中的位置，是目的主机组装报文的顺序依据。

例如，一个数据包的数据段长度为 1 480 B，进入 MTU 为 600 B 的物理网时需要分段，如图 4-10 所示。

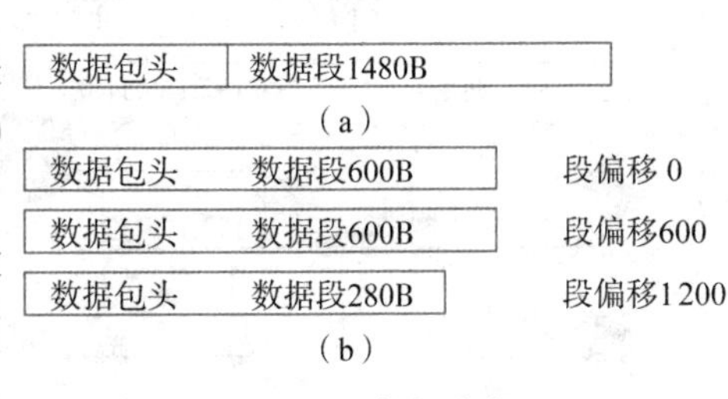

图 4-10　数据分段

(a)原始数据包；(b)分段后的数据包

各分段数据包中的标志段 M 位为：第一个分段的偏移量为 0，标志段 M=1，指示该分段不是最后一段；第二个分段的偏移量为 600，标志段 M=1，指示该分段不是最后一段；第三个分段的偏移量为 1 200，标志段 M=0，指示该分段是最后一段。

报文被分段后，作为单独的数据单元进行传输，如果在传输过程中某个单元发生差错，目的主机将丢弃整个数据包，重新进行传输。

在网络存在多条路径可以到达目的主机的情况下，分组传输使分段可以选择不同的路径传输，具有并行传输的优点。分段可以在源主机和传输路径上的任何一台路由器上进行，在某个路由器不可能收齐同一数据包的各个分段，无法完成重组，数据包分段后的重组只能在目的主机上完成。将重组的任务交到主机，可以减少路由器负担，提高通信子网的传输效率。

目的主机根据数据包头部中的标识字段、标志字段和段偏移量重组数据包。标识相同的数据包属于同一数据包，通过标志字段知道最后一个数据包到来，然后将收到的数据包按照分段的偏移量进行排序组装，形成完整的数据包。

4.3.2 RIP

RIP 是一个基于距离向量的路由协议，它规定的距离向量为到达目的主机所经过的路由器数量，即跳数，以经过的跳数最少为最优路由。

RIP 规定，路由器到与其直接相连的网络的跳数为 0，通过与其直接相连的路由器到达下一个紧邻的网络的跳数为 1，以此类推，每经过一个路由器跳数加 1。RIP 允许的最大跳数为 15，当跳数达到 16 时，即认为距离为无穷远，不可到达。由此可见，RIP 适用于规模较小的网络。

RIP 采用主动发送、被动接收的机制建立和更新路由信息。在网络启动时，路由器拥有的唯一信息是与之直接相连的网络，以此建立初始的路由表。在随后的工作中，每个路由器会周期性地主动向相邻的路由器广播自己的路由表信息，各个相邻路由器接收该路由表信息。通过这样的路由表信息交换，每个路由器都可以获得全网的路由信息。

RIP 每隔 30s 通过 UDP 向所有相邻的路由器广播自己的路由表信息，各相邻路由器收到路由表信息时，使用算法计算出当前的最优路由，更新自己的路由表项，最终建立起完整的路由表。

当数据包到来时，路由器根据路由表进行路由选择，并完成数据转发。当网络拓扑发生变化时，路由器会及时更新路由表的路由信息，使路由器按照最新的路由表信息进行路由选择，自动适应网络的拓扑变化。

一个采用 RIP 的网络连接如图 4-11 所示。网络 1、网络 2 连接在路由器 R_1 上，而网络 4、网络 5 连接在路由器 R_2 上，网络 3 既连接在路由器 R_1，也连接在路由器 R_2 上，网络 1、网络 2、网络 4、网络 5 通过网络 3 实现远程互连。

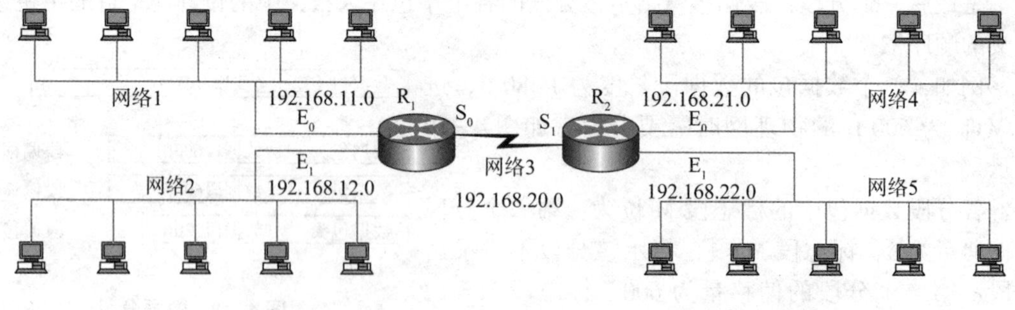

R_1路由表

交付情况	目的网络地址	端口	跳数
直接交付	192.168.11.0	E_0	0
直接交付	192.168.12.0	E_1	0
直接交付	192.168.20.0	S_0	0
间接交付	192.168.21.0	S_0	1
间接交付	192.169.22.0	S_0	1

R_2路由表

交付情况	目的网络地址	端口	跳数
直接交付	192.168.21.0	E_0	0
直接交付	192.168.22.0	E_1	0
直接交付	192.168.20.0	S_1	0
间接交付	192.168.11.0	S_1	1
间接交付	192.169.12.0	S_1	1

图 4-11　采用 3RIP 的网络连接

该网络路由表的建立和路由情况如下：

1. R_1 路由表项的建立

(1)初始路由表项的建立。在初始情况下，网络 1 发送的数据包到达路由器 R_1 的端口 E_0，网络 2 发送的数据包到达 R_1 的端口 E_1，网络 3 发送的数据包到达 R_1 的端口 S_0。

在初始阶段，路由器 R_1 通过自学习建立起与之直接连接的网络 1、网络 2 和网络 3 的路由表的表项信息，如图 4-11 所示中 R_1 路由表的第 1 ~3 项。

(2)间接交付路由关系的建立。当有数据包从网络 1 发送到网络 4 或网络 5 时，该数据包需要从路由器 R_1 的端口 S_0 转发到路由器 R_2，再通过路由器 R_2 的端口转发到网络 4 或网络 5，这种转发属于间接交付，跳数为 1。

在间接交付情况时，路由器 R_1 的路由器表要建立到网络 4 或网络 5 的转发路由。该转发路由关系的建立是通过路由器 R_1 与相邻路由器 R_2 定期交换学习到的网络端口关系来实现的。路由器 R_1 每隔 30 s 向相邻的路由器 R_2 发送自己的路由信息表，路由器 R_2 同样每隔 30 s 向路由器 R_1 发送自己的路由信息表。

当路由器 R_1 收到从路由器 R_2 发送来的路由表信息时，路由器 R_1 学习到网络 4、网络 5 是直接连接在路由器 R_2 上的，数据包要转发给网络 4 或网络 5，需要从 R_1 的端口 S_0 转发给路由器 R_2，转发到 R_2 后通过直接交付即可到达目的网络，由此建立如图 4-11 所示 R_1 路由表的第 4 项和第 5 项。

2. R_2 路由表项的建立

路由器 R_2 通过初始自学习建立直接交付信息表项，通过与相邻路由器 R_1 交换路由信息，建立间接交付信息表项。完整的路由转发表如图 4-11 所示的 R_2 路由表。

经过定期与相邻路由器交换路由信息，网络上的每个路由器都能够获得整网的路由信息，建立起反映整网情况的路由转发表。在网络使用的过程中有新的网络接入，使网络拓扑发生变化时，由于路由器定时更新信息，能够动态地建立相应的路由表。

3. 路由器的路由选择与数据转发

在完整的路由表建立后，当有数据包要从网络 1 发送到网络 2 时，数据包从路由器 R_1 的端口 E_0 送入路由器。路由器 R_1 根据数据包的目的地址查找路由表，得到网络 2 连接在 R_1 的端口 E_1，将数据包从端口 E_1 转发出去。数据包到达网络 2。

当网络 1 有数据包要发送到网络 4 时，路由器 R_1 将该数据包通过端口 S_0 转发到网络 3，再从网络 3 连接在路由器 R_2 的端口 S_1 进入路由器 R_2。从路由器 R_2 的路由表得到目的地址是网络 4 的数据包应该从端口 E_0 转发出去，该数据包从 R_2 的端口 E_0 转发，到达网络 4。

同样，当有数据包要从网络 4 发送到网络 1 时，数据包从路由器 R_2 的端口 E_0 送入路由器。路由器 R_2 根据数据包的目的地址查找路由表，得到转发路由应选择端口 S_1，该数据包从端口 S_1 转发出去，到达网络 3，从路由器 R_1 的端口 S_0 进入路由器 R_1。从路由器 R_1 的路由表得到目的地址是网络 1 的数据包应该从端口 E_0 转发出去，到达网络 4。

4.3.3　OSPF 协议

OSPF 是由 IETF 开发的基于链路状态的路由协议。O 指开放，“开放”是 OSPF 公开发表的协议标准，任何厂家都可以使用。SPF 是最短路径优先，使用荷兰科学家 Dijkstra 提出的最短路由算法。

1. OSPF 的工作原理

OSPF 协议将距离、链路带宽、时延等链路状态信息折算成一个权值，根据权值确定最佳路由。权值指出了数据报从一台路由器传输到另外一台路由器所需要的时间开销。一条路由的时间开销指沿着这条路由到达目的网络的路径上所需要的所有时间开销。OSPF 协议选择时间开销最小的路径为最优路径。

OSPF 协议以自身为根节点计算最短路径树，在这棵树上，由根节点到各节点的累计开销最小，即由根节点到各节点的路径在整个网络中是最优的，由此获得由根节点到各个节点的最优路由。例如，在如图 4-12(a)所示的网络中，各链路的权值如图 4-12(b)所示，从 R_2 到 R_4 有 2 条路径，路径 1 的累计权值为 6，路径 2 的累计权值为 8，路径 1 为最优路径。

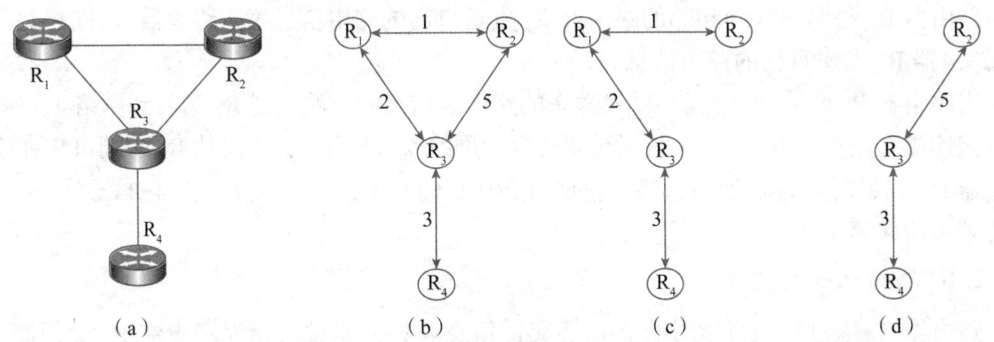

图 4-12　最优路由的计算

(a)拓扑图；(b)链路权值；(c)路径 1；(d)路径 2

OSPF 协议的最优路径选择通过查找路由器中的路由表完成。路由表通过收集每个路由器的链路状态信息，建立一个链路状态数据库，然后根据最短路由算法计算每个路由器到目的网络的最短路由，建立路由表。

当路由器初始化或网络结构发生变化(如增减路由器、链路状态发生变化等)时，路由器会产生链路状态广播数据包(Link-State Advertisement，LSA)，该数据包里包含与该路由器相邻的路由器及各端口链路的权值信息，即路由器的链路状态信息。各路由器通过与相邻路由器之间交换 LSA，获得完整的链路状态信息，建立链路状态数据库(Link State Database，LSDB)。

LSDB 建立后，各路由器根据 LSDB 运行 SPF 算法，计算出以自己为根节点的最短路径，建立路由表。当数据包到达路由器时，路由器根据其建立的路由表进行路由选择。

路由器在建立路由表的过程中，需要与相邻的路由器交换链路状态信息。为了减小网络内部的信息交换量，降低路由器计算路由信息的复杂度，提高路由器的处理能力，OSPF 采用两层结构的区域信息交换方式，将一个自治域系统的网络分成若干个子区域。每个子区域内部的路由器仅与本区域内部的路由器交换信息，获得本区域网络的链路状态信息，各个区域的边界路由器之间再进行链路状态信息交换，从而获得全网的信息。

两层结构的信息交换方式可以减少网络的信息交换量，提高路由收敛速度。OSPF 的分区示意如图 4-13 所示，图中 R_1、R_2、R_3、R_4 为区域内部路由器，R_5、R_6 为区域为界路由器。经过分区，区域内部路由器建立的 LSDB 为较小的数据库，这些数据库在本区域内部进行维护，降低路由器内存和 CPU 的消耗，提高路由器的处理性能，有利于网络资源的利用。

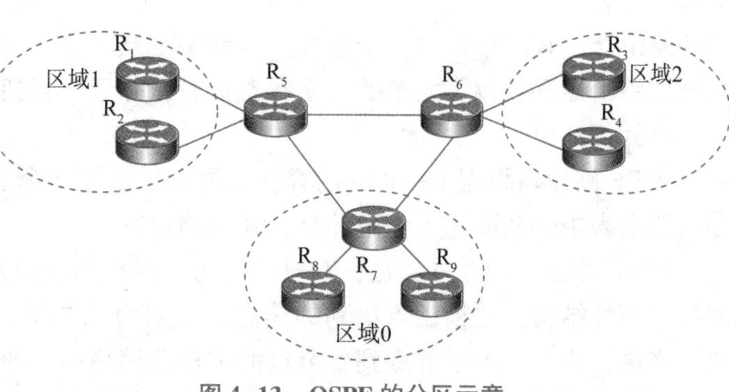

图 4-13 OSPF 的分区示意

为了区分各个区域，每个区域都用一个 32 位的区域 ID 来标识，如区域 0 用 0.0.0.0 标识，区域 1 用 1.1.1.1 标识。划分区域后，OSPF 的通信将被划分为区域内部通信、区域间通信、区域外通信 3 种类型。

为了有效地管理区域间的通信，需要有一个区域作为所有区域的枢纽，负责每一个区域到其他区域的网络拓扑路由，所有区域间的通信都必须通过该区域，这个区域为骨干区域。OSPF 协议规定区域 0 是骨干区域。

所有的非骨干区域必须与骨干区域相连，非骨干区域之间不能直接交换数据包，它们之间的传递只能通过骨干区域完成。区域 ID 是对区域的标识，与内部路由器的 IP 地址无关。

区域边界路由器同时连接几个区域，为每一个区域建立一个 LSDB，同时将所连接的区域路由信息发送到骨干区域，各区域边界路由器通过与骨干区域路由器的交换，获得整个网络的路由信息。

划分区域后，各区域内部的路由器仅与同一个区域的 OSPF 路由器建立邻居关系。为保证区域间的可靠通信，区域边界路由器需要同时加入两个或两个以上的区域，负责向其连接的区域发布其他区域的 LSA 通告，实现 OSPF 自治系统内的链路状态同步、路由信息同步。

在如图 4-13 所示的网络中，区域 1 和区域 2 只向区域 0 发布自己的 LSA，而区域 0 必须将自身的 LSA 向其他区域发布，并负责在非骨干区域之间传递路由信息。

2. OSPF 的工作过程

OSPE 协议的工作一般要经过发现邻居、交换信息、计算路由、维护路由等过程。

1)发现邻居

OSPF 启动后，需要寻找网络中可以与自己交换链路状态信息的相邻路由器。为了识别路由器的身份，OSPF 为每个路由器定义了 Router ID，该 ID 是在该区域内唯一标识路由器的 IP 地址，网络里的其他路由器都使用该 ID 来标识这台路由器。在单个区域内，内部路由器首先与相邻路由器交换信息，每个路由器发送拥有自己 ID 信息的 Hello 包，相邻路由器收到这个包后，将包内的 ID 信息加入自己的 Hello 包，并向相邻的路由器发送。如果某路由器收到含有自己 ID 信息的 Hello 包，说明发来 Hello 包的路由器是自己的相邻路由器，则根据接收到的端口建立邻接关系。

2)交换信息

区域内部路由器与相邻路由器相互交换 LSA。OSPF 协议通过泛洪(Flooding)的方法交换链路状态数据，泛洪是指路由器将其 LSA 发送给本区域内所有与其相邻的 OSPF 路由器，相邻路由器根据接收到的链路状态信息更新自己的数据库，并将该链路状态信息转发给与其相邻的路由器，直至稳定的一个过程。当网络重新稳定下来，OSPF 协议收敛过程完成，每个区域的路由器都获得了完整的网络状态信息，并建立起拥有整个网络的 LSDB。

3）计算路由

OSPF 路由器根据 LSDB 的内容，通过 SPF 算法计算出每个目的网络的路径，并将路径存入路由表中，从而完成路由计算，建立路由表。

OSPF 的路由计算方法是，系统中的每个路由器通过从其他路由器得到的信息构造当前网络的拓扑结构，并根据收集到的信息，以自身为根节点用 SPF 算法计算出一棵最短路径树。在这棵树上，由根节点到各节点的累计开销最小，即由根节点到各节点的路径在整个网络中是最优的，得到由根节点去各个节点的最优路由。计算完成后，路由器将该路由信息加入 OSPF 路由表，完成路由表的建立。

4）维护路由

当网络建立起路由表后，路由器就能进行正常的路由选择和数据包转发。当网络扩充或网络故障导致链路状态发生变化时，还需要进行路由维护，及时更新路由表信息。

在网络运行过程中，路由器及时将链路状态的变化通过泛洪方式传递给区域内的所有路由器，各路由器收到信息时，完成信息更新，重新计算路由，建立新的路由表。

为了保证 LSDB 与全网的状态一致，OSPF 定期更新路由信息，每隔 30 min 重新收集链路状态信息，刷新 LSDB，计算路由，以保证当前路由是最优路由。为了避免浪费资源，OSPF 采用路由增量更新的交换机制，每次更新时，仅发送链路状态摘要信息，摘要信息仅对该路由器的链路状态进行简单的描述，每个区域内部路由器对收到的摘要信息进行分析比较，如果收到的内容有新的内容，则要求对方发送完整的信息，否则不采取任何动作。

4.3.4 ARP 和 RARP

在数据发送和接收过程中，网络层的数据包使用 IP 地址寻址，数据链路层的数据帧使用 MAC 地址寻址，TCP/IP 网络必须在这两种地址之间建立映射关系，以便相应的层次完成数据协议单元的地址封装。

在网络中，IP 地址与 MAC 地址的映射关系并不是一成不变的。当主机从一个物理位置移动到另外一个物理位置时，它的 IP 地址会发生变化，但 MAC 地址不会发生变化；当主机被更换网卡时，它的 IP 地址不会发生变化，但 MAC 地址会发生变化。在这种变化发生时，IP 地址与 MAC 地址的映射关系要发生相应变化，通过人为配置来跟踪这种变化，维护这种映射关系对于日益庞大的网络来说是不现实的，TCP/IP 网络采用专门的协议自动建立和维护这种映射关系。

在 TCP/IP 网络中，IP 地址与 MAC 地址之间的映射称为地址解析。ARP（Address Resolution Protocol，地址解析协议）完成从 IP 地址到 MAC 地址的映射，即在已知 IP 地址的情况下获取对应的 MAC 地址；RARP（Reverse Address Resolution Protocol，反向地址解析协议）完成从 MAC 地址到 IP 地址的映射，即在已知 MAC 地址的情况下获取对应的 IP 地址。

1. ARP

☞ 当源主机与目的主机位于同一子网时，源主机的 IP 层将数据包发送给数据链路层进行帧封装，封装时通过 ARP 获得目的主机 MAC 地址的工作过程如下：源主机通过广播方式发送 ARP 请求包给网络中的所有主机，目的主机收到 ARP 请求包，发现包中的目的 IP 地址和自己的地址相符，发送响应，应答 ARP 请求，并以单播方式将自己的 MAC 地址通知源主机。

☞ 当目的主机与源主机位于不同子网时，源主机的数据包经过路由器转发，相邻路由器响应 ARP 请求，将自己对应的端口 MAC 地址返回给源主机。源主机使用相邻路由器返回的 MAC 地址进行帧的封装，将数据包发送给相邻路由器。在这种情况下，源主机虽然没有直接得到目的主机的 MAC 地址，但由于后续路由器一直以该方式不断地向前转发，当数据包到达目的子网时，与目的子网连接的路由器解析出目的主机的 MAC 地址，将数据包交给目的主机。

如果源主机每次发送数据都重复以上过程，将带来较大的处理开销。为了减小解析的时间开销，网络采用 ARP 高速缓存来解决这个问题。网络中的每台主机维持一个 ARP 高速缓存，存放从网络上解析得到的 IP 地址与 MAC 地址的映射关系，即主机第一次发送数据包时，将解析获得的 IP 地址与 MAC 地址的映射关系表存放在自己的 ARP 缓存中。当主机再次发送数据包需要 IP 地址与 MAC 地址的映射关系时，先在 ARP 缓存查找，如果表中存放了需要的映射关系，则直接获得该关系；如果表中未存放需要的映射关系，则发送 ARP 请求，获取相应的映射关系。

主机的物理位置发生变化或更换网卡可能导致存放在 ARP 高速缓存中的映射关系过时，使用这样的映射关系将发生错误。解决这个问题的办法是为 ARP 高速缓存中的每一个表项设置超时值，如果在给定的超时值内该表项没有被使用过，就重新发送 ARP 请求建立新的映射关系。

☞ 当源主机与目的主机位于同一子网时，APR 过程为：检查本地 ARP 高速缓存，如果本地 ARP 高速缓存已经建立该 IP 地址到 MAC 地址的映射，则直接使用表项给出的 MAC 地址进行数据链路层帧的封装；如果本地 ARP 高速缓存没有建立该 IP 地址到 MAC 地址的映射，则广播 ARP 请求，ARP 请求包中含有源主机 IP 地址和 MAC 地址，以及目的主机的 IP 地址。目的主机收到广播包后，以单播方式应答源主机，将自己的 MAC 地址封装在 ARP 应答数据包中发送给源主机。源主机收到应答后，建立目的主机 IP 地址与 MAC 地址的映射关系，并将映射关系表存放在 ARP 缓存中，更新 ARP 高速缓存。

☞ 当源主机与目的主机位于不同子网时的 ARP 过程如图 4-14 所示。

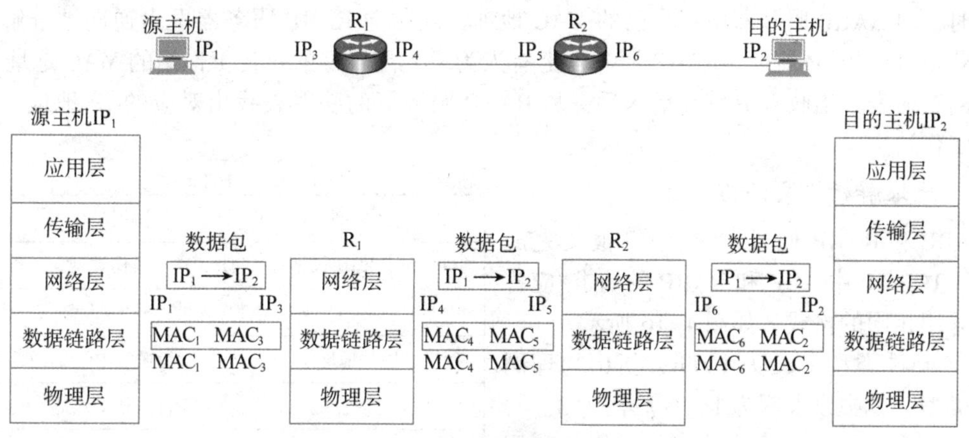

图 4-14　源主机与目的主机位于不同子网

源主机根据源 IP 地址、目的 IP 地址及掩码，判断出源主机与目的主机位于不同的子网中，根据其路由表得到去目的主机的下一跳为路由器 R_1 的端口地址（IP_3），通过 ARP 解析得到路由器 R_1 对应该子网端口数据链路层的 MAC 地址，将要发送给目的主机的数据包用 MAC_1

地址作为源 MAC 地址，MAC_3 地址作为目的 MAC 地址进行数据帧的封装后发送给路由器 R_1。

路由器 R_1 收到该 IP 数据包后，根据目的主机的 IP 地址及自己的路由表确定去往目的主机的下一跳为路由器 R_2 的端口地址（IP_5）。路由器 R_1 的转发端口地址为 IP_4，相应的 MAC 地址为 MAC_4。路由器 R_1 通过 ARP 解析得到地址为 IP_5 的端口的数据链路层地址为 MAC_5，然后将要发送给目的主机的数据包用 MAC_4 作为源 MAC 地址，MAC_5 作为目的 MAC 地址进行数据帧的封装后发送给路由器 R_2。

路由器 R_2 收到数据包后，根据目的主机的 IP 地址及自己的路由表确定目的主机所在子网是直接连接在端口 IP_6 上的网络，数据包经过直接交付即可到达目的主机。此时路由器 R_2 通过解析得到目的主机的 MAC 地址，将该数据包用 MAC_6 作为源 MAC 地址，MAC_2 作为目的地址进行封装后发送给目的主机。

在从源主机发送数据包到目的主机的过程中要经过中间若干个路由器的转发，每个路由器的数据包中的源 IP 地址和目的 IP 地址是不变的，发送路由器和接收路由器的 MAC 地址却是不断变化的。

2. RARP

RARP 完成从 MAC 地址到 IP 地址的映射，即在已知 MAC 地址的情况下，获取对应的 IP 地址，如图 4-15 所示。

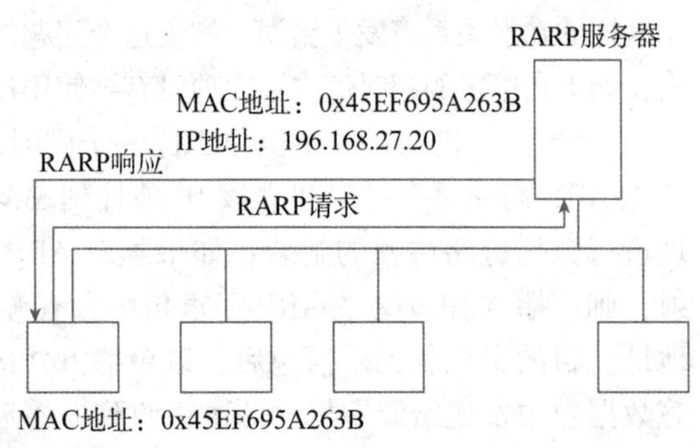

图 4-15　RARP 过程

RARP 被无盘工作站用来获取 IP 地址。主机的 IP 地址通常保存在本地硬盘中，操作系统在启动时会从本地硬盘找到主机的 IP 地址。当网络工作在无盘工作站时，由于没有硬盘，一旦关机，就会丢失其 IP 地址。

无盘工作站从局域网中的一个主机（RARP 服务器）获得自己的 IP 地址。无盘机启动时，向 RARP 服务器申报自己的 MAC 地址，同时向 RARP 服务器发出逆向地址解析请求，获得自己的 IP 地址。RARP 服务器上有人为事先配置好的每台工作站的 MAC 地址与 IP 地址的映射表，当收到 RARP 请求后，从 RARP 服务器的映射表找出对应的 IP 地址，发送给该工作站。

3. 地址解析报文的格式

ARP 和 RARP 通过请求/应答报文完成解析。TCP/IP 中 ARP 和 RARP 的请求/应答报文采用相同的格式，如图 4-16 所示。

0 bit	8 bit	16 bit　　31 bit
硬件类型		协议类型
硬件地址长度	协议地址长度	操作类型
发送端硬件地址　0~3		
发送端硬件地址 4~5		发送端IP地址　0~1
发送端IP地址　2~3		目标硬件地址　0~1
目标硬件地址　2~5		
目标IP地址　0~3		

图 4-16　ARP 与 RARP 的报文格式

☞ 硬件类型字段为 16 bit，指出物理网络的类型，其中以太网为 1，令牌网为 3。

☞ 协议类型字段为 16 bit，指出采用 ARP 和 RARP 的协议类型，如 IPv4 的协议类型为 0800。

☞ 硬件地址长度字段为 8 bit，指出物理

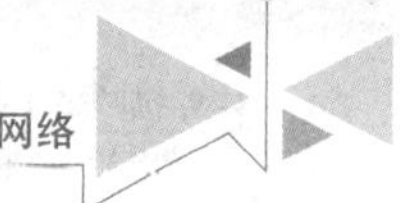

地址的长度，以字节为单位，以太网的硬件地址长度为6 B。

☞ 协议地址长度字段为8 bit，指出协议地址的长度，以字节为单位，IPv4的协议地址长度为4 B。

☞ 操作类型字段为16 bit，指出当前操作的操作类型，1为ARP请求，2为ARP响应，3为RARP请求，4为RARP响应。

☞ 发送端硬件地址和目标硬件地址是MAC地址，共48 B。发送端IP地址和目标端IP地址是IP地址，共32 B。当前操作是ARP请求时，源主机在发送端硬件地址和IP地址段分别填入自己的MAC地址和IP地址，并给出目的主机的IP地址，目的MAC地址段没有填入，以广播方式发送ARP请求；当返回应答时，目的主机变成发送端，将自己的MAC地址和IP地址填入发送端硬件地址和发送端IP地址字段，将源主机的MAC地址和IP地址填入目标硬件地址和目标IP地址字段，以单播方式发送ARP请求。

4.3.5 ICMP

目标不可达、数据包传输超时和系统拥塞等问题发生在数据包未到达目的主机时，传输层无法解决，必须由IP层解决。ICMP正是为解决这一类问题而设计的。ICMP解决这一类差错的方法是向源主机报告发生差错，并由源主机的高层进行差错处理。ICMP只报告差错，但不负责纠正错误，纠正错误的工作留给高层协议处理。

在TCP/IP网络中，IP提供网络层的数据传输，ICMP提供网络层的传输差错控制和拥塞控制，并通过向源主机报告的方式来解决传输差错和控制。

1. ICMP报文

ICMP封装在IP数据包中传输，即ICMP报文被封装在IP包的数据段部分。被封装的ICMP报文由IP头部、ICMP头部和ICMP报文三部分组成，如图4-17所示。在IP数据包的包头中，有一个协议类型字段，该字段指出当前数据包封装的协议，值为1说明当前数据包封装的协议是ICMP报文。

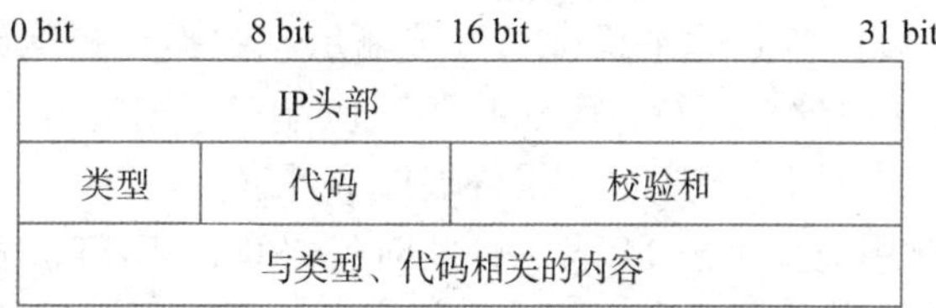

图4-17　ICMP报文的格式

ICMP头部由类型字段、代码字段和校验和字段组成。类型字段由8 bit组成，用于指示256种不同类型的ICMP报文；代码字段由8 bit组成，用于提供报文类型的进一步信息；校验和字段由16 bit组成，用于提供整个IP报头的差错校验。

与类型、代码相关内容的数据在ICMP头部的后面。

常用的ICMP报文分为3类，即差错报文、控制报文、请求/应答报文，具体的报文类型见表4-8。

表 4-8　常见的 ICMP 报文

类型值	报文类型	类型值	报文类型
3	目标不可达	11	数据包传输超时
4	拥塞	5	网络重定向
15	信息请求	16	信息应答

1) 差错报文

目标不可达和数据包超时是差错报文。

(1) 目标不可达用类型字段 3 表示，分为网络不可达、主机不可达、协议不可达、端口不可达等情况，不同的情况用不同的代码进行表示，见表 4-9。

表 4-9　目标不可达报文的类型

代码	类型	代码	类型
0	网络不可达	1	主机不可达
2	协议不可达	3	端口不可达

☞ 网络不可达。如果某路由器收到一个数据包，在转发表中找不到前向路由，则向主机报告网络不可达。例如，某个路由器没有学习到某个网络的转发路径，该路由器收到目的地址是该网络地址的数据包时，无法查到转发路由，将向源主机发送网络不可达报告，指出数据包中的网络地址指向的网络不可到达。

☞ 主机不可达。在路由器找到转发的网络并进行转发，在该网络的主机收到数据包时，应返回一个应答信息到路由器，如果路由器没有收到应答信息，则向源主机发送主机不可达报告。例如，在主机发生故障时，主机不可达，路由器将类型为 3、代码为 1 的 ICMP 报文返回给源主机，报告主机不可达。

☞ 协议不可达。在数据包到达目的主机而主机上没有 TCP 时，发生协议不可达，目的主机将类型为 3、代码为 2 的 ICMP 报文返回给源主机，报告协议不可达。

☞ 端口不可达。在数据包到达主机，通过传输层将数据包提交给应用进程的过程中，如果主机上相应的应用软件没有运行，无法找到对应端口，则端口不可达，主机将类型为 3、代码为 3 的 ICMP 报文返回给源主机，报告端口不可达。

(2) 数据包传输超时用类型字段 11 表示，此时代码 0 代表 TTL 超时。在数据包的传输过程中，用 IP 报头的 TTL 值指示生存时间，在规定的生存时间数据包不能到达目的端则认为无法到达。网络中，当路由器收到 TTL 值为 0 的数据包时，将丢弃当前的数据包，并产生一个 ICMP 数据超时报告发送给源主机。

2) 控制报文

拥塞和网络重定向是控制报文。

(1) 拥塞报文用类型字段 4 表示。当数据包的数量超出路由器和目的主机缓冲区的处理能力时，会发生缓冲区溢出，出现拥塞。此时，发现缓冲区溢出的路由器或目的主机将产生一个拥塞报文向源主机报告，源主机在收到该拥塞报文后，按一定的规则降低发送给该路由器或目的主机的数据包流量。

(2) 网络重定向用类型字段 5 表示。当主机向非本地子网发送数据时，TCP/IP 会将数据包转发给它的默认网关或路由器，如果网络中存在另一个更好的本地路由器，ICMP 重定向功能会通

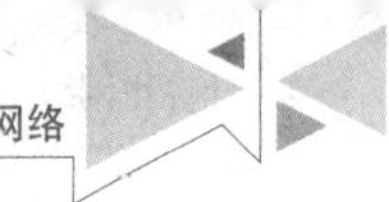

过 ICMP 网络重定向报文通知主机改变默认网关，今后将这些数据发送给更好的路由器。

3)请求/应答报文

请求报文用类型字段 15 表示，应答报文用类型字段 16 表示。随着 ICMP 的发展，ICMP 突破了只向源主机报告出错信息的模式，开始使用 ICMP 请求/应答报文实现主机与路由器间或路由器与路由器间的交互，使 TCP/IP 网络上任何主机或路由器都可以发送请求并获得应答。通过 ICMP 的请求/应答报文，网络管理人员或应用程序可以对网络进行检测，对网络故障进行诊断和控制。

2. ICMP 命令

1)Ping 命令

在 Windows 操作系统中，用 Ping 命令发送 ICMP 请求报文并接收 ICMP 应答报文，检测网络的连通性。Ping 命令产生的数据报文是 IP 网络中能够生成和寻址的最小报文。在发送的 ICMP 请求报文中存放当前时间，目的主机收到 ICMP 请求报文时，返回一个 ICMP 报文给源主机；源主机收到 ICMP 答应报文后，将报文到达的时间减去请求报文的发送时间，得到往返时间，从而测出网络连通性及速率。

2)Tracert 命令

Tracert 命令用来追踪数据包的传输路径，检测发生问题的设备。它利用 IP 协议包中的生存期 TTL 探测网络传输路径。在使用 Tracert 命令时，源主机的 Tracert 程序发送一系列数据包，第一个数据包中的 TTL 值设为 1，第二个数据包中的 TTL 值设为 2，第三个数据包的 TTL 值设为 3。当第一个数据包到达第一个路由器时，TTL 值被减 1，此时 TTL=0，数据包被视为无法到达数据包，由 ICMP 向主机发送一条错误类型为超时的消息。该消息到达主机时，Tracert 程序根据发出该消息的路由器的 IP 地址，得到传输经过的第一个路由器。同样，第二个数据包发出后，也返回一条 ICMP 消息，Tracert 程序获得传输经过的第二个路由器。主机以这样的方式可以获得传输经过的所有路由器的地址，探测所有的传输路径。

4.4 传输层协议

在 TCP/IP 网络中，传输层位于通信子网外，解决端主机到端主机的传输问题，并向应用层提供主机到主机间的应用进程通信服务。

传输层在进行数据传输时，需要完成数据报文的分段和组装。源主机将应用层的数据报文交给传输层，传输层将数据报文分解成若干个数据段并进行封装，然后交给网络层传输。目的主机收到数据分段后，解封数据分段并组装成数据报文，交给其应用层。

传输层在进行数据传输时，通过连接管理、差错控制、流量控制和拥塞控制等措施保证端到端的可靠传输。

不同的网络业务有不同的需求，有的网络业务需要较高的实时性，有的网络业务需要较高的可靠性。为了适应不同的通信子网和应用要求，传输层提供了 TCP 和 UDP。TCP 和 UDP 分别对应不同性质的服务，上层的应用进程可以根据传输可靠性、实时性等要求决定在传输层使用的协议。

4.4.1 端口号

传输层除了实现主机到主机的端到端通信，还要通过建立应用程序间端到端的连接，为两个应用传输实体建立一条端到端或进程间的逻辑通道。

网络通过 IP 地址区别不同的主机，并将数据包从源主机发送到目的主机。当一台主机同时运行多个网络进程时，每个应用会产生自己的数据流(报文)，传输层为不同的应用分配不同的端口号，通过端口号来区分不同应用进程产生的数据流。

在发送端，源主机以源端口号指出发送数据报文的应用进程，以目的端口号指出接收数据报文的应用进程。传输层以这样的方式区别不同应用进程产生的数据流，为端主机应用进程提供通信服务。

传输层端口号的使用实现了进程通信的复用和分用。进程通信的复用是指在数据发送时，源主机的传输层用不同的端口号表示不同应用产生的报文，并统一交给网络层的 IP 通道传输，即多个业务的数据包通过一个 IP 通道传输，实现多个进程通信的复用。当不同应用的响应数据包返回源主机时，源主机根据返回数据包的端口号分发到不同的应用，实现多个进程通信的分用。

在 OSI 模型中，端口号相当于传输层的传输服务访问点(Transport Service Access Point，TSAP)，是传输层与高层交互的服务访问点，是高层区别于不同应用进程的通信端口。应用进程通过系统调用与端口建立联系后，端口的数据会被相应的应用进程接收，报文被提交给不同的应用进程。

1. 保留端口和自由端口

TCP/IP 端口号采用 16 bit 进行表示，取值范围是 0 ~ 4 095。

保留端口由 ISO 统一分配，范围为 1 ~ 1 023，其中，1 ~ 255 的端口用于网络基本服务的公共应用(HTTP、Web、FTP、SMTP、DNS 等)，由 TCP/IP 统一分配，见表 4-10；256 ~ 1 023 的端口是特定网络产品供应商应用程序的注册端口号。1 023 ~ 4 095 的端口是自由端口，在通信时由系统分配使用。

表 4-10　传输层端口

协议	端口号	协议	端口号
FTP	21	SMTP	25
HTTP	80	Telnet	23
DNS	53	SNMP	161

端口号是应用程序的寻址号，主机在发送应用程序的数据之前必须确认端口号。

端口号分配有静态分配和动态分配两种方法：HTTP、FTP、DNS、DHCP 等特定应用的端口号是事先统一分配的，是不能改变的，属于静态分配。如果用户应用不是以上特定的应用，没有特定分配的端口号，则系统将在高于 1 023 的范围为该用户的应用分配一个当前没有用过的端口号。

2. 源端口和目的端口

传输层在进行数据报文传输时，将端口号填入报头中的端口号字段随报文传输。按源端口号指出发送数据报文的应用进程，目的端口号指出接收数据报文的应用进程。

由于 TCP、UDP 是完全独立的软件模块，不会同时使用，因此它们的端口号独立使用，即同一端口号既可以在 TCP 中使用，也可以在 UDP 中使用。

例如，主机 A 要 Telnet 到主机 B，Telnet 的端口号为 23。主机 A 在发起连接时，向 TCP

请求一个端口号，TCP 分配端口号 1 088，主机 A 将此端口号作为源端口号，将 23 作为目的端口号，封装成传输层报文向主机 B 发送。该报文到达主机 B 后，主机 B 通过目的端口号知道这是一个 Telnet 应用进程，将它提交给上层的 Telnet 应用，为该次通信建立 Telnet 会话，如图 4-18 所示。

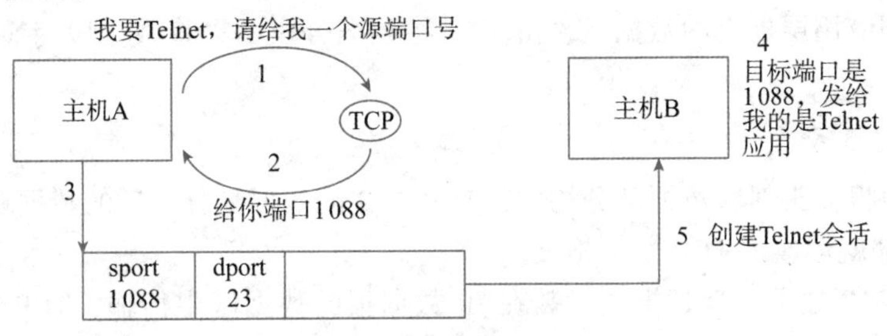

图 4-18　Telnet 会话过程

当主机 A 有两个应用程序同时向主机 B 提出 Telnet 请求时，主机 A 的 TCP 在第一个用户发出请求时，已经分配了一个端口号 1 088，在第二个用户向 TCP 发出请求时，主机 A 的 TCP 将为其分配另外一个端口号 1 089。主机 A 通过不同的端口分配鉴别不同的用户。

3. 套接字

在 TCP/IP 网络中，当出现两台以上的主机用户完成同样的应用时，它们可能使用了相同的端口号访问相同的应用。此时仅用端口号已经不能区分访问应用进程的主机，需要用套接字进行区分。套接字将端口号和 IP 地址结合起来鉴别相同应用对相同端口号的访问。

例如，主机 A 和主机 B 都有用户在收发电子邮件，两个主机为用户分配的端口号都是 1 088，此时邮件服务器无法通过端口号区分访问应用进程的主机。采用套接字后，主机 A 的套接字为 172. 16. 1. 29:1 088，主机 B 的套接字为 128. 193. 80. 99:1 088，如图 4-19 所示。主机 A 和主机 B 的源端口号相同，但 IP 地址不同，可以清晰地区分是不同主机发出的邮件服务请求。

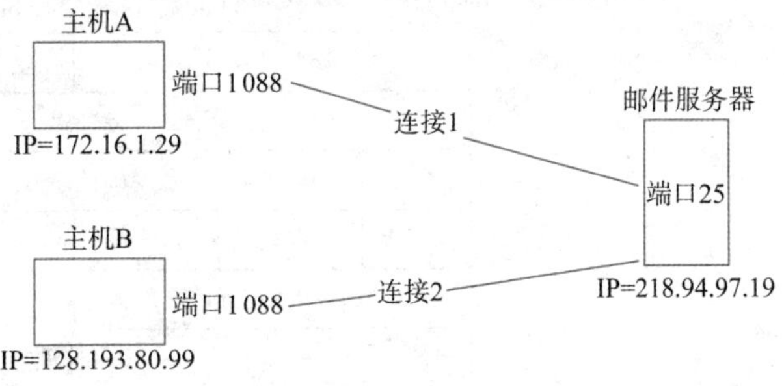

图 4-19　不同主机使用相同端口号访问同一应用

4. 4. 2　TCP

TCP 是面向连接的传输协议，具有传输可靠性高的优点。面向连接的传输在数据传输前需要建立连接，数据传输结束需要拆除连接。TCP 在应用进程间建立传输连接，是在两个传输用户之间建立逻辑联系，使得双方确认对方存在，确认传输连接点，并为本次传输协商参数、分配资源。TCP 报文在逻辑通道中进行传输，进程通信逻辑通道的建立示意如图 4-20 所示。主机端有多个进程需要通信时，需要建

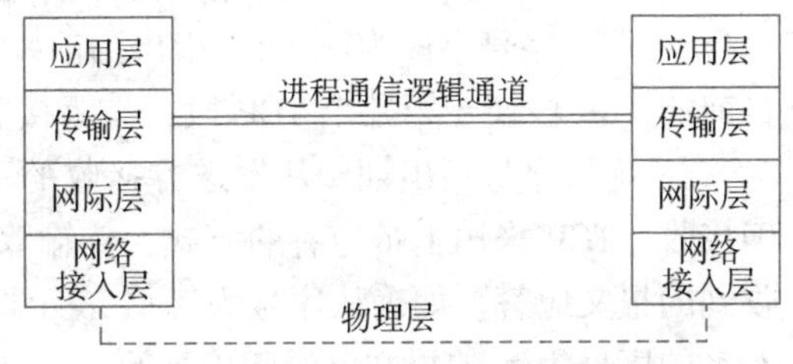

图 4-20　进程通信逻辑通道的建立示意

立多个逻辑通道，即需要建立多个 TCP 连接。

在传输层，TCP 传输的报文通过应答确认和超时重传等差错控制措施保证源端数据成功地传递到目的端，通过流量控制和拥塞控制等措施保证发送流量不超过处理能力和通信子网的吞吐能力，通过为传输报文设置 QoS 提高传输的可靠性。

传输层收到应用层提交的数据后，由 TCP 将数据分段，再将数据段封装成 TCP 报文进行传输。

1. TCP 报文格式

TCP 报文由报文头部和数据部分构成，TCP 报文的数据是分段后的数据块，在数据块前面加上 TCP 头部就形成了 TCP 数据报文。

TCP 建立在 IP 之上，TCP 报文封装在 IP 数据报的数据区中传输，TCP 报文及 IP 包的数据封装关系如图 4-21 所示，封装了 TCP 报文的 IP 数据包的协议类型字段为 6。

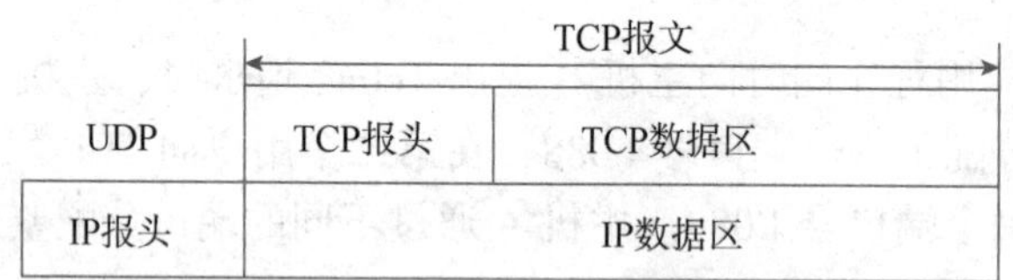

图 4-21　TCP 报文及 IP 数据包

TCP 报文头部由定长部分和变长部分构成，定长部分的长度为 20 bit，变长部分是可选项，长度为 0 ~ 40 B，TCP 报文段格式如图 4-22 所示。

0 bit　8 bit　16 bit　24 bit　32 bit

源端口号			目的端口号
发送序号			
确认序号			
头长度	保留	编码	窗口
校验和			紧急指针
可选项			
数据			

图 4-22　TCP 报文段格式

☞ 源端口号和目的端口号字段各 16 bit。源端口号指出发送 TCP 报文的应用程序的端口号，目的端口号指出接收 TCP 报文的应用程序的端口号。

☞ 发送序号字段为 32 bit，指出当前发送报文中第一个数据字节的序号，通过序号指出目前的 TCP 段属于第几个 TCP 段，作为接收方重新组装的依据。

☞ 确认序号指出期望从发送方接收的下一个报文的序号，同时应答前一个报文已经正确接收。TCP 采用捎带应答的方式，传输双方在给对方发送数据报文时，通过确认序号带回收到的报文应答。如确认序号为 X+1 表示期望从发送方接收序号为 X+1 的报文，同时报告发来的序号为 X 的报文已经正确接收。

☞ 头长度字段指出当前报头的长度，在无选项时为 20 B，有选项时可以达到 60 B。

☞ 保留字段目前未使用，置为“0”。

☞ 编码字段用于 TCP 的流量控制、连接管理(建立、拆除)和数据的传输方式设置等，各位的功能见表 4-11。

表 4-11 TCP 报头的编码字段

位	标志	作用
紧急指针有效位	URG	URG=1 表示报文要尽快传输，而不必按照原排队序列发送，即使发送窗口为 0 也要传输该数据报文
应答确认有效位	ACK	与确认序号配合使用，ACK=1 时表示该 TCP 段的确认序号有效
推送数据有效位	PSH	PSH=1 时，立即将其提交给应用程序，而不必放在缓冲区中排队
连接复位	RST	用于连接故障后的恢复，RST=1 说明已经发生严重错误，必须释放连接
同步标志位	SYN	SYN=1 表示请求建立连接，标识该报文为建立连接的请求
终止连接标志位	FIN	标识数据发送完毕，标识该报文为拆除连接指示

☞ 窗口字段为 16 bit，用于流量控制，在建立连接阶段，根据缓存空间的大小确定接收窗口的大小，同时指出期望的发送窗口大小。

☞ 校验和字段为 16 bit，包括段首部和数据，用来对头部信息和数据信息进行差错校验。在 TCP/IP 协议栈中，TCP 校验是数据段差错校验的唯一手段。

☞ 紧急指针字段为 16 bit，编码段的 URG=1 时使用紧急指针字段，此时将要发送的数据的最后一个字节填入紧急指针字段中，表明该字节之前的数据是紧急数据。

☞ 可选项：在默认头部没有此项，当使用此项时，用于设定 TCP 报文能够接收的最大数据长度(Maximum Segment Size，MSS)。当 TCP 报文的 MSS 设置得太大时，在 IP 层可能被分解为更多的数据分组，增加传输开销。在建立连接阶段，收发双方可以将自己的 MSS 写入选项字段。在数据传输阶段，MSS 取双方的较小值。在没有设置 MSS 时，TCP 报文数据段的数据长度默认为 536 bit，因此，TCP/IP 网络上的主机都能接收报文长度为 556 bit(加上 20 bit 的报头)的 TCP 报文。

☞ 数据段填装上层需要传输的数据，必须是 16 bit 的整数倍。

2. TCP 的传输过程

面向连接的传输方式在数据传输前要建立连接，传输完毕要拆除连接。建立连接的过程是确认对方的存在，协商(设置)MSS 值、最大窗口、服务质量等参数，并对传输中使用的资源进行分配(缓存大小、连接表项空间等)，使传输双方准备好发送和接收数据。

由于通信子网的多样性和复杂性，为了防止请求连接数据包通过通信子网发生丢失而引起源主机无限制的等待，TCP 在发送方发出请求连接后启动一个计时器，发送方在计时器到达设定时间仍然没有得到接收方的响应时，会再次发送请求连接。

建立传输连接一般只需要一个请求和一个响应。但是经过通信子网传输时，请求连接的数据包可能发生丢失，丢失后需要重新建立连接，如果建立连接的请求包没有发生丢失，仅仅是传输延迟导致建立连接的请求包延迟到达，系统将发生重复连接，造成系统资源浪费，产生不必要的时间开销，所以 TCP 需要解决重复连接的问题。

TCP 采用 3 次握手机制解决重复连接，如图 4-23 所示。

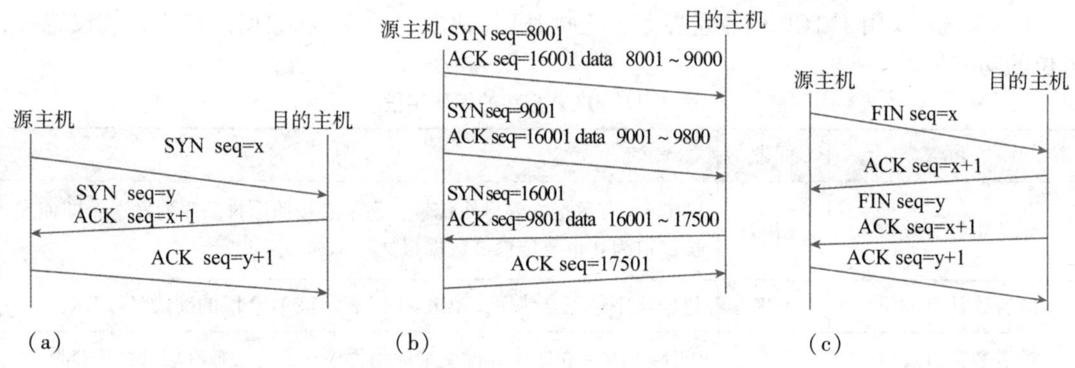

图 4-23　3 次握手的过程

(a)建立连接；(b)数据传输；(c)拆除连接

1)建立连接

源主机收到目的主机返回的确认信息后，向目的主机发出一个确认响应包，目的主机确认源主机已经收到确认响应包，具体过程如图 4-23(a)所示。

(1)源主机发出请求连接数据包，在数据包中的发送序号字段中填入主机当前没有使用的最小序号 x，发送 SYN seq=x，

(2)目的主机收到请求连接数据包后需要进行应答，在数据包的发送序号中填入当前没有使用的最小序号 y，即 SYN seq=y，同时在应答确认序号中填入 x+1，即 ACK seq=x+1，表示已经收到序号为 x 的请求连接报文，可以接收 SYN seq=x+1 的报文。

(3)源主机收到应答报文后，发送确认报文给目的主机，此时，源主机填入的应答确认序号为 y+1，该确认应答报文表示已经收到目的主机发来的序号为 y 的应答报文。

3 次握手保证了源主机和目的主机都知道对方已经收到报文，并建立了连接，做好了数据传输的准备，本次传输是可靠的传输。

由于延迟产生的重复连接报文到来时，采用 3 次握手方式的目的主机确认收到来自源主机的应答，可以知道这是一个不正常的连接，不会对该请求再次建立连接，避免系统资源浪费。

2)数据传输

建立连接后，双方进入数据传输阶段。在数据传输阶段，TCP 建立全双工的逻辑通道，源主机和目的主机同时传输数据。在发送数据包中，将当前发送数据的第一个字节序号填入发送序号字段，对方收到数据包后，在给源主机发送数据的数据包中的确认序号字段捎带上已经正确接收到源主机发来的数据包的应答信息。

例如，源主机向目的主机发送 1 800 bit 的数据，目的主机向源主机发送 1 500 bit 的数据，源主机取 8001 为第一个字节的编号，目的主机取 16001 为第一个字节的编号，则源主机的字节编号为 8001 ~ 9801，目的主机的字节编号设为 16001 ~ 17500。数据传输过程如图 4-23(b)所示。

源主机发送给目的主机的数据被分为两段传输，第一段数据为 8001 ~ 9000，第二段数据为 9001 ~ 9800。此种情况下，源主机发送第一段数据时，填入的发送序号为 8001，发送第二段数据时，填入的发送序号为 9001。目的主机发送给源主机的数据以 1 500 bit 为一个数据段，可以放在一个报文段中，填入的发送序号为 16001。

TCP 采用连续发送方式传输数据，当发送方按照发送窗口规定的大小发送完若干个数据包时暂停发送，等待接收端的应答到来。接收端采用捎带的方式进行应答，在给对方发送数据包时，将应答信息装在向对方发送的数据包中捎带到对方。这种捎带应答的方式可以减少网络中数据包流量，有效地利用网络带宽，提高数据传输速率。

TCP 只对最后收到的数据包进行确认，以应答包中的确认序号表示，该应答包表示确认序号以前的各个数据包已经正确接收。设发送窗口为 2，源主机在收到两个报文段后进行应答，应答填写的确认序号为 9801，说明 8001 ~9000 报文段和 9001 ~9800 报文段已经被正确接收。

3)拆除连接

数据传输完毕需要拆除连接，收回本次传输占用的各种资源。拆除连接的过程如图 4-23(c)所示。

源主机通知 TCP 数据传输结束时，拆除连接源主机的 TCP 向目的主机发送一个拆除连接的报文，通知对方传输结束。目的主机收到报文后，发送一个确认报文给源主机，表示已经收到拆除连接的请求，同时通知目的主机的相应程序，源主机要求结束传输。目的主机的应用程序收到通知后，确认可以结束传输，通过 TCP 发送结束传输的报文给源主机。源主机收到报文时，发送确认应答报文给目的主机，确认传输结束。至此，整个拆除连接的过程结束。

3. TCP 的差错控制

TCP 采用超时重传的方式实现差错控制。如果在传输的过程中丢失了某个序号的数据包，源主机在给定的时间内没有收到相应的确认序号，则认为数据包丢失，将重新发送该数据包，同时将已经发送的数据保留在其缓冲区中，直到收到确认才会清除缓冲区中的数据。

TCP 通过校验和字段进行差错检测，检测出差错发生后，丢弃出错的数据包，并且不进行应答确认，定时器超时，重发该数据包。TCP 在计算校验和时需要使用 12 B 的伪首部，其中 4 B 为源 IP 地址，4 B 为目的 IP 地址，1 B 为全 0 字段，1 B 为版本号字段(IPv4 网为 4，IPv6 网为 6)，2 B 为 TCP 报文段长度字段。

数据发送时，源主机将校验和字段的 16 bit 置 0，将伪首部和 TCP 报文段(包括头部和数据)看成若干个 16 bit 的字串接起来。如果 TCP 报文段不是字节的偶数倍，则填入一个全为 0 的字节，然后按二进制反码计算 16 比特串的和，将和(16 bit)的二进制反码填入校验和字段，并发送该 TCP 报文。目的主机将收到的 TCP 报文与伪首部一起按照二进制反码求这些 16 比特串的和，若计算结果为全 1，则传输没有发生差错，否则发生差错。

将伪首部一起加入校验的方式使得该检错既检查了 TCP 报文的头部信息和数据部分，还检查了 IP 数据包的源 IP 地址和目的 IP 地址。

数据包丢失将导致定时时间到达还没有收到应答确认，此时采用超时重传恢复数据包。如果在源主机启动超时重发后，目的主机又收到该数据包，重复发送的数据包将被目的主机鉴别出来，并被丢弃。

数据报文失序指数据包没有按顺序到达。由于网络层的 IP 是无连接的协议，不能保证数据包按顺序到达。TCP 暂不确认提前到达的数据包，直到前面的数据包到达后再一起确认。对于由于失序导致超时后仍然未收到确认应答，将重复发送该数据包。这种处理可能收到重复的数据包，丢弃重复的数据包即可。

影响超时重传的关键是重传定时器定时时间的大小，由于互联网中传输延迟的变化范围很大，因此从发出数据到收到确认所需往返时间也是动态调整的。TCP 通过在建立连接时获得连接的往返时间，对重传时间进行设定。

4. TCP 的流量控制和拥塞控制

流量控制是由于不能及时处理数据而引发的控制机制。拥塞控制是由于通信子网中流量过多，导致通信子网中的路由器超载引起严重的延迟现象。TCP 通过滑动窗口机制限制发送的数据段数量，达到流量控制和拥塞控制的目的。发送窗口机制的窗口大小决定了在收到确认信息之前一次可以发送的数据段的最大数量。例如，发送窗口为 5，则连续发送 5 个数据段后，就必须等待对方的应答，在接收到确认信息后才可以继续发送下面的数据段。

TCP 采用逐渐加大发送窗口的办法控制窗口大小。在建立连接阶段，设初始窗口为 1，收到这个段的应答后，将窗口增加至 2，再次收到应答后，窗口增加至 4，以此类推。当窗口达到门限值(拥塞发生时的窗口值的一半)时，进入拥塞避免阶段，此时每收到一个应答，窗口只增加 1，减缓窗口的增加速度，但窗口仍然在增长，最终导致拥塞。拥塞将导致源主机的定时器超时，进入拥塞解决阶段。在组织重传的同时，将门限值调整为拥塞窗口的一半，并将发送窗口恢复成 1，进入新一轮循环。

4.4.3 UDP

UDP 属于无连接传输方式，它将应用层的数据封装成数据报进行传输，每个数据报都是独立的，不同的数据报之间是没有联系的。UDP 不需要编号，对收到的数据报也不进行发送确认。

UDP 收到应用层的数据后，在数据前封装一个 UDP 报头形成 UDP 报文。应用层的用户数据与 UDP 报文、IP 数据包的封装关系如图 4-24 所示。

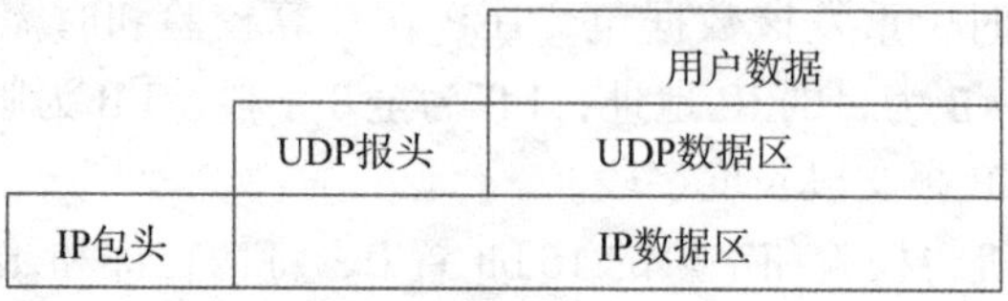

		用户数据
	UDP报头	UDP数据区
IP包头	IP数据区	

图 4-24 应用层的用户数据与 UDP 报文、IP 数据包的封装

UDP 直接将应用层的数据封装后进行传输。UDP 报文中没有数据顺序的序号等字段，不存在排序组装等问题，一般用于数据量较少的报文传输。

UDP 又称用户数据报，整个 UDP 数据报封装在 IP 数据包的数据区中传输，封装了 UDP 数据报文的 IP 包协议类型字段为 17。UDP 报文格式如图 4-25 所示。

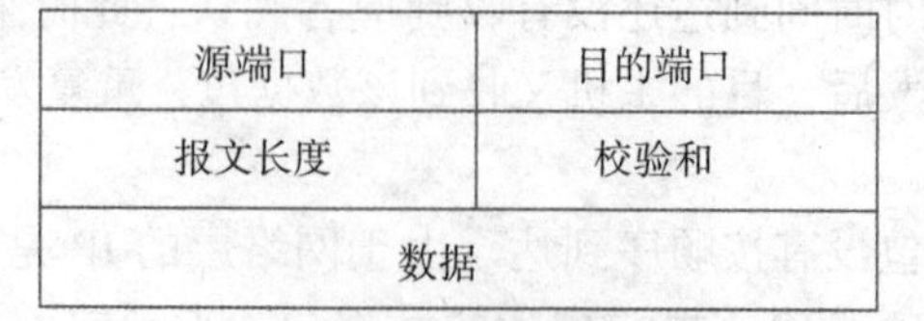

0 bit　16 bit　31 bit

源端口	目的端口
报文长度	校验和
数据	

图 4-25 UDP 报文格式

UDP 报文有源端口、目的端口、报文长度、校验和、数据等字段，每个字段为 2 B，各

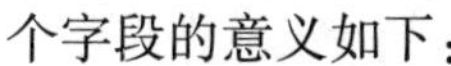

个字段的意义如下：

☞ 源端口字段与目的端口字段分别指出源主机和目的主机的 UDP 端口号。

☞ 报文长度字段指出 UDP 数据报的总长度，以字节为单位，最小值为1(无数据段时)。

☞ 校验和字段完成头部信息的校验。

UDP 的协议时间开销小，实现简单，占用资源少，传输延迟小，容易运行在处理能力低的节点上，适用于通信网络质量高、传输业务实时性要求高的业务，如 RIP、DNS、DHCP、SNMP 等。

UDP 与 TCP 的比较见表 4-12。

表 4-12　UDP 与 TCP 的比较

协议	TCP	UDP
服务类型	面向连接	无连接
数据封装	将应用层数据分段后封装	将应用层数据直接封装为数据报
端口号	用端口号标识应用程序	用端口号标识应用程序
数据传输	通过序列号和应答机制确保可靠传输	不确保可靠传输
流量控制	使用滑动窗口机制实现流量控制	无流量控制

4.5　应用层协议

应用层是 TCP/IP 体系结构的最高层，它由若干个应用协议构成，主要的应用协议包括 HTTP、FTP、Telnet、SMTP、SNMP、DNS 等。每个应用协议为用户提供一种特定的网络应用服务。

4.5.1　HTTP

万维网(World Wide Web，WWW)又称全球资讯网，简称 Web，是一个大规模的、连网的信息资源空间。这个信息资源空间由全域统一资源定位符(Uniform Resource Locator，URL)进行标识，URL 就是网站地址，即网址。用户通过网站地址找到信息资源所在的 Web 服务器，通过访问 Web 服务器获取网站信息资源。

用户访问信息资源时，通过 HTTP 将信息从 Web 服务器送给使用者，而使用者通过点击链接来获得信息资源。

HTTP 以 C/S 方式工作，运行在用户主机上的客户软件在进行通信时成为客户。服务器是运行在 Web 服务器上的提供 Web 服务的软件，可以同时处理多个异地客户的请求。

提供 Web 服务的服务器软件安装在相应的硬件服务器上，计算机上的浏览器是客户软件。用户通过 HTTP 向 Web 服务器发出访问请求，Web 服务器上的服务器软件响应客户的请求，通过 HTTP 从 Web 服务器传输超文本到客户浏览器上供用户浏览。

Web 使用 HTML 语言进行 Web 页面排版标记，用户获得的信息完全按照原来设计好的页面格式显示。浏览器通过 HTTP 提取 Web 服务器上的网页代码，翻译并显示成网页。

1. URL

URL 实现 Web 访问时的资源定位，规定某一特定信息资源在 Web 中存放地点的统一格式。URL 的完整格式为“协议：//主机名(IP 地址)+端口号+目录路径+文件名”，端口号表示访问不同的应用，可以省略，如 http：//www. baidu. com/china/index. htm 的含义如下：

(1)“http：//”代表超文本传输协议，通知 baidu. com 服务器显示 Web 页，通常不用输入；

(2)“www”表示一个 Web 服务器；

(3)“baidu. com/”是装有网页的服务器的域名或站点服务器的名称；

(4)“china/”为该服务器上的子目录；

(5)“index. htm”是文件夹中的一个 HTML 文件(网页)。

在浏览器的地址框中输入一个 URL，浏览器通过 URL 确定要浏览的网站地址，发起 TCP 连接，向 DNS 发出解析域名请求。DNS 解析出相应的 IP 地址，浏览器通过 IP 地址找到 Web 服务器，与 Web 服务器建立连接。建立连接后，浏览器以 HTTP 报文的形式向 Web 服务器发送 HTTP 请求，该请求到达服务器端后，服务器以 HTTP 响应报文的形式返回 HTTP 响应，将 Web 页面发送给浏览器。浏览器收到返回的 Web 页面信息后显示网页，本次访问结束，拆除本次连接。

2. HTTP 报文

HTTP 有两类报文：从客户到服务器的请求报文和从服务器到客户的响应报文，HTTP 报文的结构如图 4-26 所示。

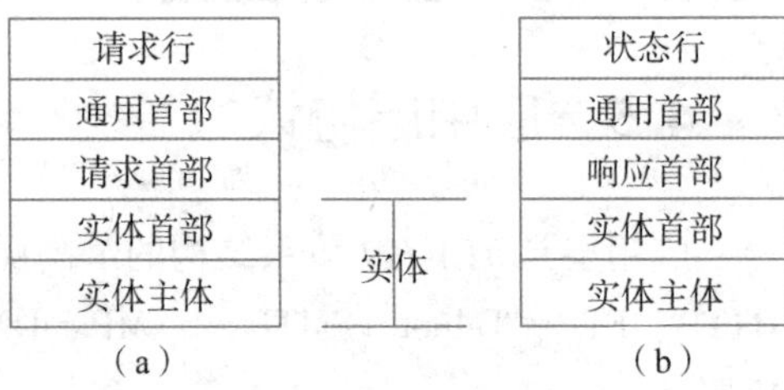

图 4-26　HTTP 报文的结构

(a)请求报文；(b)响应报文

请求报文由请求行、通用首部、请求首部、实体首部及实体主体组成，响应报文由状态行、通用首部、响应首部、实体首部及实体主体组成。

☞ 请求行指出该报文是请求报文，给出要求的操作、URL 地址及 HTTP 的版本。

☞ 状态行指出该报文是响应报文，给出要求的操作、用户主机地址等信息。

☞ 通用首部：请求报文和响应报文有同样的通用首部，主要用于表述 TCP 连接端点、活动状态等信息。

☞ 请求首部主要指出浏览器的一些信息，如浏览器类型、服务器响应的媒体类型(文本、图像)等。

☞ 响应首部指出请求端的地址、请求端使用的软件产品和版本号等内容。

☞ 实体首部指出 URL 标识的资源支持的命令、实体的信息长度、是否使用压缩技术、媒体类型等信息。

☞ 实体主体是报文实体，存放报文首部定义的信息内容，请求报文一般不用该字段。

3. HTTP 的访问实现

HTTP 以请求/应答的方式实现访问，客户请求 Web 服务器上的某一页，Web 服务器则以某一页来应答。当 Web 服务器应答了客户请求后便拆除连接，直到下一个请求发出。

在浏览器的地址栏输入一个地址或在 Web 页面上点击一个链接，可以从 Internet 上的一个站点访问另外一个站点，按需获得信息。

图 4-27 给出了从一台 Web 服务器指向另外一台 Web 服务器和一台 FTP 服务的示例。Web 服务器使用 80 号端口，FTP 服务器使用 23 号端口。一个 Web 服务器可以通过超文本链接指向另外一台 Web 服务器或其他类型的服务器(如 FTP 服务器)。

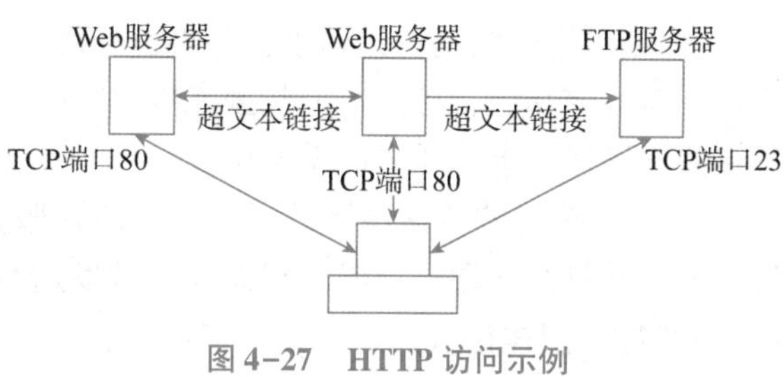

图 4-27 HTTP 访问示例

HTTP 常用的 Web 服务器软件有 3 个，分别是 ApacheWeb 服务器、企业服务器 Netscape EnterpriseServer 和 IIS。ApacheWeb、企业服务器 Netscape EntepriseServer 可以在大多数系统平台上运行，而 IIS 仅在 Windows 平台上运行。

4.5.2 FTP

FTP 的主要作用是让用户连接一个远程 FTP 服务器，查看 FTP 服务器的文件，并将文件从 FTP 服务器下载到本地计算机，或将本地计算机的文件上传到远程 FTP 服务器。

FTP 的工作是基于 C/S 模式的，由本地机上的 FTP 客户软件(FTP Client)和 FTP 服务器上的 FTP 服务器软件(FTP Server)完成文件传输。FTP Client 向 FTP 服务器提出复制文件的请求，FTP Server 响应客户的请求，把用户指定的文件从 FTP 服务器发送到请求的计算机中。早期 FTP 的客户软件是专门的客户软件，现在的客户软件使用计算机上的浏览器来完成，构成 B/S 模式。

在 FTP 中，用户进程与服务器进程之间使用 TCP 传输数据。FTP 使用两个 TCP 连接完成文件传输，一个 TCP 连接用于传输用户与服务器之间的命令和应答，该连接被称为控制连接，另一个 TCP 连接用于在客户和服务器之间的数据传输，被称为数据连接。

FTP 是一个交互式会话系统，客户每次调用 FTP 就与 FTP 服务器建立一个会话，会话由控制连接维持。控制连接在整个会话期间一直是打开的，FTP 客户端发出的传送请求通过控制连接发送给服务器端的控制进程，控制连接不传输文件，传输文件使用数据连接。

用户端向服务器提出控制连接请求，服务器端响应该请求后，建立控制连接。FTP 控制连接的建立过程如下：FTP 服务器启动后，打开 21 号端口，等待用户的连接请求；当客户端要访问 FTP 服务时，在客户端主机上选择一个端口号，并用这个端口号向 FTP 服务器的 21 号端口发起请求并建立连接。

在完成控制连接后，服务器的控制进程创建数据传送进程并建立数据连接，服务器与客户端进行数据传输。数据传输完成后，数据连接立即撤销，但控制连接仍然存在，用户可以继续发出命令，直到完成所有数据传输，用户退出 FTP，拆除控制连接。FTP 的工作模型如图 4-28 所示。

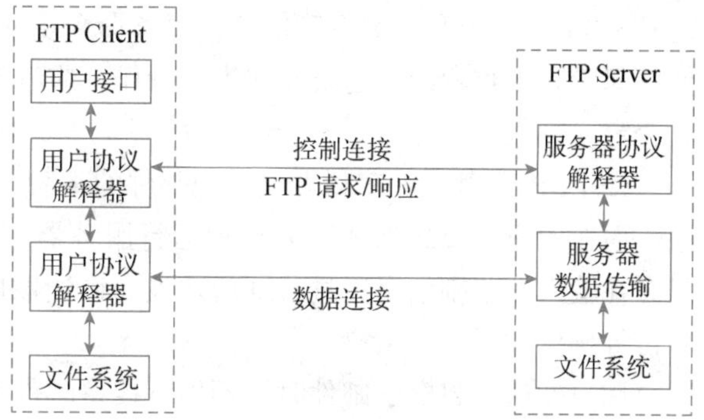

图 4-28 FTP 的工作模型

FTP 的数据连接有主动模式和被动模式两种方式，其连接过程如下：

☞ 主动模式的数据连接过程：用户在客户端主机上选择一个临时端口号作为数据连接的端口号，并打开此端口；客户端向服务器的 21 号端口发送数据连接请求，并将选择的端口号通过控制连接告知服务器；服务器收到客户端口号通知后，打开本地数据连接的 20 号端口，从 20 号端口向客户端的数据连接端口发送数据连接请求，建立数据连接。

☞ 被动模式的数据连接过程：服务器在服务器端选择一个临时端口号作为数据连接的端口号，并打开此端口；服务器向客户端发送数据连接请求，并将选择的端口号(使用 Pasv 命令)通过控制连接告知客户端；客户端收到服务器端的端口号通知后，从自己的端口号向服务器端端口号发送数据连接请求，建立数据连接。

4.5.3 SMTP

SMTP 是 ARPANet 制定的电子邮件标准，现在已经成为 Internet 的正式电子邮件标准，在全世界被广泛使用。

通常情况下，一封电子邮件发送需要用户代理(邮件客户端程序)和邮件服务器参与，并使用 SMTP 和 POP 完成邮件的发送、传输与接收，如图 4-29 所示。

图 4-29　电子邮件系统的工作模型

☞ 用户代理是用户与电子邮件系统的接口，是运行在客户主机中的邮件客户端程序，完成邮件的编写、显示、存储、删除、排序等处理，并将用户邮件从客户主机发送到邮件服务器以及从邮件服务器取回用户邮件。常见的客户代理有 Outlook Express 等邮件程序。

☞ 邮件服务器是电子邮件系统的核心，负责将电子邮件通过 SMTP 传送到目的邮件服务器，即发送和接收邮件，并向发送人报告邮件传送的情况，提示收件人有邮件到达。邮件服务器默认侦听 25 号端口，当用户有发送邮件的请求时，完成邮件发送。

☞ SMTP 采用 C/S 的工作方式实现邮件服务器之间的邮件传输。当邮件在两个邮件服务器之间传输时，负责发送邮件的进程为客户端，负责接收邮件的进程为服务器端，它们在传输层使用 TCP 进行传输。SMTP 规定了两个相互通信的 SMTP 进程之间交换信息的方式，共定义了 14 条命令和 3 类应答信息，每条命令由 4 个字母组成，完成标识发送身份、识别邮件发起者和接收者、传送报文文本等操作；应答信息完成对接收邮件的肯定、暂时否定或永久否定。

☞ POP 采用 C/S 工作方式实现邮件的下载，在接收邮件的用户主机中运行 POP 客户程序，而在用户连接的邮件服务器中运行服务器程序。POP 服务器具有身份鉴别功能，用户只有在输入的鉴别信息通过验证后才被允许读取邮件服务器上的邮件，并对邮件进行删除、备份等操作。

用户发送一封电子邮件时，不能直接将邮件发送到对方邮件地址指定的服务器上，而是通过用户代理编辑邮件。用户代理使用 SMTP 将邮件发送到自己的客户邮件服务器上。客户邮件服务器收到邮件后，根据邮件的目的地址，通过 DNS 解析出目的端邮件服务器的 IP 地址，并通过 SMTP 将邮件发送给目的端邮件服务器，存放在目的端邮件服务器上。接收邮件的用户通过目的端的用户代理登录邮件服务器，目的端的客户代理使用 POP 读取邮件。

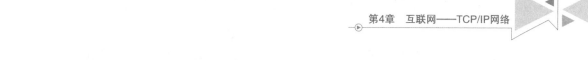

一封电子邮件由信封和内容两部分组成。信封上主要是邮件地址，TCP 规定电子邮件地址的格式为：收件人邮箱名@邮件服务器的主机域名。例如，对于 zhaocun@pk.edu.cn 的邮件地址，pk.edu.cn 是邮件服务器的主机域名，指出邮件服务器是北京大学的邮件服务器；zhaocun 是收件人邮箱名，指出收件人的用户名为 zhaocun。邮件的内容是发件人编写的信件内容。

SMTP 发送邮件需要经过建立连接、传输邮件、拆除连接 3 个阶段。用户代理将邮件发送给邮件服务器后，邮件服务器将邮件存入自己的缓冲队列中等待发送。发送邮件服务器的 SMTP 客户进程发现队列中有待发送邮件时，向接收方邮件服务器的 SMTP 进程发起 TCP 连接请求，当 TCP 连接请求完成，建立起 TCP 连接后，发送方的 SMTP 客户进程向目的端的 SMTP 服务器进程发送邮件，发送完毕后，SMTP 拆除该 TCP 连接。

4.5.4 DNS

在 TCP/IP 网络中，每台主机被分配一个 IP 地址，各主机通过 IP 地址进行寻址。

在 Internet 中，网络服务器提供各种网络应用业务，用户通过访问网络服务器获取网络服务，如访问网站获取网络资讯，访问邮件服务器收发电子邮件。由于 IP 地址采用 32 位二进制数表示，用户需要记住网站服务器或邮件服务器的 IP 地址，才能访问一个网站或一台邮件服务器。

为了向用户提供更加直观的主机标识，InterNIC 设计了 DNS(Domain Name Sysbem，域名系统)。在 DNS 中，主机使用容易记忆和理解的主机域名进行标识，建立主机域名与 IP 地址间的对应关系。用户只需要记忆主机域名，由 DNS 解析主机域名自动获取 IP 地址，即可访问服务主机。例如，百度网站的主机域名为 www.baidu.com，其服务主机的 IP 地址为 119.75.220.12，用二进制数表达为 01110111.01001011.11011100.00001100。主机域名便于记忆，容易理解，使用方便，而用二进制表达的 IP 地址是难以记忆和理解的。

1. 域名的分配

域名按统一的国际标准进行命名，ICANN(The Internet Corporation for Assigned Names and Number，美国互联网名称与数字地址分配机构)负责制定域名标准，分配域名。

域名的命名采取层次结构，其结构组成一个倒置的树，称为域名树。树的顶端为根域，根域的下一级为顶级域，顶级域划分为若干个子域，如二级域、三级域等，最下面的叶节点是主机。

顶级域分为反向解析域、普通域和国家域。反向解析域用于 IP 地址到域名的解析。常用的普通域有 7 个，即 gov、mil、edu、int、com、net、org，用于美国的各部门、组织和机构，其中 gov 用于政府部门、mil 用于军事部门，edu 用于教育机构，int 用于国际组织，com 用于商业组织，net 用于网络营运商，org 用于非营利性组织。国家域包含所有两个字符的域，如 cn 表示中国，jp 表示日本，uk 表示英国。

各级域的关系如图 4-30 所示。

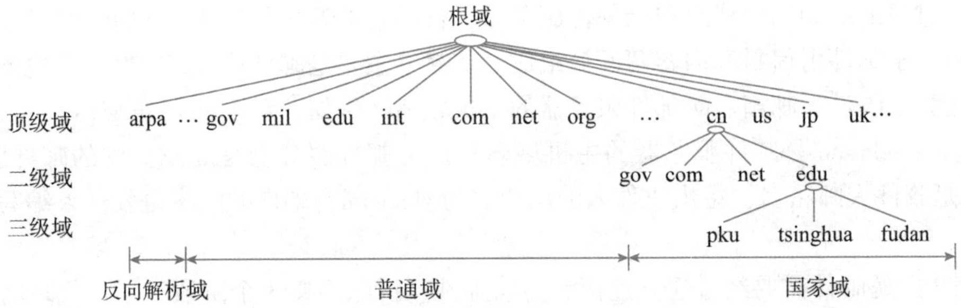

根域

顶级域 arpa … gov mil edu int com net org … cn us jp uk…

二级域 gov com net edu

三级域 pku tsinghua fudan

反向解析域 普通域 国家域

图 4-30 DNS 域名

域名的每个子域代表一定的意义。按照域名的分配规则，域名非常容易记忆和理解，如清华大学的主页域名为 www. tsinghua. edu. cn，其中 cn 表示中国，edu 表示教育系统，tsinghua 表示清华大学，www 表示 Web 服务，www. tsinghua. edu. cn 表示中国教育系统中清华大学的 Web 服务器(网站)域名；同理，www. pku. edu. cn 表示中国教育系统北京大学的 Web 服务器(网站)域名。

2. 域名解析过程

DNS 的功能是完成域名解析，该功能由 DNS 服务器实现。DNS 服务器通过建立主机域名和 IP 地址的关系数据库实现域名解析。当 DNS 用户需要 DNS 服务时，客户端提出域名解析请求，并将该请求转发给 DNS 服务器，DNS 服务器收到请求后，到自己的数据库中查找该域名对应的 IP 地址，并将查询的结果返回客户端。

域名解析实现的前提是 DNS 服务器中存储了该域名和对应 IP 地址的记录，如果该 DNS 服务器中没有存储该域名和对应 IP 地址的记录，则不能实现解析。在 Internet 中，提供各种网络服务的服务器成千上万，不可能将 Internet 上的所有主机域名与 IP 地址的映射记录存储在一台 DNS 服务器上。Internet 上的 DNS 按照域名层次关系由许多台 DNS 服务器组成域名系统，即所有的 DNS 服务器按照类别、级别分布在网络上，根据 DNS 的层次结构进行域名解析。

3. 域名服务器的类型

按照 DNS 域名层次结构，域名服务器有 3 种类型：本地域名服务器、区域域名服务器和根域名服务器。在 DNS 中，上一级域名授权机构具有对下一级域名授权机构的管理权限。

☞ 本地域名服务器是用户所在网络所配置的域名服务器，负责完成本网络内主机域名的解析，如大学可以在校园网内拥有一台或多台自行管理的本地域名服务器，负责学校内部应用服务器的域名解析。

☞ 区域域名服务器是完成一个或多个区域域名解析工作的域名服务器，是本地域名服务器的上一级域名服务器，负责该管辖区的所有本地域，为解析的域名找到本地域名服务器。区域域名服务器可以有多级，各级服从上下级关系。

☞ 根域域名服务器是域名的最高级，负责管理顶级域，它不对域名进行解析，但知道相关域名服务器的地址，负责为解析的域名找到相关的域名服务器。

4. 域名解析的方式

DNS 的域名解析有递归查询和迭代查询两种方式。

1)递归查询

如果 DNS 服务器不能直接回应解析请求，递归查询将代替客户端向上一级 DNS 服务器请求解析，直到查询到主机的解析结果，返回给客户端。即本地域名服务器在接受了客户端的请求后，将代替客户端找到解析结果。在本地域名服务器查找的过程中，客户端只需等待最终查询结果。

递归查询进行域名解析的具体过程如下：

(1)客户端提出域名解析请求，并将该请求发送给本地域名服务器。

(2)本地域名服务器收到请求后，先查询本地域名服务器的缓存，如果有该纪录项，则返回查询结果；如果本地的缓存中没有该纪录，则把请求发送给根域名服务器，根 DNS 服务器收到请求后，判断并返回负责该域名子域的 DNS 服务器地址给本地域名服务器。

(3)本地服务器使用返回的域名服务器地址向该域名服务器发送解析请求，接受请求的域名服务器查询自己的缓存，如果没有该纪录，则返回相关的下级域名服务器的地址。重复此步骤，直到找到正确的纪录。

(4)本地域名服务器把返回的结果保存到缓存，以备下一次使用，同时将结果返回给客户端。

【例 4-3】 简述客户端访问站点 www. 163. com 的域名解析过程。

【解】 客户端访问站点 www. 163. com 的域名解析过程如图 4-31 所示。

(1)客户端提出域名解析请求，并将该请求转发给本地域名服务器；

(2)本地域名服务器收到请求后查询自己的数据库，在本地没有搜索到相应的记录，把请求转发给根域名服务器；

(3)根域名服务器收到请求后，通过查询根域服务器得到该域名属于.com 域名，应该由 .com 域名服务器进行解析，将 .com 域名服务器地址返回本地域名服务器；

(4)本地域名服务器向 .com 域名服务器提出请求；

(5).com 域名服务器收到请求后，发现自己的数据库中没有该域名的记录，不能完成解析，但知道能够解析该域名的域名服务器地址，于是将 163. com 域名服务器的地址返回本地域名服务器；

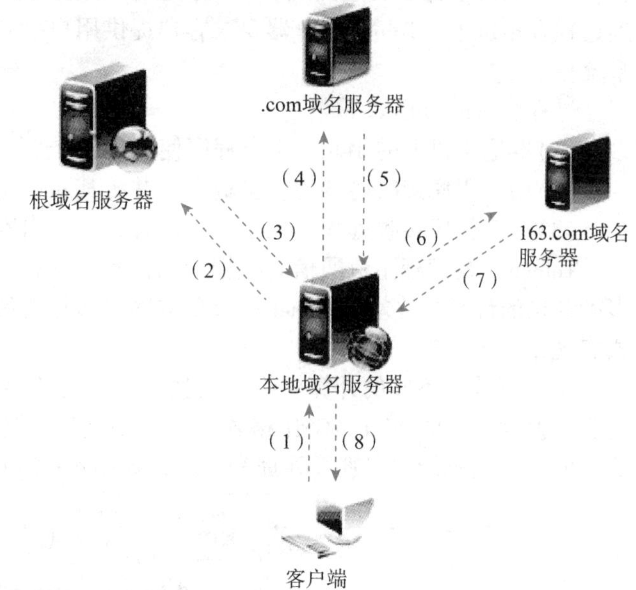

图 4-31　客户端访问站点 www. 163. com 的域名解析过程

(6)本地域名服务器收到 163. com 域名服务器的地址后，向 163. com 域名服务器发出请求；

(7)163. com 域名服务器在自己的缓冲区中查询到 www. 163. com 的 IP 地址是 1. 1. 1. 1，将该地址返回本地域名服务器。

(8)本地域名服务器将 IP 地址 1. 1. 1. 1 发送给客户端，并将该记录写入自己的数据库备用。

为了减少查询的时间开销，客户端建立了一个高速缓存，存放最近使用过的域名和对应的 IP 地址。当主机有一个解析请求时，主机先到自己的高速缓存中查询，只有在自己的高速缓存找不到该域名时，才向本地域名服务器发送解析请求报文。

2)迭代查询

如果 DNS 服务器不能直接回应解析请求，会向客户端返回一个可能知道结果的域名服务器地址，由客户端继续向新的域名服务器发送查询请求，直到最终查询到具有该域名的服务器，由该服务器向客户端返回查询结果。

5. 反向查询

在 DNS 查询中，由域名查询 IP 地址为正向查询，大部分情况下的 DNS 查询是正向查询。反向查询是客户端根据已知的 IP 地址查询对应的域名。为了实现反向查询，DNS 定义了反向解析域 arpa。反向查询将 IP 地址作为一种特殊的域名完成查询。

4.5.5 Telnet 协议

远程登录是 Internet 最早提供的基本服务之一，它从一台本地主机登录到远程的另外一台主机，使用远程主机的软硬件资源。

Telnet 采用 C/S 工作方式，用户使用 Telnet 协议，通过 TCP/IP 的 23 号端口提供服务。它将用户的键盘命令发送到远程主机，要求远程主机执行命令，将远程主机输出的信息发送到远程客户机上。Telnet 服务器要求客户提供用户名和密码，以合法的身份登录远程的主机系统。

过程登录的过程如下：

(1)本地主机上的 Telnet 用户程序使用 TCP 与远端的主机建立 TCP 连接；

(2)用户程序接收终端的键盘输入，并将其通过 TCP 连接发送给远程主机；

(3)用户程序接收远程主机返回的内容，并将内容显示在本地终端显示器上。

Telnet 在与远程主机通信时，把自己仿真成远程主机的终端进行访问。由于网络上存在多种结构的计算机终端，Telnet 协议采取网络虚拟终端(Network Virtual Terminal，NVT)的方式实现 Telnet 服务。

NVT 方式将不同的计算机终端转换为一个标准的终端，将不同计算机终端键盘输入的内容转换为标准的 NVT ACSII 格式，通过网络进行传输，到达对方后，再转换成对方的格式，使远程主机能够识别、处理和显示，如图 4-32 所示。

图 4-32 Telnet 服务

Telnet 客户端向远程主机发起通信的工作过程如下：

(1)本地主机与远程主机建立连接，即建立一个 TCP 连接；

(2)用户终端截获本地主机上输入的命令或字符，以 NVT ASCII 格式发送到远程主机，该过程实际上是从本地主机向远程主机发送一个 IP 数据包；

(3)将远程主机输出的数据转化为本地能够接受的格式，送回本地主机，包括显示输入命令和执行结果；

(4)本地主机对远程主机进行连接释放，拆除 TCP 连接。

第5章　广域网

广域网是一种跨地区的数据通信网络，也称远程通信网，通常跨接很大的物理范围，传输距离从几十千米到几千千米，可以连接多个城市或国家，甚至横跨几个洲，形成国际性的远程通信网络。

远距离的用户终端可以通过广域网实现通信，远距离的局域网可以通过广域网实现互连。互联网的主干网络主要由广域网组成。

一般来说，广域网的数据传输速率比局域网低，信号的传播延迟比局域网大。传统的广域网速率为56 kb/s ~ 155 Mb/s，现代广域网的速率已经发展到622 Mb/s、2.5 Gb/s、10 Gb/s，传播延迟也在不断减小。

5.1　广域网概述

5.1.1　广域网的组成

广域网分为公共传输网和专用传输网。公共传输网一般由电信运营商建设、运行、维护和管理，向全社会提供有偿的远程通信网。公用电话网是公共传输网，为全社会提供电话通信服务；公用数据网也是公共传输网，为全社会提供数据通信服务，用户可以利用公用数据网，将分布在不同地区的局域网或计算机系统互连，实现数据通信和资源共享的目的。专用传输网是由一个组织或团体建立、使用、运行、维护的远程通信网络，如中国教育科研计算机网、电子政务网、税务网、公安网等分别是教育、政府、税务、公安系统使用的专用传输网。

广域网主要实现通信任务，对应通信子网的层次，涉及OSI/RM的网络层、数据链路层、物理层。

广域网主要由交换节点和传输链路组成，交换节点使用交换机，传输链路是由各种传输介质组成的物理链路，交换机通过物理链路实现互连构成远程通信网络，如图5-1所示。数据传输时，从源节点出发，通过节点交换机的不断转发，到达目的节点，实现从发送端到接收端远距离数据通信任务。

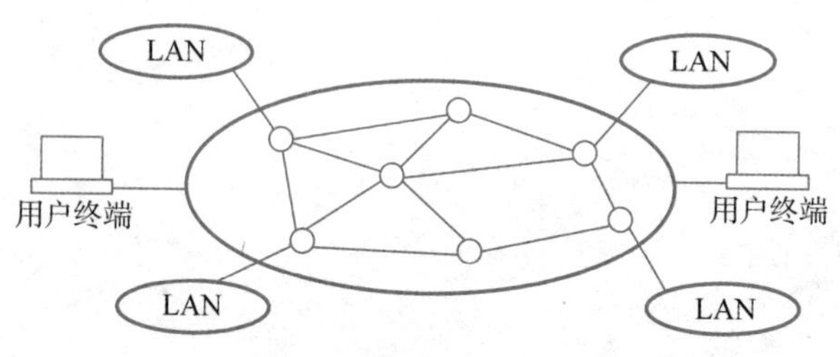

图 5-1　广域网的组成

在广域网中，节点交换机主要完成分组交换，传输链路提供节点交换机到节点交换机的连接。为了提高可靠性，一台节点交换机通过多条链路与多台节点交换机相连，使得通过广域网通信的双方具有多条路径可达。广域网的网络一般采用网状拓扑。

现代广域网中的传输链路一般采用长距离的光缆，组成高速传输链路。在无线交换网中，通信链路可以通过卫星链路、微波链路以及其他无线信道实现传输。

广域网中使用节点交换机而不使用路由器构建网络的主要原因是，广域网在同一种网络中进行传输，使用同一种协议进行通信，通过中间节点的不断转发，实现远距离传输通信。广域网使用交换机获得更高的转发速率。互联网则通过路由器将不同的网络互连，不同的网络使用不同的协议，由互连的路由器实现不同网络之间的协议转换，最终实现不同网络的通信。

广域网实现了远距离的局域网互连，在此种情况下，局域网利用边界路由器实现与广域网的互连，如图 5-2 所示。

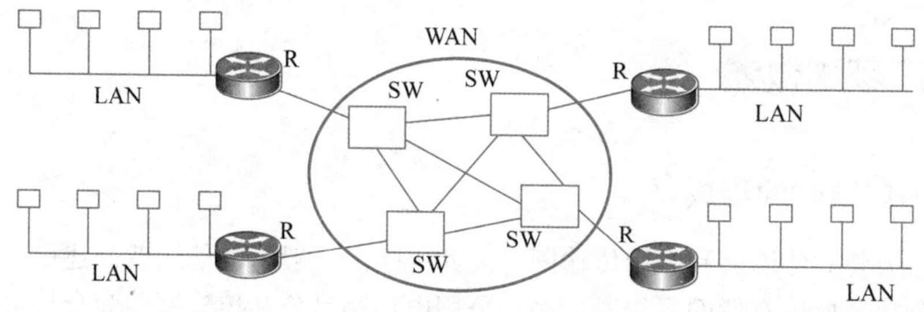

图 5-2　局域网通过广域网的互连示意

5.1.2　广域网的交换技术

广域网的交换技术主要有电路交换和分组交换，局域网通过 PSTN、ISDN、X. 25、FR、ATM 等进行互连，如图 5-3 所示。

图 5-3　交换技术

1. 电路交换

电路交换是广域网早期使用的一种交换方式，通信双方通过运营商的电路交换网络为通信过程建立、维持和终止一条专用的物理电路，在电信运营商的网络中被广泛使用。公共交

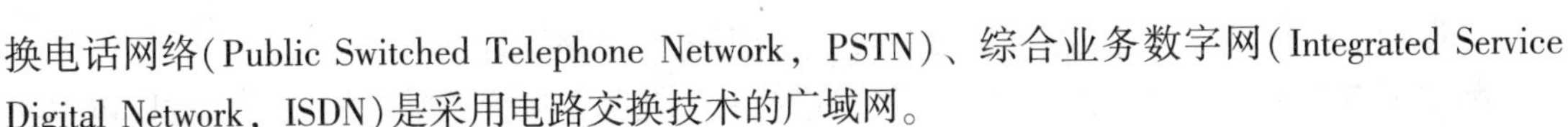

换电话网络(Public Switched Telephone Network，PSTN)、综合业务数字网(Integrated Service Digital Network，ISDN)是采用电路交换技术的广域网。

2. 分组交换

分组交换属于存储交换方式，是广域网普遍使用的交换技术。传输的文件被分为若干个分组送入分组交换网，每个分组到达一个节点交换机时，先存储下来，通过路由表找到前向节点交换机连接端口，再从该端口转发出去，通过逐节点的转发传输，最终到达目的节点。X. 25、FR、ATM 等网络是采用分组交换技术的广域网。

分组传输可以采用虚电路和数据报两种方式，因此广域网的传输也分为虚电路方式和数据报方式，虚电路方式提供面向连接的传输服务，而数据报方式提供无连接的传输服务。

1)虚电路方式

对于采用虚电路方式的广域网，源节点与目的节点进行通信之前，需要通过建立连接为本次传输选择传输路径，即建立一条从源节点到目的节点的虚电路(Virtual Circuit，VC)后，传输数据，数据传输结束时释放该虚电路(拆除连接)。公用数据网采用虚电路方式传输，建立虚电路的示意如图 5-4 所示。

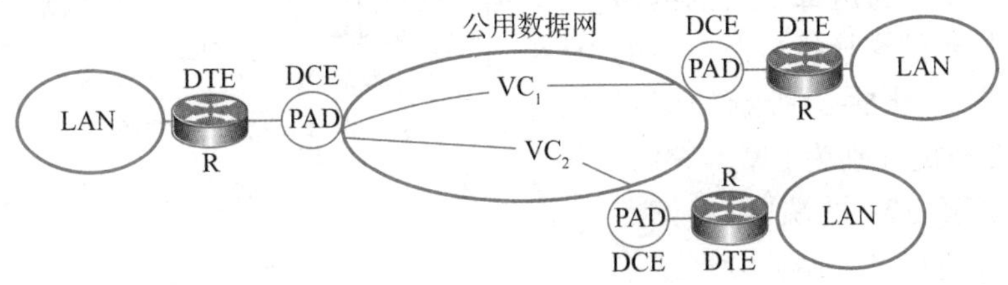

图 5-4　公用数据网建立虚电路示意

在虚电路方式中，所有分组按顺序到达目的节点，目的节点组装报文时不需要作排序处理，可以直接组装。

在虚电路方式中，每个交换机维持一个虚电路表，用于记录经过交换机的所有虚电路的情况。每个分组在传输时使用位数较少的虚电路号，而不需要完整的目的地址，可以节省存储空间，减小带宽占用。

一旦源节点与目的节点建立了一条虚电路，所有交换机的虚电路表上都会登记该条虚电路的信息。当两台建立了虚电路的机器相互通信时，可以根据数据报文中的虚电路号查找交换机的虚电路表，得到前向节点交换机所连接的输出端口，节点交换机将该数据报文从输出端口转发出去，经过不断的转发将数据传输到目的节点。

虚电路有两种不同形式，分别是临时虚拟电路(Switching Virtual Ciroult，SVC)和永久虚拟电路(Permanent Virtual Ciroult，PVC)。SVC 按照需求动态建立虚拟电路，当数据传输结束时，电路自动终止，每次数据传输时，都有建立连接、维持连接、拆除连接的过程。由于建立和拆除连接阶段需要占用更多的网络带宽，主要适用于非经常性的数据传输网络。PVC 一旦建立起来就不拆除，在数据传输时只有数据传输的过程，不需要使用额外的带宽，对带宽的利用率更高，成本较高，适用于数据传送频繁的网络环境。

2)数据报方式

数据报方式传输时没有建立连接、维持连接和拆除连接的过程，也不会按照事前选择好的路径传输，每个数据包要带上完整的地址，在传输的过程中由各节点根据携带的地址进行路由选择和数据转发，即在数据报方式中每个数据包要单独寻址。

数据报方式采用简单的传输方式，将差错控制、拥塞控制交给端主机处理，数据包不一定按照顺序到达目的节点，目的节点组装数据包时需要进行排序。采用数据报方式传输时各节点的处理时间开销较短，传输的实时性较好。

广域网的传输方式需要根据通信网络和传输的业务情况综合考虑。随着线路传输技术的不断提高，传输介质的误码率越来越低，网络链路上的传输基本不出错，数据报方式显出更多的优势，成为越来越多的通信网络和业务的选择。

5.1.3 广域网的路由技术

广域网的节点主要是交换机，各节点间的交换机与交换机之间都是点对点的连接。广域网的路由不同于互联网的路由方式。交换机的路由使用层次编址方式，将地址表示为交换机、端口两部分，路由时，首先找到交换机，再通过交换机找到目的网络所连接的端口或主机。

广域网中的每台交换机中存有一张路由表，表中存放了到达每个目的网络（或站点）应转发到的交换机号及对应的转发端口号。在如图 5-5 所示的网络中，3 台节点交换机分别为 SW_1、SW_2、SW_3，站点 11 连接 SW_1 的端口 1，站点 14 连接 SW_1 的端口 4，站点 21 连接 SW_2 的端口 1，站点 24 连接 SW_2 的端口 4，站点 31 连接 SW_3 的端口 1，站点 34 连接 SW_3 的端口 4。图中给出了 SW_2 的路由表。

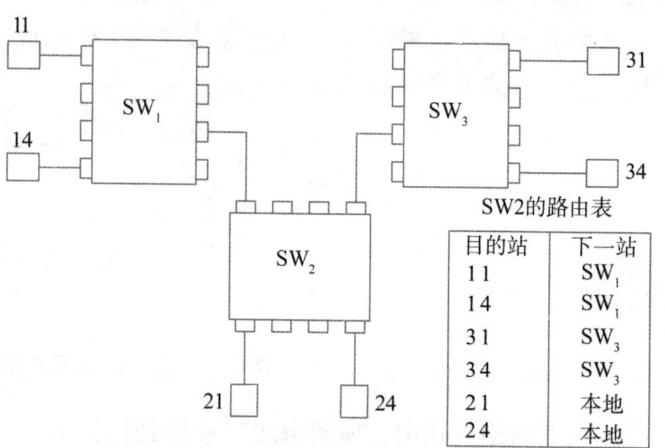

目的站	下一站
11	SW_1
14	SW_1
31	SW_3
34	SW_3
21	本地
24	本地

图 5-5 3 台节点交换机连接而成的广域网

当数据包的目的站是 11 时，目的地址是交换机 SW_1 端口 1 连接的网络，应从 SW_2 与 SW_1 连接的端口转发到 SW_1；数据包到达 SW_1 时，再从 SW_1 的端口 1 转发出去，到达目的网络。当数据包的目的站是 34 时，目的地址是交换机 SW_3 端口 4 连接的网络，应从 SW_2 与 SW_3 连接的端口转发到 SW_3；数据包到达 SW_3 时，再从 SW_3 的端口 4 转发出去，到达目的网络。

当数据包的目的站是 21 时，由于本站连接在 SW_2，不需要向其他交换机转发，只需要将数据包直接转发到 SW_2 的端口 1 即可。同样，当数据包的目的站是 24 时，将数据包直接转发到 SW_2 的端口 4 即可。

综合以上情况，可以看出，广域网的路由表示方法对于直接连接的站点或网络，属于直接交付（本地交付），下一跳是该站点或网络；对于没有直接连接的站点或网络，属于间接交付，下一跳是前向路径的节点交换机，通过前向节点交换机的不断转接最终达到目的节点。

5.2 公共传输网络

在通信网发展初期，不同的通信网提供不同的通信业务服务，如电话网提供语音传输服务，电报网提供文字传输服务，数据网提供数据传输服务。

1. PSTN

PSTN 提供语音传输，可以用于数据传输，工作在电路交换方式，用户可以通过 PSTN 与另一个用户进行语音通信。PSTN 用于数据传输时，通过交换在双方用户间连通一条物理通路，用户的通信数据直接以数据流的方式传输到对方，不进行任何打包、差错控制、流量控制的处理，是一种透明的数据传输方式。

PSTN 是为语音通信而建立的，随着技术的发展，在 20 世纪 60 年代，开始被应用于数据传输，目前，虽然各种专用的计算机网络和公用数据网络得到了快速的发展，网络速度和服务质量越来越高，但是，PSTN 凭借着其覆盖范围广、费用低廉、接入线路方便等优势，仍然被广泛使用。

电话网由用户交换机、市话交换机、长话交换机及传输链路构成。用户交换机主要用于企事业单位内部的电路交换，实现单位内部的用户通话。市话交换机、长话交换机设在市话局，也称端局，用于市局和长途局间的电路交换，实现市话局或长途局的用户通话。

1）语音通信

简单的电话网如图 5-6 所示，用户 A 是单位 A 的分机用户，用户 B 是单位 B 的分机用户。用户 A 与用户 B 需要通话时，通过拨号连接，依次转接到单位 A 的用户交换机、本区市话交换机 A、单位 B 所在区域的市话交换机 B、单位 B 的用户交换机，最终转接到用户 B。通过电话网的交换，单位 A 和单位 B 的分机用户之间建立了一条物理通路，实现语音通信。

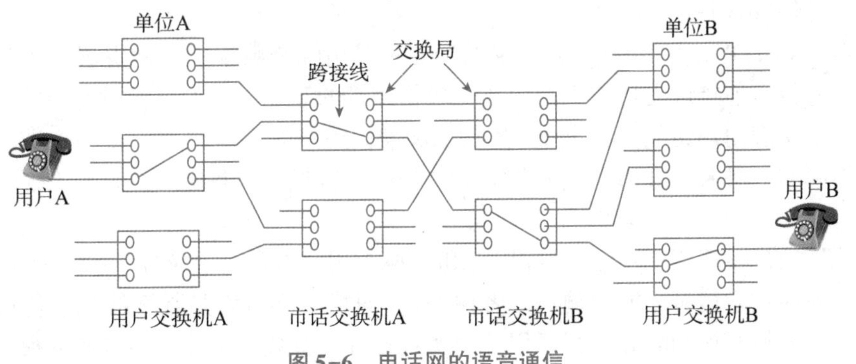

图 5-6　电话网的语音通信

当单位内部用户分机间进行通话时，交换仅在单位内部进行。分机用户通过单位内部的用户交换机在两个用户分机间建立物理通路，进行通话。

电话网使用数字程控交换机。数字程控交换机除了实现电路交换，还有以下电话服务功能：为用户交换机的内部呼叫、出局呼叫、市话局用户呼叫用户交换机分机用户、出入局呼叫限制、免打扰服务、转移呼叫、防止盗打、话费计费、专网组网、程控调度及会议电话等，实现对用户的良好服务。

2）数据通信

20 世纪 90 年代，家庭计算机用户往往借助电话网实现上网。用户端 T 使用调制解调器 M 将计算机的数字信号转换成模拟信号后，通过电话网传输到对端，对端使用调制解调器将模拟信号转换成数字信号，并通过接入服务器的代理访问 Internet，如图 5-7 所示。

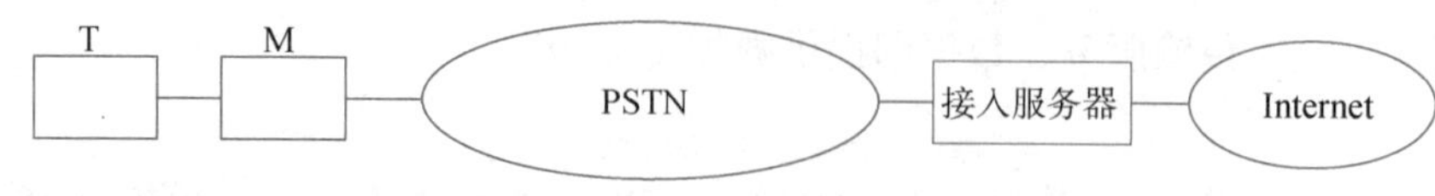

图 5-7 电话网的数据通信

目前仍然有大量家庭利用电话线路访问 Internet，但采用的不是传统的调制解调技术，而是新一代的有线宽带接入技术——xDSL 技术。

2. ISDN

随着通信技术和计算机技术的发展，通信业务不仅需要传输文字、语音、数据，还需要传输图形、图像等多媒体信息，为不同业务建设不同的通信网是很不经济的，研究能同时传输文字、语音、数据、图形、图像等信息的网络成为当时通信网的发展需求。ISDN 将语音、数据、图形、图像等综合业务在一个网络中进行传输，其接入和传输系统都采用数字系统。

1984 年起，美、英、法等国家先后建立了 ISDN 实验网。1988 年，CCITT 提出了有关 ISDN 的一系列建议，详细规定了 ISDN 技术标准，并开始商用化。我国在 20 世纪 90 年代后期建成了 ISDN，1996 年正式向用户提供 ISDN 业务。

ISDN 分为 N-ISDN(Narrow band Integrated Service Digital Network，窄带综合业务数字网)和 B-ISDN(Braod band Integrated Service Digital Network，宽带综合业务数字网)。N-ISDN 是第一代 ISDN，只能提供 2 Mb/s 以下的传输业务，B-ISDN 是第二代 ISDN，能够提供 155 Mb/s，甚至更高的速率，支持各种高带宽的传输业务。

1)ISDN 体系结构

1988 年，CCITT 给出了 ISDN 的定义："ISDN 是由综合数字电话网发展起来的网络，它提供端到端的数字连接以支持广泛的服务，包括声音的和非声音的，通过有线的多用途的用户接口标准来实现用户访问。"按照 ISDN 技术标准，用户只需要使用一根用户数字电话线路就可以将不同的业务接入 ISDN，按照统一的规程进行通信。ISDN 在我国又被称为一线通业务。

ISDN 用户的业务以数字形式进行传输和交换，用户的语音、文字、数据等信息要在终端设备端转换为数字信号才能传输，或者说 ISDN 对应的终端都是数字终端。传输网内部采用电路交换、分组交换和时分多路复用技术实现各种业务数字信号的传输和交换。

CCITT 向用户提供了用户与网络间的标准接口，所有的 ISDN 业务终端通过该接口接入 ISDN，该接口是用户设备和传输设备之间传送比特流的通信信道，被称为数字管道。数字管道采用时分多路复用技术将信道复用成多个独立的子通道，供不同的业务通信使用。

用户通过网络终端连接器接入 ISDN，CCITT 定义了两种网络终端连接器 NT1 和 NT2，如图 5-8 所示。家庭和小型办公室 ISDN 使用 NT1 接入 ISDN。NT1 安装在用户室内，利用数字电话线与 ISDN 传输网的交换机相连，连到 NT1 的 ISDN 终端可多达 8 个，如数字电话、数字传真机、计算机等，NT1 以总线方式进行终端的连接，通过争用总线决定使用总线进行传输的设备。

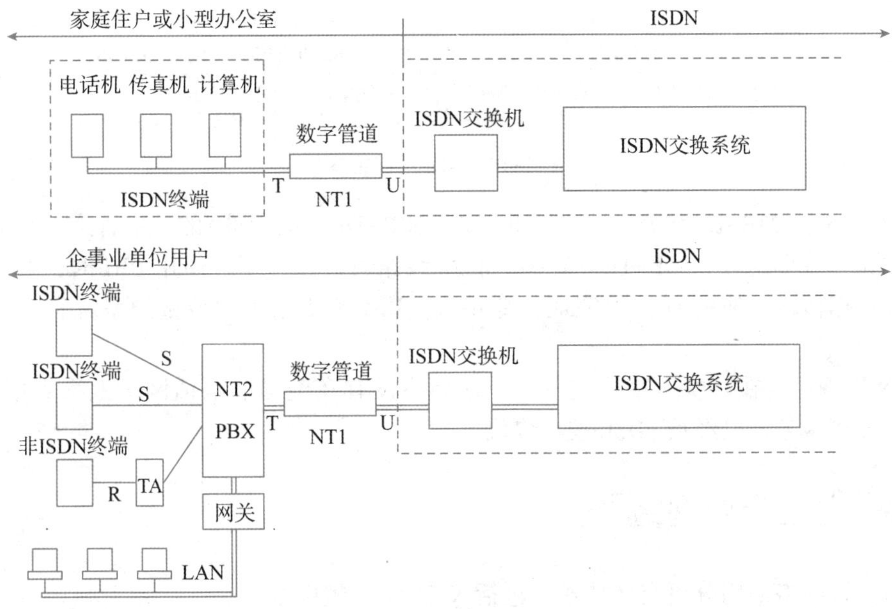

图 5-8 ISDN 的系统连接

当用户拥有较多的数字终端设备时，需要使用 NT2。NT2 是 ISDN 专用分组交换机(Private Branch Exchange，PBX)，用户的多个数字终端设备通过 NT2 设备的交换将需要通信的终端设备转接到 NT1，然后接入 ISDN。

CCITT 定义了 4 类参考点，分别为 R、S、T、U，参考点 U 连接 ISDN 交换系统和 NT1，目前采用铜缆实现连接；参考点 T 是 NT1 提供给用户的连接点；参考点 S 是 ISDN 的 CBX 和 ISDN 终端的接口；参考点 R 用于连接终端适配器 TA 和非 ISDN 终端。

2) ISDN 接口标准

CCITT 定义了两种接口标准：基本速率接口(Basic Rate Interface，BRI)和一次群速率接口(Primary Rate Interface，PRI)，如图 5-9 所示。

图 5-9 ISDN 接口标准

(a) BRI；(b) PRI

(1) BRI 提供两个带宽为 64 Kb/s 的 B 信道和一个带宽为 16 Kb/s 的 D 信道，即提供 2B+D 的数字管道，两个 B 信道分别用于语音通信和数据通信，D 通道提供传输带外信令。BRI 主要用于家庭和小型办公室。

ISDN 采用同步传输模式(Synchronous Transfer Mode，STM)进行传输，定义了比特流的格式和复用的方法。在同步传输模式中，系统为传输的信息分配固定的时隙，传输的信息在分配的时隙到来时，使用信道进行传输。

BRI 时分复用的帧格式如图 5-10 所示。每个帧 48 bit，每秒钟发送 4 000 个帧，线路速率为 192 Kb/s，由于每个帧中有 2 个 B1 时隙，2 个 B2 时隙，4 个 D 时隙，数据速率为 144 Kb/s。

1	1	8	1	1	1	1	1	8	1	1	1	8	1	1	1	8	1	1	1
F	L	B1	E	D	A	F	F	B2	E	D	S	B1	E	D	S	B2	E	D	S

F：帧标志位 L：直流负载平衡位 E：总线争用位 D：D信道
A：设备激活位 S：备用位 B1：第一B信道 B2：第二B信道

图 5-10 BRI 的帧格式

(2) PRI 提供 23B+D（北美、日本标准）或者 30B+D（欧洲标准）的数字管道。其中 23B+D 与 1.544 Mb/s 线路对应，30B+D 与 2.048 Mb/s 线路对应。当用户使用 PRI 时，可以使用 B 信道完成数据传输，使用 D 信道完成信令传输。PRI 主要用于大容量的系统和大型企事业单位。

ISDN 出现后，在一些国家得到应用，但始终没有在美国的电话网络上得到广泛应用，作为数据连接服务，已经被 xDSL 技术取代。

5.3 分组交换网络

分组交换网络采用分组交换技术，包括 X.25 网、帧中继网。

5.3.1 X.25 网

X.25 网是为公众用户提供数据通信服务（传输）的远程通信网，是一种基于分组传输的公用数据网，采用面向连接的虚电路工作方式，以及差错控制和拥塞控制的控制机制，能在不可靠的网络上实现可靠的数据传输。

X.25 网由分组交换机和传输链路构成，用户 DTE 或局域网可以在 X.25 网上的任何边界接入，实现远距离的通信。

X.25 网包括分组传输网和分组拆装设备（Packet Assembler Disassembler，PAD）组成，终端用户（计算机、局域网等）的数据报文送到 PAD 拆成分组后送到分组传输网，分组传输网按照建立的虚电路将各分组传输到目的端，由目的节点的 PAD 组装成原来的数据报文，交给终端用户，如图 5-11 所示。

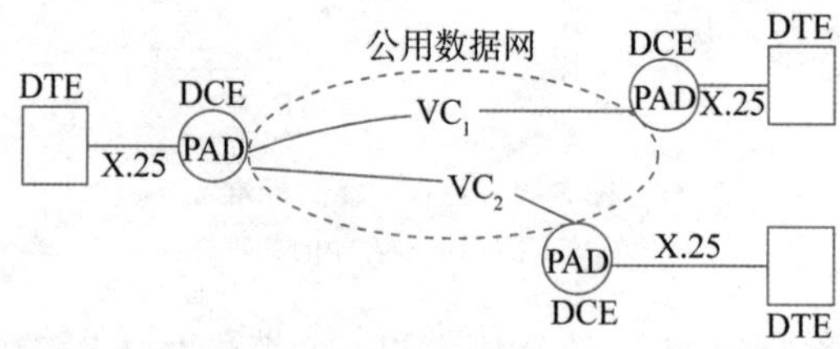

图 5-11 X.25 网

CCITT 对 X.25 的定义为：在公用数据网上以分组方式工作的 DTE 和 DCE 之间的接口。X.25 协议标准只涉及公用分组交换网的物理层、数据链路层、网络层接口规范，并不涉及网络内部，网络内部的具体情况可以由各公共分组网决定，通信主机独立于公共分组交换网。

X.25 的第三层没有涉及网络层的路由选择、网际互连等问题，被称为分组层。X.25 网的物理层和数据链路层采用原有的协议标准。物理层使用 X.21 协议，定义了 DTE 与 DCE 之间的物理接口；数据链路层使用 HDLC/LAPB 链路访问控制规程，LAPB 是 HDLC 中的异步平衡工作方式，负责在 DTE 和 DCE 的数据链路层实体之间传输 HDLC 信息帧。分组层是 X. 25 的最高层，提供 DTE 与 DCE 之间的分组传输、呼叫建立、数据交换、差错恢复及流量控制等功能。

X. 25 网络的层次关系如图 5-12 所示。

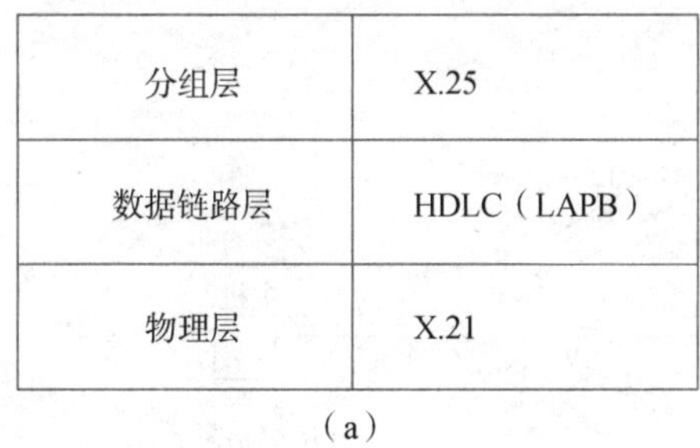

（a）

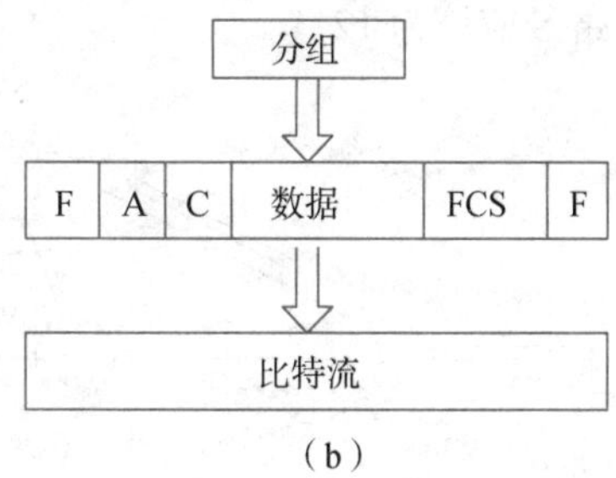

（b）

图 5-12　X. 25 网的层次关系

(a) X. 25 的组成；(b) 数据形式

1) 虚电路服务

X. 25 网的网络层采用虚电路方式的传输方式。用户 DTE 在使用 X. 25 网传输时，需要在端到端之间建立一条虚电路，后续的分组沿着这条虚电路进行传输。其工作过程如图 5-13 所示。

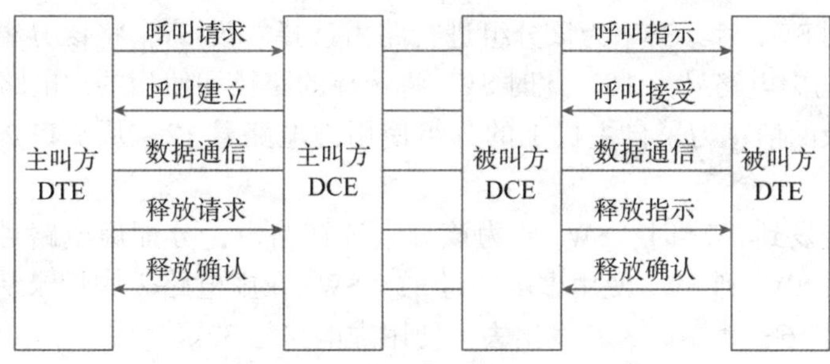

图 5-13　X. 25 网传输的工作过程

(1) 建立连接：当两个 DTE 之间有数据传输时，主叫方 DTE 发送“呼叫请求”分组，主叫方 DCE 将该分组通过 X. 25 网络送到被叫方 DCE；被叫方 DCE 通过“呼叫指示”分组送到被叫方 DTE，如果被叫方 DTE 同意呼叫，就返回一个“呼叫接受”分组给被叫方 DCE，通过 X. 25 网返回给主叫方 DCE；主叫方 DCE 将该请求通过“呼叫建立”分组发送给主叫方 DTE，主叫方 DTE 收到该分组，呼叫成功，虚电路连接建立。

(2) 维持连接(数据传输)：连接建立后，进入数据通信，此时要维持连接，直到数据通信结束。

(3) 拆除连接：当两个 DTE 间的数据通信结束后，主叫方 DTE 向主叫方 DCE 发出“释放请求”分组，主叫方 DCE 将该分组通过 X. 25 网到被叫方 DCE；被叫方 DCE 将该请求通过“释放指示”分组送到被叫方 DTE，被叫方 DTE 确认接受释放请求，发出“释放确认”分组到被叫方 DCE，并通过 X. 25 网返回主叫方 DCE；主叫方 DCE 送出释放确认分组给主叫方 DTE，拆除连接。

在如图 5-14 所示的网络中，设主机 1 与主机 2 通过 X. 25 网络进行通信，在呼叫请求阶段发出的请求分组报头中有一个地址字段，该地址字段中包含源地址和目的地址，该分组由主机 1 发送给 SW_1，此时在链路上新建一条虚电路。如果主机 1 与其他主机的通信已经建立了若干条虚电路，则新建虚电路号要使用还没有使用的虚电路号中的最小虚电路号。设原来从主机 1 到 SW_1 链路上建立的虚电路使用的虚电路号已经用到 11，则当前建立的虚电路使用的虚电路号应该为 12。

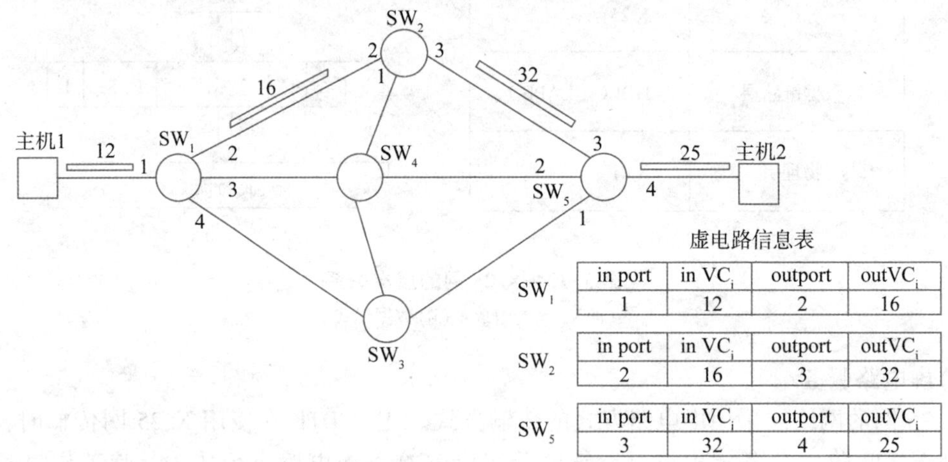

图 5-14　X. 25 网通信示例

请求分组送到 SW_1 后，SW_1 为该分组进行路由选择。设 SW_1 将该分组发送到 SW_2，从 SW_1 到 SW_2 使用的虚电路号为 16。此时 SW_1 将选择的路径和使用的虚电路号记录在 SW_1 的虚电路表中。记录的信息为来自主机 1 的分组使用虚电路号 12，从端口 2 转发出去，使用虚电路号 16。

请求分组被转发到 SW_2 时，SW_2 要为该分组选择路由，分配虚电路号。设选择的路由为转发到 SW_5，从 SW_2 到 SW_5 使用虚电路号 32。SW_2 在虚电路表中记录从端口 2 送来的分组，使用虚电路号 16，从端口 3 转发出去，使用虚电路号 32。

请求分组被转发到 SW_5 时，由于已经达到目的节点，属于本地提交，SW_2 要为从 SW_5 到主机 2 的链路分配虚电路号。设从 SW_5 到主机 2 使用虚电路号 25。SW_5 在虚电路表中记录了从端口 3 送来的分组，使用虚电路号 32，从端口 4 转发出去，使用虚电路号 25。按照以上方式，本次通信在建立连接期间，X. 25 网为本次传输建立了一条从 SW_1 到 SW_2 再到 SW_5 的虚电路，同时在各交换机中为本次传输建立了虚电路表。

在数据传输阶段，每个传输的分组不再使用源地址和目的地址，而使用虚电路号进行传输，数据的所有分组按照建立的虚电路路径进行传输。数据分组从主机 1 发出后，虚电路字段填写的是 12，该分组从主机 1 发送到 SW_1，从端口 1 送入 SW_1。SW_1 收到该分组后，查找自己的虚电路表，得到如图 5-14 所示的 SW_1 的虚电路信息，将该虚电路号字段中的虚电路号换成 16，从端口 2 转发给前向节点 SW_2。

SW_2 收到分组后，查找自己的虚电路表，得到如图 5-14 所示的 SW_2 的虚电路信息，将该虚电路号字段中的虚电路号换成 32，从端口 3 转发给前向节点 SW_5。

SW_5 收到分组后，查找自己的虚电路表，得到如图 5-14 所示的 SW_5 的虚电路信息，将该分组的虚电路号字段中的虚电路号换成 25，从端口 4 转发给目的主机 2，该数据分组最终达到目的主机 2。

分组沿着连接阶段建立起来的固定路径进行传输，主机 2 对收到的各个分组不需要排序，可以根据分组到来的顺序进行组装，恢复报文。

2）差错控制和流量控制

X. 25 网采用自动请求重发方式实现差错控制。为实现差错控制，每个中间节点必须完整地接收每一个分组，并在转发之前进行检错，如果有错误发生，则要求重传，直到收到正确的帧。

X. 25 网采用滑动窗口机制实现流量控制。在网络初始传输时，网络层设定了一个发送窗口值，使进入网络而没有收到应答的分组被控制在一定的数量。在传输过程中，如果发生了拥塞，X. 25 将自动减小发送窗口值，以减少发送的分组数量，缓解传输网的拥塞。

X. 25 网采用虚电路方式使其具有较好扩展性，用户利用 X. 25 组网或扩展网络时，只需要增开虚电路，而不需要增加物理电路，既方便又快捷。

X. 25 网面向连接的传输方式，存在建立连接、拆除连接的时间开销，由于采取了较多的差错控制和流量控制措施，因此产生了更多的时间开销，适用于通信业务量大、可靠性要求高的应用。

通过 X. 25 实现两个或多个远距离的局域网互连时，用户的局域网通过边界路由器与 X. 25 公用数据网的接入设备 PAD 相连。此时，路由器是 DTE，公用数据网的接入设备 PAD 是 DCE，它们通过 X. 25 标准实现局域网之间的数据通信。

5. 3. 2　帧中继网

帧中继（Frame Relay，FR）是由 X. 25 分组交换技术演变而来的，也是基于分组交换、虚电路传输的工作方式。为了提高网络的传输率，随着传输链路的质量不断提高，帧中继网简化了 X. 25 网的差错控制和流量控制功能，降低了节点对每个分组的处理时间，而且直接在二层完成转发传输，获得了更高的传输速率、更低的传输时延，传输速率可达 1. 544/2. 048 Mb/s。由于直接在二层进行帧的转发，因此被称为帧中继网。

1. 帧中继的构成

帧中继由帧中继交换机（Frame Relay Swith，FRS）和传输链路构成，用户局域网通过帧中继访问设备（Frame Relay Access Device，FRAD）接入帧中继网，如图 5-15 所示。

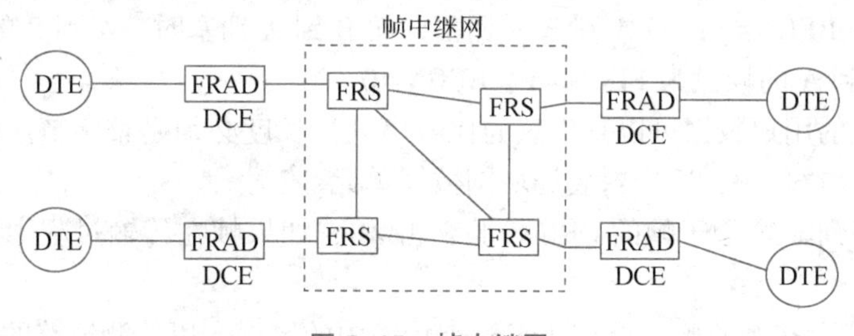

图 5-15　帧中继网

在帧中继网中，网间的交换是由 FRS 完成的，来自多个用户的帧被复用到高速线路进行传输，高速线路连接到帧中继网。通过帧中继的传输，这些帧被送到一个或多个目的站。

2. 帧中继的帧格式

帧中继在二层建立虚电路，采用 HDLC 协议的子协议 LAPD。LAPD 协议不进行差错控制和流量控制，省去了控制字段，仅有帧同步字段、地址字段、信息字段和校验码字段，如图 5-16 所示。

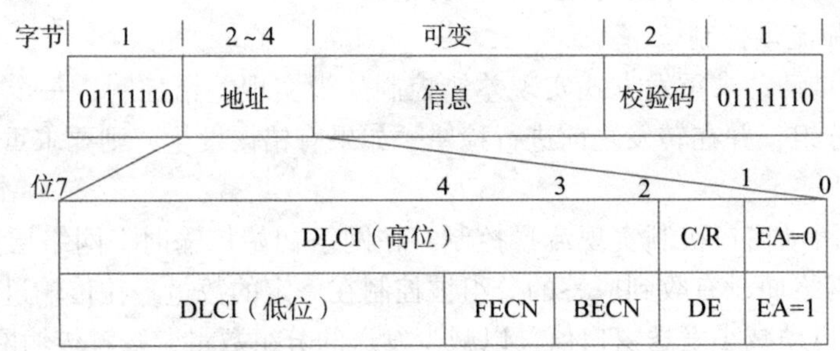

图 5-16　LAPD 协议的帧格式

(1)帧同步字段：帧两端的 01111110 标志域用于帧同步。

(2)帧中继地址字段包含地址信息和拥塞控制信息。由于 FR 采用虚电路方式进行传输，地址是由数据链路连接标识符(Data Link Connection Identifier，DLCI)实现的，不同的 DLCI 表示不同的虚电路通道号，每个中继节点根据 DLCI 进行路由，按照建立连接阶段选择的虚电路路径进行传输。

☞ EA：地址扩展字段，EA=0 表示地址向后扩展了一个字节，后面还有地址信息；EA=1 表示当前已经是最后一个字节，帧头结束。

☞ DE：可丢失指示比特，用于管理网络带宽。DE=1 的帧在网络发生拥塞时可以优先考虑丢弃，DE=0 的帧在网络发生拥塞时也不能丢弃。

☞ FECN：前向显式拥塞通知，FECN=1 表示在该帧的传输方向上可能发生过拥塞导致了延迟，接收方收到该帧后，调整发送方的数据速率，避免加重拥塞。

☞ BECN：后向显式拥塞通知，BECN=1 表明在与该帧传输方向相反的通路上可能发生过拥塞导致了延迟，接收方可以据此调整接收的数据速率，避免加重拥塞。

可以看出 FECN 置为 1 时调整发送方速率，BECN 置为 1 调整接收方速率。通信时，帧中继的两个通信主机间已经建立了一条双向通信的连接，当两个方向都没有拥塞发生时，双方的 FECN 和 BECN 都设为“0”；当两个方向都发生了拥塞，双方的 FECN 和 BECN 都设为“1”；当 A 到 B 拥塞，而 B 到 A 无拥塞时，A 到 B 的帧设为 FECN=1、BECN=0，B 到 A 的帧设为 FECN=0、BECN=1；当 A 到 B 无拥塞，而 B 到 A 拥塞时，A 到 B 的帧设为 FECN=0、BECN=1，B 到 A 的帧设为 FECN=1、BECN=0。

(3)信息字段的用户数据可以是任意的比特序列，长度必须是整字节。帧中继信息字段的长度可变，可达 1 600 B，适合封装局域网数据单元。

(4)帧检验序列 FCS 用于帧的 CRC 校验，占 2B，如果帧在传输过程中出现了差错，则被丢弃。

帧格式中同样存在帧校验，但仅用来检查传输中的错误，以检测链路的差错情况，当发现出错帧就将它丢弃，而不必通知源主机重传。

帧中继的交换节点在转发帧时，只要完整地接收帧头部的目的地址就开始进行转发，中间节点只转发帧，不发确认帧。在目的主机收到一个帧后，才向源主机返回端到端的确认，帧丢弃、组织重传的问题由端主机解决，发现出错就丢弃是帧中继交换机所做的全部检错工作，这种处理方式大大提高了帧中继网的传输速度。帧中继转发方式不需要网络层，只工作

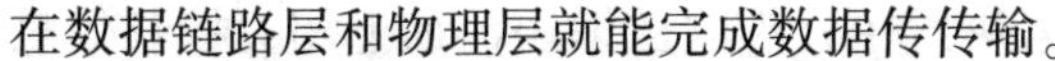

在数据链路层和物理层就能完成数据传传输。

5.3.3　X.25 与帧中继的区别

帧中继将帧通信的三层协议简化为两层，将差错控制、流量控制及其他各层的功能交给通信主机完成，大大缩短了处理时间，提高了效率，实现了轻载协议的网络。

X.25 数据链路层采用 LAPB（平衡链路访问规程），帧中继数据链路层规程采用 LAPD（D 信道链路访问规程），它们都是 HDLC 的子集。

X.25 存在三层的处理，帧中继不需要进行第三层的处理，能够让帧在每个交换机中直接通过。X.25 一个节点将一个完整的帧接收下来，进行差错检测后才开始转发，并且需要向发送节点确认。在帧中继中，每个节点收到帧的帧头，获得了地址就开始转发，采用边接收边转发的方式，即交换机在帧的尾部还未收到之前就开始转发给下一个交换机，大大提高了转发速率。

帧中继采用有限的差错控制，帧格式中存在校验码，每个节点对收到的帧仍然进行校验，但是当校验发现出错时，并不要求重发，而是立即中止该传输，由于此时该帧已经转发出去，差错处理的方式是由该节点将中止传输的指示告知下一个节点，下一个节点收到指示后，立即中止该系列帧的传输，将其丢弃，发生错误的帧最终由源节点和目的节点进行重发处理。

X.25 采用节点到节点的流量控制方式，而帧中继采用端到端的流量控制方式，在发生拥塞时，帧中继通过 FECN 和 BECN 通知发送方和接收方，调整传输数据速率，实现流量控制，能够减少流量控制的时间开销。

每个节点处理工作的减少使帧中继具有较高的吞吐量，能够实现较高的传输速率和较小的传输时延。

5.4　ATM 网

ATM（Asynchronous Transfer Mode，异步传输模式）是一种全新的交换技术，它功能强大、性能优越，是电话交换网络和分组交换网络之后的新一代交换网络，是高速传输网采用的主要技术。

B-ISDN 支持更多的传输业务和不同速率的通信业务。而第一代 N-ISDN 采用同步传输模式（Synchronous Transfer Mode，STM），是不能满足 B-ISDN 的传输要求的，B-ISDN 必须在交换模式上进行革新，采用崭新的技术，这种技术就是异步传输模式。

ATM 支持语音、数据、图形、视频等传输业务，在交换速率和信道利用率方面具有较优的特性，国际电信联盟（International Telecommunication Union，ITU）将 ATM 作为 B-ISDN 的传输模式。目前，ATM 技术的应用已经超过了 B-ISDN 的范围，进入了局域网、城域网，并且获得了极大的成功。现在一般把采用 ATM 技术的网络统称为 ATM 网，把 B-ISDN 看成广域的光纤 ATM 网。

5.4.1　ATM 的基本概念

ATM 是一种结合电路交换和分组交换、基于信元交换和复用的技术，为网络提供了一种通用的，适用于不同业务、不同传输速率要求的传输模式。

ATM 技术将各种业务数据分割成短小的数据块，在分割的数据块前加上相关控制信息构成短小(53 B)的交换单元(称为信元)，采用统计时分多路复用(Statistical Time Division Multiplexing，STDM)技术将各种业务的信元复用到高速链路上进行传输，从一个节点转发到另外一个节点，最终到达目的端，经过组装恢复成原来的业务数据，交给高层。这种特殊的分组交换技术传输延时很小，适合音频和视频数据的传输。

ATM 支持不同的速率，系统根据业务类型对传输速率提出的需要，为各种业务建立逻辑信道，为每个逻辑信道分配一个或几个固定时隙，允许不同的终端在有足够位(一个信元单位)的信息时使用信道，从而灵活地获得带宽。传输结束后，这些时隙将会被分配给其他的传输。

ATM 网采用面向连接的虚拟电路网络技术。在进行数据通信时，通过建立虚拟通道与虚信道，在信息发送方与接收方之间构成一条虚拟电路，本次传输数据的所有信元都沿着这条虚拟电路传输到接收方，接收方按照信元的到达顺序组装成数据提交给高层。

ATM 采用复用技术在高速线路上实现多种语音、数据、视频等业务数据的传输，将来自不同业务的信息流适配成长度固定的信息元，汇聚到交换节点的缓冲器内排队，队列中的信元根据到达的先后顺序按优先等级逐个输出到传输线路上，形成首尾相接的信元流。具有同样标识的信元在传输线路上并不对应某个固定的时隙，也不按周期出现。

ATM 技术还通过简化交换过程，将 OSI 第三层的纠错和流量控制功能转移到用户终端完成，降低网络时延，获得了较高的交换速率。

5.4.2 ATM 网的结构

ATM 网由 ATM 端点、ATM 交换机及传输链路构成，如图 5-17 所示。ATM 端点是 ATM 网中的终端设备，由计算机终端和 ATM 网卡构成，在发送时将来自高层的数据分割、封装成 53 B 的信元传送给 ATM 交换机，接收时将来自 ATM 交换机中的信元解封组装成数据交给高层。ATM 交换机是一个高速交换机，主要由高速交换矩阵、高速端口和相应的缓存构成。

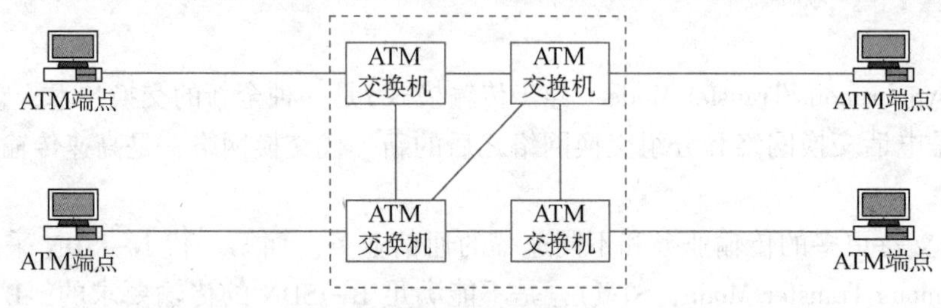

图 5-17　ATM 网的构成

ATM 网包括物理介质相关(Physical Medium Dependent，PMD)子层、传输汇聚(Transmission Convergence，TC)子层和 ATM 层。PMD 子层与传输介质密切相关，定义了使用光纤传输的物理层标准，提供比特流传输、编码、解码。TC 子层与数据链路层类似，在发送方按照信元长度分割数据，并将分割的数据封装成帧，将其复用到高速线路上传输，在接收方解封恢复数据，并完成分用，将数据提交给高层。ATM 层与网络层类似，主要建立虚拟电路，为到达的每个数据帧进行路由转发，使之最终到达目的端。

ATM 传输线路采用高速数据链路，典型的链路数据速率为 155 Mb/s，每秒大约有 360 000 个信元。ATM 通过时隙分配将各种业务合成在高速线路上传输，支持语音、数据、视频等业务。

5.4.3 ATM 的信元结构

ATM 的信元是固定长度的帧，共有 53 B，分为信头和数据段两个部分。信头用于传输寻址和控制，数据段用来装载来自不同用户和不同业务的数据，如图 5-18 所示。

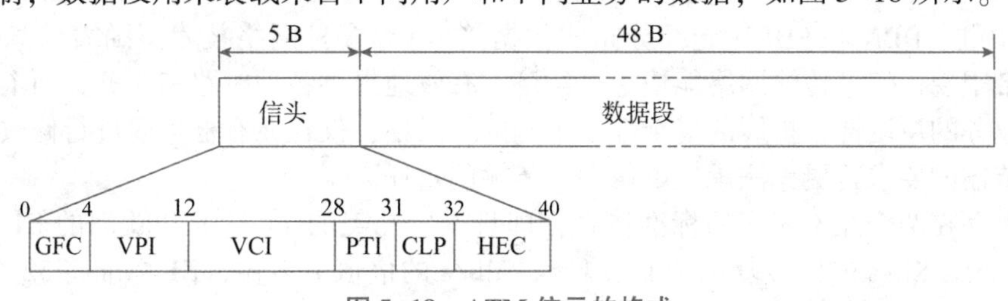

图 5-18 ATM 信元的格式

信头各部分含义如下：

☞ GFC：总体流量控制位，主机和 ATM 网连接情况下使用该位，用于控制主机送入网络的流量，避免网络过载。

☞ VPI：虚拟通道标识符，标识传输建立的虚拟电路逻辑通道，一共可以标识 256 个虚拟通道。

☞ VCI：虚拟信道标识符，标识在一条虚拟通道中建立的不同虚拟信道，一共可以标识 65 536 个虚拟信道。

在 ATM 传输的是信元，多个虚拟信道捆绑在一起形成一个虚拟通道，一条传输链路上可以建立多个虚拟通道，如图 5-19 所示，用 VPI 标识不同的虚拟通道，用 VCI 标识一个虚拟通道中的不同虚拟信道。

图 5-19 虚信道与虚通道

☞ PTI：有效载荷类型标识符，标识有效载荷区域内的数据类型，可以标识 8 种类型，其中 4 种为用户数据信息类型，3 种为网络管理信息，1 种没有定义。

☞ CLP：信元丢失优先级，标示信息的优先级，CLP = 1 表示网络出现拥塞时，可以优先丢弃该信元。

☞ HEC：信头差错校验，对信头部分进行差错校验。

5.4.4 ATM 的接口

在 ATM 网中存在两种接口：用户-网络接口（User Network Interface，UNI）和网络-网络接口（Network Node Interface，NNI）。ATM 交换网由多台 ATM 交换机通过链路和 NNI 连接而成，用户设备通过 UNI 接入 ATM 网，如图 5-20 所示。

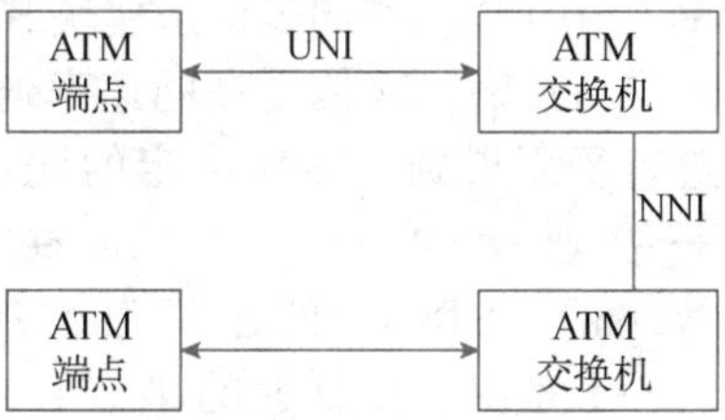

图 5-20 ATM 交换网

ATM 具有很大的灵活性，任何业务都按实际的信息量占用资源，网络资源得到最大限度的利用。此外，即使业务的性质不同（如速率高低、突发性大小、质量和实时性要求），网络都按同样的模式处理，真正做到完全的业务综合。

随着技术的发展，ATM 的传输速率不断提高，发展到 622 Mb/s，目前 ATM 网已经可以支持 2.4Gb/s、10 Gb/s 的传输速率。

5.5 SDH

在20世纪70—80年代，陆续出现了T1(DS1)/E1载波系统(1.544/2.048 Mb/s)、X.25、帧中继、DDN和FDDI(光纤分布式数据接口)等多种网络技术。随着信息社会的到来，人们希望现代信息传输网络能快速、经济、有效地提供各种电路和业务，而上述网络技术由于其业务的单调性、扩展的复杂性、带宽的局限性，仅在原有框架内进行修改已经无法满足高速传输的要求，更无法承担电信网络传输的重任。

历史上存在两个互不兼容的标准体系，即日本、北美的T1标准和欧洲的E1标准。T1标准将24个64 Kb/s的信号复用到1条1.544 Mb/s的信道上传输，E1标准将32个64 Kb/s的信号复用到1条2.048 Mb/s的信道上传输。这两种标准后来制定的高次群速率也不相同，加剧了两种标准间的不兼容。

20世纪80年代，美国贝尔通信技术研究所提出了同步光纤网络(Synchronous Optical Network，SONET)，制定了光传输网络的接口规范，定义了接口速率和服务等级标准。SONET位于OSI参考模型的物理层，兼容T1和E1标准，允许不同业务的数据以多种不同的速率复用在高速线路上传输。

1988年，ITU采纳了SONET，并对其进行扩展，形成了一个通用的技术标准，新的标准不仅能够用于光纤通信，也能用于微波和卫星通信，ITU将其称为同步数字体系(Synchronous Digital Hierarchy，SDH)。

SDH支持各种带宽要求，具有很高的传输速率，在传输链路发生故障时具有自恢复能力，能很好地实现网络管理和维护，并且建设成本不断地下降，受到了业界的欢迎和重视，目前SDH在世界各个国家得到广泛应用，基本成为新建广域网唯一的技术选择。

5.5.1 基本同步模块

数字传输系统采用PCM技术和TDM技术，要实现高速传输，必须解决时钟同步问题。时钟同步意味着在数据传输时，发送方和接收方的时钟、速率、相位需要严格地保持一致，才能准确识别和接收数据。SDH采用统一时钟技术，整个网络的各级同步时钟来自一个非常精确的主时钟(采用昂贵铯原子钟，精度优于$\pm10^{-11}$)，很好地解决了同步问题。

为了支持各种业务的传输，SDH确定了由低速速率复用获得高速速率，再由高速速率复用获得更高速速率的方式来获得各种通信速率。SDH以基本同步传送模块STM1为基本单元进行传输，其他更高的速率通过多个STM1进行复用得到。SDH确定的同步传送信号第一级速率为STS-1(Space Transportation System)，STS-1的速率为51.840 Mb/s，而STS-1是由多个低速的T_1、T_2、T_3信号复用后得到的。其中，T_1=1.544 Mb/s、T_2=6.312 Mb/s、T_3=44.736 Mb/s。3路STS-1复用后得到基本同步传送模块STM1，STM1的速率为155.520 Mb/s。STS-1和STM1的复用关系如图5-21所示。

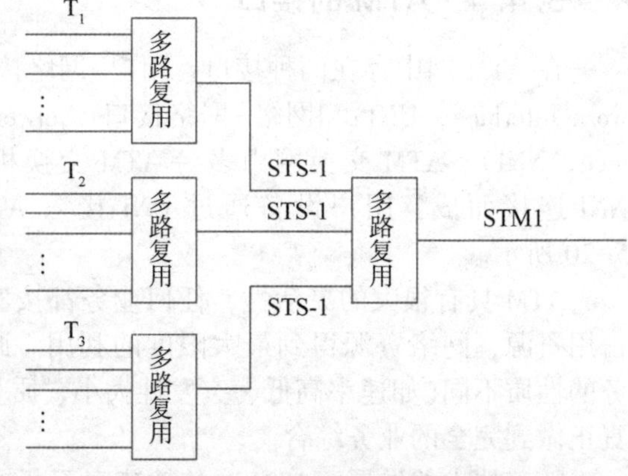

图5-21 STS-1和STM1的复用关系

5.5.2 SDH 的帧结构

SDH 确定的最低传输速率 STS-1(OC1①)为 51.840 Mb/s，规定一个 STS 帧为 810 B，每秒传输 8 000 帧。SDH 帧结构如图 5-22 所示。

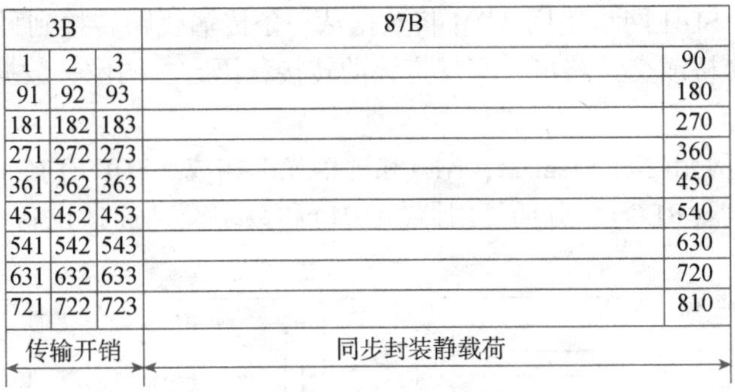

3B			87B
1	2	3	90
91	92	93	180
181	182	183	270
271	272	273	360
361	362	363	450
451	452	453	540
541	542	543	630
631	632	633	720
721	722	723	810
传输开销			同步封装静载荷

图 5-22 SDH 帧

为了方便表示 SDH 的帧结构，这里将一个 810 B 的 STS-1 帧表示成 9 行，90 列。一个 STS-1 帧分为两部分，即传输开销和静载荷(数据)部分，在 STS-1 帧中，传输开销为 27B，静载荷部分 783B。传输时，从左到右，从上到下依次发送。

5.5.3 SDH 的速率

SDH 的基本同步传送模块 STM 1 也称 OC 3(俗称 155 M 线路)，4 个 STM 1 复用形成速率为 622.080 Mb/s 的 STM 4，也称 OC 12(俗称 622 M 线路)，4 个 STM 4 复用形成速率为 2 488.320 Mb/s 的 STM 16，也称 OC 48(俗称 2.5 G 线路)，4 个 STM 16 复用形成速率为 9 953.280 Mb/s 的 STM 64，也称 OC 192(俗称 10 G 线路)，见表 5-1。

表 5-1 速率 O、C 级、STM 级、俗称线路的对应关系

传输速率/(Mb·s^{-1})	OC 级	STM 级	俗称
51.840	OC 1		
155.520	OC 3	STM 1	155 M 线路
466.080	OC 9		
622.080	OC 12	STM 4	622 M 线路
933.120	OC 18		
1 243.160	OC 24		
1 866.240	OC 36	STM 8	
2 488.320	OC 48	STM 16	2.5 G 线路
9 953.280	OC 192	STM 64	10 G 线路

① OC(Optical Carrier)是光学载波，在这里借用它表示光纤网络中的线路速率，通常以 OC n 表示。n 是倍数因子，表示基本速率 51.84 Mb/s 的倍数。

5.5.4 SDH 的网络结构

SDH 是一种将复接、线路传输及交换功能融为一体，并由统一网络管理系统操作的综合信息高速传输网络，它的结构与交通道路类似。SDH 传输系统将光纤作为传输骨干，类似于公路的主干道；SDH 网络使用 ADM 将数据从一条传输线路转接到另外一条线路，ADM 类似于公路上的立交桥或交叉路口，实现道路的转接；语音、图像、数据等电信业务类似于公路上跑的车。

SDH 网由 SDH 网元(Net Element，NE)和通信光缆构成。SDH 存在 4 类网元：终端复用器(TM)、再生中继器(REG)、分插复用器(ADM)和数字交叉连接设备(DXC)，如图 5-23 所示。

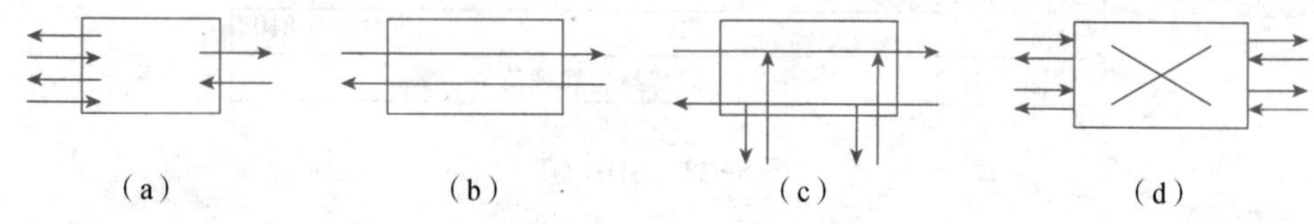

图 5-23 SDH 的网元

(a)TM；(b)REG；(c)ADM；(d)DXC

(1)TM 在发送端将电信号转换成光信号，并将需要传输的低速信号集中复用到高速线路上进行高速传输；在接收端将光信号恢复成电信号，并将高速线路上的信号解析出各低速信号，分送给各接收端的低速线路。

(2)REG 完成远距离信号传输过程中信号的再生放大，保证信号的传输质量。

(3)ADM 用于网络的转接节点处，如链路的中间节点或环路上的节点，是 SDH 用得最多的网元，将低速线路复用到高速线路，或者将高速线路的信号分用到低速线路。

(4)DXC 是一个多端口器件，可将输入的 m 路 STM 信号交叉连接到输出的 n 路 STM N 信号上，还可以完成配线、监控、网络管理等多种功能，用于 SDH 网络的配置和管理。

由网元、链路组成的 SDH 网如图 5-24 所示。在该网络中，TM 将 STS 1 数据流复用成 STM-1 数据流，并转换成光信号送到光网络传输，经 REG 将传输过程中的信号再生放大，保证信号质量。传输信号到达 ADM 时，ADM 完成复用到更高速率线路的上级线路或分用到更低速线路的下级线路，不需要到上级高速线路或下级低速线路的数据流，继续通过网络单元向前传输。数据流到达目的节点时，经 TM 分用成各自的 STS 1 数据流，送到各目的节点。

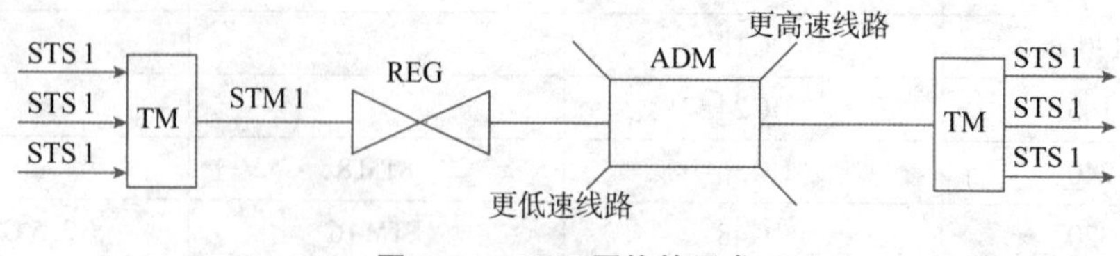

图 5-24 SDH 网络的组成

5.5.5 SDH 网的拓扑结构

SDH 网主要的拓扑结构有链型、星型、树型、环型和网型，如图 5-25 所示。

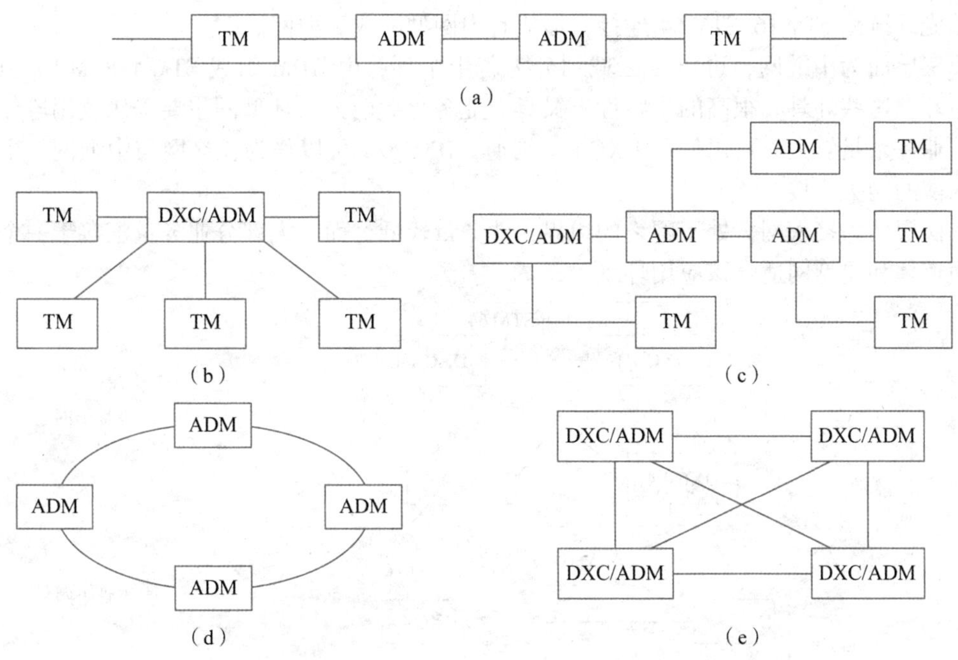

图 5-25 SDH 的网络拓扑结构

(a)链型；(b)星型；(c)树型；(d)环型；(e)网型

(1)链型网将网络中的网元设备串联，特点是经济，一般用于无分支的长途网络，如铁路网。

(2)星型网将 DXC 或 ADM 作为中心节点与其他网元设备相连，其他网元设备之间互不相连，各网元节点的传输要经过中心节点的转接。该拓扑结构的特点是可以通过中心节点统一管理其他网络节点，中心节点的处理负担较重，处理能力存在瓶颈，出现故障将导致全网瘫痪，存在一定的安全隐患。

(3)树型网可以看成链型结构和星型结构的结合，也存在中心节点的处理瓶颈和安全隐患问题。

(4)环型网的各个网元通过链路首尾相连，具有自修复能力，可靠性较高，主要用于接入网、中继网等场合。

(5)网型网的每个网元有多条链路与其他网元相连，任何一个网元到另一个网元有多条路径可达，网络可靠性较高，各节点的处理负担相对均衡，不存在处理瓶颈，但是由于采用了冗余链路结构，成本较高，网络也相对复杂。

5.5.6 我国 SDH 网的层次

我国 SDH 网由 4 个层面组成，如图 5-26 所示。

第一层面为省际干线网(一级骨干网)，在主要省会城市装有 DXC 4/4，由高速光纤链路 STM 16/STM 64 连接，形成一个大容量、高可靠的网型骨干网结构，实施大容量业务的调配和监控，对一些质量要求很高的业务量，可以在网型网的基础上组建一些可靠性更好、恢复时间更快的 SDH 自愈环。

第二层面为省内干线网(二级骨干网)，在主要汇接点装有 DXC 4/4、DXC 4/1、ADM，由高速光纤链路 STM 16/STM 64 连接，形成省内网型网或环型网。

第三层面为中继网，可以按区域划分为若干个环，由 ADM 组成 STM 4/STM 16/STM 64 的自愈环，这些环具有很高的生存性，又具有业务疏导能力。环型网主要采用复用段保护环方式，业务量足够大时可以使用 DXC 4/1 沟通。DXC 4/1 可以作为长途网与中继网、中继网与接入网的网关或接口。

第四层面为接入网，处于网络的边界，业务量较低，而且大部分业务量汇接于一个节点上。通道环和星型网适合该应用环境。

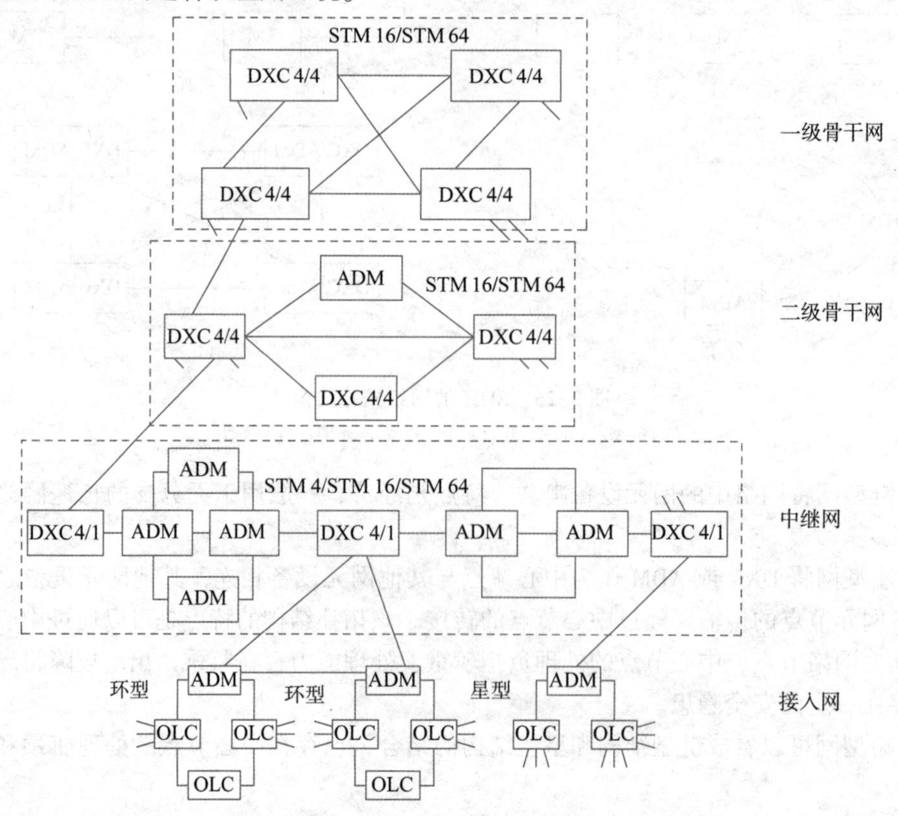

图 5-26　SDH 网的网络结构

SDH 具有众多优越性，在广域网领域和专用网领域得到了巨大的发展。中国移动、中国电信、中国联通、中国广电等运营商已经大规模建设了基于 SDH 的骨干光传输网络，利用大容量的 SDH 环路承载 IP 业务、ATM 业务或直接以租用电路的方式出租给企事业单位。一些大型的专用网络也采用了 SDH 技术，架设系统内部的 SDH 光环路，以承载各种业务，如电力系统利用 SDH 环路承载内部的数据、监控、视频、语音等业务。

目前，SDH 以其明显的优越性成为传输网发展的主流。SDH 技术光波分复用（WDM）、ATM 技术、Internet 技术（IP over SDH）等结合，使 SDH 网的作用越来越大。SDH 已被各国列入 21 世纪高速通信网的应用项目，是电信界公认的数字传输网的发展方向，具有广阔的应用前景。

第6章 网络安全与管理

网络在实现数据通信和资源共享的同时，必然伴随着安全隐患，其开放性、国际化的特点为网络攻击、网络破坏、信息窃取等行为提供了方便。

随着计算机网络覆盖面的不断延伸，网上业务的不断增加，人们对计算机网络的依赖程度日渐加深，计算机网络安全问题也日益突出。面对计算机网络上的新挑战，保护单位和个人的机密信息不被泄露、窃取，抵御网络攻击，使网络不受干扰，维护网络的安全，已经成为信息化系统建设中的重要内容。

6.1 网络安全概述

ISO对计算机网络安全的定义如下：为数据处理系统建立和使用所采取的技术和管理的安全保护措施，保护计算机硬件、软件和数据不因偶然和恶意的原因遭到破坏，更改和泄露。

按照以上定义，可以将计算机网络的安全理解为：通过各种技术和管理措施，使网络系统正常运行，确保网络数据的机密性、完整性、可用性。

具体来讲，网络安全包括机密性、完整性、可用性、可控性、可审查性5个基本要素。

☞ 机密性：信息在传输、存储、处理、使用的过程中不会暴露给未经授权的用户或实体。

☞ 完整性：数据在传输、存储、处理、使用的过程中没有被篡改，只有得到授权的用户或实体才可以修改数据，并且能够判别出数据是否已经被更改，被谁更改。

☞ 可用性：授权用户或实体对信息的正常使用不会被异常拒绝，允许其及时地、可靠地访问信息。

☞ 可控性：能够对授权范围内的信息流向和行为方式进行控制。

☞ 可审查性：当网络出现安全问题时，能够提供调查的依据和手段。

6.1.1 网络安全威胁

网络安全威胁既有内部因素引起的安全威胁，也有外部因素引起的安全威胁。内部因素引起的安全威胁是由于网络设计、系统设计本身存在缺陷而导致的安全问题，如系统资源耗尽、非法访问、资源被盗、系统或数据被破坏等。外部因素引起的安全威胁主要来自黑客恶意的攻击，攻击者对信息进行篡改、删除等破坏活动，使信息的真实性、完整性和可用性受到破坏，如攻击者伪造身份、建立新的连接、无限复制数据包，造成服务器拒绝报文服务、网络链路拥塞、无法正常访问网络和服务。

网络涉及的安全威胁主要包括物理安全威胁、系统安全威胁和计算机病毒威胁。

1. 物理安全威胁

物理安全威胁主要体现在设备工作的运行环境和防盗环境。

(1) 运行环境。网络设备必须放置在良好的物理环境中，即供电、电磁辐射、温度、湿度、接地防雷等良好。设备的物理环境不能满足要求或环境发生变化，都会给设备的正常运行带来影响。运行环境不满足设备运行要求可能损坏设备和部件，导致网络系统不能正常工作，网络服务中断。

(2) 防盗环境。网络设备价格不菲，盗窃的存在给网络的正常运行带来极大的隐患，带来经济上的损失。放置设备的网络机房建设要考虑技术防盗措施，如安装视频监控系统、门禁系统等。

2. 系统安全威胁

系统漏洞、身份鉴别威胁、窃听会带来系统安全威胁。

(1) 系统漏洞是指系统在设计时存在缺陷，而这个缺陷可能导致系统极容易被入侵，发现漏洞也是黑客进行入侵和攻击的主要步骤。人为的或非人为的因素都会对系统安全造成威胁，而人为设计的攻击是系统安全的主要威胁。一般来说，人为因素的威胁分为人为失误和恶意攻击。人为失误主要发生在系统管理员安全意识不强、口令设置不当、借用账户、安全管理制度不健全或制度未落实等带来的网络安全事故。恶意攻击通过各种技术手段有选择地破坏网络系统，导致网络堵塞、服务器瘫痪、计算机系统受破坏、重要文件被窃取、机密信息泄露等。

操作系统的漏洞是最常见的系统漏洞，是黑客利用系统缺陷发起攻击的主要目标，及时升级操作系统是防止漏洞威胁的办法之一。

(2) 身份鉴别威胁。当一个实体假扮成另一个实体进行网络活动时就发生了假冒。身份鉴别对访问者的身份进行真伪鉴别，身份鉴别威胁来自口令圈套、口令破解等。口令圈套通过嵌入蓄意的口令模块到正常的登录界面，窃取用户的密码账户。口令破解通过猜想、穷举等方式破解用户密码。

防止假冒身份的主要办法是采用指纹技术、虹膜技术、人脸识别等先进的身份认证技术，使用户的身份信息不容易被窃取。

(3) 窃听。窃听者使用专用工具或设备，截获网络上的数据进行分析，进而获得所需的信息，如搭线窃听、安装通信监视器读取数据等。

防止窃听的主要办法是采用防止电磁泄漏的屏蔽机房或屏蔽线缆，对传输数据进行加密处理。

3. 计算机病毒威胁

计算机病毒可以快速地扩散，破坏文件和数据，导致文件无法使用，系统无法运行；消耗系统资源，导致业务正常无法进行；甚至破坏计算机硬件，导致计算机彻底瘫痪，是计算机系统最常见、最主要的威胁。主要的计算机病毒有逻辑炸弹、木马病毒、间谍软件、蠕虫病毒。

(1) 逻辑炸弹是嵌入在某个合法程序的一段代码，被设置成某个条件满足时就会启动，大量删除用户数据和文件，具有较大的破坏性。

(2) 木马病毒是包含在合法程序中的非法程序，一般有客户端和服务器两个执行程序，客户端程序进行远端控制，而服务器端程序是木马程序。攻击者把服务器端程序植入要控制的计算机中后，使用客户端程序进行远程控制，窃取、破坏信息。

(3) 间谍软件一般在浏览网页或安装软件时被安装在计算机上，安装成功后窃取计算机上的重要信息，发送到窃取信息的目的端。

(4) 蠕虫病毒通过网络传输感染存在漏洞的计算机，并自动复制，在网络环境下按指数增长模式进行快速扩散。被蠕虫入侵的计算机，系统资源被严重占用，运行效率大大下降；被蠕虫入侵的网络，产生大量非正常流量，带宽资源被严重占有，情况严重时会导致网络瘫痪。

6.1.2　网络安全策略

网络安全策略是指在特定的环境里，为保证一定安全级别而采取的网络安全措施。网络安全策略主要有技术手段和管理措施两个方面。

先进的技术是网络信息安全的根本保障。用户对自己面临的安全风险等级进行评估，根据评估决定其需要的安全机制，并在此基础上选择先进的技术手段，构建网络信息安全系统。技术手段的安全策略包括物理安全策略、访问控制策略、信息加密策略、数据安全策略、系统安全策略、病毒防范策略和冗余策略。

网络信息安全需要采用严格的管理措施。网络用户单位要具有网络信息安全意识，制定网络信息安全管理规范，严格执行各种安全管理制度。只有从技术和管理两个方面做好网络安全工作，才能实现网络安全。

1. 物理安全策略

物理安全策略为网络运行提供良好的物理环境，保护硬件设备免受电源、温度、雷击、静电等影响，造成设备损害，防止光缆、铜缆等通信链路受自然灾害、人为破坏等造成的损坏。

为了使网络设备工作在良好的物理环境，网络设备应该放置在按照技术标准建设的网络机房。网络机房应提供满足要求的物理环境，采取门禁系统、视频监控等防盗措施，以及防火措施，在机房部署火灾报警及消防系统，机房与外部连接的通信链路应具有良好的防破坏措施，确保通信链路安全。

2. 访问控制策略

访问控制保证网络资源不被非法访问和使用，一般由接入网络控制和内外网访问控制组成。

(1) 接入网络控制为网络访问提供第一层次的控制。它控制合法用户能接入网络、获取网络资源，拒绝非法用户接入网络。接入网络控制一般需要选择合适的网络接入认证技术，接入认证主要通过对接入网络的用户身份进行合法性认证，防止非法用户进入系统。一般采用账户、密码进行身份认证，对于更高的安全要求，可以采用高强度的密码技术进行身份认证。通过接入认证的用户允许接入网络并访问网络资源，未通过接入认证的用户不允许接入网络并被禁止访问网络资源。

(2)内外网访问控制使用防火墙实现内网与外网间的访问控制，过滤不安全的服务要求，允许或拒绝用户对内外网某些主机的访问，提供内网访问日志，监测内外网访问情况，是一种网络间的访问控制措施。

访问控制通过制定访问策略来实现，访问策略分为自主式访问控制策略和强制式访问控制策略。自主式访问控制策略为特定用户制定访问资源的权限，是基于身份的访问控制策略；强制式访问控制策略基于一组能在资源目标强制付诸实施的规则，是基于规则的策略。

3. 信息加密策略

信息加密保护网络传输的各种数据、文件、口令和其他控制信息，为用户提供可靠的保密通信。网络加密常用的方法有链路加密、端点加密和节点加密。链路加密保护网络节点之间的链路信息安全；端点加密为源端用户到目的端用户的数据传输提供保护；节点加密为源节点到目的节点之间的数据传输链路提供保护。用户可以根据网络情况选择加密方法。信息加密由加密算法来实现，它以很小的代价提供很大的安全保护，在多数情况下，是保证信息机密性的唯一方法。

4. 数据安全策略

数据安全主要考虑数据传输安全和数据存储安全，数据传输安全通过对传输的数据进行加密实现；数据存储安全通过对存储的数据进行数据备份实现，数据备份主要通过定期备份系统文件及数据，在发生宕机或不能提供服务时及时恢复文件及数据。

数据备份是本地备份方式，当发生地震、火灾等灾难时，系统存储数据和备份数据会同时遭到毁坏。数据异地容灾在远离存储数据系统的地点建立备份系统，进一步提高了数据抵抗各种可能安全因素的容灾能力。

5. 系统安全策略

系统安全策略控制用户对系统的访问；通过身份识别允许或拒绝用户对系统的访问，通过权限控制控制用户对系统、文件和资源的访问，管理员权限控制读写、创建、删除、修改、查找、存取，允许上传、下载，安装、修改、配置的权限；通过对系统文件的备份及时恢复系统故障，打补丁，定期分析设备运行情况，发现入侵痕迹，并进行追查；通过限制服务器登录时间或使用专用的上传/下载工具来保证系统的安全。

系统安全还可以通过双机热备系统进一步提高系统安全性。

6. 病毒防范策略

网络病毒防范策略主要用于检测和清除病毒。

检测病毒一般采用两种方法：(1)根据病毒具有的特征信息检测文件和数据，在文件和数据中出现类似的特征信息则认定是计算机病毒；(2)对某个文件或数据段进行检验、计算并保存其结果，以后定期或不定期地以保存的结果对该文件或数据段进行检验，若出现差异，则表示该文件或数据段完整性遭到破坏，感染上了病毒，从而检测到病毒的存在。

在某种病毒出现后，分析、研究具有杀毒功能的软件，通过使用这些杀毒软件清除病毒。在网络中，病毒的检测、清除由防病毒系统实现，由于新病毒的不断出现，防病毒系统需要不断更新升级，保证新的病毒能够被识别和清除。

7. 冗余策略

冗余策略通过提供系统运行所需的所有关键组件的冗余的方法，实现容错能力。当系统

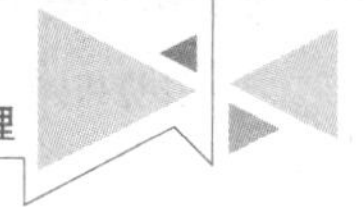

发生故障时，冗余配置的部件承担故障部件的工作，由此减少系统的故障时间。

各种硬件设备是有源设备，设备的损坏将使系统宕机，无法提供网络服务，这在网络中是致命的问题。为了解决这个问题，风险等级高的网络一般采取双冗余策略。网络核心交换机、汇聚交换机、关键链路、网络服务器等关键设备采取双机双链路冗余策略，主设备、主链路出问题时，由辅助设备、辅助链路接替主设备的工作，保证网络系统的不中断服务。

冗余磁盘阵列(Redundant Arrays of Independent Disks，RAID)采用多个独立的高性能磁盘驱动器组成磁盘子系统，比单个磁盘更可靠，可以提供性能更高的存储性能和数据冗余。

6.2　加密技术

随着网络技术的发展，网络业务的普及，网络安全问题越来越突出。密码技术是保护计算机信息最实用和最可靠的办法，主要有加密技术和密码破译技术两个部分。网络安全主要涉及加密技术。加密技术验证传输信息的真实性和接收数据的完整性，包括加密和解密。

加密技术采用算法对密文进行转换，加密前的信息为明文，加密后的信息为密文。这个转换需要使用密钥进行。密钥是只有发送方和接收方知道的信息，通过密钥将明文转换成密文的过程为加密，而通过密钥将密文转换成明文的过程为解密，如图6-1所示，发送方通过加密算法Key1和加密密钥对明文进行加密，并以密文方式传输。密文到达接收方后，接收方用与加密算法相关的算法Key2和解密密钥对密文进行解密，还原为明文。密文在传输过程中可能被非法截获，但由于没有解密密钥而无法被还原为明文，安全性得到了保证。

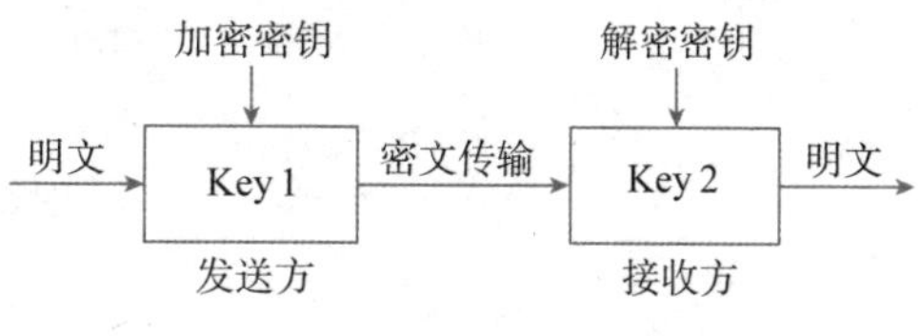

图6-1　加密与解密示意

加密技术可以采用对称加密和非对称加密两种算法。

6.2.1　对称加密

对称加密算法是应用较早的加密算法，技术较为成熟。在对称加密算法中，发送方和接收方使用同一个密钥对数据进行加密和解密，解密方事先必须知道加密密钥。发送方将明文和加密密钥经过加密算法处理后，变成复杂的密文发送出去。接收方收到密文后，使用加密密钥及加密算法的逆算法对密文进行解密，将其恢复成明文。

1. 凯撒密码

凯撒密码使用的密钥是3，发送方将明文中的每个字母换成后3位位置上的另外一个字母，即将a换成d，b换成e，……y换成b，z换成c。明文“shot”利用凯撒密码进行对称加密的示意如图6-2所示。

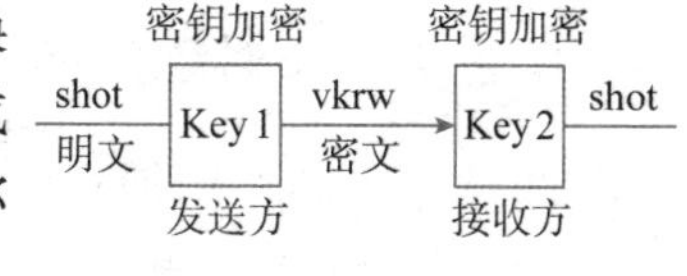

图6-2　对称加密示意

在发送方，明文“shot”经过加密变成密文“vkrw”。接收方收到密文后，通过逆运算将密文解密为“shot”。

2. 数据加密标准

数据加密标准(Data Encryption Standard，DES)是广泛用于商用数据保密的公开密码算法，1977年由美国国家标准局颁布。DES采用对称加密、分组密码的加密技术，利用56 bit

密钥对 64 bit 二进制数据块进行加密。DES 进行加密处理时，先将明文划分成若干组 64 bit 的数据块，然后对每个数据块进行 16 轮编码，经过一系列替换和移位后，形成与原始数据完全不同的密文。

DES 具有运算速度快、密钥产生容易、适合在计算机上实现等优点。大量计算机厂家生产了以 DES 为基本算法的加密机、专用芯片、专用软件，形成了以 DES 为核心的数据安全加密产品。

DES 的密钥容量仅有 56 bit，安全性不高。为了克服 DES 的不足，美国于 1985 年推出了三重数据加密 3DES。3DES 使用两个密钥，对每个数据块使用 3 次 DES 加密算法，密钥长度为 112 bit，具有较高的安全性。3DES 与 DES 兼容，加密时使用加密、解密、加密的方式，解密时使用解密、加密、解密的方式，如图 6-3 所示。当 Key 1 = Key 2 时，3DES 的效果与 DES 相同。

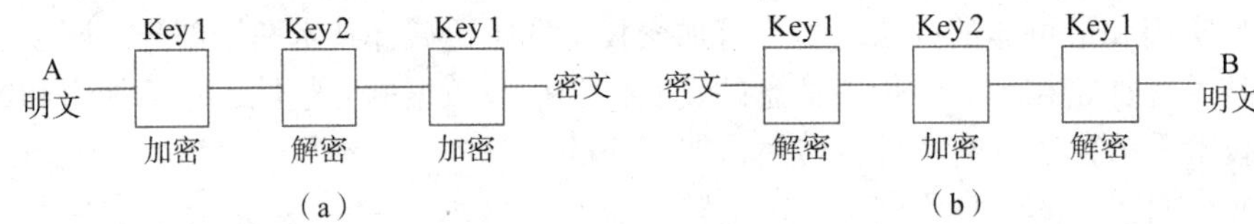

图 6-3　3 DES 加密

（a）加密；（b）解密

国际数据加密算法（International DataEncryption Algorithm，IDEA）是在 DES 基础上发展起来的对称加密方法，其明文和密文都是 64 bit，密钥长度为 128 bit，密码不容易被破译，具有更高的安全性。

IDEA 先将明文分成若干组 64 bit 的数据块，每个数据块经过 8 轮编码和一次变换，得到 64 bit 密文，对于每一轮编码，每个输出比特都与输入比特有关。IDEA 具有加密性好、运算速度快、实现容易的优点，得到了广泛的应用。

对称加密密钥必须对外保密，对称加密的安全程度依赖于密钥的秘密性，而不是算法的秘密性，容易通过硬件方式实现加密和解密，具有较高的处理速度。

对称加密系统由于加密和解密使用相同的密钥，发送方和接收方每次使用对称加密算法时，都需要使用其他用户不知道的唯一密钥，使得网络上所有发送方和接收方用户拥有的密钥数量成几何级数增长。如果网络上有 N 个用户，每个用户需要和其他 N-1 个用户通信，每两个用户共享一个密钥，则需要密钥的数量是 N(N-1)/2，N 较大时密钥分配和管理是极不容易的。

6.2.2　非对称加密

非对称加密技术将密钥分解成公钥和钥匙，用于加密的密钥为公钥，可以通过非保密方式向他人公开；用于解密的密钥为私钥，是对外保密的。非对称加密密钥中的任何一个都可以作为公钥，相应的另外一个就作为私钥，公钥与私钥是一对，如果用公钥对数据进行加密，则只有用对应的私钥才能解密；如果用私钥对数据进行加密，则只有用对应的公钥才能解密。

1. 非对称加密的过程

在非对称加密方式中，网络生成一对密钥，将其中的一个密钥作为公钥向 A 公开，将

另外一个密钥作为私钥给 B 保存。双方通信时，A 使用公钥对数据进行加密后发送给 B，B 使用私钥对加密后的信息进行解密，其示意如图 6-4 所示。

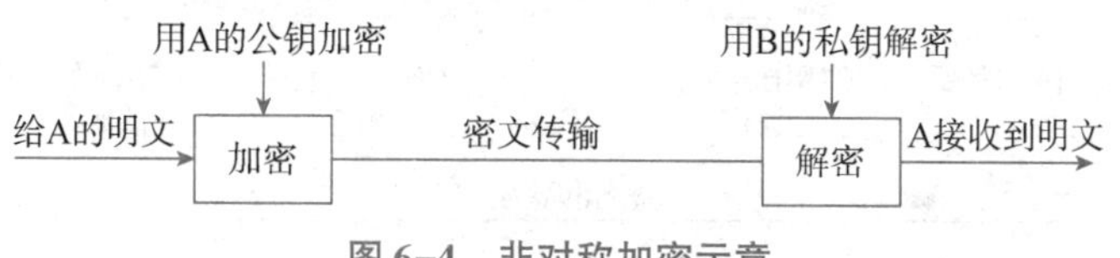

图 6-4　非对称加密示意

如果一个网络有 N 个用户，则秘密通信时需要生成 N 对密钥，并分发 N 个公钥。公钥是公开的(类似公开电话号码)，用户只要保管好自己的私钥即可，因此非对称加密密钥的分发十分简单。在非对称加密方式中，每个用户的私钥是唯一的，接收信息的用户除了可以通过信息发送者的公钥来验证信息的来源是否真实，还可以确保发送者无法否认曾发送过该信息，具有不可抵赖性，这也是非对称加密的优点。非对称加密的缺点是加/解密过程相对复杂，速度远远慢于对称加密。

对于非对称加密方式，某用户知道其他用户的公钥即可实现安全通信，通信双方无须事先交换密钥。非对称加密被广泛用于身份认证、数字签名等信息交换领域。

2. 数字签名技术

传统事务中存在大量人工签名的情况，签名的目的是验证签名者的身份和所签信息的真实性，提供证实信息。数字签名是用数字形式呈现的签名，是附加在报文中并和报文一起传送的一串经过加密的代码，接收方通过解密代码来验证报文的真实性。

数字签名必须满足以下要求：

(1)接收者能够核实发送者对报文的签名；

(2)发送者(事后)不能否认(抵赖)对报文的签名；

(3)接收者不能伪造和修改发送者的对报文的签名；

(4)网络中的其他用户不能冒充成为报文的发送者和接收者。

数字签名采用非对称密码技术，一般使用双重解密，传输双方进行数字签名的过程如下：

(1)签名：在数字签名过程中，A 使用私钥 SKa 加密明文 x，形成签名的报文 DSKa(x)，此时除了 A 以外，其他人无法产生密文，B 收到报文 DSKa(x)后证实该报文来自 A，即可证实签名。

(2)鉴别：若 A 否认曾经发送信息给 B，B 可以将签名的密文 DSKa(x)交给第三方证实。

以上过程可以实现签名和签字的签别，但不能实现对传输明文的保密。凡是知道发送者身份的人，都可以获得发送者的公钥，某人只要截获签名的报文 DSKa(x)，即可利用 A 的公钥 PKa 将密文解密成明文 x，因此无法实现传输密文的保密。

为了在实现数字签名的同时实现通信保密，数字签名采用二次加密，其完整的过程为：A 利用私钥 SKa 加密明文 x，接着利用 B 的公钥 PKb 加密报文 DSKa(x)，形成加密报文 EPK(DSK(x))；该报文传到 B 后，B 先利用私钥 SKb 进行解密，还原出报文 DSKa(x)，再用发送者的公钥 PKa 进行第二次解密，还原出明文 x，如图 6-5 所示。数字签名通过这样的方式鉴别签名的真实性，并实现数据通信的保密性。

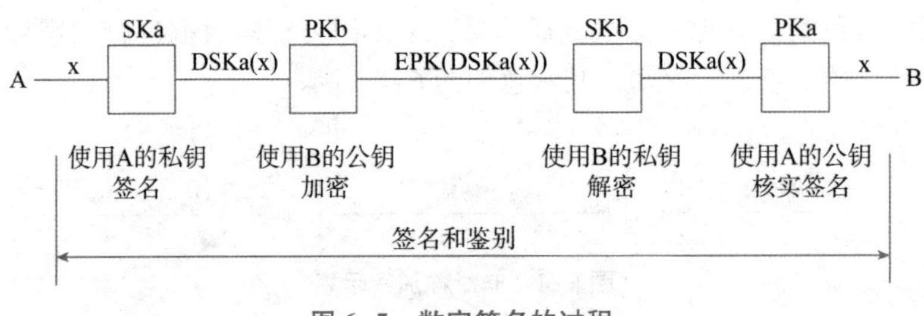

图 6-5　数字签名的过程

6.3　密钥分配与管理

密码技术的基本要素是加密算法和密钥管理。加密算法是一些公式和法则，规定了明文和密文之间的变换方法。由于加密算法的反复使用，仅靠加密算法难以保证信息的安全。随着密码学的发展，人们可以通过各种途径得到公开的加密算法，信息的保密性很大程度依赖于密钥的保密，通过安全的渠道对密钥进行分配成为提高密钥保密性的关键，因此，加密信息的安全性依赖于密钥分配与管理。

密钥分配最简单的办法是生成密钥后通过安全的渠道发送给对方，这种方式对于密钥量不大的通信是合适的，但是随着网络通信量的不断增加，密钥量也随之增大，密钥的传输与分配成为严重的负担，必须采用一种方法自动实现网络通信中的密钥传输与分配。

密钥分配技术要实现密钥的自动分配并减少系统中的密钥驻留量。目前存在两种主要的密钥分配方式，即集中式分配方式和分布式分配方式。集中式分配方式建立一个密钥分配中心(Key Distribution Center，KDC)，由 KDC 产生密钥并分配给需要保密通信的双方。分布式分配方式指网络中通信的各方具有相同的地位，密钥分配取决于它们之间的协商，每个通信方既可以是密钥分配方，也可以是被分配密钥方。

在现代通信中，密钥分配可以有以下几种方法：

(1)A 和 B 已有一个密钥，其中一方选取新密钥后，用自己的密钥加密新密钥发送给另一方。该方法要为所有用户分配初始密钥，代价很大，有应用的局限性。

(2)A 和 B 有一个与可信赖的第三方 C 的保密信道，C 为 A 和 B 选取密钥后安全地发送给 A 和 B。该方法通过可信赖的第三方 KDC 进行密钥分配，一般使用对称密码技术进行密钥分配。

(3)A 和 B 在可信赖的第三方 C 发布自己公开的密钥，用彼此的公开密钥进行通信。该方法通过可信赖的第三方证书授权中心 CA 进行密钥分配，一般使用非对称密码技术进行密钥分配。

6.3.1　DES 密钥分配

用一个密钥分配其他密钥是 DES 的密钥分配方法，适用于任何密码体制。这种方法有两种密钥，即主密钥和会话密钥。主密钥用来加密会话密钥，间接地保护报文内容，会话密钥是在会话通信时暂时使用的一次性密钥。

例如，用户 A 与用户 B 需要进行保密通信，协商好共同使用主密钥 Kab；用户 A 选择会话密钥 SK，使用主密钥 Kab 加密会话密钥 SK 后发送给用户 B；用户 B 收到加密报文后，

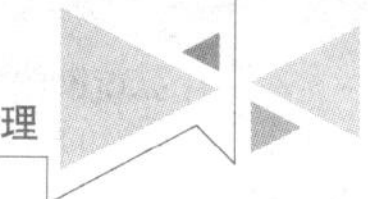

使用主密钥 Kab 解密报文，获得会话密钥 SK；A、B 双方使用会话密钥 SK 进行加密通信，通信结束后销毁会话密钥 SK。工作过程如图 6-6 所示。

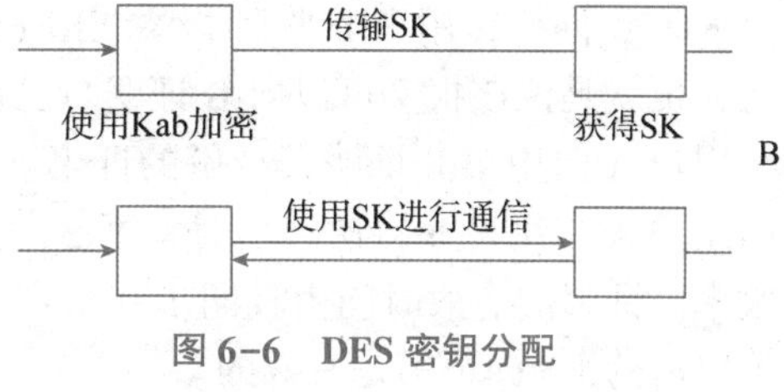

图 6-6　DES 密钥分配

用户 A、B 均可请求一个会话，选取或终止使用会话密钥。在此种方式中，主密钥必须精心保护，当用户很多时，主密钥的保密和传输是很困难的。解决密钥分配与传输的办法是采用集中式分配方式。

6.3.2　集中式对称密钥分配

集中式对称密钥由 KDC 产生并分配密钥给通信双方。在这种方式下，用户不需要保存会话密钥，只需保存与 KDC 通信的加密密钥。通信时，用户向 KDC 申请会话密钥，KDC 选取会话密钥并将其加密发送给用户，用户使用该会话密钥进行通信，如图 6-7 所示。

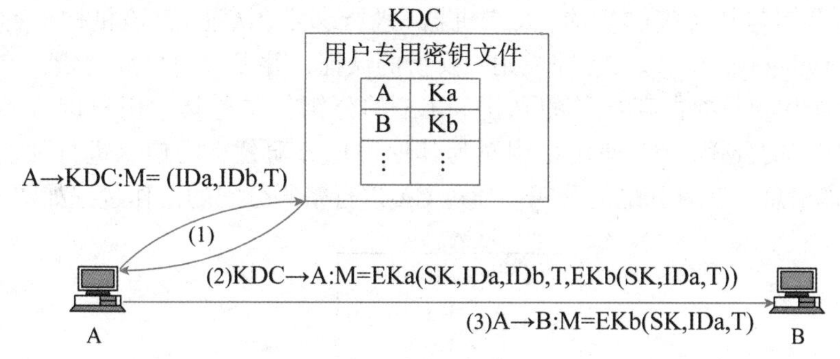

图 6-7　集中式对称密钥分配

(1)用户 A 以明文方式向 KDC 发送一个请求，申请会话密钥 SK 与用户 B 进行通信。该请求消息由两个数据项组成：一个是 A 和 B 在 KDC 登记的身份 IDa 和 IDb；一个是时间戳 T，T 用于标识本次业务并保证收到证书的时间有效性。

(2)KDC 收到请求后，从用户专用密钥文件中找出为用户 A 和用户 B 传输会话密钥使用的加密密钥 Ka 和 Kb，并产生供用户 A 和用户 B 通信使用的一次性会话密钥 SK。KDC 使用用户 A 的主密钥 Ka 对 SK 加密后加上时间戳将该消息传输给用户 A。A 收到报文后，使用自己的主密钥解密获得 SK(这个信息用 A 的主密钥加密，只有用户 A 能解密)。同时，KDC 将 SK 及 A 的身份 IDa 使用 B 的主密钥 Kb 加密后传输给用户 A，该信息由 A 转发给 B，用于建立 A 和 B 之间的连接并向 B 证明 A 的身份。

(3)A 将信息 EKb(SK，IDa，T)传输给 B，B 收到报文后，使用自己的主密钥对密文进行解密，获得 SK。

用户 A 和用户 B 获得会话密钥 SK，双方使用 SK 进行加密通信，通信结束后，销毁一次性会话密钥 SK。

每次通信时，KDC 随机产生一个一次性会话密钥 SK，增加密文破译的难度，提高安全性。在这种方式中，主密钥用来保护会话密钥，需要及时更换。

在集中式对称密钥分配方式中，报文中的 Ka 和 Kb 是 KDC 与用户 A、用户 B 共同使用的主密钥，用户 A 收到报文 EKa(SK，IDa，IDb，T，EKb(SK，IDa，T))时，便得知报文来自 KDC，同样，用户 B 收到报文 EKb(SK，IDa，T)时，可以确定这是从用户 A 发来的报文，也就是说该报文可以向 B 证明自己就是用户 A。因此，可以认为该报文是由 KDC 签发给用户 A 向用户 B 证明其身份的证书。该证书可以在一段时间内重复使用，在这一段时间内用户 A 与用户 B 再次通信时，不必向 KDC 申请密钥，减轻了 KDC 的工作量，提高了网络效率。证书的有效时间由日期 T 和给定的有效期决定，例如，每个证书用 1 h，那么从 T 开始以后的 1 h 内证书是有效的。

6.3.3 分布式非对称密钥分配

在对称密钥分配方案中，密钥从通信的一方发送到另一方，只有通信双方知道密钥；而在非对称密钥分配方案中，只有通信的一方知道私钥，与私钥匹配使用的公钥是公开的。一个用户只要查到另一个用户的公钥即可实现安全通信。这种通信必须保证查到的公钥是需要通信用户的公钥，才能安全地通信。如果用户 A 向 B 发送报文，用自己的私钥进行数字签名，并附上自己的公钥，但谎称公钥是 C 的，B 将认为公钥是 C 的。此时，需要一个值得信赖的机构来对公钥与其对应的实体(人或机器)进行绑定(认证)，该机构被称为认证中心(Certification Authority，CA)。CA 完成用户身份的认证，并发放用户的公钥，完成密钥的分配和管理。每个用户只要保存自己的私钥和 CA 的公钥，在与其他用户进行通信时，通过 CA 获得其他用户的公钥。CA 使用私钥对为其他用户分配公钥的信息进行加密，用户使用 CA 的公钥解密信息，获得分配的公钥。通过 CA 进行密码分配的工作过程如图 6-8 所示。

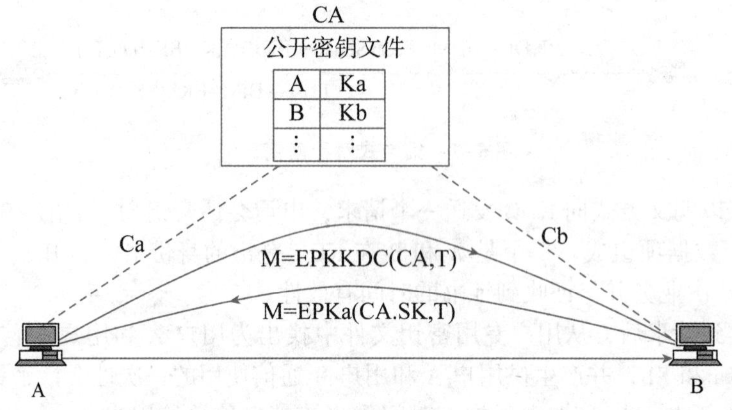

图 6-8　CA 分配密钥的工作过程

在非对称密钥分配方式中，CA 为了和其他用户进行保密通信，需要一对公开密钥 PKCa 和会话密钥 SKCa。每个用户在通信前向 CA 申请一个证书，CA 收到申请后，使用自己的私钥发放证书，并使用会话密钥 SKCa 为传输加密，证书的数据项包含申请用户的公钥 PK、用户身份 ID 和时间戳 T 等。例如，用户 A 和用户 B 通信，分别向 CA 申请获得证书 Ca 和 Cb。

CA →A　　Ca=ESK Ca(IDa，PKa，T)；

CA →B　　Cb=ESK Ca(IDb，PKb，T)。

当用户 A 和用户 B 进行保密通信时，用户 A 将证书 Ca 发送给用户 B，B 使用自己保存的 CA 的公钥 PKKDC 验证证书。由于只有用 CA 的公钥才能解密证书，用户 B 验证证书是 CA 发放的，并获得了用户 A 的公钥 PKa 和身份标识 IDa。

A →B　　M＝EPKKDC(CA，T)

用户 B 收到 A 的证书后，将证书 Cb 和由自己产生的会话密钥 SK 使用 A 的公钥加密后发送给 A，用户 A 收到后使用自己的私钥解密，获得 B 的公钥 PKb 和用户 B 的身份标识 IDb 以及会话密钥 SK。

B →A　　M＝EPKa(CA，SK，T)

经过这样的交互，A，B 双方获得了共享的会话密钥 SK，使用 SK 进行加密通信，通信结束后销毁 SK。

非对称加密的密钥分配过程具有保密性和可认证性，可以防止被动攻击与主动攻击，被广泛用于安全要求较高的场合中。

6.4　报文鉴别

报文鉴别(Message Authentication，MA)用于鉴别报文的真实性和完整性，对于开放的网络中的各种信息的安全性具有重要作用，是防止攻击的重要技术。

1. 报文鉴别的过程

报文鉴别的实现需要加密技术，目前使用数字签名和报文摘要(Message Digest，MD)算法实现。数字签名用来鉴别报文的发送方，报文摘要用来验证报文在传输和存储的过程中是否发生篡改、重发、延迟。

报文鉴别的具体过程如下：

(1)发送方和接收方确定报文摘要 H(m)的固定长度；

(2)发送方通过散列函数(Hash Function)将要发送的报文进行报文摘要处理，得到报文摘要 H(m)；

(3)发送方用自己的私钥对报文摘要 H(m)进行加密，得到密文 Ek[H(m)]；

(4)发送方将密文 Ek[H(m)]追加在报文 m 后发送给接收方；

(5)接收方成功接收到密文 Ek[H(m)]和报文 m 后，先用 A 的公钥解密 Ek[H(m)]，得到 H(m)，确认报文的发送者是 A，而不是其他人冒充的，然后对报文 m 进行报文摘要处理，得到报文摘要 $H_1(m)$；

(6)接收方将 H(m)与 $H_1(m)$进行比较，如果 $H(m)= H_1(m)$，则收到的报文是真实的，否则报文 m 在传输过程中被篡改或伪造。

报文摘要采用明文传输，算法简单，系统只需对报文摘要进行加密和解密操作，对系统的要求较低，适合 Internet 的应用。

2. 报文摘要算法 MD5

在 RFC 1321 中规定的报文摘要算法 MD5 已经得到广泛的应用。MD5 可以对任意长度的报文进行运算处理，得到的报文摘要长度为 128 bit。MD5 算法的实现过程如下：

(1)将报文按照模 2、模 64 计算余数(64 bit)，并将结果追加到报文后面；

(2)为使数据的总长度为 512 的整数倍，可以在报文和余数之间填充 1～512bit，填充比特的首位是 1，后面是 0；

(3)将追加和填充后的报文分割为多个 512 bit 的数据块，每个数据块分成 4 个 128 bit 的小数据块，依次送到不同的散列函数进行 4 轮计算，每一轮按 32 bit 更小的数据块进行复杂的运算，得到 MD5 报文摘要。

3. 安全散列算法

美国国家标准与技术研究院(National Institute of Standards and Technology，NIST)提出的安全散列算法(Secure Hash Algorithm，SHA)与 MD5 的技术思想相似，将任意长度的报文作为输入，并按照 512 bit 长度的数据块进行处理，二者的主要差别如下：

(1)SHA 的报文摘要长度为 160 bit，而 MD5 的报文摘要长度为 128 bit；

(2)SHA 每轮有 20 步操作运算，而 MD5 仅有 4 轮；

(3)使用的运算函数不同；

(4)SHA 具有更高的安全性，对系统的要求较高。

4. Hash 函数

Hash 函数通过 SHA 将任意长度的报文压缩成固定长度的输出(函数值)，该输出就是散列值。Hash 函数将任意长度的报文压缩到某一固定长度的消息摘要，把函数值看成输入报文的报文摘要，输入报文中的任何一个二进制位发生变化将引起 Hash 函数值的变化，其目的就是产生文件、消息或其他数据块的"指纹"。Hash 函数能够接受任意长度的消息输入，并产生定长的输出。

散列函数可以检测出数据在传输时发生的错误。数据发送方对将要发送的数据应用散列函数，并将计算的结果与原始数据一起发送。在数据的接收方，同样的散列函数被应用到接收的数据上，如果两次散列函数计算出来的结果不一致，则说明数据在传输的过程中发生了错误。

6.5 防火墙

防火墙是由软硬件构成的网络安全系统，用于外部网络(外网)与内部网络(内网)之间的访问控制，根据人为制定的控制策略实现内外网的访问控制，对外屏蔽网络内部结构，保护网络内部信息，监测、审计穿越内外网之间的数据流，提供穿越内外网之间的数据流记录，是网络安全的重要技术。

6.5.1 防火墙概述

防火墙部署在内网和外网之间，大多数企业、政府网络的内网是单位内部的网络，外网是 Internet，防火墙内部的网络为可信任的网络，而防火墙外部的网络为不可信任的网络。防火墙用来解决内网与外网之间的安全问题，是内网与外网通信的唯一途径，对流经内网和外网之间的数据包进行检查，阻止所有网络间被禁止流动的数据，而让被允许的数据流通过，实现内外网的隔离和安全控制，如图 6-9 所示。

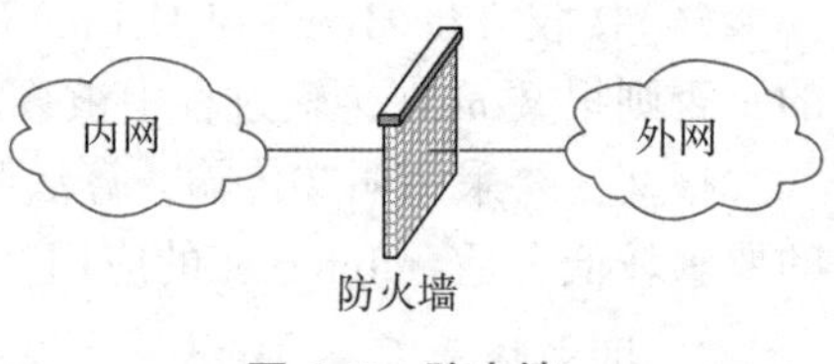

图 6-9 防火墙

(1)对外屏蔽内网，防止内网信息泄露。防火墙防止外网直接接触内网，对外屏蔽内网结构；防止外网用户非法使用内网信息，以及内网的敏感数据被窃取，保护内网不被破坏。

(2)实现内外网间的访问控制。针对网络攻击的不安全因素，防火墙对进出内外网的数据包进行控制，让允许访问的数据包通过，禁止不允许访问的数据包通过。防火墙实时监控网络上数据包的状态，对其进行分析和处理，及时发现异常行为并采取联动防范措施，保证

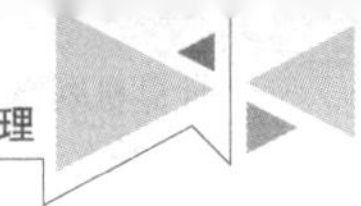

网络系统的安全。

(3)控制协议和服务。针对网络本身的不安全因素，防火墙对相关协议和服务采取控制措施，让授权的协议和服务通过，拒绝没有授权的协议和服务通过，有效屏蔽不安全的服务。

(4)保护内网。为了防止系统漏洞等带来的安全影响，防火墙采用漏洞扫描、入侵检测等技术，发现网络应用系统和操作系统的漏洞，以及网络入侵，通过对异常访问的限制保护内网及其服务应用系统。

(5)日志与审计。防火墙通过对所有内外网的网络访问请求进行日志记录，优化网络管理的运行，为攻击防范策略的制定提供重要的情报信息，为异常情况发生的追溯提供重要依据。

(6)网络地址转换。在内外网访问时，由于内外网使用了不同地址，访问需要实现地址转换，将内网的自有地址转换为外网的公有地址。由于防火墙处于两个网络间网关的位置，该地址转换功能也可以集成在防火墙上，通过防火墙来实现地址转换。

防火墙可以是独立的硬件设备，也可以是软件。硬件防火墙是厂家专门生产的防火墙产品，由专门的芯片、操作系统和相应软件构成，运行速度快、处理能力强，是大型网络系统中重要的安全设备。软件防火墙在一台主机上(计算机或路由器上)安装相应软件成为具有访问控制功能的防火墙，安装在个人计算机上的防火墙一般是纯软件防火墙，用于保护个人计算机免受病毒、黑客入侵和未经授权的访问。除了独立的防火墙设备，还可以在路由器上安装防火墙软件，构成集成了防火墙功能的路由器产品。目前一般的高端路由器都集成了防火墙功能。

6.5.2　防火墙的分类

防火墙按照工作的层次分为包过滤防火墙和代理型防火墙，包过滤防火墙工作在网络层和传输层，代理型防火墙工作在应用层。

1. 包过滤防火墙

包过滤防火墙分为静态包过滤防火墙和动态包过滤防火墙。

1)静态包过滤防火墙

静态包过滤防火墙安装在需要控制的外网与内网之间，以数据包为控制单位，在网络的进出口对通过的数据包进行检查，并根据事先设置的安全访问控制策略的规则——访问控制列表(Access Control List，ACL)决定是否允许数据包通过。满足规则的数据包可以进出内外网络，其余数据包被防火墙过滤。

静态包过滤防火墙通过检查IP地址、端口信息等信息来决定是否过滤包，逐个检查输入数据包的IP头部或传输层的头部信息，根据头部信息的源地址、目的地址、使用的端口号等，或者它们的组合来确定数据包是否可以通过。如图6-10所示。

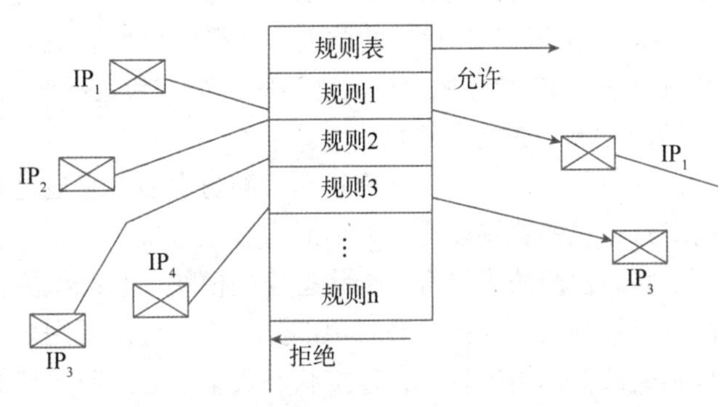

图6-10　包过滤防火墙

防火墙对包的过滤规则由网络管理人员事先设定，以过滤规则表的形式存放在防火墙内部。当数据包进入防火墙时，防火墙读取 IP 包包头信息中的源地址、目的地址、传输协议、TCP/UDP 目标端口、ICMP 消息类型等信息，并与过滤规则表中的表项逐条对比，以确定其是否与某条包过滤规则匹配。如果有规则匹配，该数据包则按照规则表规定的策略允许通过或拒绝通过；如果没有规则匹配，则采取默认处理。

默认处理可以为“拒绝”或“允许”。收到的数据包没有与过滤规则匹配的表项存在的，如果默认做拒绝处理，数据包不能通过防火墙，则该规则遵循“禁止一切未被允许的访问”的准则；如果默认做允许处理，则该规则遵循“允许一切未被拒绝的访问”的准则。默认方式让防火墙的规则表制定变得简单，对于只有少量数据包需要过滤的情况，规则表只要将这些数据包设定为“拒绝”，并将默认设定为“允许”，其余没有被设定的数据包都能够通过防火墙。

设内网地址为 192. 168. 16. 0，外网地址为 202. 203. 218. 0，外网地址是一个危险网络，访问控制策略需要拒绝该危险网络访问内网，同时拒绝内网访问该危险网络，其规则表见表 6-1。

表 6-1　静态包过滤防火墙的规则表

顺序号	访问方向	源地址	目的地址	允许/拒绝
1	出(从内网到外网)	192. 168. 16. 0	202. 203. 218. 0	拒绝
2	入(从外网到内网)	202. 203. 218. 0	192. 168. 16. 0	拒绝

数据包的过滤可以双向进行，既处理从外网到内网的数据包，也处理从内网到外网的数据包。配置防火墙时，必须事先人工配制过滤规则，确定安全策略。数据包到来时防火墙与过滤规则表的对比从第一条开始，向下逐条对比，频繁使用的规则应该排在前面。

静态包过滤防火墙工作在网络层和传输层，对通过数据包的速率影响不大，但存在以下不足：

☞ 不能防范不经过防火墙的攻击。例如，客户通过拨号或者无线上网，可以绕过防火墙系统提供的安全保护，造成潜在的后门攻击渠道。

☞ 包直接接触要访问的网络，内网容易被攻击。规则表允许通过时，包不再做其他处理，直接允许通过。外网来的恶意数据包直接接触到内网，给内网带来极大的风险。

☞ 无法识别基于应用层的恶意入侵。当 IP 地址或端口是合法地址时，静态包过滤防火墙直接让其通过。当携带病毒的电子邮件等数据包到来时，由于地址、端口是合法的，静态包过滤防火墙对此类威胁网络安全的数据包是无能为力的。

☞ 无法识别 IP 地址的欺骗。外部用户伪装成合法的 IP 地址访问内网，或内部用户伪装成合法的 IP 地址用户访问外网时，静态包过滤防火墙无法识别。

2) 动态包过滤防火墙

动态包过滤防火墙又称状态检测防火墙，它通过专门的策略检测数据包状态，进一步提高对数据包的鉴别能力和处理能力。

状态检测防火墙有一个状态检测模块，状态检测模块建立一个状态检测表，状态检测表由过滤规则表和连接状态表两部分构成。过滤规则表的工作情况与静态包过滤防火墙的过滤规则表的工作情况相同；连接状态表记录通过防火墙的数据包的连接状态，判断到来的数据包是新建连接的数据包，还是已经建立连接的数据包，或者是不符合通信逻辑的异常包，并根据情况进行相应的处理。

大部分应用协议是按照 C/S 的模式工作的，当内网用户向外网服务器发起服务请求时(如访问网站)，客户端会发起一个请求连接的数据包。该数据包到达状态检测防火墙时，状态检测防火墙会检测到这是一个发起连接的初始数据包(由 SYN 标志)，便将数据包中的信息与防火墙规则比较，以决定是否允许通过。按照过滤规则表的相关信息，如果该数据包是被允许通过的，状态检测防火墙则让其通过。

同时，状态检测防火墙在连接状态表中新建一条会话，通常这条会话包括此连接的源地址、目标地址、源端口、目标端口、连接时间等信息，对于 TCP 连接，还包含序列号和标志位等信息。当后续数据包到达时，如果数据包不含 SYN 标志，则不是发起一个新的连接的数据包，状态检测引擎直接把它的信息与状态表中的会话条目信息进行比较。如果信息匹配，说明该数据包是后续数据包，状态检测防火墙直接允许通过，不必接受规则的检查，提高了处理效率。如果信息不匹配，数据包则被丢弃或连接被拒绝，并且每个会话还有一个超时值，过了这个时间，相应会话条目在状态表中被删除。

按照这种工作方式，状态检测防火墙只需对通信双方的第一个数据包进行规则表检测，记录其连接状态，后续数据包不必经过规则表检测，而直接按照与连接表的匹配情况允许通过或拒绝通过，大大提高了数据包的处理效率。

状态检测防火墙可以检测到非正常的连接，并拒绝非正常连接的数据包通过防火墙。例如，客户机与服务器之间采用 3 次握手机制为数据包建立 TCP 连接，顺序是 SYN、SYN+ACK、ACK。在防火墙连接状态表中没有向外网发出过 SYN 包的情况下，收到来自外网的 SYN+ACK 数据包，违反了 TCP 的握手规则，应该将该数据包丢弃。

状态检测防火墙在数据安全和数据处理效率上有机结合，大大提高了安全性和处理效率。

2. 代理型防火墙

代理型防火墙是应用级的防火墙。它对应用程序进行访问控制，允许访问某个应用程序而阻止另一些应用程序通过。代理型防火墙部署在内外网之间，起到中间作用，外网对内网的访问由防火墙的代理服务器功能完成。

代理型防火墙采用双网卡的主机，将跨越防火墙的网络通信连接分为两段，即内网与代理型防火墙的连接、外网与代理型防火墙的连接，如图 6-11 所示。外网的访问请求只能到达代理型防火墙，访问内网由代理型防火墙完成，成功地实现了内外网的隔离。由于外网不能直接接触要访问的网络，降低了内网被攻击的可能。

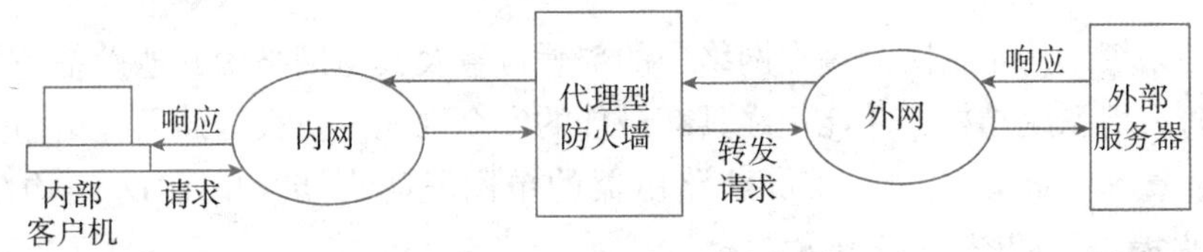

图 6-11　代理型防火墙的工作原理示意

代理型防火墙具有代理服务器和防火墙的双重功能，从客户端来看，代理服务器是一台服务器。代理型防火墙将内网到外网的连接请求划分成两个部分。代理服务器根据安全过滤规则决定是否允许连接，如果规则允许访问，则代替客户向外网服务器发出访问请求。代理服务器收到外网服务器返回的访问响应数据包时，根据安全规则决定是否让数据包进入内网。如果允许，代理服务器将这个数据包转发给内网中发起请求的客户机。

代理型防火墙中的代理服务器除了可以鉴别连接，还可以针对特殊的网络应用协议确定数据的过滤规则，分析数据包，并形成审计报告。

代理型防火墙具有如下优点：

☞ 通过应用层的访问规则进行访问控制，可以对应用层进行检测和扫描，有效地防止应用层的恶意入侵和病毒。

☞ 具有较高的安全性。由于每一个内外网之间的连接通过代理服务器完成，代理服务器可以针对不同的应用采用不同的程序进行处理，如建立 Telnet 应用网关、FTP 应用网关，分别对 Telnet、FTP、SMTP、HTTP 应用进行处理，进一步提高内外网访问的控制能力和安全性，如图 6-12 所示。

☞ 代理服务器在客户机和真实服务器之间完全控制会话，可以提供详细的日志和安全审计功能。

☞ 代理型防火墙设计了内部的高速缓存，用于保留最近访问过的站点内容，当下一个用户要访问同样的站点时，可以直接从高速缓存中提取，而不必再访问远程的外网服务器，提高了访问速度。

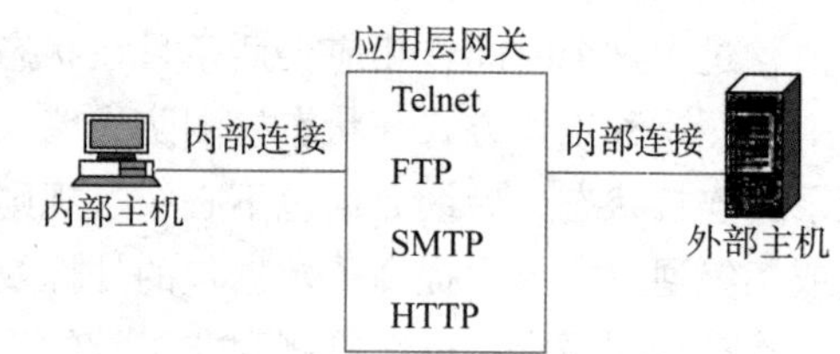

图 6-12　代理服务器

代理服务器在实现内外网的访问时，避免内外网的计算机直接会话，较好地避免了入侵者使用数据驱动类型的攻击方式入侵内网，具有较好的安全性。

代理型防火墙能提供的服务和具有的适应性是有限的，原因如下：

☞ 代理型防火墙工作在应用层，主要通过软件方式实现控制功能，处理速度较慢，其安全性的提高是以牺牲速度得到的。

☞ 代理服务器一般具有解释应用层命令的功能，如解释 Telnet 命令、FTP 命令等，只能用于某一种服务，因此，可能需要提供多种不同代理的代理服务器，如 Telnet 代理服务器、FTP 代理服务器等。

☞ 每个应用必须有一个代理服务程序来进行访问控制，应用升级时，代理服务器也要进行相应的升级。

6.5.3　防火墙的系统结构

防火墙的系统结构是指防火墙在网络中的部署位置及其与网络中其他设备的关系，只有选用合理的防火墙系统结构，才能使之具有最佳的安全性能。防火墙的系统结构分为屏蔽路由器防火墙、堡垒主机防火墙、带屏蔽路由器的单网段防火墙、单 DMZ 结构防火墙、双 DMZ 结构防火墙等，如图 6-13 所示。

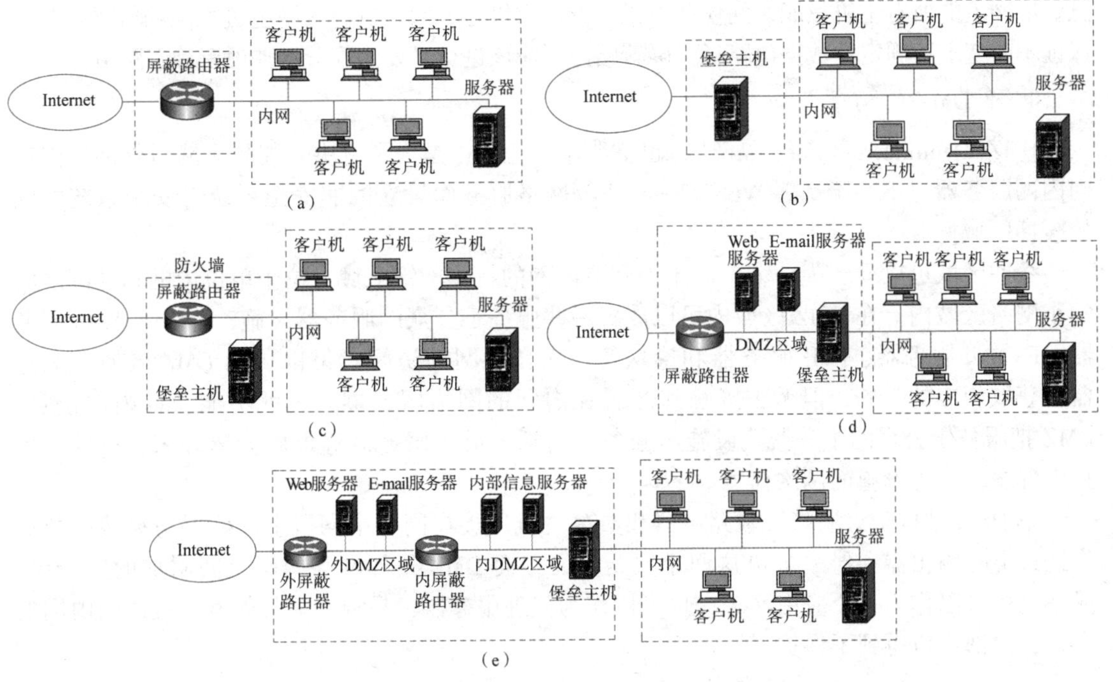

图 6-13　防火墙的系统结构

(a)屏蔽路由器防火墙；(b)堡垒主机防火墙；(c)带屏蔽路由器的单网段防火墙；
(d)单 DMZ 结构防火墙；(e)双 DMZ 结构防火墙

1. 屏蔽路由器防火墙

屏蔽路由器防火墙是一个包过滤防火墙，是最简单、最常见的防火墙。它有两个接口：内网接口和外网接口，内网接口与内网相连，外网接口与外网相连。由于防火墙通常与路由器协同工作，屏蔽路由器防火墙往往在路由器上安装包过滤软件，配置过滤规则，实现包过滤防火墙功能，简称屏蔽路由器。

2. 堡垒主机防火墙

堡垒主机是一台配置了两块网卡的服务器，也称双宿主机。堡垒主机上安装防火墙软件，构成堡垒主机防火墙，属于代理型防火墙。在堡垒主机防火墙中，堡垒主机位于内网与外网之间，两块网卡分别与内网、外网相连，在物理连接上如同包过滤防火墙。堡垒主机上运行的各种代理服务程序按照控制策略控制转发应用程序，提供网络安全控制。

与包过滤防火墙相比，堡垒主机的系统软件可以用于维护系统日志。堡垒主机是内外网通信的传输通道，当内外网通信量较大时可能成为通信的瓶颈，应选择性能优良的服务器主机。

在采用堡垒主机防火墙的网络中，攻击者如果掌握了登录主机的权限，内网就非常容易遭受攻击。如果堡垒主机失效，内网将被置于外部攻击之下，因此堡垒主机防火墙是一种不太安全的防火墙模式。

3. 带屏蔽路由器的单网段防火墙

带屏蔽路由器的单网段防火墙由一个屏蔽路由器和一个堡垒主机构成。堡垒主机只有一块网卡连接在内网上，作为外网访问内网的唯一站点，网络服务由堡垒主机上相应的代理服务程序支持。屏蔽路由让所有输入的信息必须先送往堡垒主机，并且只接收来自堡垒主机输出的信息。内网上的所有主机只能访问堡垒主机，堡垒主机是外网主机与内网主机之间的桥梁。为了保证不改变上述固定的数据包路径，屏蔽路由器应该进行必要的配置，如设置静态路由。

4. 单 DMZ 结构防火墙

DMZ(Demilitarized Zone 隔离区)也称非军事化区，是为了解决安装防火墙后外网不能访问内网服务器，不利于部署 Web、E-mail 等网络服务而设立的非安全系统与安全系统之间的缓冲区域。

缓冲区域可以理解为一个不同于外网或内网的特殊网络区域，位于单位内网和外网之间的小网络区域内。在 DMZ 区域内可以放置一些服务于公众的服务器设施，如企业 Web 服务器、E-mail 服务器、FTP 服务器和论坛等。来自外网的访问者可以访问 DMZ 区域的服务器，获取相应的服务，但无法接触到部署在内网的网络服务器，也就不能获取内部信息。DMZ 把服务于公众的服务器等设施与服务于内部人员的服务器等设施分离开来，有效地保护内部服务器等设施的网络信息。

单 DMZ 结构防火墙将屏蔽路由器和堡垒主机连接在同一个网段上，确保防火墙的数据先经过屏蔽路由器和堡垒主机这两个安全单元，而 DMZ 是外网与内网之间附加的安全层。堡垒主机可以作为一个应用网关，也可以作为代理服务器，是唯一能从外网直接访问内网的主机，内部主机得到了保护。

5. 双 DMZ 结构防火墙

如果内网要求有部分信息可以提供给外部直接访问共享，可以通过在防火墙中建立两个 DMZ 区域来解决。一个为外 DMZ 区域，一个为内 DMZ 区域。在外 DMZ 区域放置公共服务信息服务器(Web 服务器、E-mail 服务器)作为外堡垒主机。在内 DMZ 区域放置内部使用的信息服务器。

对于从外网来的数据包，外屏蔽路由器用于防范外部攻击，并管理对外 DMZ 区域的访问；内屏蔽路由器只允许接收目的地址是堡垒主机的数据包，负责内 DMZ 区域到内网的访问。

对于要送到外网的数据包，内屏蔽路由器管理堡垒主机到 DMZ 网络的访问，防火墙系统让内网上的站点只访问堡垒主机，屏蔽路由器只接收由堡垒主机发送给外网的数据包。

双 DMZ 防火墙系统有如下特点：入侵者必须突破外屏蔽路由器、内屏蔽路由器、堡垒主机等多个设备才能攻击内网，攻击难度增加，内网的安全性大大加强，但投资成本相应也是最高的。

6.6 入侵检测系统

入侵检测系统(Intrusion Detection Systems，IDS)是新一代安全系统，是为保证计算机系统的安全而设计的一种能够及时发现并报告系统中未授权活动或异常现象的系统。入侵检测系统既能检测出外网的入侵行为，又能监督和限制内网中未授权的活动，保护系统的安全。

6.6.1 入侵检测系统的组成

典型的入侵检测系统由信息收集、信息分析和结果处理 3 个部分构成，如图 6-14 所示。入侵检测系统在发现可疑传输时发出警报或采取主动反应措施，是一种主

→信息收集→信息分析→结果处理→

图 6-14 入侵检测系统的组成

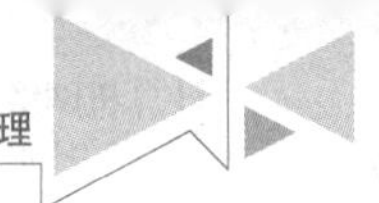

动的安全防护系统。

☞ 信息收集：由放置在不同网段的探测器或主机的代理来收集系统、网络、数据及用户活动的状态和行为，包括系统和网络日志文件、网络流量、非正常的目录和文件改变、非正常的程序执行。

☞ 信息分析：收集到的信息被送到信息分析检测引擎，通过分析检测发现入侵，检测到入侵时产生一个告警并发送给控制台。

☞ 结果处理：控制台按照告警产生预先定义的响应采取相应措施，如重新配置路由器或防火墙，终止进程，切断连接，改变文件属性等。

6.6.2　入侵检测系统的分类

按照检测系统所分析的对象，入侵检测系统分为基于网络的入侵检测系统、基于主机的入侵检测系统和混合式入侵检测系统 3 种类型。

1. 基入网络的入侵检测系统

基于网络的入侵检测系统(Network IDS)主要由管理站和探测器构成。系统的输入数据来源于网络的数据流量包，探测器放置在比较重要的网段内，不停地监视网段中的数据包，对每一个数据包或可疑的数据包进行特征分析。如果数据包与产品内置的某些规则吻合，探测器将向管理站报告，管理站发出警报甚至直接切断网络连接。目前，大部分入侵检测系统是基于网络的。

2. 基于主机的入侵检测系统

基于主机的入侵检测系统(Host IDS)通常安装在被重点检测的主机上，系统的输入数据来源于主机系统的审计日志，主要对主机的网络实时连接、系统审计日志进行智能分析和判断。如果主体活动的特征违反统计规律，入侵检测系统则采取相应措施保护主机。

3. 混合式入侵检测系统

基于网络的入侵检测系统和基于主机的入侵检测系统都有不足之处，单纯使用一类产品会造成主动防御体系不全面。混合入侵检测系统将两种技术结合，既可以发现网络中的攻击信息，也可以发现主机系统日志中的异常情况。

混合入侵检测系统由多个部件组成，各个部件分布在网络的各个部分，又称分布式入侵检测系统，各个部分共同完成数据信息采集、数据信息分析，并通过中心的控制部件进行数据汇总、分析处理、产生入侵报警等处理。

6.6.3　入侵检测系统的分析处理

分析处理是入侵检测系统的关键部分，按照入侵检测系统所采用的分析方法可分为特征检测、异常检测和协议分析 3 种。

1. 特征检测

特征检测假设入侵者活动可以用一种模式来表示，系统的目标是检测主体活动是否符合这些模式，通过模式匹配发现违背安全策略的行为。特征检测可以检测出已有的入侵方法，但无法检测出新的入侵方法，其难点在于设计模式既能够表达“入侵”现象又不会将正常的活动包含进来。特征检测方法与计算机病毒的检测方式类似，目前基于对包特征描述的模式匹配应用较为广泛。

2. 异常检测

异常检测假设入侵者活动与正常主体的活动相比存在异常，由此建立主体正常活动的活动档案，将当前主体的活动状况与活动档案比较，当违反其统计规律时，认为该活动可能是入侵行为。异常检测通常采用阈值检测，如用户在一段时间内存取文件的次数、用户登录失败的次数、进程的 CPU 利用率、磁盘空间的变化等，其难点在于建立活动档案、设计统计算法，避免把正常的操作作为入侵或忽略真正的入侵行为。

3. 协议分析

协议分析是新一代入侵检测技术，它利用网络协议的高度规则快速检测攻击的存在。协议分析入侵检测系统结合了高速数据包捕获、协议分析与命令解析、特征模式匹配等方法，提高了入侵检测的准确性。

新一代协议分析入侵检测系统的网络入侵检测引擎包含数量众多的命令解析器，可以对应不同的上层应用协议，对每个用户命令进行详细分析，降低模式匹配入侵检测系统中常见的误报现象。

命令解析器可以确保一个特征串的实际意义被真正理解，辨认出串是否是攻击或可疑的。在基于协议分析的入侵检测系统中，各种协议都被解析，如果出现 IP 碎片设置，数据包被重装后详细分析潜在的攻击行为。

新一代协议分析入侵检测系统的网络传感器采用新设计的高性能数据包驱动器，不仅支持线速百兆流量检测，而且千兆网络传感器具有高达 900 M 网络流量的 100% 的检测能力，不会忽略任何一个数据包。

6.6.4 入侵检测系统的部署

入侵检测系统是一个监听设备，无须跨接在任何链路上，不产生网络流量，应当挂接在所关注的流量流经的链路上。“所关注流量”指来自高危网络区域的访问流量和需要进行统计、监视的网络报文。目前大部分的网络采用交换式网络结构，因此入侵检测系统在交换式网络中一般部署在尽可能靠近攻击源和受保护资源的位置，这些位置通常是 Internet 接入路由器后的第一台交换机，被重点保护的主机、服务器子网区域的交换机，被重点保护网段的局域网交换机，DMZ 网段的交换机。

受监视的主机和交换机运行同一个监视模块，用于采集相关信息，并通过通信代理将采集的信息送到控制主机。控制主机汇集从各个监视模块送来的信息，送到主机的事件分析器后利用规则进行事件分析，并通过事件响应单元进行结果处理。

6.7 网络管理

网络管理包括对网络硬件、软件和人力的使用，综合与协调，以便对网络进行监视、测试、配置、分析、评价和控制。网络管理的目的是最大限度地增加网络的可用性，提高网络的性能和利用率。

6.7.1 网络管理的功能

网络管理的核心是对网络进行实时监控，网络管理人员利用网络中获取的相关信息分析

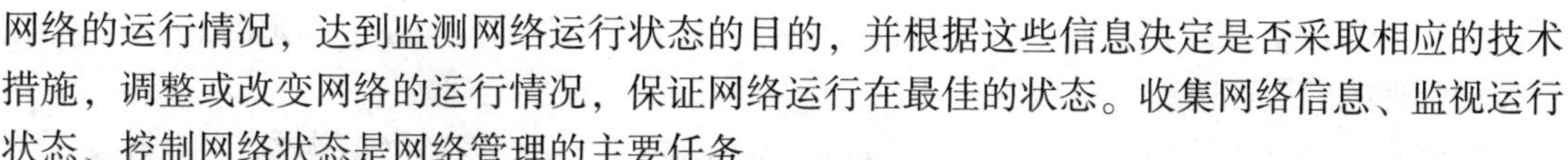

网络的运行情况，达到监测网络运行状态的目的，并根据这些信息决定是否采取相应的技术措施，调整或改变网络的运行情况，保证网络运行在最佳的状态。收集网络信息、监视运行状态、控制网络状态是网络管理的主要任务。

ISO 提出了网络管理标准框架，在 ISO/IEC 7498-4 文档中定义的网络管理功能包括配置管理、故障管理、性能管理、计费管理和安全管理。

1. 配置管理

配置管理按照网络部署情况初始化网络，配置网络参数，使网络为用户提供服务。初始组建的网络在完成设备安装和连接后，还需要完成参数配置才能正常运行。已经在使用的网络，当网络结构或信息点数量发生变化，网络出现故障进入维护的情况下，需要重新配置网络，以适应变化，配置管理就是支持这些改变的手段。在实际的网络运行维护中，网络管理员往往借助网络管理系统的网络配置模块功能，查询并修改网络的配置信息，保证网络处于良好的工作状态。

2. 故障管理

故障管理是网络管理的基本功能，它通过检测异常事件发现故障，通过日志记录故障，根据故障现象和测试手段诊断故障，实现网络工作状态实时监视、故障报警、故障定位、故障排错等功能。网络管理员在确定故障位置后，采取相应措施排除故障，恢复网络正常。

3. 性能管理

性能管理评估系统资源的运行状况及通信效率等系统性能，包括监视、分析网络的性能，优化网络，使网络始终处于良好的服务性能，并提交网络运行的性能报告。典型的性能管理包括性能监控、性能分析、性能报告等功能。性能监控对流量、延迟、丢包率、CPU 利用率等性能参数进行监控；性能分析对历史数据和当前数据进行分析、统计、处理，并根据采集的数据和网络性能指标判断当前的网络状况，并提交网络性能报告。网络管理员根据性能报告判断网络的运行状态，优化网络，保证网络的良好性能。

4. 计费管理

计费管理记录网络资源的使用情况，控制、监测网络操作的费用和代价。它主要针对运营网络，记录用户使用网络资源的情况，计算出用户使用的网络资源和需要支付的费用，通过制定费用政策、采集计费数据、计算并查询支付费用等实现计费管理。计费管理可以采取按月收费、按小时收费、按流量收费等计费策略。

5. 安全管理

网络的安全性主要表现在网络信息的保密性、完整性、真实性、可用性、不可抵赖性等方面。网络的安全性是网络的薄弱环节之一，一个好的网络应该安全、好用，这需要良好的网络安全管理。网络安全管理主要通过网络设备安全管理、接入安全管理、出口安全管理、传输安全管理、病毒防范管理、安全日志等实现，保障网络的安全运行。

6.7.2 网络管理协议

20 世纪 70 年代，人们在开发 TCP/IP 的同时设计了 ICMP，管理网络中的路由器。ICMP 实现了一些网络管理功能，但不能对整个网络系统进行管理，无法满足网络管理的要求。TCP/IP 的使用标志着网络互连时代的到来，随着网络的不断发展，规模增大，复杂性增加，简单的、局部功能的网络管理技术已不能适应网络迅速发展的要求，网络市场急需能对网络进行全面管理的网络管理产品。

1987 年，互联网的管理机构 IAB(Internet Activities Board，因特网结构委员会)开发了临时性的网络管理产品 SGMP(Simple Gateway Management Protocol，简单网关监控协议)。对路由器进行远程配置和监视。1990 年，IAB 在 SGMP 的基础上开发了 SNMP(Simple Network Manangement Protocol，简单网络管理协议)。网络管理人员使用 SNMP 可以实现网络管理工作站和被管设备的通信，完成网络管理信息采集和被管网络的运行管理。

SNMP 推出后，各个网络产品的生产厂家在 SNMP 上进行了大量开发，并取得了成功，SNMP 不断完善且推出新的版本，使 SNMP 沿用到今天，成为目前网络管理的事实标准。

SNMP 最早的版本为 SNMPv1，SNMPv1 的管理效率低、安全性差。1996 年，IAB 推出 SNMPv2。SNMPv2 增加了很多管理功能，但安全性仍然没有得到改善。现在的最新版本是 SNMPv3。SNMPv3 的管理和安全性方面有了极大的增强，较好地克服了 SNMPv1 和 SNMPv2 的弱点，成为 IEFT 提议的标准，得到网络产品供应商的大力支持，成为现代网络管理的最佳协议选择。

CMIS/CMIP(Common Management Information Service/Protocol，公共管理信息服务/协议)是 OSI 提供的网络管理协议簇，是 IAB 推出的另外一个网络管理产品开发计划。IAB 最初的想法是将 SNMP 作为暂时的网络管理解决方案，在 CMIS/CMIP 开发成熟的时候将网络管理协议转向 CMIS/CMIP。

出于通用性的考虑，CMIS/CMIP 的功能、结构与 SNMP 不同，SNMP 是按照简单和易于实现的原则设计的，CMIS/CMIP 则是按照支持一个完整网络管理方案所需的功能的原则设计的。

CMIS/CMIP 建立在 ISO/RM 的基础上，网络管理使用应用层。在这层上，公共管理信息服务单元提供应用程序使用 CMIP 的接口。

该层包括两个 ISO 应用协议：相关控制服务元素(ACSE)和远程操作服务元素(ROSE)，其中 ACSE 在应用程序之间建立和关闭联系，ROSE 处理应用之间的请求/响应交互。

OSI/CMIP 管理体系结构以更加通用、更加全面的观点来组织网络管理系统，它的开放性着眼于网络未来发展的设计思想，具有很强的适应性，能够处理复杂系统的综合管理。但系统管理复杂，与实际的应用有较大的距离。

由于 OSI/CMIP 过于复杂，在实际应用中没有得到网络厂家的认可，未被推广和应用，而作为临时性的网络管理解决方案——SNMP 在推出后很快得到了大量厂商的支持，如 IBM、HP、SUN 等。SNMP 成为网络管理领域中事实上的工业标准，目前全世界的网络管理系统和平台产品基于都是 SNMP 标准的。

6.7.3 网络管理系统的组成

网络管理员通过网络管理系统实现网络管理。网络管理系统主要由网络管理工作站、管理代理、管理对象、管理信息库(Management Information Base，MIB)和网络管理协议组成，如图 6-15 所示。

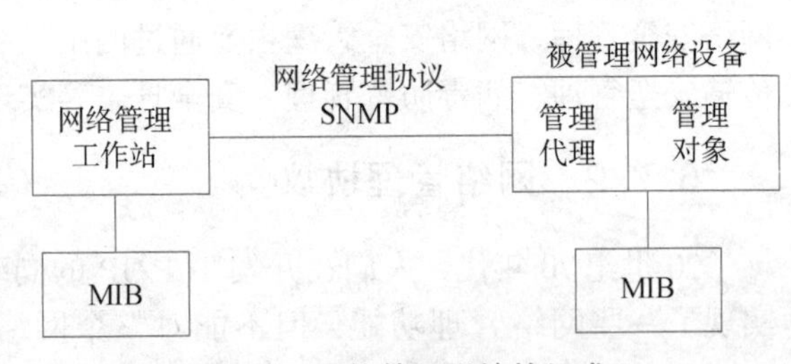

图 6-15 网络管理系统的组成

网络管理系统通过网络管理工作站在被

管理网络设备中收集网络管理信息，将这些信息记录在 MIB 中，并通过网络管理工作站向被管理网络设备发出管理命令，查询、设置或修改被管理设备的参数，实现网络管理。

☞ 网络管理工作站是网络的运行管理中心，是网络管理系统的核心，通常由一台具有良好图形界面的高性能工作站或服务器构成，其关键构件是网络管理程序，即网络管理软件。网络管理员通过网络管理工作站实现网络管理。

☞ 被管理设备由管理对象和管理代理组成，管理对象是网络中的路由器、交换机、服务器等设备，其状态数据、配置参数、性能参数等反映设备的相关属性参数工作状态，由管理代理监视。代理是在被管理设备中运行的网络管理代理程序，负责把来自网络管理工作站的命令或请求提交给被管理设备，由被管理设备完成管理者的指示，并向管理者返回执行结果。

☞ MIB 是被管理对象的数据集合，是被管理对象在网络环境下的可管理资源的统称(并非在网络上实际存在的数据库)。例如，网络中的一个交换机可以用一组管理对象描述，说明其工作状态。配置参数、状态数据、性能统计、MAC 地址表等都是管理对象。除了设备的硬件参数，网络中的软件、服务和事件等也可以用管理对象来描述。

☞ 网络管理协议 SNMP 负责网络管理工作站和被管设备代理之间的通信，SNMP 报文使用 UDP 进行传输。

网络管理工作站收集被管理设备代理送来的信息，将它们记录在 MIB 中，并通过管理控制台呈现给网络管理员。这些信息报告设备的特性、数据吞吐量、通信超载和网络故障等。一个被管理设备有一个管理代理，管理代理收集网络和网络设备的信息，并把这些数据记录在本地的 MIB 中，网络管理工作站向管理代理发送 get、get-next 命令，检索被管理设备的 MIB 数据，管理代理通过 get-response 命令向网络管理站返回响应信息。网络管理工作站也可以向代理发送 set 命令，传输配置更新或控制的请求，达到主动管理设备的目的。

6.7.4 SNMP

1. 报文格式

SNMP 报文由公共 SNMP 首部(报头)、Get/Set 头部、变量绑定 3 个部分组成。其中，公共 SNMP 首部由版本、共同体、PDU 类型字段组成；Get/Set 头部由请求标识符、差错状态、差错索引字段组成；变量绑定由变量名和变量值字段组成，如图 6-16 所示。

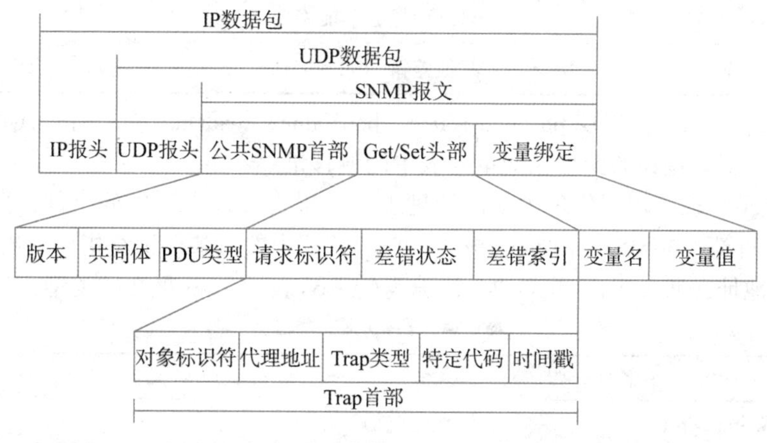

图 6-16 SNMP 报文的组成

1)公共 SNMP 首部

☞ 版本字段指出当前所有版本，SNMP 为 0，SNMPv2 为 1，SNMPv3 为 2。

☞ 共同体字段管理应用实体之间的身份鉴别，指出被管理对象的身份和将执行的操作，通过共同体名及发送方的标识信息(附加信息)验证发送方是共同体中的成员；指出一个共同体内被管理对象、执行的读写等管理操作等，并将这些信息绑定在一起。

☞ PDU 类型字段：SNMP 报文使用 UDP 进行传输，表示传输的 5 种 SNMP 报文类型，分别用 0 ~4 表示，见表 6-2。

表 6-2　PDU 类型

PDU 类型	名称	PDU 类型	名称
0	get-request	3	set-request
1	get-next-request	4	trap
2	get-response		

2)Get/Set 头部

☞ 请求标识符字段：当管理工作站发出请求报文时，对应代理要返回响应报文。由于管理工作站可以向多个代理发出请求报文，需要使用请求标识符来标识该报文发给哪个代理，代理返回响应报文时，也要返回此请求标识，使得管理工作站能够识别返回响应报文的代理。

☞ 差错状态字段：在被管理设备出现差错时，使用差错状态代码指示发生的差错，差错状态代码取值 0 ~5，其名称和含义见表 6-3。

表 6-3　差错状态代码

差错代码	差错名称	含义
0	no Error	无差错
1	too Big	超出报文内容允许的大小
2	no Such Name	操作不存在的变量
3	badValue	对无效值或无效语法执行的 set 操作
4	readOnly	只读变量，不能修改
5	gen Err	其他差错

☞ 差错索引字段：当出现 no Such Name、badValue、readOnly 差错时，代理在应答时设置一个整数，指明有差错的变量在变量列表中的偏移量。

☞ Trap 类型字段：用于代理主动向管理工作站报告代理中发生的事件，此时，Get/Set 头部填写 Trap 首部，SNMP 传输 Trap 报文，Trap 首部中的对象标识符指出发出报告的代理，并给出代理的地址，通过 Trap 首部的 7 种编码(0 ~6)表示 Trap 报文的类型，见表 6-4。

表 6-4　Trap 报文类型

Trap 类型	Trap 名称	含义
0	Warm Sart1	代理完成初始化
1	too Big	代理完成重新初始化

续表

Trap 类型	Trap 名称	含义
2	link Down	接口从工作状态转变为故障状态
3	link Up	接口从故障状态转变为工作状态
4	authentication Failure	代理从 SNMP 工作站接收无效的共同体报文
5	egp Nerghbor Loss	EGP 路由器进入故障状态
6	enterPrise Specific	“特定代码”所指的代理自定义事件

☞ 特定代码字段：若 Trap 类型代码为 6，通过特定代码指明代理自定义的事件，否则特定代码为 0。

☞ 时间戳：向管理工作站报告代理从初始化到报告事件所经历的时间。

3）变量绑定

在 SNMP 中，多个同类操作请求可以放在一个报文中，如果管理工作站希望得到一个代理的一组对象的值，则可以通过变量绑定指出需要绑定的对象，并给出每个对象的名称和数值。

2. SNMP 通信

SNMP 提供了遍历 MIB 的手段，采用树状命名方法为每个管理对象实例命名。每个对象实例的名称由对象类名称和后缀构成，对象类的名称不会重复，因而不同对象类的实例不会重名。在共同体的定义中一般要规定该共同体授权的管理对象范围，相应地也就规定了该共同体管辖范围的实例，据此，共同体的定义可以想象为一个多叉树，以词典序提供遍历所有管理对象实例的手段。

有了这个手段，SNMP 就可以使用 get-next 操作符，按顺序从一个对象找到下一个对象。get-next 操作返回的结果是一个对象实例标识符及其相关信息。该手段的优点在于，管理系统即使不知道管理对象实例的具体名字，也能逐个地找到实例，并提取其有关信息。遍历所有管理对象的过程可以从第一个对象实例开始（这个实例一定要给出），然后逐次使用 get-next，直到返回一个差错（表示不存在的管理对象实例）结束。

SNMP 采用 5 种报文操作实现管理进程与代理进程之间的通信。

☞ get-request：管理进程发给代理进程的查询变量请求，获取指定变量的值。

☞ get-next-request：管理进程发给代理进程在 MIB 树上查询下一个变量的请求，获取下一个变量的值，次操作可反复进行。

☞ get-response：代理进程对管理进程发出的 get/set 报文作出响应，提供差错码、差错状态等信息。

☞ set-request：管理进程发送对 MIB 变量的设置请求，可对一个或多个变量的值进行设置。

☞ trap：代理进程主动向管理进程报告代理中发生的事件。

SNMP 使用传输层的 UDP 进行报文传输，UDP 效率高，不会给网络造成过多的流量负担。由于 UDP 的可靠性不高，SNMP 将管理信息单独装配成报文进行传输，可以缩短传输报文的长度，提高可靠性。

SNMP 管理进程使用临时端口号与被管理设备的代理进程的服务器端口 161 进行通信，

即管理进程使用 UDP 向代理进程发送 get、get-next 或 set，运行管理程序的客户端使用端口 162 接收各代理进程的 trap 报文，如图 6-17 所示。

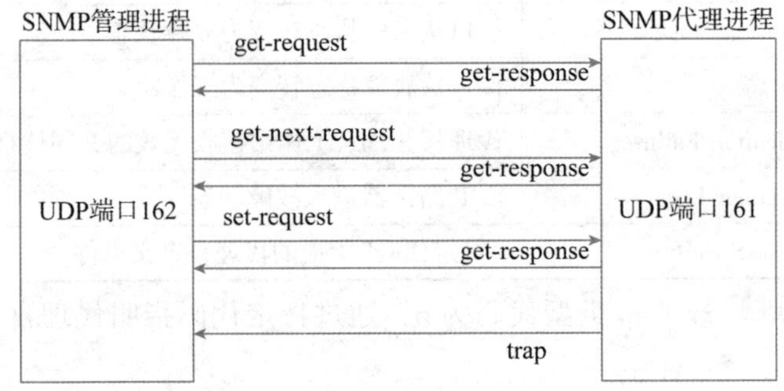

图 6-17　SNMP 报文传输

网络管理工作站向代理发送 get 命令或 getnext 命令，检索被管理设备的 MIB 数据，并通过代理向管理工作站返回响应信息。当网络管理员需要被管理设备的信息时，网络工作站接收 MIB 中的信息，并通过管理控制台呈现给系统管理员。这些信息报告设备的特性、数据吞吐量、通信超载和错误等，网络管理员通过这些信息监控网络运行情况。

例如，网络管理工作站查询某台交换机某个端口的工作状态(UP 或 DOWN、传输速率)，向指定交换机发送 SNMP set-request 命令，指定需要查询的被管理交换机的端口状态、传输速率等属性参数类型，该命令到达交换机后，由交换机的 SNMP 代理进行处理。SNMP 代理检索交换机的 MIB，找到相关的属性参数，通过 get-response 命令返回给网络管理工作站。

网络管理工作站向代理发送 set-reques 命令，对被管理设备进行参数配置。例如，网络管理工作站需要配置某台交换机的端口状态为 UP、传输速率为 100 Mb/s，则向代理发送 set-reques 命令，指定需要配置的端口号和相关属性参数(UP、100 Mb/s)；该命令到达交换机后，由交换机的 SNMP 代理进行处理；SNMP 代理将该交换机对应端口的端口状态和传输速率设定为 set-reques 指定的 UP 和 100 Mb/s，并将该配置信息存入交换机的 MIB；完成交换机端口参数的配置后，代理返回响应信息给管理工作站。

为了全面、完整地查看设备一天的通信流量和变化率，管理器必须周期性地轮询代理，浪费了管理站大量的处理能力，增加了网络流量，并且无法对异常事件进行实时处理。

SNMP 引入了中断(Trap)机制，当有异常发生时，代理可以立即通知管理站，对相应的被管理设备进行信息传递。例如，某台交换机的一个端口连接的物理链路发生断路，该端口的工作状态由 UP 变成 DOWN，交换机的代理通过 trap 命令主动向网络管理工作站通报这一情况。

3. SNMPv3

基于 SNMPv1 的网络管理系统以共同体实现管理应用实体之间的身份鉴别，是一种相对简单的身份鉴别方式，而且共同体在网络系统中以明文方式传输，缺乏发送端身份鉴别和传输安全机制，存在极大的安全隐患。

此外，SNMPv1 只能支持集中管理方式，在网络系统规模较大时，会在网络管理工作站节点形成传输瓶颈，无法对大型网络系统进行管理。为了解决这些问题，IAB 提出了 SNMPv2、SNMPv3 的网络管理系统。SNMPv3 增强了安全机制，有效地解决 SNMPv1 存在的安全问题。

SNMPv3 采取共享对称密钥实现发送端身份鉴别，如果发送端和接收端共享对称密钥，双方通过是否拥有这对称密钥实现管理应用实体之间的身份鉴别。

SNMPv3 使用报文鉴别方式实现安全传输，使用对称密钥对 SNMP 消息进行传输加密，通过 MD5 和 SHA 报文摘要进行报文鉴别，防止 SNMP 消息被篡改，大大提高了网络系统的安全性。

针对大型网络，SNMPv3 采取分布式的多级网络管理方式，将一个大型网络域分割成若干个较小的网络域，每个小的网络域由一个单独的网络管理工作站管理，并由一个总的网络管理工作站进行全网管理。每个小的网络域的网络管理工作站与总的网络管理工作站形成代理关系，通过代理关系实现总体网络的管理，如图 6-18 所示。

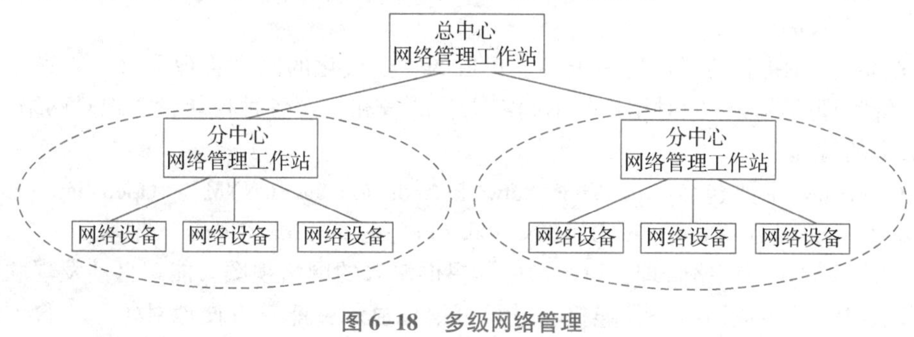

图 6-18　多级网络管理

6.7.5　网络管理软件

网络管理通过网络管理软件来实现。网络上的交换机、路由器、服务器等设备在地理位置上彼此独立，又共存于一个连通的网络上，网络管理软件通过网络管理工作站收集网络信息，监视运行状态，控制网络状态，实现网络管理。

由厂家提供的网络管理软件一般只能管理自己的网络设备，如 CiscoWorks 是美国 Cisco 公司的网络管理软件，只能管理 Cisco 公司的网络交换机、路由器的网络产品，而不能管理华为、H3C 等厂家的网络产品。企业或校园网络往往涉及多个厂家的网络设备产品，需要第三方的网络管理软件来实现网络管理。

第三方的网络管理软件对市场上流行的各种网络产品进行统一的管理，由于技术复杂，还需要与各个厂家申请其设备管理信息的接口开放，产品价格一般比较昂贵。

IBM TivoliNetView、HP OpenView 是市场上比较流行的第三方网络管理软件。

1) IBM Tivoli NetView

Tivoli Net View 是 IBM 公司开发的网络管理软件，其网络管理平台不但能够为用户提供强大的管理能力，而且与 Tivoli 的整体管理框架紧密集成，方便进一步发展为全面的系统管理。

Tivoli NetView 能够自动发现联网的所有 IP 并自动生成拓扑连接，进行可视化显示。

☞ NetView 提供 SmartSet 功能，将具有相同属性的重要管理对象作为集合。SmartSet 能够动态发现符合条件的设备并自动加入，消除人为错误和过时信息，为管理员提供管理便利。

☞ NetView 的控制台(ControlDesk)是网络故障事件管理的中心，SNMPTrap 等网络事件在控制台集中显示、过滤，能够定义自动的报警和响应，如显示报警窗口、发送 E-mail、短信报警等。

☞ NetView 与 Tivoli Switch Analyzer 配合，提供交换机故障根源分析能力。网络管理人员需要了解网络实时的性能状况，分析和预测网络性能，并生成相应的报表。

☞ Tivoli NetView 的 SNMPCollect 功能自动采集重要的网络性能数据，如 IP 流量、带宽利用率、出错包数量、丢弃包数量、SNMP 流量等，并设置相应的阈值。当所采集的数据达到阈值时触发报警或定义好的自动操作。可以用图形的方式显示网络性能数据的变化情况，也可以将数据存放到 Tivoli Enterprise Data Warehouse 中，进行进一步的分析并生成报表。

基于 IBM Tivoli NetView 搭建的网络管理平台能够帮助用户建立统一的、集中的综合网络管理体系，及时掌握网络的状态和故障信息，帮助网络管理人员快速定位网络故障的根源，为网络规划决策提供统计数据。

2) HP OpenView

OpenView 是 HP 公司开发的一个高度集成的、模块化的网络管理平台，它集成了网络管理和系统管理的功能，针对用户的不同需求，部署和组合各种模块，实现对网络、系统、应用和数据的管理。

HP OpenView 主要包含 OpenView Network Node Manager（NNM）、OpenView Operation、OpenView Performance、OpenView Database Pak 2000、OpenView Report 等模块。

☞ NNM 主要用于网络管理，以图形方式提供深入的网络视图，能够自动发现联网的所有网络节点（IP）并生成网络拓扑连接，进行可视化显示；能够方便地对每一个管理对象进行工作状态查询，实现设备数据采集与参数设定、超值报警、分析和预测、报表生成等功能；能够按照一定的共同特征将被管理对象进行分组，实现灵活的网络管理。

☞ OpenView Operation 能够与各种网络管理模块、系统管理模块集成，使网络管理与系统管理统一起来，实现对网络、应用系统的管理与监视。

☞ OpenView Performance 是一个系统性能管理平台，能够采集网络及应用系统的各种资源性能数据，处理为性能报告并提交，网络管理人员可以通过分析这些报告，发现网络和系统的瓶颈，调度和优化资源。

☞ OpenView Database Pak 2000 管理网络中的服务器和数据库系统的性能，具有强大的系统诊断能力，能够有效地收集、统计数据，提供多种数据测试文件和日志文件，使用户及时发现数据库与系统资源的问题，及时、有效地管理系统和数据库。

☞ OpenView Report 为用户提供标准的、可定制的、灵活的、易用的管理报告，并通过 Web 服务发布，使得具有授权的网络管理人员可以通过网络浏览器获取管理报告，进行网络监视和管理。

第7章　组网技术

组网技术即网络组建技术，它将网络设备通过通信线路互连，形成传输网络，并根据传输网络的实际需求对网络设备进行适当的配置，最终实现数据传输。

组网存在交换机组网和路由器组网两种方式。

7.1　交换机组网技术

交换机组网通过交换机实现同一网络中不同网段的互连。交换根据通信的需要，把信息从输入端转发到输出端。目前的主流网络是以太网，最常见的交换机是以太网交换机，在网络工程中使用的交换机一般不加特别说明就是指以太网交换机。

7.1.1　交换机的选择

交换机一般为机架式，做成抽屉形状，可以直接安放在机柜中。以太网交换机产品按照不同的分类有很多种类型。

1. 类型选择

1）非模块化交换机和模块化交换机

☞ 非模块化交换机又称固定式交换机或固定端口交换机，具有固定的端口数，没有扩展插槽，提供的端口数不可改变，如图7-1所示。

☞ 模块化交换机配备了多个空闲的插槽，如图7-2所示。用户可以选择不同数量、速率和接口类型的模块组成实际需要的交换机，以适应各种组网的需求。

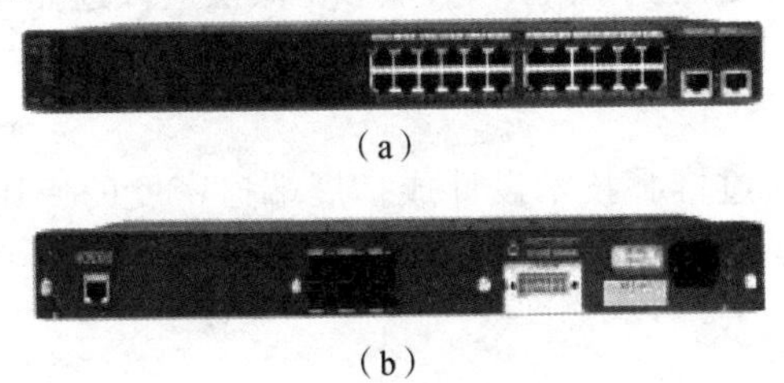

图7-1　非模块化交换机

（a）正面；（b）背面

图7-2　模块化交换机

模块化交换机拥有更大的灵活性和可扩充性，其端口数量取决于模块和插槽的数量。如一台具有 2 个插槽的模块化交换机配置一块 4 个千兆口的模块，一块 12 个百兆口的模块，则该交换机有 4 个千兆端口和 12 个百兆端口。

2)核心层交换机、汇聚层交换机和接入层交换机

具有一定规模的局域网组建时需要由若干个层次进行架构，经典的架构由核心层、汇聚层、接入层 3 个层次组成，对应的网络交换机被划分为核心层交换机、汇聚层交换机和接入层交换机 3 种类型。

☞ 核心层交换机采用模块化交换机，一般放在企业、校园网络信息中心，承担各楼宇之间的交换任务，构成企业、校园网络骨干。

☞ 汇聚层交换机既可以用于规模较大的网络，也可以用于规模较小的网络。用于网络规模较大的汇聚层交换机结构复杂，需要端口多，扩展需求大，一般采用模块化设计。用于网络规模较小的汇聚层交换机结构简单，需要端口少，扩展需求不大，一般采用固定式设计。汇聚层交换机放在各楼宇，承担各楼宇网络流量到核心交换机的流量汇聚任务。

☞ 接入层交换机一般采用固定式交换机，放在各楼层，承担各个房间的网络接入任务。

3)企业级交换机、部门级交换机和工作组交换机

按照网络的应用情况，交换机分为企业级交换机、部门级交换机和工作组交换机。从应用的规模来看，作为骨干交换机时，支持上千个信息点以上的交换机为企业级交换机，支持数百个信息点的交换机为部门级交换机，而支持 100 个信息点以内的交换机为工作组级交换机。一般来说，企业级交换机对应核心层交换机，部门级交换机对应汇聚层交换机，而工作组交换机对应接入层交换机。

4)二层交换机、三层交换机和四层交换机

按照 OSI 的七层网络模型，交换机分为二层交换机、三层交换机、四层交换机等，一直到七层交换机。二层交换机基于 MAC 地址进行交换，一般用于网络接入层。三层交换机基于 IP 地址进行交换，一般用于网络汇聚层和核心层，部分第三层交换机具有四层交换功能，可以根据数据包的协议端口信息进行目标端口判断。四层以上的交换机称为内容型交换机，主要用于互联网数据中心。

5)带网络管理功能的交换机和不带网络管理功能的交换机

按照交换机的可管理性，交换机分为带网络管理功能的交换机和不带网络管理功能的交换机。带网络管理功能的交换机支持 SNMP 和远端网络监控(Remote Network Monitoring，RMON)等网络管理协议，可以实现交换机端口流量监测、端口速率设置、端口连接关闭/打开、VLAN 设置、端口聚合等网络管理功能，便于网络管理员监控和管理。不带网络管理功能的交换机是简单的交换机，不必进行配置。大中型网络在核心层和汇聚层应该选择带网络管理功能的交换机，在接入层视应用需要而定。

6)可堆叠型交换机和不可堆叠型交换机

为了支持高密度端口需求，交换机可以通过堆叠技术设计成扩展端口密度的专用交换机，这种交换机称为支持堆叠的交换机。交换机根据是否支持堆叠交换机可分为可堆叠型交换机和不可堆叠型交换机两种。

2. 交换机的内部构成

交换机由硬件和软件组成。硬件包括 CPU(Central Processing Unit，中央处理器)、内存、接口、控制端口等，软件主要指交换机的操作系统(Intenetwork Operating System，IOS)。

IOS 管理交换机硬件与软件资源，管理与配置交换机，决定交换机资源供需的优先顺序，控制输入与输出，为用户提供与交换机系统交互的操作界面。

1）CPU

CPU 负责交换机的配置管理和数据包的转发工作。交换机对数据包的处理速度很大程度上取决于 CPU 的类型和性能。

2）内存

交换机中存在多种类型的内存，每种内存以不同的方式协助路由器工作。路由器内存主要有启动只读存储器（BootROM）、快速闪存（Flash）、动态随机存储器（SDRAM）、非易失性内存（NVRAM）。

☞ BootROM 只能读取而不能写入，通常用来存储生产厂家固化写入的程序数据，存放交换机初始化的系统文件，负责引导、诊断等，主要包含：系统加电自检代码（POST），用于检测交换机中各硬件部分是否完好；系统引导区代码（BootStrap），用于启动交换机并载入 IOS；备份的 IOS，以便在原有 IOS 被删除或破坏时使用。

☞ Flash 为可读写存储器，具有更新速度快、断电时仍能保存数据的特点。路由器中的 Flash 存放当前使用的操作系统，在系统重新启动或关机后仍能保存数据。交换机的 Flash 内容可以使用 FTP 方便地从路由器备份到备份服务器，也可以从备份服务器恢复到交换机。交换机使用 Flash 可以较好地支持操作系统升级。

☞ NVRAM 为可读写存储器，在系统重新启动或关机后仍能保存数据，用于保存启动配置文件（Startup-Config）。由于只保存配置文件，NVRAM 一般容量较小。

☞ SDRAM 为可读写的存储器，存储的内容在系统重启或关机后将被清除，在路由器中作为主存使用，在运行期间暂时存放操作系统和数据的存储器，让交换机能迅速访问这些信息。SDRAM 的存取速度最快。运行期间，RAM 中包含 MAC 表项目、ARP 缓冲项目、日志项目和队列中排队等待发送的帧，还包括运行配置文件（Running-config）、正在执行的代码、IOS 操作系统程序和一些临时数据信息。

在交换机中，BootROM、Flash、SDRAM、NVRAM 配合工作，共同实现交换机的工作。交换机的启动过程如下：

（1）系统硬件加电自检：系统将自动运行 BootROM 中的硬件检测程序，检测各组件能否正常工作。

（2）软件初始化过程：系统运行 BootROM 中的 BootStrap 程序，进行初步引导工作。

（3）将 Flash 中的 IOS 系统载入 SDRAM，完成装载后，系统在 NVRAM 中搜索保存的 Startup-Config 文件，进行系统配置。如果 NVRAM 中存在 Startup-Config 文件，则将该文件调入 SDRAM 中并逐条执行，否则，系统进入 Setup 模式，进行交换机初始配置。

3. 参数选择

交换机的性能参数反映了交换机的功能、支持的网络协议，是组网的重要依据。

1）机架插槽数

机架插槽数是交换机扩展能力的重要指标，主要针对模块化交换机。交换机插槽可以插入各种交换机模块，以灵活组成用户组网需要的交换机。模块化交换机在不配置模块时只是一个机箱，在其扩展槽上插入选用的模块后，才成为用户组网所需要的交换机。交换机模块的类型很多，如电源模块、引擎模块、光口模块、电口模块。插槽数越多，交换机的扩展能力就越强。插槽数一般用交换机型号的尾数部分表示，如思科交换机的 Cisco6506 有 6 个插槽，Cisco6509 有 9 个插槽。

2）背板带宽

背板带宽指背板数据总线的带宽，说明交换机端口数据处理器和总线之间单位时间内能传输的最大数据量，标志交换机总的数据交换能力。一台交换机的背板带宽越高，所能处理数据的能力就越强，相应的包转发率也越高。背板带宽是交换机速度性能的重要指标，不同速率的交换机背板带宽也不一样。

交换机需要的最小总带宽为：

$$B_{min} = d \times v \times 2$$

B_{min}——最小总带宽；

d——交换机的端口数；

v——交换机的端口速率。

在实际的交换机设备中，背板带宽一般是端口总带宽的几倍。如果端口总带宽小于标称背板带宽，则可以认为该交换机的背板带宽是线速的。例如，24 个百兆口的接入层交换机背板带宽为 9. 6 Gb/s，千兆汇聚层交换机的背板带宽为 128 Gb/s 和 256 Gb/s，万兆核心层交换机的背板带宽为 720 Gb/s 和 1. 4 Tb/s 等。

3）包转发率

交换机的包转发率反映交换机端口转发数据包能力的大小，一般以每秒钟发送 64 个字节的数据包（最小 IP 包）数量作为计算基准，单位一般为 pps（Packet Percent Second）。交换机的包转发率在几十到几千不等。交换机的包转发率越大，网速越快。

千兆交换机一个千兆端口的包转发率为：

$$\frac{1000}{(64+8+12)\times 8}=1560380\ \text{pps}$$

式中，当以太网为 64 个字节时，需要考虑 8 个字节的帧头和 12 个字节的帧间隙开销。

4）端口参数

☞ 端口数量指交换机拥有的接入端口数量，如固定式交换机 Cisco2924 有 24 个百兆口，Cisco2948 有 48 个百兆口。模块化交换机选用不同的模块，可以组成不同的端口数量，如 Cisco6509 配上一块 8 个端口千兆模块，一块 24 个端口的百兆模块，可以形成 8 个千兆口、24 个百兆口的端口数。

☞ 端口速率指交换机每个端口的速率，如百兆交换机的每一个端口都是百兆速率，千兆交换机的每个端口都是千兆速率，万兆交换机的每个端口都能达到万兆速率。

☞ 交换机的端口类型有双绞线端口（RJ45）和光纤端口（SCFC），分别称电口和光口。双绞线端口主要有百兆端口和千兆端口两种，对应超 5 类线、超 6 类线。光纤端口有千兆端口、万兆端口两种，一般是两个，分别用于接收和发送，光纤跳线也是两根，一根用于接收，一根用于发送。光纤端口多用于服务器的网络连接。

☞ 端口限速是交换机提供的 QoS 功能之一，可以基于交换机端口 MAC 地址、IP 地址、协议等进行带宽限制。百兆交换机的限速粒度可以精确到 512 Kb/s，千兆交换机的限速粒度可以精确到 4 Mb/s。

☞ 支持端口聚合的交换机可以对多个端口进行逻辑上的绑定，使得多个端口能够像一个端口一样工作，达到提高链路带宽的目的。

5）缓冲区大小

数据包到达交换机先存在缓冲区，再进行处理，缓冲区越大，缓存的包就越多，但缓冲区太大速率会受影响。

6）半双工、全双工

早期的交换机发送和接收不能同时进行，只能工作在半双工模式，目前的交换机一般是全双工模式，即发送和接收同时进行。交换机互连时，需要两端工作在同一种模式。

7）最大 MAC 地址表与 MAC 地址数

MAC 地址表的大小对交换机转发帧的能力有重大影响，决定了交换机能同时为多少个站点转发帧。MAC 地址数指交换机 MAC 地址表可以存储的最大 MAC 地址数量。

无论交换机是否直接与接收到帧的源站点相连，都要将站点的 MAC 地址记录在 MAC 地址表中。因此，局域网的中心交换机的 MAC 地址大小必须大于局域网中所有的网络设备和计算机使用的 MAC 地址的总和。

8）交换方式

交换方式是交换机传输数据的方式，存储转发方式在交换机接收到全部数据包后转发，是主流的交换方式。直通交换方式在交换机收到数据包的报头就开始转发数据，转发速率更快，但不适于差错控制。

9）最大电源数

最大电源数指交换机采用的冗余电源数量。一般交换机采用一个主电源和一个备用电源的电源设计，当主电源出故障时，备用电源自动切换上来继续供电，提高交换机的可靠性，实现交换机 24 h×356 d 的不间断工作。有的核心层交换机由于其特别重要还配备有三电源冗余，在其中一个电源出故障需要修理时，还能保证一个主电源和一个备用电源的电源冗余，提供了极高的可靠性。

10）其他参数

☞ 最大 VLAN 数：反映一台交换机所能支持的最大 VLAN 数量。

☞ 交换方式：存储转发交换、直通交换方式、无碎片交换方式。

☞ 转发延迟：从一个端口进来到从另外一个端口出去的时间。

☞ 芯片技术：为了实现高可靠性和高速处理，交换机一般采用高性能专用集成电路（Application Specific Integrated Circuit，ASIC）。

☞ 模块的热拔插：交换机可以在不断电的情况下进行模块拔插，完成模块更换。

7.1.2　交换机的配置

为了对网络设备进行更好的管理，适应不同的组网情况，发挥其最大的性能，大多数网络设备需要进行配置才能使用。网络设备配置通过 IOS 命令实现，各种网络设备（交换机、路由器）的 IOS 配置方式相近。

交换机的配置有本地配置、远程配置两种方式。不同的配置需要将计算机连接到需要配置的交换机上，并登录交换机。不同的配置方式其连接方式及登录方式各不相同。

1. 本地配置

本地配置直接将计算机与交换机连接，使用交换机配置的专用电缆连接笔记本电脑，并通过计算机登录交换机完成交换机配置。这种方式网络管理人员必须在设备现场，被称为本地配置，由于计算机与交换机的连接通过交换机的 Console 端口实现，也称 Console 端口方式。

交换机带有一个控制台端口，即 Console 端口，供网络管理人员使用计算机连接交换机并进行交换机配置。没有带控制台端口的交换机不需要配置，通常比较简单，称为不可管理的交换机，也称不可网管的交换机。相应地，带有 Console 端口的交换机称为可网管的交换机。可网管的交换机附带一条串口电缆，供网络管理人员的计算机连接交换机使用。

计算机与交换机相连时，串口电缆的一端插在交换机背面的 Console 端口，另一端插在计算机的串口，接通交换机和计算机电源，使用操作系统提供的超级终端程序与计算机进行通信，即可完成配置。

Windows 操作系统提供超级终端程序。在计算机桌面单击“开始”按钮，在“开始”菜单中选择“程序/附件/通讯/超级终端”命令，填写设备连接名称(如 SW)，选择 PC 连接的串口(如 COM1)，设置通信参数(波特率 9 600、8 位数据位、1 位停止位、无校验、无流控)。在设定好通信参数后，即可通过串口电缆与交换机交互，开始配置交换机。

2. 远程配置

远程配置指网络管理人员不必到设备现场，而是在网络管理人员办公室，通过 Telnet 远程登录交换机，采用 Web 方式远程访问交换机或使用专用网络管理软件远程管理交换机的方式。

1)Telnet 方式

Telnet 协议是一种远程访问协议，可以用它登录远程计算机、服务器及网络设备，进行远程操作。Windows、UNIX/Linux 等操作系统内置的 Telnet 客户端程序，可以实现与远程交换机的通信。

在使用 Telnet 连接交换机前，应当确认被管理的交换机上已经配置好 IP 地址信息。如果尚未配置 IP 地址信息，则必须先通过 Console 端口配置 IP 地址。

许多交换机在出厂时，厂家已经设置了默认的 IP 地址。但是交换机在使用之前，应该根据所在网络统一规划、修改交换机的 IP 地址。

在被管理的交换机上建立了具有管理权限的用户账户。如果没有建立新的账户，Cisco 交换机默认的管理员账户为“Admin”。

在“开始”菜单中选择“程序/运行”命令，弹出“运行”对话框，在“打开”文本框中输入“telnet 61. 159. 62. 182”(设交换机配置好的 IP 地址为 61. 159. 62. 182)，如图 7-3 所示。

图 7-3 “运行”对话框

单击“确定”按钮或按回车键，建立与远程交换机的连接，弹出如图 7-4 所示的命令窗口。

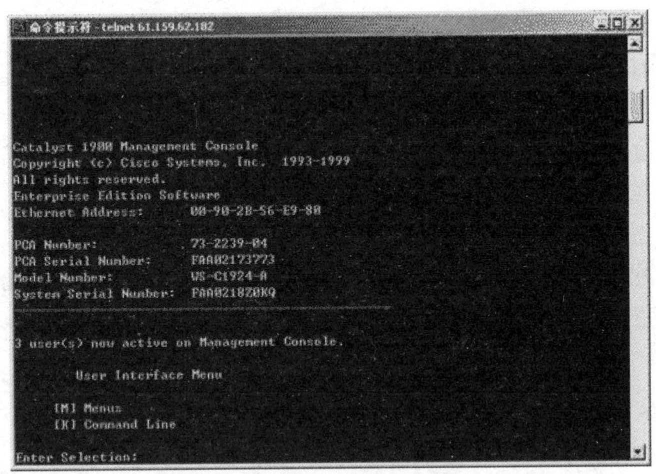

图 7-4 Telnet 方式的命令窗口

图中显示包括两个菜单项的配置菜单：Menus、Command Line。此时，即可根据实际需要对交换机进行相应的配置和管理。

2) Web 方式

交换机可以通过 Web 方式进行访问和管理，但是必须选用支持 Web 方式的交换机，并事先为交换机配置好一个 IP 地址，启用 Web 服务。

使用 Web 管理交换机时，交换机相当于一台 Web 服务器，网页储存在在交换机的 NVRAM 中，通过程序可以升级 NVRAM 的 Web 程序。

当管理员在浏览器中输入交换机的 IP 地址时，交换机像一台服务器一样把交换机的配置信息传递给电脑，用户感觉像在访问一个服务器，可以对其进行配置管理。

3) 专用网络管理软件方式

可网管交换机遵循 SNMP，SNMP 是一套符合国际标准的网络设备管理规范。凡是遵循 SNMP 的设备，均可以通过网络管理软件来管理。

目前，各网络设备提供商都开发了相应的专业网络管理软件实现网络产品的管理。由于所有需要管理的网络设备已经连接在网络上，通过网络管理软件实现局域网的网络管理，只需要在一台网络管理工作站上安装一套专用网络管理软件，就可以通过局域网方便地获取和管理各个网络设备的信息。

3. 配置模式

交换机的配置主要是设置交换机端口的通信方式，激活或关闭端口，启用各种协议和服务等。交换机的各种配置必须在不同的配置模式下完成，一般的交换机提供了 3 种主要配置模式，分别为用户模式、特权模式、全局模式。

1) 用户模式

交换机初始化完成后，进入用户模式。在用户模式下，用户只能运行少量的查看类命令，而不能对交换机进行配置。在没有进行任何配置的情况下，缺省的交换机提示符为：Switch>

2) 特权模式

在用户模式下输入“enable”命令进入特权模式。在特权模式下，用户可以查看当前设备的大多数配置信息及其状态，完成少量的配置工作，若要进行命令参数配置，还需进入其他

工作模式。

特权模式的缺省提示符为：Switch#

3）全局模式

在特权模式下输入“configure terminal”可以进入全局模式，从全局模式可以进入多种不同的配置模式。每种模式可以配置交换机特定部分或特定功能，如端口配置、VLAN 配置。

全局模式的缺省提示符为：Switch(config)#

要退出具体的配置模式并返回全局模式，在提示符后输入“exit”。输入“end”或使用组合按键“Ctrl+Z”，完全离开配置模式并返回特权执行模式。

4. 交换机的常用命令

（1）show：检查、查看命令，用来查看当前配置状况。

```
Switch# show version                        //查看 IOS 的版本号
Switch# show flash                          //查看 flash 内存的使用状况
Switch# show mac-address-table              //查看 MAC 地址列表
```

（2）enable：密码设置命令，可以设置普通密码和加密密码。

```
Switch(config)#enable password jkx          //设置进入特权模式的普通密码为 jkx
Switch(config)#enable secret xgu            //设置进入特权模式的加密密码为 xgu
```

（3）设置交换机名称、IP 地址及默认网关。

```
Switch>enable                               //进入特权模式
Switch#                                     //特权模式提示符
Switch#configure terminal                   //进入全局模式
Switch(config)#                             //全局模式提示符
Switch(config)#hostname jkx                 //配置交换机的名称为 jkx
Switch(config)# interface vlan 1            //进入接口模式
//配置交换机 VLAN 1 的 IP 为 192.168.1.1
Switch(config-if)#ip address 192.168.1.1 255.255.255.0
Switch (config-if)#no shutdown              //激活当前端口
Switch (config-if)#exit                     //退出接口配置模式
Switch (config)#ip default-gateway 192.168.1.254   //配置默认网关
```

（4）保存配置参数。

```
//将 RAM 中运行的配置参数保存到 NVRAM
Switch#copy running-config startup-config
Destination filename[startup-config]?
Building configuration...
[OK]
//将运行的配置参数保存到 tftp 服务器 192.168.1.11 上
Switch#copy running-config tftp:
Address or name of remote host[ ]? 192.168.1.11
Destination filename[Switch-confg]?
!!! [OK-938 bytes]
```

```
938 bytes copied in 0. 078 secs(12000 bytes/sec)
//将 NVRAM 中的配置参数恢复到 RAM 中
Switch#copy startup-config running-config
Destination filename[running-config]?
938 bytes copied in 0. 416 secs(2254 bytes/sec)
Switch#
```

(5)创建 VLAN：在交换机上创建 VLAN 10，并将端口 0/11 划分到 VLAN 10，设置为 Access 端口。

```
Switch(config)#vlan 10                          //创建 VLAN 10
Switch(config-vlan)#name technical              //将 VLAN 10 命名为 technical
Switch(config-vlan)#exit                        //退出
//定义端口 f0/11，并将其设置为 access
Switch(config)#interface fastethernet 0/11
Switch(config-if)#switchport access vlan 10
Switch(config-if)#exit
Switch(config)#
```

(6)检查 VLAN 的设置情况。

```
Switch#show vlan id 10
Vlan Name 10 technical active fa0/11
```

7.1.3　网络架构设计

早期网络一般采用简单的网络拓扑即可满足需求，现在的网络一般规模较大，简单的网络拓扑已经不能满足需求，因此 Cisco 公司提出了层次化网络模型设计。

经典的层次化网络模型设计是三层网络架构设计，其 3 个层次分别是接入层、汇聚层、核心层。接入层的交换机连接到汇聚层的交换机，汇聚层的交换机连接到核心层的交换机，构成三层架构的网络系统，如图 7-5 所示。

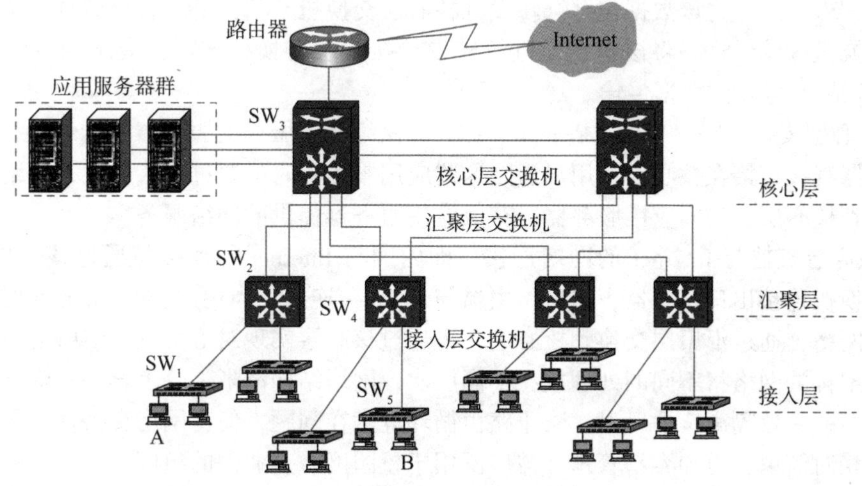

图 7-5　三层网络架构

1. 接入层

接入层解决用户计算机终端接入单位内部网络的问题。用户计算机终端通过接入单位网络，访问单位内部的网络信息服务系统，或跨越内网访问外部 Internet。用户的计算机终端通过工作室内的网络端口连接到接入层交换机端口，接入网络。接入层可以选择不支持 VLAN 的二层交换机或采用三层交换机实现，一般采用固定式交换机。

2. 汇聚层

汇聚层是接入层和核心层的“中介”。汇聚层交换机将接入层各个交换机的数据流量汇聚起来转发给核心层交换机。计算机接入核心层前先进行接入流量汇聚，然后进行本地路由，路由区分数据包是属于本地交换还是送往核心层，本地交换的数据包直接在本地完成交换，不必送往核心层，非本地交换的数据包送往核心层。汇聚层可以减小核心层的负荷，提高网络的传输性能；可以对接入的流量进行安全控制，按照安全规则过滤不安全流量，为接入流量分配链路带宽，实现流量均衡；可以为实时网络业务提供优先传输，提供 QoS 优先级服务。

汇聚层通常使用模块化三层交换机。为了保证网络的可靠性，汇聚层交换机一般采用双链路分别与两台互为冗余的核心层交换机相联。

3. 核心层

核心层交换机将多个汇聚层交换机连接起来，为汇聚层转发到核心层的网络流量提供高速分组转发，是网络的高速交换主干，是整个网络的枢纽中心，对整个网络的连通具有至关重要的作用。

核心层具有如下特性：可靠性、高效性、冗余性、容错性、可管理性、适应性、低延时性等。

核心层一般采用高速、高带宽的万兆交换机，并采用双机冗余热备份技术和负载均衡技术提升其网络性能。

☞ 核心层支持内网不同计算机终端之间的数据传输。如图 7-5 所示，当计算机终端 A 和 B 要进行数据传输时，A 发送的数据包从接入层交换机 SW_1 进入网络，并被转发到汇聚层交换机 SW_2，SW_2 将该数据包继续转发到核心层交换机 SW_3，SW_3 将该数据包继续转发到汇聚层交换机 SW_4，SW_4 将该数据包继续转发给接入层交换机 SW_5，最终到达计算机终端 B，从而完成 A 与 B 的数据传输。

☞ 核心层支持 DNS、Web、E-mail、FTP 等网络基本服务的服务器的网络连接，即各种应用服务器直接连接在核心层。用户访问这些应用服务器时，通过接入层接入网络，通过汇聚层交换到核心层，访问应用服务器，获取应用服务器提供的网络服务。

☞ 核心层支持与 Internet 的网络连接，即内网与 Internet 的连接是通过核心层实现的。核心层交换机连接出口路由器，出口路由器与 Internet 连接。当用户访问 Internet 时，通过接入层接入网络，通过汇聚层交换到核心层，再通过核心层实现对 Internet 的访问。

三层架构的网络将不同的处理放在不同层次，网络结构清晰，分工合理，降低了网络的复杂程度，能有效隔离广播风暴，防止路由循环等潜在问题，使得网络交换性能更高，网络组网变得相对简单，更加容易管理，被广泛用于校园网、企业网的组网。

7.1.4　交换机的级联

级联可以定义为两台或两台以上的交换机通过一定的方式相互连接，主要解决距离过长和端口扩展的矛盾。根据需要，组网时多台交换机可以以多种方式进行级联。在较大规模的局域网，多台交换机按照性能和用途一般形成总线型、树型或星型的级联结构，如园区网、校园网。

在三层网络架构中，核心层、汇聚层、接入层形成星型拓扑，各层要实现上下层的级联。

在具有一定规模的网络中，核心层由两台或多台交换机构成，汇聚层由数十台交换机构成，接入层由数百台交换机构成。即核心层交换机下连着若干台汇聚层交换机，汇聚层交换机再下连着若干台接入层交换机。

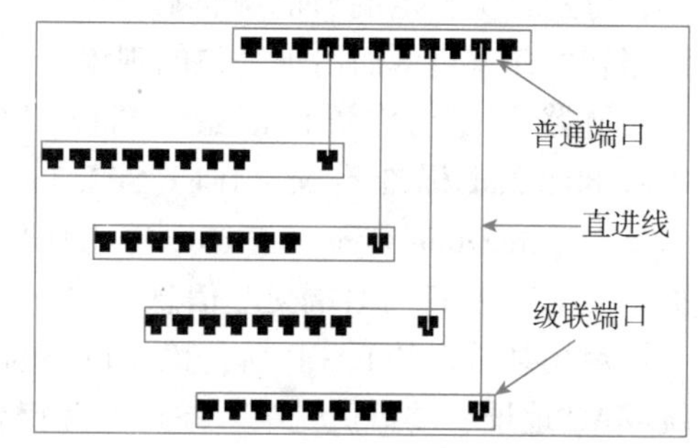

图 7-6　用于级联的端口

交换机间一般通过普通端口进行级联，有些交换机则提供了专门的级联端口（Uplink Port），如图 7-6 所示。普通端口是符合以太网端口标准 MDI（Media Dependent Interface）的端口，而级联端口（或称上行口）是符合 MDI-X 标准的端口。这两种端口在级联时采用的接线方式不同。

当上下级联的两台交换机通过普通端口级联时，端口间电缆采用交叉线进行连接；当下级交换机采用级联端口与上级交换机级联时，采用直通线进行连接。

交叉线的使用也可以根据 X 定律来确定：两台连接的计算机如果端口都不带 X 或都带 X，则使用交叉线连接；如果一台计算机的端口带 X，另外一台计算机不带 X，则使用直通线连接。

为了方便进行级联，某些交换机上提供一个两用端口，可以通过开关或管理软件将其设置为 MDI 或 MDI-X 方式。某些交换机上全部或部分端口具有 MDI/MDI-X 自动校准功能，可以自动区分网线类型，进行级联时更加方便。

在采用三层架构的大规模网络中，核心层交换机到汇聚层交换机一般采用光缆实现级联，汇聚层交换机到接入层交换机一般采用双绞线实现级联。采用光缆实现级联时，交换机需要配置光缆接口；采用双绞线实现级联时，交换机采用 RJ45 接口。

用交换机进行级联时要注意以下问题：原则上任何厂家、任何型号的交换机均可相互进行级联，但也不排除一些特殊情况下两台交换机无法进行级联；交换机间级联的层数有一定的限度。

成功实现级联的根本原则是，任意两个节点之间的距离不能超过传输介质（光缆或双绞线）的最大跨度。交换机之间用双绞线相连时，最长距离 100 m，通过级联可以增加传输距离，扩展端口数量。多模光缆相连的距离为 550 m，单模光缆相连的距离可达 2 000 m 以上，如果选用特殊的光缆收发器，传输距离可达数十千米或数百千米。

交换机进行级联时，应该尽力保证交换机间的传输链路具有足够的带宽，为此可采用全双工技术和链路聚合技术。交换机端口采用全双工技术后，不但相应端口的吞吐量加倍，而且交换机间的中继距离大大增加，使异地分布的距离较远的多台交换机级联成为可能。链路聚合技术将交换机的多个低带宽端口捆绑成一条高带宽链路，实现链路负载平衡，避免链路出现拥塞现象。

多台交换机级联时，应保证它们都支持生成树(Spanning-Tree)协议，既要防止网内出现环路，又要允许冗余链路存在。

7.1.5 链路聚合和链路冗余

1. 链路聚合

链路聚合通过对交换机的配置，可以将两个以上的端口捆绑，分别负责特定端口的数据转发(如图7-7所示)，防止单条链路转发速率过低而出现丢包的现象。

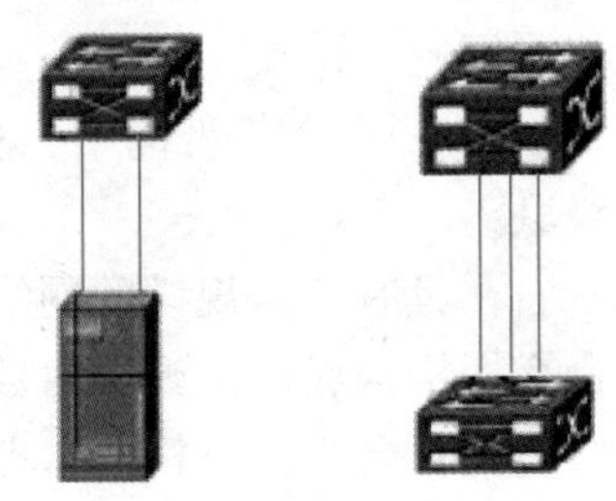

图7-7 链路聚合

链路聚合也称端口汇聚、端口捆绑、链路扩容组合，由IEEE 802.3ad标准定义，IEEE 802.3ad是链路汇聚控制协议(Link Aggregation Control Protocol，LACP)，LACP通过LACP数据单元LACPDU与对端交互信息。

启用某端口的LACP后，该端口将通过发送LACPDU向对端通告自己的系统优先级、系统MAC地址、端口优先级、端口号和操作Key。对端收到该LACPDU后，将其中的信息与本端其他成员端口收到的信息进行比较，以选择能够处于选中状态的成员端口，使双方可以对各自接口的选中/非选中状态达成一致，从而决定可以加入聚合组的链路及加入时间。

将一个端口加入聚合端口，如果聚合端口不存在，则创建聚合端口，配置命令如下：

```
Switch#configure terminal                          //全局配置模式
Switch(config)#interface fastethernet0/11          //配置端口f0/11
Switch(config-if)#port-group port-group-5          //创建f0/11为聚合端口，并将其设置
                                                   //为聚合组5的成员
Switch(config-if)# exit
```

将端口f0/11和f0/12聚合在一起成为聚合端口组5成员的配置命令如下：

```
Switch#configure terminal                          //全局配置模式
Switch(config)#interface range fastethernet0/11-12//将端口f0/11和端口f0/12聚合
Switch(config-if-range)#port-group5                //设置为聚合组5成员
Switch(config-if-range)#exit
```

链路聚合不但可以提供交换机之间的高速连接，还可以为交换机和服务器之间的连接提供高速通道。需要注意的是，并非所有类型的交换机都支持这两种技术。

2. 链路冗余

在骨干网设备连接中，单一链路的连接节省费用，但一个简单的故障就会造成网络的中断。在实际网络组建的过程中，为了保持网络的稳定性，在多台交换机组成的网络环境中，通常使用一些备份链路提高网络的健壮性、稳定性、可靠性。如在三层架构的网络中，核心层到汇聚层往往采用双链路备份连接，以提高网络的可靠性，如图7-8所示。

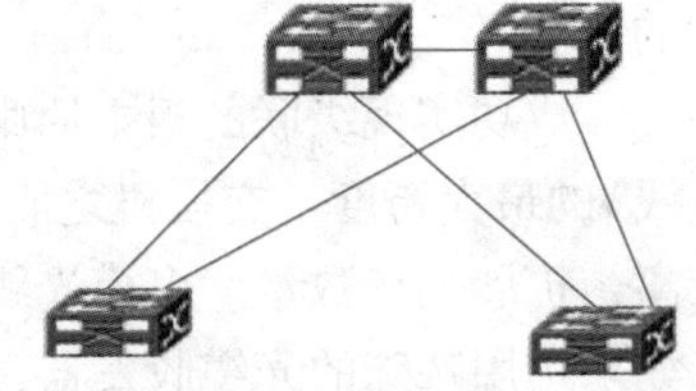

图7-8 链路冗余

备份连接也称备份链路或冗余链路。链路冗余在一个链路或一台交换机失效时，会由另一个链路或另外一台交换机替代其继续工作。

3. 广播风暴

链路聚合与链路冗余容易使网络产生环路。环路问题是备份链路所面临的最严重的问题，交换机之间的环路将导致网络新问题的发生。对于二层交换机来说，两个局域网之间只能有一条活动通路，否则会产生广播风暴。广播风暴就是由于链路冗余存在环路，遇到广播帧时会相互转发，产生数据帧的无限复制，导致大量数据帧出现在网络中，引起网络链路严重堵塞，无法正常转发数据。广播风暴将导致网络无法正常使用，在组网设计中，要防止广播风暴的产生。

网络环路的发生有多种原因，最常见的是链路冗余带来的广播风暴问题，一般采用生成树协议解决网络中存在的冗余链路及环路带来的广播风暴问题。

7.1.6　生成树协议

生成树协议(Spanning Tree Protocol，STP)是为了避免广播风暴，在网络中所有链路组成的一棵无环路的树的网络协议。

当网络中有环路存在时，STP自动切断环路，同时保证网络任意节点间的连通性，实现网络通信，从而防止广播风暴的发生。

STP的技术思路是：不论交换机之间采用怎样的物理连接，启用STP的交换机都能够发现一个没有环路的树型拓扑结构的网络路径，即从任意源节点到目的节点存在一条活动路径，保证网络的连通性，网络中不会存在环路情况，避免广播风暴的产生。

STP能自动发现网络中存在的环路，将冗余链路中的一个设定为主链路，其他设定为备用链路，只通过主链路交换流量。如果主链路发生故障，交换机自动激活被阻断的备用链路以恢复网络的连通性，保证网络的正常通信。

为使以太网更好地工作，STP使得两个节点之间只有一条活动链路。当连接的网络结构发生变化时，交换机重新计算生成树的拓扑。当从一个节点传输数据到另一个节点时，如果出现了两条以上的传输路径，选择距离最短的路径为活动路径。

如图7-9所示的网络中，链路2导致了环路存在，启用STP后，链路3被阻断，消除了环路，通信可以正常进行。如果链路2发生故障，STP将激活链路3，恢复网络的连通性，保证网络的正常通信。

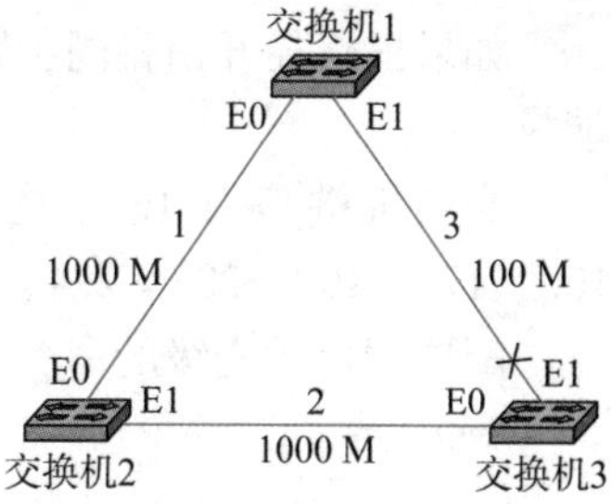

图7-9　存在环路的网络

在网络组建中，采用配置命令启用STP，交换机即可自动实现STP功能。由于交换机默认关闭STP，因此要事先使用如下命令启用STP：

```
Switch#configure terminal                     //全局模式
Switch(config)#spaning-tree                   //开启生成树协议
Switch(config)#spaning-tree mode STP          //采用生成树协议
Switch(config)#end
```

STP在IEEE 802.1d中定义了根桥(Root Bridge)、根端口(Root Port)、指定端口(Designated Port)、路径开销(Path Cost)等概念，通过构造一棵树的方法达到裁剪冗余环路的目的，同时实现链路备份和路径最优化。

STP 的算法要经过选择根交换机、根端口和指定端口 3 个步骤，根桥、指定端口和根端口确定后一棵树就自动生成了。

1. 选择根交换机

要形成生成树，STP 需要在全网中选择一个根交换机。选择根交换机的办法是，比较交换机的优先级和 MAC 地址组成的 BID 值，BID 值小的交换机被选为根交换机。如果交换机的优先级相同，则比较其 MAC 地址，地址值小的被选为根交换机。根交换机的所有端口都为指定端口，指定端口必须进入转发状态。

交换机共有 16 个优先级，分别为 0、4096、8192、12288、16384、20408、24576、28672、32768、36864、40960、45056、49152、53248、57344、61440，默认优先级是 32768。

交换机的优先级可以人为配置，配置优先级的命令如下：

```
Switch#configure terminal                             //全局模式
Switch(config)#spaning-tree priority (0-61440)        //配置优先级
Switch(config)#end
```

在如图 7-9 所示的网络中，交换机以默认配置启动，各交换机的优先级为默认优先级的情况下，MAC 地址最小的交换机为根交换机。设图中交换机 1 的 MAC 地址最小，则该交换机被选为根交换机，所有端口成为指定端口，进入转发状态。

2. 选择根端口

完成根交换机的选择后，需要在非根交换机上选择根端口。根端口是通向根交换机的端口。网络上的非根交换机各自选择一条“最粗壮”的树枝作为到根交换机的路径，相应端口成为根端口。根端口必须进入转发状态。

为了确定根端口，首先要比较根路径的成本，即到根交换机的根路径成本低的端口被选择为根端口。根路径成本取决于路径开销，链路带宽越大，则路径开销越低，选择该端口为根端口。

如果根路径开销相同，则比较路径上交换机端口的优先级，优先级小的端口被选择为根端口。

交换机端口有 16 个优先级，分别为 0、16、32、48、64、80、96、112、128、144、160、176、192、208、224、240，默认优先级是 128。

配置端口优先级的命令如下：

```
Switch#configure terminal                             //全局配置模式
Switch(config)#interface fastethernet xx              //配置端口 xx
spaning-tree priority (0-240)                         //配置优先级
Switch(config)#end
```

在图 7-9 中，交换机 1 到交换机 2，交换机 2 到交换机 3 的链路是千兆链路，默认开销为 4，交换机 1 到交换机 3 的链路是百兆链路，默认开销为 19。交换机 3 从端口 E_1 到根交换机的路径开销的默认值是 19，而交换机 3 从端口 E_0 经过交换机 2 到根桥的路径开销是 8，后者的开销远小于前者，选择端口 E_0 作为根端口。同样，交换机 2 从端口 E_0 到根交换机的路径开销的默认值是 4，而交换机 2 从端口 E_1 经过交换机 3 到根桥的路径开销是 23，前者的开销要远小于后者，选择端口 E_0 作为根端口。

3. 选择指定端口

根交换机上的所有端口都是指定端口，非根交换机处于最优路径上的非根端口为指定端口，指定端口必须进入转发状态。在图 7-9 中，交换机 2 和交换机 3 为非根交换机，处于最优路径上的非根端口是交换机 2 的端口 E_1，交换机 2 的端口 E_1 为指定端口。完成端口选择后，通过阻塞非根交换机上既不是根端口，也不是指定端口裁剪冗余的环路。交换机 3 的端口 E_1 既不是根端口，也不是指定端口，成为禁用端口，进入阻塞状态(图中用"×"表示)。STP 经过一段时间(默认值是 30 s 左右)达到稳定状态，所有端口要么进入转发状态，要么进入阻塞状态，自动生成没有环路的最优网络路径。

7.1.7 VLAN 端口与配置

在交换式以太网中，交换机的所有端口处于一个广播域中，一台主机发出的广播帧可以被所有主机接收，导致网络中的带宽被无用的广播帧占用。

VLAN 技术将局域网划分成多个逻辑上隔离的虚拟网络，每个 VLAN 是一个广播域，发出的广播帧只能在本 VLAN 内传输，不能传输到其他 VLAN。VLAN 对广播帧的隔离降低了广播帧在网络中的比例，有效地提升了网络带宽的利用率。

1. VLAN 标签

在 VLAN 技术中，为了标识数据帧所属的 VLAN，数据帧上需要附加 VLAN 标签(Tag)。交换机在转发数据帧时，不仅要查找 MAC 地址，还要检查端口与 VLAN 是否匹配，决定是否从该端口转发。如果数据帧进入的端口与转发端口属于同一个 VLAN，则属于匹配关系，交换机转发该帧；如果数据帧进入的端口与转发端口不属于同一个 VLAN，则属于不匹配关系，交换机不转发该帧。只有具有相同 VLAN 标签的端口能够互相转发数据。

如图 7-10 所示，交换机给主机 A 和主机 B 发送的数据帧附加了 VLAN10 的标签，给主机 C 和主机 D 发送的数据帧附加了 VLAN20 的标签。在 MAC 地址表中增加了关于 VLAN 标签的记录，交换机在查找 MAC 地址表进行转发操作时，会查看 VLAN 标签是否匹配。

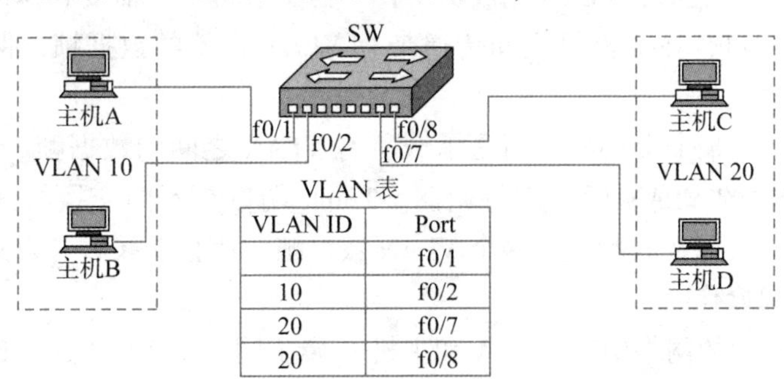

VLAN ID	Port
10	f0/1
10	f0/2
20	f0/7
20	f0/8

图 7-10　VLAN 的通信

当主机 A 发送数据帧给主机 B 时，由于两台主机都属于 VLAN10，交换机将该数据帧从端口 f0/2 转发到主机 B。当主机 A 发送数据帧给主机 C 或主机 D 时，由于它们不属于同一个 VLAN，交换机不转发该数据帧。

基于端口划分 VLAN 的技术标准由 IEEE 802.1q 定义，其标签格式如图 7-11 所示。

VLAN 标签在以太网帧格式的基础上加入了标签字段 Tag，Tag 由 4 个字段组成。

☞ TPID 字段为标签协议标识，指出这是一个封装了 802.1q 的帧。后面的 3 个字段共 16 位，是 VLAN 的控制信息。

☞ Priority 字段为标签协议标识，占用 3 位，指明该数据帧的优先级，共有 8 个优先级。

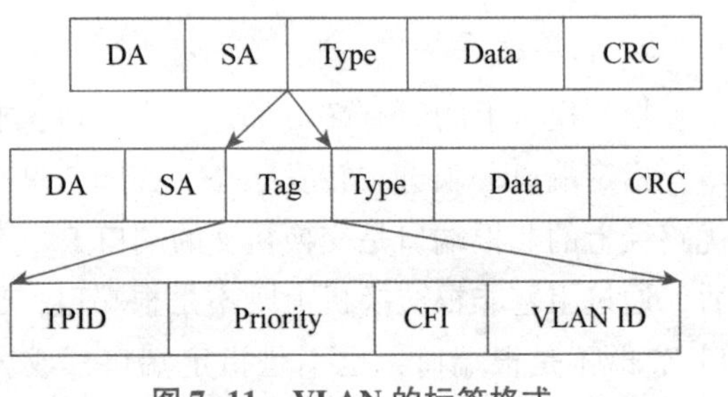

图 7-11　VLAN 的标签格式

☞ CFI 字段占用 1 位，说明帧的规范格式，CFI = 0 为规范格式，用于以太网；CFI = 1 为非规范格式，用于令牌环网或 FDDI 网。

☞ VLAN ID 字段占用 12 位，指明 VLAN 的编号，可以实现 4 096 个 VLAN 编号。每个支持 802.1q 的交换机都会包含这个域，以指明自己属于哪一个 VLAN。

2. Access 端口和 Trunk 端口

数据帧在进入交换机后根据相关 VLAN 的配置被加上 VLAN 标签，通过查找带有 VLAN 关系的 MAC 表，决定数据帧的转发。属于同一个 VLAN 的数据帧将按照 MAC 表中对应端口进行转发。

1) Access 端口

在 VLAN 技术中，端口所属的 VLAN 称端口默认 VLAN，在图 7-10 中，VLAN10 对于端口 f0/0 和 f0/2 是默认 VLAN，VLAN 20 对于端口 f0/3 和 f0/4 是默认 VLAN。只允许默认 VLAN 通过的端口为 Access 端口。Access 端口在收到以太网帧后附加 VLAN 标签，转发出端口时删除标签，对于终端主机或网络中的其他设备是透明的，因此通常用来连接不需要识别 802.1q 的设备，如终端主机、路由器等。

2) Trunk 端口

VLAN 技术在网络中构建虚拟工作组，划分用户到不同的虚拟工作组。当同一个工作组的用户在不同的物理位置时，VLAN 的成员不在一台交换机上，需要在网络中跨交换机，此时需要采用 Trunk 端口，在交换机之间传递带有 VLAN 标签的数据帧，保证数据帧所属的 VLAN 信息不会丢失。

Trunk 端口不属于某个交换机，而是承载所有 VLAN 之间的数据帧。Trunk 端口转发数据帧时，不对数据帧的 VLAN 标签进行剥离。Trunk 端口在不同交换机间建立一条供多个 VLAN 传输的连接，可以接收和发送多个 VLAN 数据帧，而且在接收和发送的过程中，不对 VLAN 标签进行任何操作。

在如图 7-12 所示的网络中，主机 A 和主机 C 属于同一个 VLAN，但连接在不同的交换机上，需要使用 Trunk 端口进行通信。通信情况如下：

(1) 主机 A 发出的数据帧进入交换机 SW_1，被附加 VLAN 10 的标签；

(2) 根据 SW_1 的 MAC 表，数据帧应该向 SW_2 转发，交换机 SW_1 的端口 f0/8 是 Trunk 端口，不对标签进行操作，只将该帧转发给 SW_2；

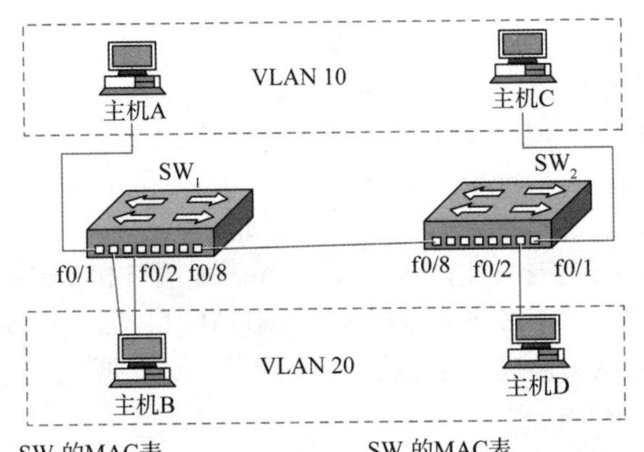

SW_1的MAC表

VLAN ID	Port
10	f0/1 Access 端口
20	f0/1 Access 端口
20	f0/8 Trunk 端口

SW_2的MAC表

VLAN ID	Port
10	f0/1 Access 端口
20	f0/2 Access 端口
20	f0/8 Trunk 端口

图 7-12　VLAN 实例

(3)数据帧进入 SW_2 的端口 f0/8，该端口是 Trunk 端口，不对标签进行任何操作；

(4)根据 SW_2 的 MAC 表将数据帧从 SW_2 的端口 f0/2 转发，在转发出去的过程中，SW_2 的端口 f0/2 是 Access 端口，将该帧的 VLAN 10 标签剥离，以以太帧的形式交给主机 C。

VLAN 在多交换机的环境下，且需要跨交换机时，与计算机相连的端口设置为 Access 端口，交换机之间连接的端口设置为 Trunk 端口。Trunk 端口使用交叉线连接，在不同的交换机之间建立一条主干链路，承载多个 VLAN 的传输。

3. VTP

同一个 VLAN 的成员不在一台交换机上，VLAN 需要跨交换机。为了简化跨交换机的配置，Cisco 公司开发了 VTP(VLAN Trunking Protocol，VLAN 中继协议)。该协议允许在一台交换机(VTP 服务器)上配置 VLAN，并把配置信息通过网络传递到其他交换机，从而减少配置管理 VLAN 的时间。在 VTP 中，一台交换机可以采用服务器(Server)模式、客户机(Client)模式或透明(Transparent)模式。交换机第一次上电时的默认模式是 Server。

☞ 交换机在 Server 模式下可以创建、增加、删除、重新命名 VLAN，被设置为 Server 模式的交换机在完成 VLAN 配置后，将周期性地向其他交换机广播 VLAN 配置信息。

☞ 交换机在 Client 模式下接收 VTP 服务器的 VLAN 配置信息，不能创建、增加、删除、重新命名 VLAN，在启动后需要发送一条请求消息给 VTP 服务器获取最新的 VLAN 配置。

☞ 交换机在 Transparent 模式下可以创建 VLAN，也可以从 VTP 服务器接收 VLAN 配置信息。它将从 VTP 服务器接收到的 VLAN 信息发送到交换机上所有的 Trunk 端口，允许 Client 模式的交换机通过 Transparent 模式的交换机获取 VTP 服务器的 VLAN 配置信息。

4. VLAN 配置

当 VLAN 中的成员位于一台交换机时，交换机的配置比较简单。对于如图 7-11 所示的网络，所有的端口连接计算机，VLAN 配置只要定义 VLAN 和 Access 端口。

```
Switch(config)#vlan 10                  //启用 VLAN 10
Switch(config-vlan)#name technical      //将 VLAN 10 命名为 technical
```

```
Switch(config-vlan)#exit                    // 退出 VLAN 定义
//定义端口 0/1 为 Access 端口
Switch(config)#interface fastethernet 0/1
Switch(config-if)#switchport access vlan 10
Switch(config-if)#exit                      // 退出端口定义
```

当 VLAN 成员位于不同的交换机时，需要定义 Access 端口和 Trunk 端口，并启用 VTP。对于如图 7-12 所示的网络，交换机 SW_1 和 SW_2 的端口 f0/1、f0/2 连接计算机，定义为 Access 端口，而端口 f0/8 连接交换机，定义为 Trunk 端口，配置如下：

```
Switch(config) #vpt domian vd1
Switch(config) #vlan 10
Switch(config) #exit
Switch(config)#interface f0/1
Switch(config-if)#switchport access vlan 10
Switch(config)#interface f0/2
Switch(config-if)#switchport access vlan 10
Switch(config)#interface f0/8
Switch(config-if)#switchport trunk
Switch(config) #exit
```

同一个 VLAN 内的主机通过 Access 端口和 Trunk 端口实现通信，不同 VLAN 内的主机则通过 3 层交换机或路由器实现通信。

1)使用路由器实现不同 VLAN 之间的通信

路由器的一个接口对应一个 VLAN，建立一个逻辑子连接，在交换机上则定义一个 Trunk 端口，该端口属于所有的 VLAN。把路由器的接口与交换机的端口连接，对该接口进行相应的配置，实现不同 VLAN 成员之间的通信。由于路由器只有一个端口连接交换机，称为单臂路由器。使用路由器实现不同 VLAN 之间的通信如图 7-13 所示。

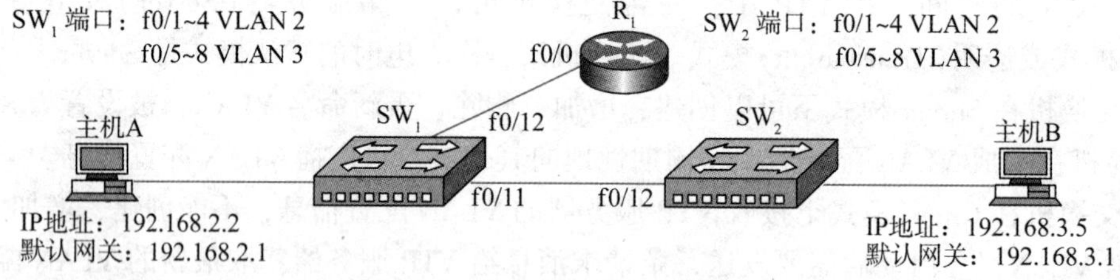

图 7-13　使用路由器实现不同 VLAN 之间的通信

交换机 SW_1 和 SW_2 属于二层交换机，不同 VLAN 之间的通信通过路由器 R_1 实现。交换机 SW_1 和 SW_2 通过 Trunk 端口 f0/11 和 f0/12 连接，路由器 R_1 和交换机 SW_1 通过 Trunk 端口 f0/12 和 f0/0 连接。网络上划分了两个 VLAN，分别为 VLAN 2、VLAN 3，其中，SW_1 的端口 f0/1 ~4 划分在 VLAN 2，端口 f0/5 ~8 划分在 VLAN 3；SW_2 的端口 f0/1 ~4 划分在 VLAN 2，端口 f0/5 ~8 划分在 VLAN 3。

☞ 交换机 SW_1 的配置：启用 VTP，工作在 Server 模式，端口 f0/1 ~4 配置到 VLAN 2，端口 f0/5 ~8 配置到 VLAN 3，端口 f0/11、f0/12 设置为 Trunk 端口。

```
Switch(config)#vlan 2
Switch(config-vlan)# name market              //将 VLAN 2 命名为 market
Switch(config-vlan)#exit
Swith(config)#vlan 3
Switch(config-vlan)# name develop             //将 VLAN 3 命名为 develop
Switch(config-vlan)#exit
Switch(config)#vtp mode server                //选择 Server 模式
Switch(config)#
//定义端口 0/1 ~4 为 Access 端口
Switch(config)# interface range fastethernet 0/1-4
Switch(config-if-range)#switchport access vlan 2
//定义端口 0/5 ~8 为 Access 端口
Switch(config)# interface range fastethernet 0/5-8
Switch(config-if-range)#switchport access vlan 3
Switch(config-if-range)#exit
Switch(config)#
Switch(config)#interface f0/11
Switch(config-if)#switchport trunk allowed vlan all
Switch(config) #exit
Switch(config)#
Switch(config)#interface f0/12
Switch(config-if)#switchport trunk allowed vlan all
Switch(config) #exit                          //退出
```

☞ 交换机 SW_2 的配置：启用 VTP，工作在 Client 模式，端口 f0/1 ~4 配置到 VLAN 2，端口 f0/5 ~8 配置到 VLAN 3，端口 f0/12 设置为 Trunk 端口。

```
Switch(config)#vtp mode Client                        //选择 Client 模式
Switch(config)# interface range fastethernet 0/1-4    //定义端口 f0/1 ~4 为 Access 端口
Switch(config-if-rangge)#switchport access vlan 2
Switch(config)# interface range fastethernet 0/5-8    //定义端口 f0/5-8 为 Access 端口
Switch(config-if-rangge)#switchport access vlan 3
Switch(config-if-rangge)#exit
Switch(config)#
Switch(config)#interface f0/12
Switch(config-if)#switchport trunk allowed vlan all
Switch(config) #exit                                  //退出
```

SW_2 没有创建 VLAN 2、VLAN 3，由于 SW_2 被设置为 Client 模式，被设置为 Server 模式的 SW_1 上的 VLAN 2、VLAN 3 设置会自动传递给 SW_2。

☞ 路由器 R_1 的配置：对接口 f0/0 进行端口设置，并对该接口进行子接口 f0/0.2 和 f0/0.3 设置，f0/0.2 对应 VLAN 2，f0/0.3 对应 VLAN 3，并对接口封装 Dot1Q 协议。

```
Router>enable
Router#configure terminal
Router(config)# interface f0/0
Router (config-if)#no shutdown                        //激活接口 f0/0
Router(config-if)#exit
Router (config)#int f0/0.2                            //配置子接口 f0/0.2
Router (config-subif)# encapsulation dot1Q 2          //对子接口 f0/0.2 封装 Dot1q 协议
Router(config-subif)# ip add 192.168.2.1 255.255.255.0  //设置子接口的 IP 地址
Router (config-subif)# no shutdown                    //激活子接口 f0/0.2
Router(config-subif)#exit
Router (config)#int f0/0.3                            //配置子接口 f0/0.3
Router (config-subif)# encapsulation dot1q 3          //对接口 f0/0.3 封装 Dot1Q 协议
Router (config-subif)# ip add 192.168.3.1 255.255.255.0  //设置子接口的 IP 地址
Router (config-subif)# no shutdown                    //激活子接口 f0/0.2
Router(config-subif)#exit                             //退出
```

在以上例子中，主机 A 属于 VLAN2，主机 B 属于 VLAN3，当两台主机通信时，主机 A 通过默认网关将数据帧送到 SW_1。由于使用 Access 端口，数据帧被附上 VLAN2 标签，由于主机 B 属于 VLAN 3，需要通过路由器 R_1 转发，路由器查找路由表，主机 B 属于 192.168.3.0 网络，需要从 f0/0.3 子接口转发，并经 SW_1 和 SW_2 建立的主干链路传输到 SW_2 的接口 f0/2。数据帧到达 SW_2 后，通过 VLAN 关系表得到，主机 B 连接在 SW_2 的端口 f0/5 上，数据帧的 VLAN 标签被删除，并从端口 f0/5 转发，到达主机 B。

2）使用三层交换机实现不同 VLAN 之间的通信

三层交换机具有第二层的全部功能和第三层的路由功能。它将同一个网段的帧直接转发到相应端口，将不同网段的帧先路由到相应的网段，再转发到相应的端口。三层交换机的路由和交换在同一个设备中进行，便于整合交换和路由技术的优点，实现快速路由和交换。

通过开启三层交换机的虚拟接口（Switch Virtual Interface，SVI）可以实现 VLAN 之间的路由。在三层交换机上创建各个 VLAN 的虚拟接口，并设置 IP 地址，将所有 VLAN 连接的主机的网关指向该虚拟接口的 IP 地址。

在如图 7-14 所示网络中，SW_1 是三层交换机，SW_2 是二层交换机，SW_2 的端口 f0/1 ~ f0/4 划分到 VLAN2，端口 f0/5 ~ f0/8 划分到 VLAN3，主机 A 和主机 B 分别连接端口 f0/4 和 f0/8，通过三层交换机 SW_1 实现不同 VLAN 之间的通信。

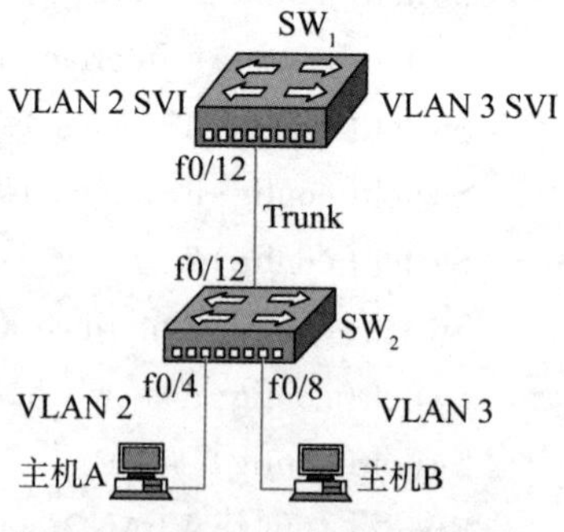

图 7-14　用三层交换机实现不同 VLAN 之间的路由

☞ 二层交换机 SW_2 的配置：在二层交换机上划分 VLAN2 和 VLAN3，将端口 f0/12 设置为 Trunk 端口，端口 f0/4 和 f0/8 设置为 Access 端口。

```
SW2
Switch(config)#vlan 2
Switch(config-vlan)# exit                             //划分 VLAN2
```

```
Switch(config)#vlan 3                                //划分 VLAN 3
Switch(config-vlan)#exit                             //退出
Switch(config)#
Switch(config)# interface range fastethernet0/1-4    //定义端口 f0/1～4 为 Access 端口
Switch(config-if-rangge)#switchport access vlan 2
Switch(config-if-rangge)#exit
Switch(config)# interface range fastethernet 0/5-8   //定义端口 f0/5～8 为 Access 端口
Switch(config-if-rangge)#switchport access vlan 3
Switch(config-if-rangge)#exit
Switch(config)#
```

☞ 三层交换机 SW_1 的配置：划分网段，VLAN 2 的 IP 网段为 192.168.2.0，VLAN 3 的 IP 网段为 192.168.3.0，在 SW_1 上创建虚拟接口；SW_1 的端口 f0/12 设置为 Trunk 端口，并封装 VLAN Trunk 协议 Dot1Q。

```
SW1
Switch(config)#interface f0/12                       //进入端口配置模式
Switch(config-if)#switchport trunk encapsulation dot1q //定义端口 f0/12 为 Trunk 端口
Switch(config-if) #exit                              //退出
Switch(config)# interface vlan 2                     //创建 VLAN 2 的虚拟接口
Switch(config-if)#ip addresss 192.168.2.1 255.255.255.0  //设置 VLAN 2 的网关地址
Switch(config-if) #exit
Switch(config)# interface vlan 3                     //创建 VLAN 2 的虚拟接口
Switch(config-if)#ip addresss 192.168.3.1 255.255.255.0  //设置 VLAN 3 的网关地址
Switch(config-if) #exit
Switch(config)# ip routing                           //开启三层交换机的路由功能
Switch(config)# exit                                 //退出
```

7.1.8 交换机的堆叠

小区、学生宿舍等网络部署需要大量的网络端口，此时可以通过堆叠来实现。堆叠将一台以上的交换机组合起来共同工作，以便在有限的空间内提供更多的端口。多台交换机经过堆叠形成一个堆叠单元。堆叠的交换机在逻辑上相当于一台模块化的交换机，作为一个单元设备进行管理，给网络管理带来极大的便利。

堆叠是级联的特殊形式，它们的不同之处在于：在传输介质许可的范围内级联的交换机之间可以相距很远，而一个堆叠单元内多台交换机之间的距离非常近，一般为几米；级联一般采用普通端口，而堆叠一般采用专用的堆叠模块和电缆。

1. 堆叠的要求

并不是所有的交换机都支持堆叠，这取决于交换机的品牌、型号是否支持堆叠。堆叠需要使用支持堆叠的交换机，还需要使用专门的堆叠电缆和堆叠模块，一般采用同一品牌的设备。

可堆叠的交换机性能指标中有一个“最大可堆叠数”的参数，它是指一个堆叠单元中所能堆叠的最大交换机数，代表一个堆叠单元中所能提供的最大端口密度。

堆叠应该满足以下要求：采用专用堆叠模块和堆叠总线进行堆叠，不占用网络端口；整个堆叠可以使用一个管理 IP 地址进行管理，多台交换机堆叠后，具有足够的系统带宽，从而保证堆叠后每个端口仍能达到线速交换；多台交换机堆叠后，VLAN 等功能不受影响。

2. 连接模式

堆叠的交换机有两种连接模式：菊花链模式和星型模式，如图 7-15 所示。

1) 菊花链模式

菊花链模式是链式连接，提供集中管理的扩展端口，采用高速端口和软件实现堆叠，对于多交换机之间的转发效率并没有提升。

菊花链模式将交换机以环路的方式组建成一个堆叠组。使用堆叠交换机专用的端口 DOWN 和 UP 进行连接，上一个 DOWN 连接下一个 UP，最后一个 UP 连接第一个 DOWN，但是最后一根从上到下的堆叠电缆只具有冗余备份作用，数据包要历经中间所有交换机。

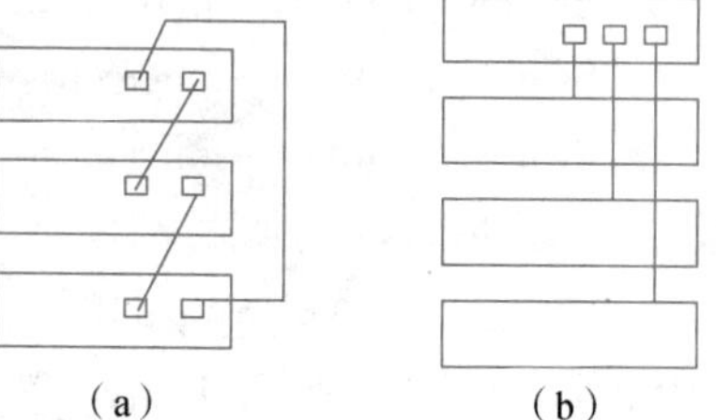

图 7-15 堆叠的连接模式

(a) 菊花链模式；(b) 星型模式

菊花链模式的效率较低，尤其在堆叠层数较多时，堆叠端口会成为严重的系统瓶颈，因此堆层数不宜太多。

2) 星型模式

星型模式采用堆叠中心和堆叠组成员交换机组成堆叠。所有堆叠成员连接到堆叠中心，构成星型连接。堆叠中心由高速交换机构成，所有堆叠交换机通过专用堆叠模块上的端口实现主交换机的连接。

星型模式使所有的堆叠组成员交换机到达堆叠中心 Matrix 的级数缩小到一级，任何两个端节点之间的转发需要且只需要经过 3 次交换，转发效率与一级级联模式的边缘节点通信结构相同。与菊花链模式相比，星型模式可以显著地提高堆叠成员之间数据的转发速率。

堆叠可以大大提高交换机的端口密度和性能。堆叠单元具有大型机架式交换机的端口密度和性能，而投资却比机架式交换机便宜得多，实现灵活。

【例 7-1】 使用交换机组网，实现对学校图书馆资源的访问。

【解】 网络采用三层架构，3 台核心层交换机分别部署在网络中心机房、学生宿舍机房和图书馆机房：

☞ WWW、DNS、E-mail 等网络服务器连接网络中心机房的核心层交换机，提供全校的访问服务；

☞ 地理位置靠近网络中心机房位置的楼宇通过放在各楼宇的汇聚层交换机连接网络中心机房的核心层交换机；

☞ 图书馆有大量的电子资源供师生使用，在图书馆机房部署一台核心层交换机，处理师生对图书馆电子资源的访问；

☞ 学生宿舍接入层具有大量的接入信息点，部署一台核心层交换机处理大流量访问；

☞ 学生计算机终端在学生宿舍要访问图书馆电子资源时，计算机终端从学生宿舍接入层接入网络，经本楼宇的汇聚层交换机转发到学生宿舍的核心层交换机，再继续转发到图书馆的核心层交换机，最后由图书馆的核心层交换机转发到电子资源服务器，实现对电子资源的访问。

组网实现如图 7-16 所示。

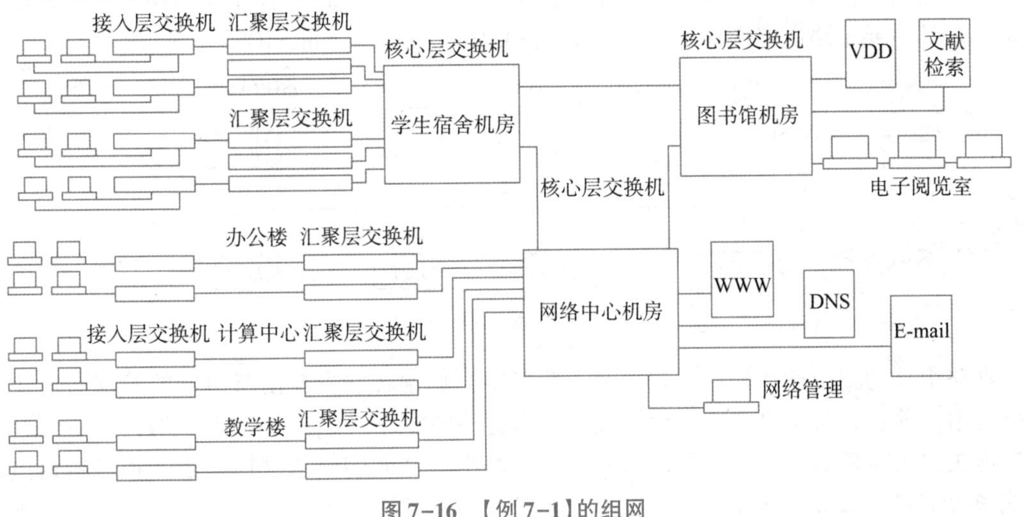

图 7-16　【例 7-1】的组网

7.2　路由器组网技术

路由器组网通过路由器实现不同网络的互连。

7.2.1　路由器的选择

1. 类型选择

1) 高端路由器、中端路由器、低端路由器

路由器按照性能高低进行分类有高端路由器、中端路由器、低端路由器。吞吐量大于 40 Gb/s 的路由器为高端路由器，吞吐量在 25 ~ 40 Gb/s 的路由器为中端路由器，吞吐量低于 25 Gb/s 的路由器为低端路由器。

各厂家划分并不完全一致，以网络产品市场占有率最大的 Cisco 公司为例，12000 系列为高端路由器，7500 以下系列路由器为中低端路由器。

2）模块化路由器、非模块化路由器

路由器按照是否可以加装模块分为模块化路由器和非模块化路由器。模块化路由器具有插槽，通过加装模块灵活地配置路由器，以适应企业不断增加的业务需求；非模块化路由器没有插槽，只能提供固定的端口。低端路由器一般采用非模块化结构，中、高端路由器一般采用模块化结构。

模块化路由器的接口类型及部分扩展功能可以根据用户的实际需求来配置，在出厂时只提供基本的路由功能，用户可以根据所要连接的网络类型选择相应的模块，不同的模块可以提供不同的连接和管理功能。例如，大多数模块化路由器允许用户选择网络接口类型，有些模块化路由器可以提供 VPN 等功能模块，有些模块化路由器提供防火墙功能等。目前的多数路由器都是模块化路由器。

2. 硬件选择

路由器由硬件和软件组成。硬件主要由 CPU、内存、接口和控制端口组成，如图 7-17 所示；软件主要是路由器操作系统(Intemetwork Operating System，IOS)。

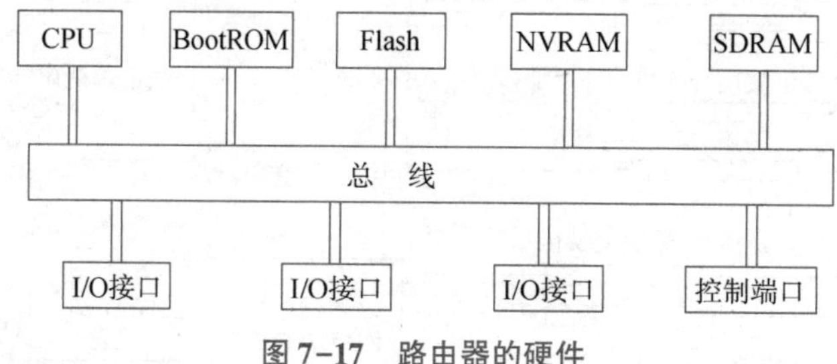

图 7-17　路由器的硬件

在路由器的路由选择和数据转发两大功能中，数据转发主要由路由器的数据通道实现，数据通道功能包括转发决定、背板转发及输出链路调度等，一般由特定的硬件完成；路由选择功能主要由软件实现，其功能包括完成相邻路由器之间的信息交换，建立和更新路由表，完成系统配置和系统管理等。

1)CPU

路由器的 CPU 负责路由器的配置管理、数据包的路由和转发，如维护路由转发表、路由运算等。路由器对数据包的处理速度很大程度上取决于 CPU 的类型和性能。Cisco 路由器一般采用 Motorola 68030 和 Orion/R4600 等处理器。

2)内存

路由器内存主要有启动只读存储器(BootROM)、快速闪存(Flash)、非易失性内存(NVRAM)、动态随机存储器(SDRAM)。每种内存以不同方式协助路由器工作。

☞ BootROM 只能读取而不能写入，通常用来存储生产厂家固化写入的程序数据和路由器初始化的系统文件，负责引导、诊断等，主要包含系统加电自检代码(POST)、系统引导区代码(BootStrap)和 IOS 备份。系统加电自检代码检测路由器中各硬件部分是否完好；系统引导区代码启动路由器并载入 IOS；IOS 备份在原有 IOS 操作系统被删除或破坏时使用。

☞ Flash 为可读写存储器，具有更新速度快，断电时仍能保存数据的特点。路由器中的 Flash 存放当前使用的操作系统，在系统重新启动或关机后仍能保存数据。路由器的 Flash 内容可以使用 FTP 方便地从路由器备份到备份服务器，也可从备份服务器恢复到路由器，可以较好地支持操作系统升级。

☞ NVRAM 为可读写存储器，在系统重新启动或关机后仍能保存数据，用于保存启动配置文件(Startup-Config)，容量较小，通常在路由器上只配置 32～128KB 大小的 NVRAM。NVRAM 的速度较快，成本也比较高。

☞ SDRAM 是可读写存储器，存储的内容在系统重启或关机后将被清除，在路由器中作为主存使用，在运行期间暂时存放操作系统和数据，让路由器能迅速访问这些信息。SDRAM 的存取速度优于 BootRQM、Flash 和 NVRAM 的存取速度。运行期间，RAM 中包含路由表项目、ARP 缓冲项目、日志项目和队列中排队等待发送的帧，以及运行配置文件(Running-config)、正在执行的代码、IOS 程序和一些临时数据信息。

在路由器中，BootROM、Flash、SDRAM、NVRAM 配合工作，共同实现路由器的工作。路由器加电启动的工作过程如下：

(1)系统硬件加电自检，自动运行 BootROM 中的硬件检测程序，检测各组件是否正常工作；

(2)软件初始化，运行 BootROM 中的 BootStrap 程序，进行初步引导工作；

(3)将 Flash 中的 IOS 载入 SDRAM，装载完毕后，系统在 NVRAM 中搜索 Startup-Config 文件，进行系统配置。如果 NVRAM 中存在 Startup-Config 文件，则将该文件调入 SDRAM 中并逐条执行，否则系统进入 Setup 模式，进行路由器初始配置。

3)接口

路由器接口是连接网络的物理链路接口，也是数据包输入和输出的端口，通常由线卡提供，一块线卡一般支持 4、8 或 16 个端口。

(1)接口的功能如下：

☞ 进行数据链路层的封装和解封装。

☞ 在转发表中查找数据包的目的地址从而决定目的端口(路由查找)，路由查找可以使用一般的硬件实现，也可以通过在每块线卡上嵌入一个微处理器来完成。

☞ 为了提供 QoS，端口要将收到的包分成几个预定义的服务级别。

☞ 端口可能需要运行 SLIP(串行线网际协议)和 PPP(点对点协议)等数据链路级协议，以及 PPTP(点对点隧道协议)等网络级协议。

☞ 路由查找完成后必须用交换开关将包送到其输出端口。如果路由器是输入端加队列的，则有几个输入端共享一个交换开关，输入端口的最后一项功能是对共享交换开关的仲裁。

(2)接口的种类。路由器具有局域网接口和广域网接口，能够实现局域网与局域网、局域网与广域网、广域网与广域网之间的连接。

路由器中常见的接口有以太网接口(RJ 45 端口)、AUI 端口、高速同步串口(SERIAL)、异步串口、ISDNBRI 端口。RJ 45 端口和 AUI 端口属于局域网端口，高速同步串口、异步串口和 ISDNBRI 端口属于广域网接口。

☞ RJ 45 端口是常见的端口，是双绞线以太网端口，一般用于百兆速率标准 100Base-TX。

☞ AUI 端口是 D 型 15 针接口，主要是用于早期使用粗同轴电缆作为传输介质的 10Base-5 网络进行连接的以太网端口。

☞ 高速同步串口是广域网连接中应用最多的端口，主要用于连接目前应用非常广泛的 DDN、帧中继(FrameRelay)、X. 25、PSTN(模拟电话线路)等网络连接模式。

☞ 异步串口(ASYNC)主要用于 Modem 或 Modem 池的连接，实现远程计算机通过公用电话网拨入网络。

☞ ISDNBRI 端口用于 ISDN 线路通过路由器实现与 Internet 或其他远程网络的连接，用于目前的大多数双绞线铜线电话线。ISDNBRI 的 3 个通道总带宽为 144 Kb/s。其中两个通道是 B(荷载 Bearer)通道，速率为 64 Kb/s，用于传输声音、影像和数据；第三个通道是 D(数据)通道，速率为 16 Kb/s，用于传输信令。

ISDN 有两种速率连接端口，分别是基本速率接口 ISDNBRI 和基群速率接口 ISDNPRI，基于 T1(23B+D)或 E1(30B+D)，总速率分别为 1. 544 Mb/s 或 2. 048 Mb/s。ISDNBRI 采用 RJ 45 标准，与 ISDNNT1 的连接使用 RJ 45-RJ 45 直通线。

(3)接口编号。路由器的接口类型较为复杂，每个接口都有名称和编号，接口的名称由类型标志与数字编号构成，编号从 0 开始。

☞ 接口固定或采用模块化接口的路由器：接口名称采用一个数字，并根据它们在路由器的物理顺序进行编号，如 Ethernet0 表示第一个以太网接口，Serial0 表示第一个串口。

☞ 支持在线插拔和删除或具有动态更改物理接口配置的路由器：接口名称中至少包含两个数字，中间用斜杠“/”分割。其中，第一个数字代表插槽编号，第二个数字代表接口卡内的端口编号，如 Cisco3600 系列路由器中，Serial3/0 表示位于 3 号插槽上的第一个串口，Serial2/0 表示位于 2 号插槽上的第一个串口。

☞ 支持万用接口处理器(VIP)的路由器：接口编号形式为插槽/端口适配器/端口号，如 Cisco7500 系列路由器中，Ethernet4/0/1 表示 4 号插槽上第一个端口适配器的第二个以太网接口。

4)控制端口

路由器不带输入和终端显示设备，需要进行必要的配置后才能正常使用。一般的路由器都带有控制端口 Console，用来与计算机或终端设备进行连接，并通过特定的软件进行路由器配置。所有路由器都安装了控制台端口，用户或管理员可以使用控制端口与路由器进行通信，完成路由器配置。

Console 端口使用配置专用连线直接连接计算机串口，利用终端仿真程序(如 Windows 下的“超级终端”)进行路由器本地配置。路由器的 Console 端口多为 RJ45 端口。

3. 参数选择

路由器的参数反映了路由器具备的功能、性能指标、支持的网络协议，是组网的重要依据。

☞ 接口种类：常见的接口有通用串行接口，通过电缆转换成 RS232 DTE/DCE 接口、V.35 DTE/DCE 接口、X.21 DTE/DCE 接口、RS449 DTE/DCE 接口和 EIA530 DTE 接口等；10M 以太网接口、快速以太网接口、10/100 自适应以太网接口、千兆以太网接口；令牌环接口、FDDI 接口、E_1/T_1 接口、E_3/T_3 接口、ISDN 接口等；ATM 接口(2M、25M、155M、633M 等)、POS 接口(155M、622M 等)；SONET 端口、SONET 帧 OC3/STM1、OC12/STM4。

☞ 用户可用插槽数：模块化路由器中除 CPU 板、时钟板等必要系统板及系统板专用槽位外用户可以使用的插槽数。用户可用插槽数表示了路由器的扩展能力，插槽数越多，可选配插入的模块就越多，路由器的扩展能力就越强。根据插槽数和用户板端口密度可以计算路由器所支持的最大端口数。

☞ CPU：在中低端路由器中，CPU 负责交换路由信息、查找路由表及转发数据包。CPU 的能力直接影响路由器的吞吐量(路由表查找时间)和路由计算能力(影响网络路由收敛时间)。在高端路由器中，包转发和查表通常由 ASIC 芯片完成，CPU 只实现路由协议、计算路由、分发路由表。由于技术的发展，路由器的许多工作都可以由硬件实现(专用芯片)。CPU 性能并不完全反映路由器性能，路由器性能由路由器吞吐量、时延和路由计算能力等指标体现。

☞ 路由器内存：内存存储配置信息、路由器操作系统、路由协议软件等内容。在中低端路由器中，路由表可能存储在内存中。路由器内存通常越大越好，但不直接反映路由器性能。

☞ 端口密度体现路由器产品制作的集成度。由于路由器体积不同，该指标应当折合成机架内每英寸的端口数。为了直观和方便，通常可以使用路由器对每种端口支持的最大数量来替代。

☞ 路由协议支持：一个好的路由器产品应该支持更多的路由协议，目前使用的主要内部网关路由协议有距离向量路由协议 RIP-1、RIP-2、IGRP、EIGRP 和链路状态路由协议 IS-IS 和 OSPF 等。RIP 和 OSPF 是网络中使用最多的路由协议，RIP 在 RFC 1058 规定，OSPF 协议在 RFC 1131 规定。

☞ 策略路由方式：路由器除了可以将目的地址作为选择路径的依据以外，还可以根据 TOS 字段、源端口号和目的端口号(高层应用协议)为数据包选择路径。策略路由可以在一定程度上实现流量工程，为不同服务质量的流或不同性质的数据(语音、FTP)选择不同的路径。

☞ 端口吞吐量：端口的包转发能力，使用 pps 衡量。

☞ 设备吞吐量：设备整机的包转发能力，是设备性能的重要指标，通常使用每秒转发的最小包数量来衡量。路由器根据 IP 包头或 MPLS 标记选择路由，设备吞吐量通常小于路由器所有端口的吞吐量之和。

☞ 路由表能力：路由表内所容纳路由表项数量的极限。由于 Internet 上执行 BGP 的路由器通常拥有数十万条路由表项。路由表能力是路由器能力的重要体现。

☞ QoS 分类方式：路由器可以区分 QoS 所依据的信息，最简单的 QoS 分类可以基于端口。路由器可以依据链路层优先级(802.1q 中规定)、上层内容(TOS 字段、源地址、目的地址、源端口、目的端口等信息)来区分数据包的优先级。

☞ 帧语音支持方式：在企业中，路由器帧语音承载能力非常重要。在远程办公室与总部之间，支持帧语音的路由器可以使电话通信和数据通信一体化，有效地节省长途话费。在目前的技术环境下，帧语音可以使用 ATM、帧中继、IP 承载。ATM 承载语音可以分 AAL1 和 AAL2 两种：AAL1 即电路仿真，技术非常成熟但成本较高；AAL2 技术较先进，但是当前的 ATM 接口通常不支持。帧中继承载语音也比较成熟，成本相对较低。IP 承载语音目前较流行，成本最低，但是难以保证通话质量。

☞ 语音压缩能力：语音压缩是 IP 电话节约成本的关键之一，通常使用 G.723 和 G.729。G.723 在 ITU-T 建议 G.723.1(1996)，语音编码器在 5.3 和 6.3 Kb/s 多媒体通信传输双率语音编码器中规定，相对压缩比较高，压缩时延较大。G.729 在 ITU-T 建议 G.729(1996)，8 Kb/s 共轭结构代数码激励线形预测(CS-ACELP)语音编码中规定，压缩比较低，通话质量较好。

4. 路由器的体系结构

从体系结构上看，路由器可以分为共享总线结构、并行处理结构、纵横交换结构、并行处理与纵横交换结合 4 种类型。

☞ 共享总线结构：与 PC 的结构相似，各接口通过共享总线共享路由器的 CPU 和内存。当接口接收到一个 IP 包时，通过总线交给 CPU 处理。CPU 为该包确定路由后，通过总线发送给相应的接口。CPU 要处理每一个数据包，两次占用总线，转发由软件实现，转发速率慢，目前已经很少使用。

☞ 并行处理结构：每块网络链路接口配有独立的 CPU 与内存，可以并行处理包的转发。某个接口接收到一个 IP 包时，由该接口配有的 CPU 进行处理。CPU 确定路由后，通过总线发送给相应的接口。在并行处理结构中，数据包的封装和解封、路由查找、共享交换的仲裁可以在单块的链路端口中进行。

☞ 纵横交换结构：在链路接口之间采用纵横交换背板替代共享总线，使接口之间更加畅通，大大提高了转发速度。

☞ 并行处理与纵横交换结合：结合并行处理和纵横交换的优点，实现各接口之间的并行处理及各个接口之间多个 IP 包的同时转发，极大地提高了转发效率和路由器的性能，是目前高端路由器主要采用的体系结构。

5. 常用的路由器

Cisco 3700 系列路由器是 Cisco 公司性价比较高的模块化路由器，提供 IP 通信、语音网关、灵活路由、低密度交换等功能，提供的虚拟专网(VPN)模块集成了路由、防火墙、入侵检测、VPN 功能，适用于企业分支机构和远程办公室外连网。

Cisco 3700 系列路由器提供了两个固定的两个以太网接口 Fast Ethernet 0/0 和 Fast Ethernet 0/1，在插槽 2 中加入了一个 36 口的 Fast Etherne 模块，可以方便地将交换技术和路由技术集成在一个平台上；另外提供了 3 个 Serial 接口和 2 个 T_1 接口，实现与广域网的连接。

Cisco 3700 系列有 Cisco3725 路由器和 Cisco3745 路由器两种型号，Cisco3725 路由器有 2 个模块插槽，用户可以根据需要选择和插入不同类型的网络模块，共有 70 多种类型的网络模块可供选择，支持的网络接口类型有 Ethernet/Fast Ethernet/Giba bit、ISDN、令牌环、同步/异步串行口、ATM、ADSL 等。Cisco 3745 路由器有 4 个模块插槽。

7.2.2 路由器的配置

1. 配置方法

路由器有 5 种基本配置方法：

①使用笔记本电脑通过 Console 端口进行配置；

②通过 AUX 端口连接 Modem 进行远程登录配置；

③通过 Telnet 进行远程登录配置；

④通过浏览器访问路由器进行配置；

⑤通过 SNMP 网管协议管理路由器，进行路由器配置。

2. 配置模式

路由器存在用户模式、特权模式、全局模式 3 种配置模式。

☞ 用户模式：初始登录时，路由器在用户模式，用户模式的提示符为：Router>。在用户模式下，用户只能运行少数查看类命令，而不能对路由器进行配置。

☞ 特权模式：在用户模式下输入“enable”命令进入特权模式，特权模式的缺省提示符为：Router #。在特权模式下可以查看当前设备的配置信息及其状态，并进行少量的配置工作。

☞ 全局模式：在特权模式下输入“configur terminal”进入全局模式，全局模式的缺省提示符为：Router (config) #。从全局配置模式可以进入不同的特定配置模式。每种特定的配置模式可以配置交换机的特定部分或特定功能。

3 种模式的关系如图 7-18 所示。

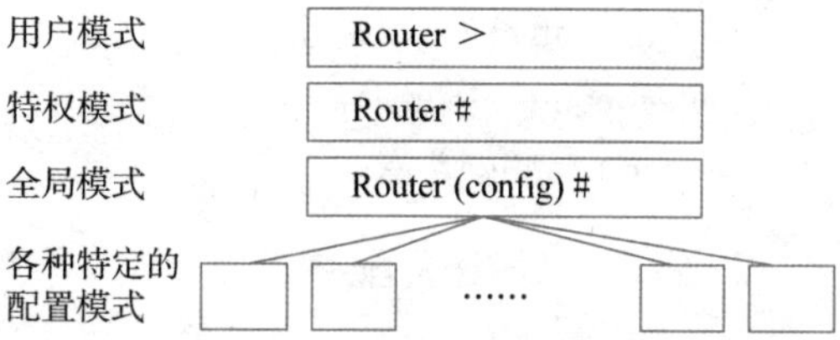

用户模式　Router >
特权模式　Router #
全局模式　Router (config) #
各种特定的配置模式　……

图 7-18　路由器的配置模式

3. 配置命令

在任何一种模式下都可以用"exit"命令返回上一级模式，输入"end"命令可以直接返回特权模式。路由器的配置命令丰富，常用的操作命令如下。

(1) show(sh)：检查、查看命令，用于查看当前配置状况。

```
Router #   show   version                          //查看 IOS 的版本
Router #   show   flash                            //查看 Flash 的使用状况
Router #   show   running-config                   //查看运行配置
Router #   show   startup-config                   //查看保存的配置文件
Router #   show   interface   type slot/number     //查看接口信息
Router #   show   ip route                         //查看路由信息
```

(2) 配置路由器的名称。

```
Router>enable
Router #
Router # configur terminal
Router (config)# hostname   R1                     //设置路由器名称为 R1
R1 (config)# exit
R1 # write                                         //保存配置信息
```

(3) 配置路由器的密码。

```
Router>enable
Router #
Router # configur terminal
Router (config)# enablepassword   cisco            //设置进入特权模式的普通密码
                                                   //为 cisco
Router (config)# exit
```

(4) 配置路由器的接口。

```
Router>enable
Router #
Router # configur terminal
Router (config)# interface serial 1/2              //设置进入 S1/2 的接口模式
Router (config-if)# ip address 192. 168. 1. 1   255. 255. 255. 0   //配置 S1/2 口的 IP 地址
Router (config-if)# no shutdown                    //开启 S1/2 口，转发数据
Router (config-if)# exit
```

(5) 配置路由协议。

```
Router>enable
Router #
Router # configur terminal
```

```
router(config)# router rip                          // 启用 RIP
router(config-router)#
Router (config)# exit
```

7.2.3 路由表配置

路由表表项的信息有直连路由、静态路由和动态路由表项信息 3 种。

静态路由不能对网络的改变做出反应，一般用于网络规模不大、拓扑结构固定的网络，具有简单、高效、可靠的优点。在所有的路由中，静态路由的优先级最高，当它与动态路由的内容发生冲突时，以静态路由为准。当一个数据包在路由器中寻址时，路由器首先查找静态路由，如果路由表项信息设置了静态路由信息，则根据相应的静态路由转发数据包，如果没有对应信息则查找动态路由。

1. 静态路由配置

静态路由配置的命令格式如下：

```
router(config)# ip route <network-address>
<subnet-mask> {<next hop address>}
```

【例 7－2】 某小型网络的互连情况如图 7－19 所示，局域网 172. 1. 1. 0/24 和 172. 1. 3. 0/24 通过路由器 R_1 和 R_2 进行通信，对其进行路由配置。

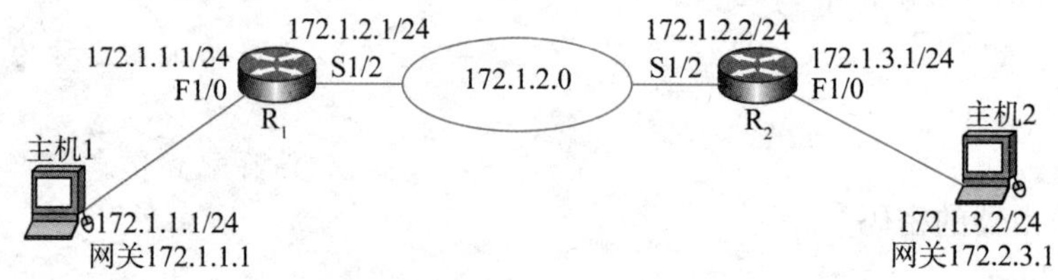

图 7-19 【例 7-2】的网络

【解】 由于只有单条路径可达，路由配置可以通过静态路由实现，配置步骤如下：

配置实现路由器 R_1 到局域网 172. 1. 3. 0/24 的路径为。

```
Router>enable
Router #
Router # configur terminal
Router (config)# hostname  R1                        //设置路由器名称为 R1
R1 (config)# interface fastethernet 1/0              //进入 f1/0 的接口模式
R1 (config-if)# ip address 172. 1. 1. 1  255. 255. 255. 0  //配置 f1/0 口的 IP 地址
R1(config-if)# no shutdown                           //开启 f1/0 口，转发数据
R1 (config)# exit
R1 (config)# interface serial 1/2                    //进入 S1/2 的接口模式
R1(config-if)# ip address 172. 1. 1. 1  255. 255. 255. 0 //配置 S1/2 口的 IP 地址为
                                                     //172. 1. 2. 1/24
R1 (config-if)# no shutdown                          //开启 S1/2 口，转发数据
R1 (config)# exit
```

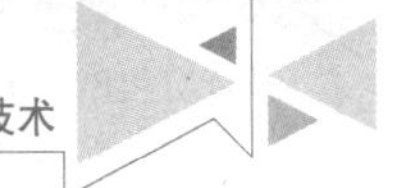

```
R1(config) # ip route 172. 1. 3. 0   255. 255. 255. 0   172. 1. 2. 2   //到局域网 172. 1. 3. 0 的
                                                                     //下一跳地址为 172. 1. 2. 2
R1(config) #end
R1 #
```

局域网 172. 1. 1. 0/24 和局域网 172. 1. 3. 0/24 双向通信需要在路由器 R_2 上配置如下信息：

```
R2 (config)# interface fastethernet 1/0                        //进入 f1/0 的接口模式
R2 (config-if)# ip address 172. 1. 3. 1   255. 255. 255. 0 //配置 f1/0 口的 IP 地址
R2(config-if)# no shutdown                                     //开启 f1/0 口，转发数据
R2 (config)# exit
R2 (config)# interface serial 1/2                              //进入 S1/2 的接口模式
R2(config-if)# ip address 172. 1. 2. 2   255. 255. 255. 0 //配置 S1/2 口的 IP 地址
R2 (config-if)# no shutdown                                    //开启 S1/2 口，转发数据
R2 (config)# exit
R2(config) # ip route 172. 1. 1. 0   255. 255. 255. 0   172. 1. 2. 1   //到局域网 172. 1. 1. 0 的下
                                                                     //一跳地址为 172. 1. 2. 1

R2(config) #end
R2#
```

默认路由是静态路由的特殊情况。它使用全 0 作为目标网络地址来表示全部路由，如果路由表中没有一条具体的路由被匹配，则选择默认路由为匹配路由。默认路由使用的条件如下：

☞ 路由表中没有其他路由与数据包的目的 IP 匹配；

☞ 末端路由器上(仅有另外一台路由器与之相连，和其他网络通信只能通过该台路由器转发)需要默认静态路由。

配置默认路由的命令如下：

```
ip route 0. 0. 0. 0 0. 0. 0. 0 {next hop ip-address}
```

默认静态路由的网络地址和掩码全为 0，其余参数与普通静态路由一致。

【例 7-3】 某网络的连接情况如图 7-20 所示，局域网 172. 16. 1. 0 到外网的出口经过路由器 R_4 转发，而不存在其他路由，对其进行路由配置。

【解】 在 R_4 上为局域网的数据包转发到外网的路由配置默认路由。

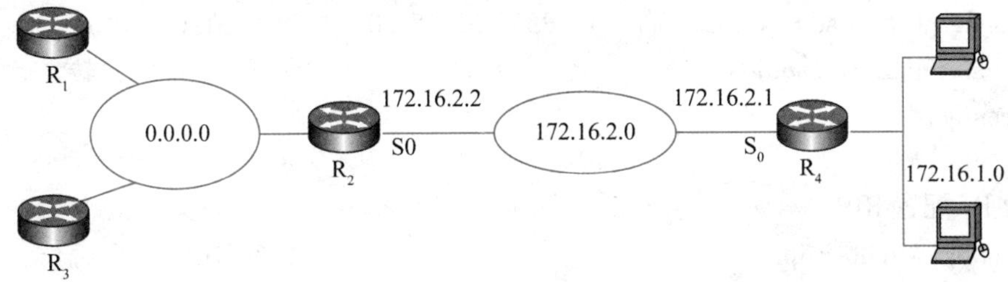

图 7-20 【例 7-3】的网络

具体配置如下：

```
R4>enable
R4# configure terminal
R4(config) # ip route 0.0.0.0   0.0.0.0   172.16.2.2
R4(config) #end
R4#
```

凡是对外网的访问，都通过 R_4 转发到连接外网的 R_2 的接口 f_0 实现。

2. 动态路由配置

RIP 在全局模式下进行，其配置命令格式如下：

```
router(config)# router rip                         //启用RIP
router(config-router)# network   网络地址           //指定参与的网络
router(config-router)# network   网络地址           //命令运行次数与路由器连接网
                                                   //络的数量相等
router(config-router)#
```

【例 7-4】 某网络的连接如图 7-21 所示，该网络采用 RIP 进行路由，在两台路由器的所有接口上使用 RIP，对其进行路由配置。

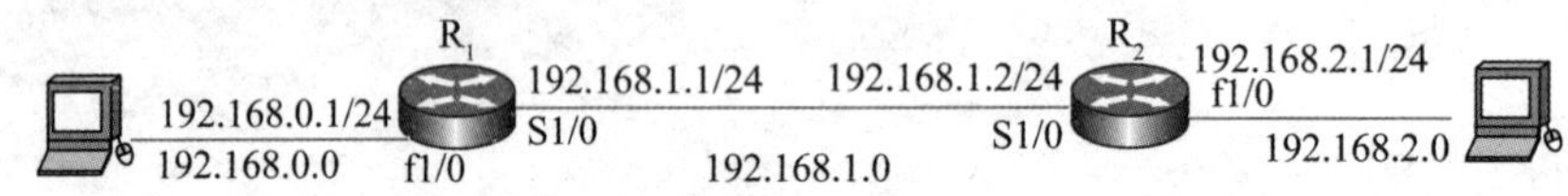

图 7-21 【例 7-4】的网络

【解】 对路由器 R_1 和 R_2 进行配置。

☞ R_1 的配置过程如下：

```
R1>                                                     //执行用户模式提示符
R1> enable                                              //由用户模式进入特权模式
R1#                                                     //进入特权模式
R1 # configure terminal                                 //由特权模式进入全局配置模式
R1 (config)#                                            //进入全局配置模式
R1 (config)# interface fastethernet 1/0                 //进入f1/0的接口配置模式
R1 (config)# interface192.168.0.1   255.255.255.0       //配置f1/0口的IP地址
R1 (config-if)# no shutdown                             //激活f1/0口
R1 (config-if)# exit
R1 (config)# interface serial 1/0                       //进入S1/0的接口配置模式
R1(config-if)# ip address 192.168.1.1   255.255.255.0   //配置S1/0口的IP地址
R1 (config-if)# no shutdown                             //激活S1/0口，转发数据
R1 (config)# exit
R1 (config)#                                            //返回全局模式
```

☞ 为 R_1 配置 RIP：

```
R1 (config)# router rip                                 //启用RIP
R1 (config-rip) #network   192.168.0.0                  //设置RIP路由的网络范围
R1 (config-rip) #network   192.168.1.0                  //设置RIP路由的网络范围
```

R1（config-rip）# exit　　　　　　　　　　　　　　　//返回上一级模式

R1 #configure terminal　　　　　　　　　　　　　　　//返回特权模式

☞ R_2 的配置过程如下：

R2>　　　　　　　　　　　　　　　　　　　　　　　//执行用户模式提示符

R2> enable　　　　　　　　　　　　　　　　　　　　//由用户模式进入特权模式

R2#　　　　　　　　　　　　　　　　　　　　　　　//进入特权模式

R2 # configure terminal　　　　　　　　　　　　　　//由特权模式进入全局配置模式

R2（config）#　　　　　　　　　　　　　　　　　　//进入全局配置模式

R2（config）# interface fastethernet 1/0　　　　　　//进入 f1/0 的接口配置模式

R2（config）# interface192. 168. 2. 1　255. 255. 255. 0　//配置 f1/0 口的 IP 地址

R2（config-if）# no shutdown　　　　　　　　　　　//激活 f1/0 口

R2（config-if）# exit

R2（config）# interface serial 1/0　　　　　　　　　//进入 S1/0 口配置模式

R2(config-if)# ip address 192. 168. 1. 2　255. 255. 255. 0//配置 S1/0 口的 IP 地址

R2（config-if）# no shutdown　　　　　　　　　　　//激活 S1/0 口，转发数据

R2（config）# exit

R2（config）#　　　　　　　　　　　　　　　　　　//返回全局模式

☞ 为 R_2 配置 RIP：

R2（config）# rip　　　　　　　　　　　　　　　　//启用 RIP

//指定 RIP 路由的网络范围

R2（config-rip）#network　192. 168. 0. 0

R2（config-rip）#network　192. 168. 1. 0

R2（config-rip）# exit　　　　　　　　　　　　　　//返回上一级模式

OSPF 配置在全局模式下进行，其命令格式如下：

router(config)# router ospf　　process-number

该命令启用 OSPF，参数 process-number 表示路由器进程号，其取值范围是 1 ~ 65 535，只在路由器内部起作用。

router(config-router)# network　网络地址-address wildcard-mask area number

该命令中指定参与的网络，wildcard-mask 表示通配符掩码，是子网掩码的反码；area number 表示区域号。路由器连接几个网络，就需要运行几次该命令。

【例 7-5】 某网络连接如图 7-22 所示，该网络采用 OSPF 进行路由，对其路由进行配置。

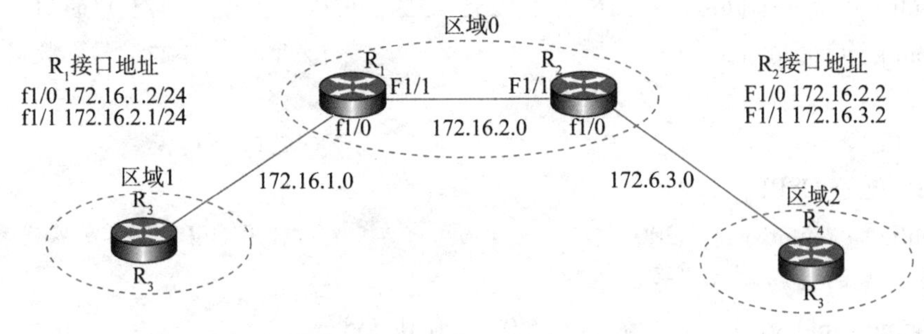

图 7-22 【例 7-5】的网络

【解】 对路由器 R_1、R_2 进行配置。

☞ 配置 R_1：

```
R1>                                                   //执行用户模式提示符
R1> enable                                            //由用户模式进入特权模式
R1 # configure terminal                               //由特权模式进入全局模式
R1 (config)# interface fastethernet 1/0               //进入 f1/0 的接口模式
R1 (config-if)# ip address 172. 16. 1. 2   255. 255. 255. 0  //配置 f1/0 口的 IP 地址
R1 (config-if)# no shutdown                           //开启 f1/0 口
R1 (config-if)# exit
R1 (config)# interface serial 1/0                     //进入 f1/1 的接口模式
R1(config-if)# ip address 172. 16. 2. 1   255. 255. 255. 0  //配置 f1/1 口的 IP 地址
R1 (config-if)# no shutdown                           //开启 f1/1 口，转发数据
R1 (config)# exit
R1 (config)#                                          //返回全局模式
```

☞ 为 R_1 配置 OSPF：

```
R1 (config)# router ospf   100                        //启用 OSPF，路由器进程号为 100
//指定关联的网络和区域号
R1 (config- router) #network   172. 16. 2. 0   0. 0. 0. 255 area 0
R1 (config- router) #network   172. 16. 1. 0   00. 0. 255 area 1
R1 (config- router) # exit                            //返回上一级模式
R1 (#config)                                          //返回特权模式
```

☞ 配置 R_2：

```
R2>                                                   //执行用户模式提示符
R>2 enable                                            //由用户模式进入特权模式
R2 # configure terminal                               //由特权模式进入全局模式
R2 (config)# interface fastethernet 1/0               //进入 f1/0 的接口模式
R2 (config-if)# ip address 172. 16. 3. 2   255. 255. 255. 0  //配置 f1/0 口的 IP 地址
R2 (config-if)# no shutdown                           //开启 f1/0 口，转发数据
R2 (config-if)# exit
R2 (config)# interface serial 1/0                     //进入 f1/1 的接口模式
R2(config-if)# ip address 172. 16. 2. 2   255. 255. 255. 0  //配置 f1/1 口的 IP 地址
R2 (config-if)# no shutdown                           //开启 f1/1 口，转发数据
R2 (config)# exit
R2 (config)#                                          //返回全局模式
```

☞ 为 R_2 配置 OSPF：

```
R2(config)# router ospf   200                         //启用 OSPF，路由器进程号为 200
//指定关联的网络和区域号
R2 (config-ospf) #network   172. 16. 2. 0   0. 0. 0. 255 area 0
R2 (config-ospf) #network   172. 16. 3. 0   0. 0. 0. 255 area 3
```

```
R2 (config-ospf) # exit                    //返回上一级模式
R2 #(config)                               //返回特权模式
```

7.3　组网地址分配

7.3.1　IP 地址分配

在网络设计时，需要为网络中的主机、路由器、交换机连接端口等设备分配 IP 地址。IP 地址分配有静态地址分配和动态地址分配两种办法。

1. 静态 IP 地址分配

静态 IP 地址分配为每台设备分配一个固定的地址，适用于网络规模不大、复杂度不高、计算机的位置相对固定的情况。

规模较小的企事业单位可以使用静态 IP 地址分配。如 4 个计算机机房使用 C 类地址划分子网地址：202.203.128.0 ~ 63、202.203.128.64 ~ 127、202.203.128.128 ~ 191、202.203.128.192 ~255，每个机房可以拥有 62 台计算机。静态地址分配可以使每台计算机得到一个固定的 IP 地址。

静态 IP 地址分配的每一个 IP 地址对应一个具体的用户，在发生安全事故时，可以根据 IP 地址找到相应的用户，有利于网络安全管理。

静态 IP 地址分配的缺点如下：

(1)静态地址分配方法需要为每台计算机、路由器、交换机分配 IP 地址，IP 地址的数量大于计算机数量。

(2)当用户的计算机设备从一个地方移动到另一个地方时，接入的网络信息点可能处于不同的网段，原来设定的 IP 地址无法继续使用，所以静态 IP 地址分配不适用于设备移动的情况。

(3)当计算机网络规模比较大时，采用静态 IP 地址分配需要数据巨大的 IP 地址，这对于多数企事业单位来说，拥有自己的、数量巨大的网络 IP 地址数量基本是不现实的。

(4)合法用户分配的地址可能被非法盗用，不仅对网络的正常使用造成影响，同时由于被盗用的地址往往具有较高的权限，容易给合法用户造成损失和潜在的安全隐患。

(5)同一个网络中存在重复的地址将产生地址冲突，导致无法访问。如果用户计算机 A 用的是一个固定的 IP，用户计算机 B 不小心把自己的 IP 地址改成了和 A 相同的 IP 地址，将产生地址冲突，导致双方无法正常上网。

在网络组建中，某些公用访问的设备需要使用固定的 IP 地址，如 Web 服务器、邮件服务器等，实现 DNS 的解析，保证用户能访问这些服务器，获取网络服务。

2. 动态 IP 地址分配

动态 IP 地址分配在用户上网时，由服务系统自动为上网的计算机分配一个临时地址，用户上网结束后系统自动收回这个地址。在动态 IP 地址分配中，同一台计算机在不同的时间上网，分配到的 IP 地址可能是不同的。

动态 IP 地址分配允许用户自由地将网络连接从一个地方移动到另外一个地方，适用于不在特定位置使用的计算机设备。

动态 IP 地址分配在用户访问网络时为用户主机分配一个 IP 地址，不开机(不在线)时就不分配 IP 地址，只要同时开机(在线)的计算机数量没有超出拥有的 IP 地址数量，每台计算机都可获得一个 IP 地址，实现上网。在实际的企事业单位网络环境中，在线的用户数量往往只有计算机用户数量的20%左右，因此动态 IP 地址分配拥有的 IP 地址数量不需要大于计算机的数量，可以大大节省地址资源。

动态 IP 地址分配方式由 DHCP 服务器自动为上网主机分配 IP 地址，不需要网络管理人员手工为每个客户主机分配 IP 地址，可以大大减少网络管理人员的工作强度。

在网络安全方面，动态 IP 地址分配方式分配的 IP 地址并不固定对应一个具体的用户，在发生安全事故时，无法根据 IP 地址找到相应的用户，不利于网络安全管理。

7.3.2 DHCP

随着网络规模的不断扩大和网络复杂度的不断提高，网络中的计算机数量经常超过可供分配的 IP 地址数量。同时随着无线网的发展，平板电脑、智能手机等移动设备的使用，计算机的位置也经常变化，相应的 IP 地址也必须经常变换，导致网络地址分配越来越复杂，配置越来越困难。DHCP 就是为满足这些需求而发展起来的。

DHCP 是从 BOOTP(Bootstrap Protocol)发展起来的。在计算机网络发展的初期，采用无盘工作站上网时，需要先为上网的无盘工作站分配一个 IP 地址。BOOTP 是为无盘工作站分配地址的协议。DHCP 是 BOOTP 的升级版，被广泛地应用于复杂的动态 IP 地址分配。它能为上网的客户计算机动态地分配 IP 地址，自动实现网关、DNS 服务器地址等 TCP/IP 配置。

1. DHCP 系统的组成

DHCP 系统由 DHCP 客户端、DHCP 服务器组成。DHCP 服务器向客户端提供 IP 地址及其他网络配置参数，通常是一台提供 DHCP 服务的专用服务器或具有 DHCP 服务功能的网络设备(路由器或三层交换机)。DHCP 客户端通过访问 DHCP 服务器获取 IP 地址及其他网络配置参数，通常是用户使用的计算机。

通常情况下，DHCP 采用广播的方式与客户端交互。DHCP 服务一般限于本地网段，跨本地网段需要使用 DHCP 中继技术实现。

DHCP 客户端通过 DHCP 报文向 DHCP 服务器提出请求，获取 IP 地址或其他网络配置参数。在 DHCP 服务器中设置地址池，地址池中存放一组 IP 地址，当有请求时，DHCP 服务器从地址池中读取一个 IP 地址，以 DHCP 报文的形式发送请求的主机，请求分配的主机获得 IP 地址，同一台主机在不同的时刻分配到的 IP 地址可能是不同的。

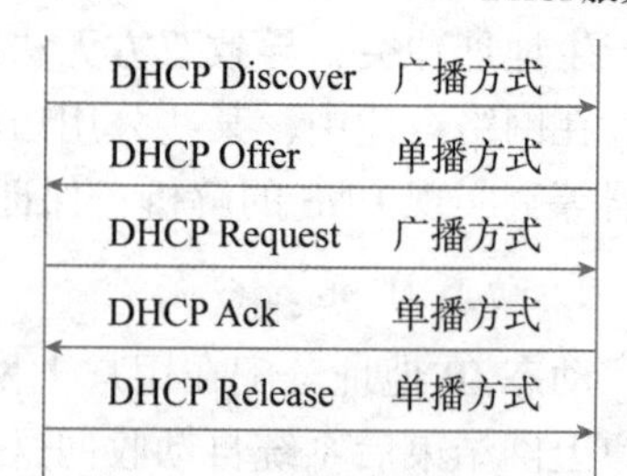

图 7-23 DHCP 报文

2. DHCP 报文

DHCP 报文主要有 5 种：DHCP Discover、DHCP Offer、DHCP Request、DHCP Ack 和 DHCP Release。5 种报文的工作过程如图 7-23 所示。

☞ DHCP Discover 报文：DHCP 客户端系统初始化后第一次向 DHCP 服务器发送的请求报文，该报文通常以广播的方式发送，目的是向网络上的所有 DHCP 服务器提出请求。

☞ DHCP Offer 报文：DHCP 服务器对 DHCP Discover 报文的应答报文，采用单播方式发送。当某个 DHCP 服务器愿意受理客户端请求时，以单播的方式告知客户端，表示自己愿意向客户端提供 DHCP 服务。

☞ DHCP Request 报文：客户端对拟提供服务的 DHCP 服务器发送的请求报文。客户端可能收到多个 DHCP 服务器愿意为其提供 DHCP 服务的应答，它通过广播的方式发送 DHCP Request 报文，确认接受最先收到的 DHCP 服务，拒绝其他 DHCP 服务。

☞ DHCP Ack 报文：由收到确认提供服务的 DHCP 服务器以单播的方式发送，确认收到 DHCP Request 报文，该 DHCP 服务请求由自己响应，并以响应报文的方式将分配给客户端的 IP 地址、掩码、网关地址等网络参数发送给客户端。

☞ DHCP Release 报文：当 DHCP 客户端结束上网后，需要释放已经获得的 IP 地址，此时 DHCP 客户端以单播的方式向 DHCP 服务器发送报文。DHCP 服务器收到该报文后，收回分配给客户端的 IP 地址，在地址池中恢复该地址。

3. DHCP 的分配方式

DHCP 分配 IP 地址的方式有自动分配、动态分配和手动分配。

☞ 自动分配：DHCP 服务器为主机指定一个永久性的 IP 地址，一旦 DHCP 客户端第一次成功从 DHCP 服务器端租用到 IP 地址后，就可以永久性地使用该地址。

☞ 动态分配：DHCP 服务器为主机指定一个具有时间限制的 IP 地址，时间到期或主机明确表示放弃该地址时，该地址可以被其他主机使用。

☞ 手工分配：客户端的 IP 地址是由网络管理员指定的，DHCP 服务器只是将指定的 IP 地址告诉客户端主机。

4. DHCP 的工作过程

DHCP 客户端在启动时，会搜寻网络中是否存在 DHCP 服务器。如果找到，则给 DHCP 服务器发送一个请求。DHCP 服务器接到请求后，为 DHCP 客户端选择 TCP/IP 配置的参数，并把这些参数发送给客户端。如果已配置冲突检测设置，DHCP 服务器则在将租约中的地址提供给客户机之前使用 ping 命令测试作用域中每个可用地址的连通性，确保提供给客户的每个 IP 地址没有被使用手动 TCP/IP 配置的另一台非 DHCP 计算机使用。

根据客户端是否第一次登录网络，DHCP 的工作形式有所不同。初次登录时 DHCP 工作步骤如下：

(1)寻找 DHCP 服务器：DHCP 客户端第一次登录网络时，计算机发现本机上没有任何 IP 地址设定，将以广播方式发送 DHCP Discover 报文寻找 DHCP 服务器，即向 255.255.255.255 发送特定的广播信息。网络上每一台安装了 TCP/IP 的主机都会接收这个广播信息，但只有 DHCP 服务器会做出响应。

(2)分配 IP 地址：在网络中接收到 DHCP Discover 报文的 DHCP 服务器从尚未分配的 IP 地址池中挑选一个 IP 地址分配给 DHCP 客户机，并向 DHCP 客户机发送一个包含分配的 IP 地址和其他设置的 DHCP Offer 报文。

(3)接收 IP 地址：DHCP 客户端接收到 DHCP Offer 报文后，选择第一个接收到的报文，以广播的方式回答一个 DHCP Request 报文，该报文包含向它所选定的 DHCP 服务器请求 IP 地址的内容。

(4)IP 地址分配确认：DHCP 服务器收到 DHCP 客户端返回的 DHCP Request 报文后，向 DHCP 客户端发送一个包含它所提供的 IP 地址和其他设置的 DHCP Ack 报文，告诉

DHCP 客户端可以使用它提供的 IP 地址。DHCP 客户端将其 TCP/IP 与网卡绑定。除了 DHCP 客户端选中的 DHCP 服务器外，其他的 DHCP 服务器将收回曾经提供的 IP 地址。

DHCP 客户端重新登录网络时，不需要重新发送 DHCP Discover 报文，而直接发送包含前一次所分配的 IP 地址的 DHCP Request 报文。DHCP 服务器收到报文后，会尝试让 DHCP 客户端继续使用原来的 IP 地址，并返回一个 DHCP Ack 报文。如果此 IP 地址无法分配给原来的 DHCP 客户端使用，DHCP 服务器则给 DHCP 客户端返回一个 DHCP Nack 报文。DHCP 客户端收到信息后，重新发送 DHCP Discover 报文，请求新的 IP 地址。

5. DHCP 配置

如图 7-24 所示的地址池使用地址 192. 168. 1. 0/24，地址池中有两个地址不能自动分配，分别是 DNS 服务器地址 192. 168. 1. 10 和分配给客户端的网关地址 192. 168. 1. 254。

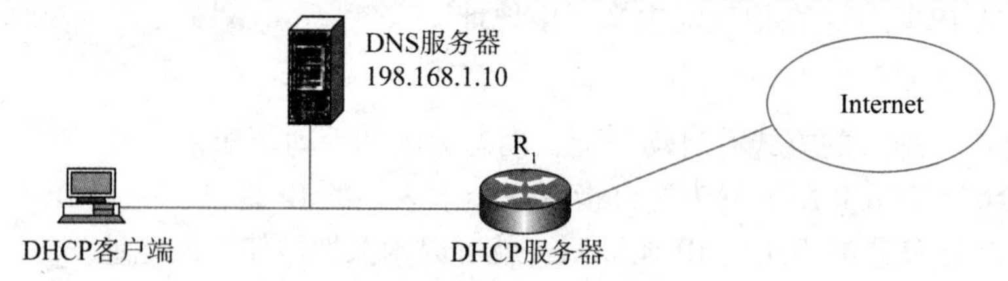

图 7-24　在路由器上运行 DHCP

在路由器 R_1 上配置 DHCP 的命令如下：

```
R1>                                                  //执行用户模式提示符
R1>enable                                            //由用户模式进入特权模式
R1# configure terminal
R1 (config)#                                         //执行用户模式提示符
R1 (config)# dhcp enable                             //启用 DHCP
//声明不参与分配的 IP 地址
R1 (config_dhcp)# server forbidden-ip 192. 168. 1. 10
R1 (config_dhcp)# server forbidden-ip 192. 168. 1. 254
R1 (config_dhcp)# dhcp server ip_pool 0              //定义地址池
//声明用于分配的 IP 地址
R1 (config_dhcp)# dhcp server ip_pool 0 network 192. 168. 1. 0 mask 255. 255. 255. 0
//指定网关地址、DNS 地址和有效期
R1 (config_dhcp)# dhcp server ip-pool 0 getway-list 192. 168. 1. 254
R1 (config_dhcp)#dhcp server ip-pool 0> dns-list 192. 168. 1. 10
R1 (config_dhcp)#dhcp server ip-pool 0> expired day 5
R1 (config_dhcp)#exit                                //退出
R1 (config)#
```

6. DHCP 中继的配置

客户端和 DHCP 服务器不在同一个子网时，需要使用 DHCP 中继设备转发 DHCP 报文。带中继的 DHCP 系统如图 7-25 所示。

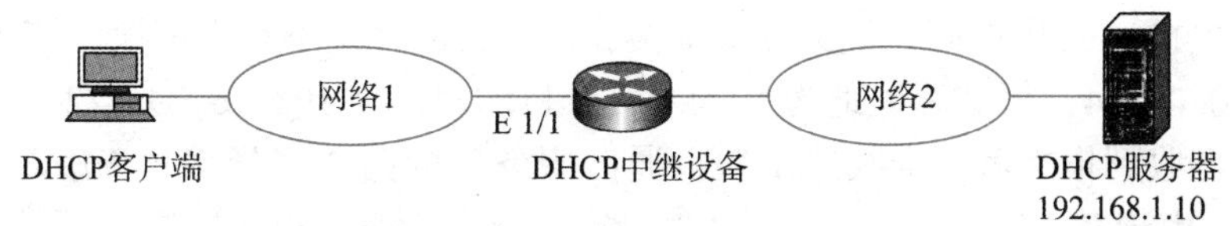

图 7-25　带中继的 DHCP 系统

其配置命令如下：

```
R1#config terminal                                  //进入配置模式
R1#(config) service dhcp
R1#(config)ip dhcp relay information option         //启用 DHCP 中继代理
R1#(config)interfaceEthernet 1/1                    //指定转发接口
R1#(config_if)ip helper-address 192. 168. 1. 10     //配置 DHCP 服务器地址
```

7.3.3　NAT

Internet 上连网的计算机必须使用全球唯一的 IP 地址作为标识，IPv4 地址是 32 bit 地址，理论上支持约 40 亿个地址空间。随着网络规模不断扩大、用户数量快速增长及地址分配不均等因素，IPv4 地址已经出现短缺，不能满足 Internt 快速发展的需要。

为了解决 IPv4 地址短缺的问题，IETF 提出了将私有地址转换成公有地址的网络地址转换技术(Network Address Translation，NAT)。

1. NAT 概述

私有地址以外的地址为公有地址。当某个企事业单位要组建自己的 TCP/IP 网络时，可能面临没有足够的公有地址的问题。此时，组网单位可以使用私有地址组建内网，在内网与外网的出口部署 NAT 系统，将私有地址转换成公有地址，实现私有地址对 Internet 的访问，解决地址使用的问题。

NAT 系统的组成如图 7-26 所示。

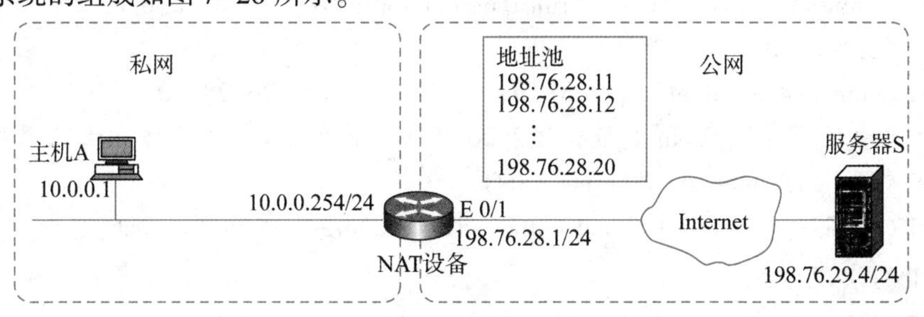

图 7-26　NAT 系统的组成

使用私有地址的内部网络为私网。私网中的主机要访问公网时，通过 NAT 设备将私有地址转换成公有地址。NAT 设备可以使用路由器实现，目前一般用于边界的路由器都具有 NAT 功能。使用 NAT 时，需要在 NAT 设备上配置地址池，地址池中设置一定数量的公有地址供转换使用。

2. NAT 的地址转换过程

设私网主机 A 需要访问公网的服务器。在路由器上配置 NAT，地址池的公有地址为 198. 76. 28. 11 ~ 198. 76. 28. 20，地址转换过程如下：

(1)私网主机 A 发出访问地址为 S 的报文，由于目的地址不是本网段，该报文将被送到默认网关 10.0.0.254，报文源地址为 10.0.0.1，目的地址为 198.76.29.4/24。

(2)路由器收到报文后，查找路由表，通向服务器的路由选择接口 E0/1，接口地址为 198.76.28.1，由于该接口上配置了 NAT，路由器需要将该报文源地址段的私有地址 10.0.0.1 转换成公有地址。

(3)路由器从地址池中找到第一个可以使用的公有地址为 198.76.28.11，将报文源地址段的私有地址转换为该地址，目的地址为 198.76.29.4。路由器在 NAT 表中添加表项(10.0.0.1～198.76.28.11)，记录地址转换的映射关系。

(4)路由器将报文从接口 E0/1 转发出去，报文到达公网，并通过公网的转发最终到达服务器 S。

(5)服务器 S 收到报文后进行相应的处理，处理完毕后返回响应报文。响应报文的源地址为 198.76.29.4，目的地址为 198.76.28.11。该报文经公网传输到达路由器，从接口 E0/1 输入，路由器收到该报文，检查目的地址，发现该地址是地址池中的地址，则在 NAT 表中查找到相应的表项。根据映射关系，用映射表中的私有地址 10.0.0.1 替换报文中的目的地址 198.76.28.11。此时报文中的源地址为 10.0.0.1，目的地址为 198.76.28.1。

(6)路由器查找路由表，该报文应该转发给网关接口，地址为 10.0.0.254。报文到达主机所在的网络 10.0.0.0，通过交换机送到主机 A，传输过程结束。

在全局模式下，以上 NAT 实例的配置如下：

```
Router1 (config)#                              //进入全局模式
//配置一个 ACL，用于指定被 NAT 转换的报文，被允许(Permit)的报文将进行 NAT
//地址转换，被拒绝(Deny)的报文不会被转换
//通过 ACL 定义一条 rule，匹配源地址属于 10.0.0/24 网段的数据
Router1 (config)# acl                          //进入 ACL
Router (config-acl)# number2000                //配置一个 ACL
Router (config-acl-basic-2000)# rule 0 permit source 10.0.0.0  0.0.0.255
//定义用于地址池中的公有地址范围
Router1 (config)#nat adderss-group1 198.76.28.11  198.76.28.20
//将地址池的地址组 Group 1 与 ACL2000 关联，并在接口 E0/1 方向上应用 NAT
Router1 (config)# interface Ethernet E0/1
Router1 (config-ethernet0/1)# nat outbound 2000 address-group 1 no pat
```

3. NAT 的实现方式

NAT 有 3 种方式：静态 NAT 方式、动态 NAT 方式、端口 NAT 方式。

1)静态 NAT 方式

静态 NAT(Static NAT)采用一对一方式，私网中的每个主机地址被永久地映射成公共网络的某个固定公有地址，具有简单、容易实现的优点。

2)动态 NAT 方式

动态 NAT(Poded NAT)也是一对一地进行转换，但是只为当前正在访问公网的主机提供转换。私网中每个访问公网的主机地址被动态地映射成公网的某个 IP 地址，即 NAT 设备临时为其从地址池中查找一个公有地址进行转换，访问结束后，该地址被归还给地址池。在动态 NAT 中，私网内部的同一台主机在不同的时间访问公网，获得的公有地址可能不同。

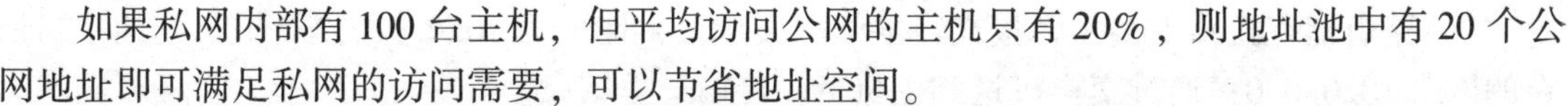

如果私网内部有 100 台主机，但平均访问公网的主机只有 20%，则地址池中有 20 个公网地址即可满足私网的访问需要，可以节省地址空间。

3）端口 NAT 方式

端口 NAT（Port NAT）是最节省地址也是最常用的方式。私网中每个访问公网的主机地址被映射成同一个固定的公有地址，加上一个由 NAT 设备选定的 TCP 端口号（1000 以上的端口号），通过不同的端口号区别私网内部不同的主机。

端口 NAT 方式只要一个公有地址即可满足私网中多个主机访问公网的需求，特别节省公有地址，是常用的 NAT 实现方式。

如图所示 7-27 所示，私网的主机 A 需要访问公网 Web 服务器（198. 76. 29. 4）。在路由器上采用端口 NAT 方式配置 NAT，地址池的地址为 198. 76. 28. 11～198. 76. 28. 20）。

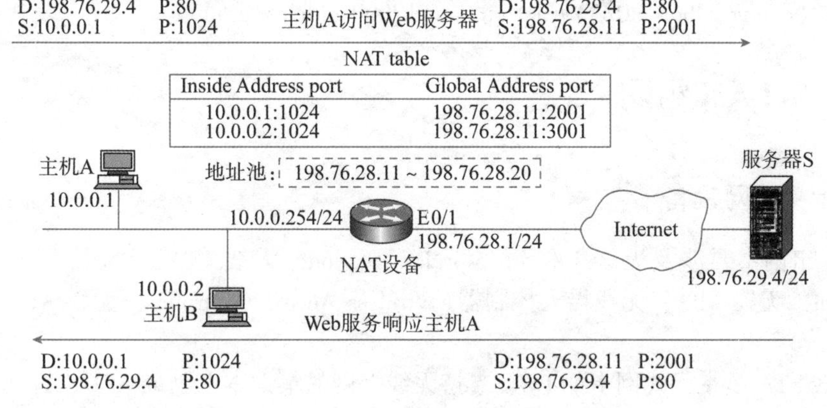

图 7-27　端口 NAT

地址转换过程如下：

（1）主机 A 发出访问服务器 S 的报文，报文被送到默认网关 10. 0. 0. 254，报文源地址/端口为 10. 0. 0. 1：1024，目的地址/端口为 198. 76. 29. 4：80。

（2）路由器收到报文后，查找路由表，通向服务器 S 的路由应选择接口 E 0/1，地址为 198. 76. 28. 1。由于该接口配置了端口 NAT，路由器需要将该报文源地址段的私有地址/端口转换成公有地址/端口。

（3）路由器从地址池中找到第一个可以使用的公网地址 198. 76. 28. 11，用这个地址替换报文源地址段的私有地址 10. 0. 0. 1，并查找公网上可以使用的端口。设查到可以使用端口 2001，端口 NAT 将使用 198. 76. 28. 11：2001 替换源地址/端口 10. 0. 0. 1：1024。路由器在 NAT 表中添加表项（10. 0. 0. 1：1024～198. 76. 28. 11：2001），记录该地址/端口转换的映射关系。

（4）路由器将报文从接口 E 0/1 转发，报文到达公网，通过公网的转发最终到达服务器 S。

（5）服务器 S 收到报文后进行相应的处理，处理完毕后返回响应报文，该响应报文的源地址/端口为 198. 76. 29. 4：80，目的地址/端口为 198. 76. 28. 11：2001。该报文经公网传输到达路由器，从接口 E 0/1 输入。路由器收到报文后，检查目的地址，发现该地址是地址池中的地址，便在 NAT 表中查找相应的表项，根据映射关系，用映射表中的私有地址/端口 10. 0. 0. 1：1024 替换报文中的目的地址/端口 198. 76. 28. 11：2001。此时报文中的源地址/端口为 10. 0. 0. 1：1024，目的地址/端口为 198. 76. 29. 4：80。

(6)路由器查找路由表，将报文转发给网关接口，地址为10.0.0.254。报文到达主机所在的网络10.0.0.0，通过交换机送到主机A，传输过程结束。

在全局模式下，该端口NAT实例的配置如下：

```
Router1 (config)#                                     //全局模式
Router1 (config)# acl                                 //进入 ACL
Router (config-acl)# number2000
Router (config-acl-basic-2000)# rule 0 permit source 10.0.0.0   0.0.0.255
Router1 (config)#nat adderss-group1 198.76.28.11       //定义用于地址池中的公网地址
//将地址池的地址组 Group1 与 ACL2000 关联，并在接口 E0/1 方向上应用 NAT
Router1 (config)# interface Ethernet E0/1
Router1 (config-ethernet0/1)# nat outbound 2000 address-group 1
```

7.4 WLAN 组网

7.4.1 组网设备

WLAN组网主要涉及无线工作站(Wireless Station，无线STA)、无线接入点(Wireless Access Point，无线AP)、无线接入控制器(Wireless Access Controller，无线AC)和无线网桥等设备。

☞ 无线STA是带无线网卡的PC、支持无线上网的笔记本电脑或APD、智能手机等无线终端。

☞ 无线AP提供无线终端到有线网的桥接功能，在无线终端与有线网之间进行无线到有线或有线到无线的帧转发。

☞ 无线AC对无线局域网中的AP和STA进行控制、管理，通过与认证服务器交互信息来为无线用户提供接入认证服务。

☞ 无线网桥通过无线接口将两个独立的网络(有线网络或无线网络)进行桥接。

7.4.2 组网模式

目前WLAN的组网模式主要有Ad Hoc模式、Infrastructure模式(基础架构模式)、无线漫游模式和无线桥接模式等。

1. Ad Hoc 模式

Ad Hoc模式是一种对等网模式，网络中只有无线STA，每个无线STA配有无线网卡，通过无线网卡进行通信，可以与其他STA直接传递信息，无须设置中心控制节点(如图7-28所示)，网络中的一个无线STA必须能同时“看”到网络中的其他无线STA，否则就认为网络中断。

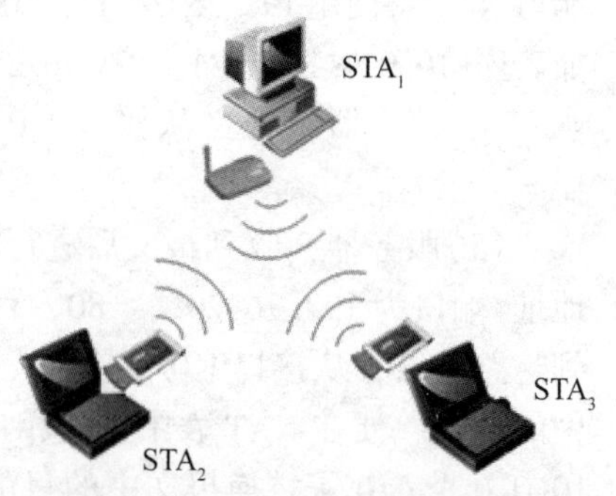

图7-28 Ad Hoc模式

Ad Hoc模式主要用来在没有基础设施的地方快速而轻松地组建WLAN。Ad Hoc模式的网络通过各无线STA独立完成通信，由无线STA独立构成的网络称为独立基

本服务集(Independent Basic Service Set，IBSS)。

2. Infrastructure 模式

Infrastructure 模式是目前最常见的组网模式，它包含一个无线 AP、多个无线 STA 和有线网络，如图 7-29 所示。无线 AP 通过电缆与有线网络连接，通过无线电波与无线 STA 连接，实现多个无线 STA 之间的通信，如图 7-29(a)所示。各个无线 STA 通过无线 AP 的桥接功能，实现与有线网络的通信。

无线 AP 相当于有线局域网中的 Hub。在上行传输时，无线 AP 接收各个无线 STA 发送的无线信号并进行处理，然后通过电缆连线转发给连接无线 AP 的有线网络。在下行传输时，无线 AP 通过电缆接收有线网络的信息并进行处理，然后以无线信号的方式转发给相应的无线 STA。

一个无线 AP 通常能够覆盖几十个用户，覆盖半径达上百米，即一个无线 AP 可以接入几十个无线 STA。一个无线 AP 和多个无线 STA 构成的网络为基本服务集(Basic Server Set，BSS)。

每个无线 AP 能提供一个无线接入服务，WLAN 中用服务集标识码(Service Set ID，SSID)表示每个无线 AP 提供的无线接入服务，包括接入速率、认证加密方法、网络访问权限等。不同的 SSID 标识不同的无线接入服务。

Infrastructure 模式是 WLAN 最典型的工作模式。在这种模式中，有线网络使用最多的是以太网，无线 STA 通过无线 AP 接入以太网共享网络资源。家庭无线网络可以采用 Infrastructure 模式，无线 AP 通过 ADSL 接入公网，使家庭能够访问 Internet，如图 7-29(b)所示。

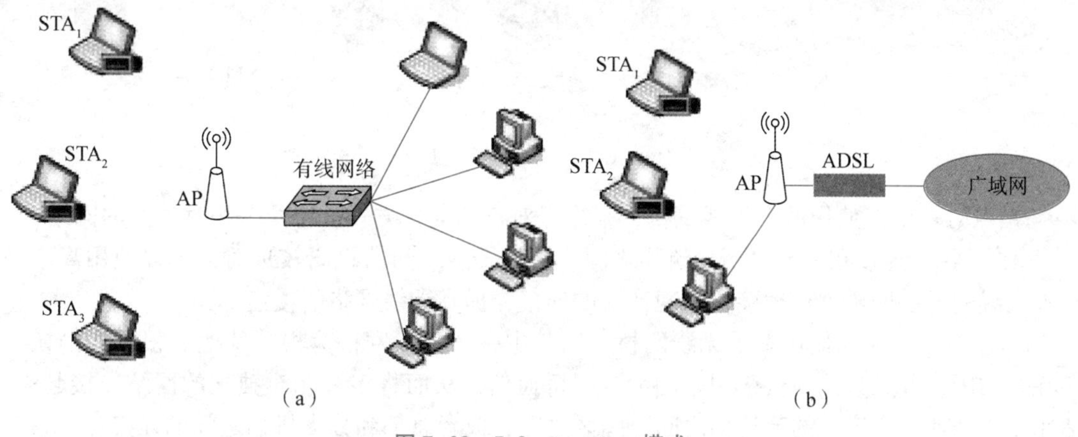

图 7-29　Infrastructure 模式

(a)组网模式；(b)家庭无线网络

3. 无线漫游模式

当网络环境存在多个无线 AP 时，信号覆盖范围会有重合，通过有线网络将多个无线 AP 连接起来，无线客户端用户在不同无线 AP 覆盖的区域内任意移动时，可以保持网络连接，这就是无线漫游。

在 WLAN 中，将两个或两个以上的 BSS 连在一起的系统为分步系统(Distribution System，DS)，而通过 DS 把采用相同 SSID 的多个 BSS 组合成一个大的无线网络就构成了无线漫游网络。

无线漫游网络中的每个无线 AP 是一个独立的 BSS，所有无线 AP 共享一个扩展服务区标识符(ESSID，每一个无线 AP 采用相同的 SSID，该 SSID 的名称为 ESSID)，相同 ESSID 的无线网络属于同一个大的网络，它们之间可以实现无线网络漫游，如图 7-30 所示。

无线漫游网络中的无线 AP 必须使用同一个 SSID，通过有线网络连接的无线 AP 必须使用同一个网络的 IP 地址，处于同一个网络中。

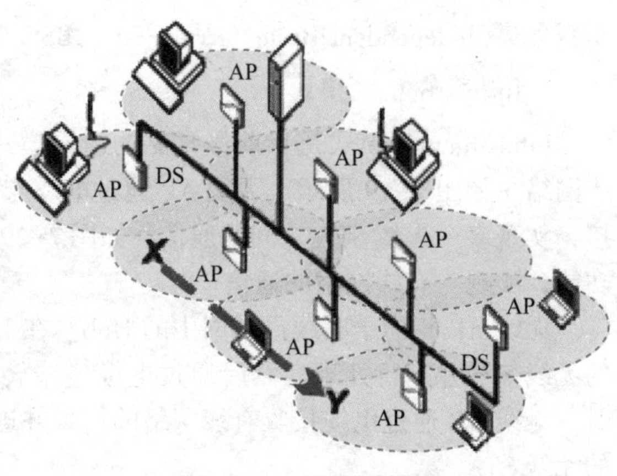

图 7-30　无线漫游模式

4. 无线桥接模式

无线桥接模式有点对点模式和点对多点模式，如图 7-31 所示。

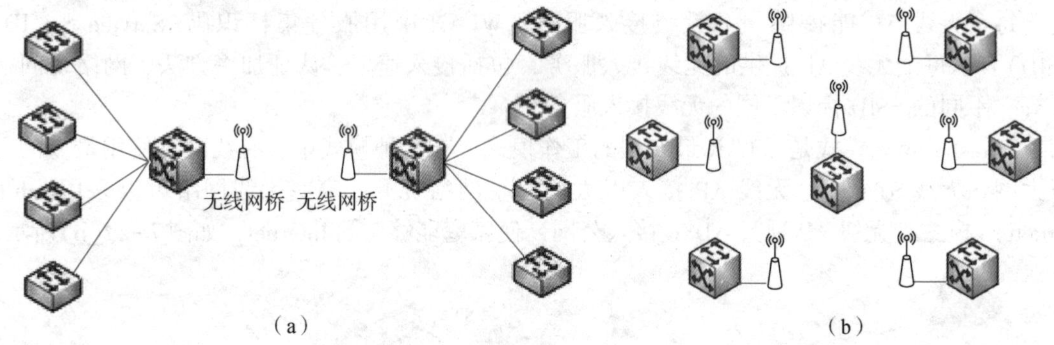

图 7-31　无线桥接模式
(a)点对点；(b)点对多点

☞ 点对点模式使用两个无线网桥，采用点对点的连接方式，将两个相对独立的网络(有线、无线网络)连接在一起。当建筑物之间、网络子网之间的距离较远时，可以使用高增益室外天线的无线网桥进行桥接，实现彼此的连接，提高无线网络的覆盖范围。

☞ 点对多点模式使用多个无线网桥，以其中一个无线网桥为根，其他非根无线网桥分布在其周围，并且只能与位于中心的无线网桥通信，从而将多个相对独立的网络连接起来，适用于 3 个或 3 个以上的建筑物之间、园区之间，或者总部和分支机构之间的连接。

7.4.3　"胖"AP 与"瘦"AP

早期的 WLAN 常采用的组网模式为"胖"AP 的模式，即 FAT AP 模式，如图 7-32 所示。

在"胖"AP 模式中，网络由有线网络和以无线 AP 为中心的无线网络构成，无线区域里每一个无线 AP 管理其覆盖区域范围内的所有无线 STA，实现无线网络的物理层、用户数据处理、安全认证、无线网络的管理以及漫游等功能。无线 AP 的处理功能复杂，所以被称为"胖"AP。

"胖"AP 模式需要对每个无线 AP 单独进行配置来完成信道管理和安全性管理。组建大型无线网络时，无线 AP 的数量较大，配置工作量巨大，同时"胖"AP 的软件保存在无线 AP

上，软件升级需要逐台进行，工作量巨大。在安全性上，"胖"AP 的配置保存在无线 AP 上，设备丢失可能造成系统配置的泄露，由于采用独立管理，攻击者只要攻陷其中一个无线 AP，就可以通过该无线 AP 攻击其背后的有线网络；另一方面，当网络中出现非法 AP 时，"胖"AP 模式无法抑制非法 AP 的工作，可能导致无线用户遭受中间人攻击。因此"胖"AP 方案不适合安全要求较高、规模较大的 WLAN 组网。但是"胖"AP 组网模式可以由无线 AP 直接在有线局域网的基础上搭建，简单快捷，适用于家庭组网和小范围 WLAN 的快速覆盖。

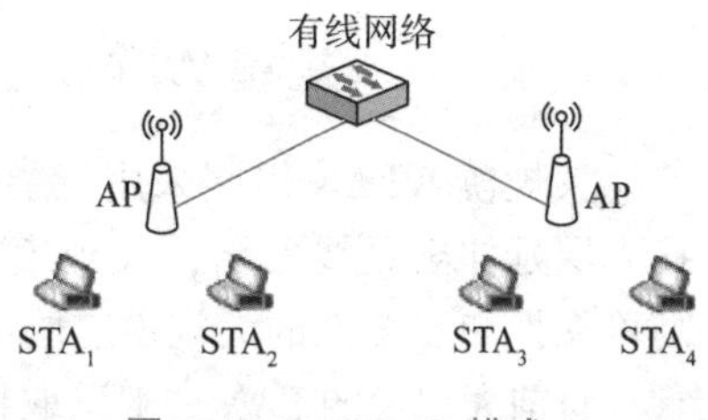

图 7-32　FAT AP 模式

安全要求较高、规模较大的 WLAN 组网可以采用"瘦"AP 模式解决无线 AP 的安全管理问题。

在"瘦"AP 模式中，网络由有线网路、无线 AC、无线 AP 构成，也称 AP+AC 模式，其中，无线 AP 只负责 IEEE 802.11 报文传输的加/解密等物理层功能、RF 空中接口等简单功能，无线网络管理、安全认证、漫游等功能由专门的无线 AC 统一处理。在这种情况下，无线 AP 的处理功能变得非常简单，被称为"瘦"AP，即 FIT AP 模式。

在"瘦"AP 模式中，FIT AP 为零配置，硬件主要由 CPU、内存和 RF 构成，配置和软件从无线控制器上下载，所有无线 AP 和无线客户端的管理在无线 AC 上完成，解决了"胖"AP 模式存在的问题，适合安全要求较高、规模较大的 WLAN 组网。

AP+AC 模式根据网络拓扑结构分为 3 种连接方式，即直连方式、二层结构网络连接方式和三层结构网络连接方式，如图 7-33 所示。

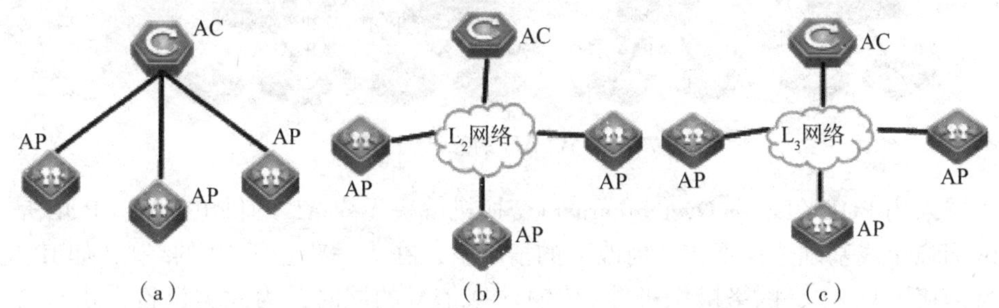

图 7-33　AP+AC 模式

(a) 直连方式；(b) 二层结构网络连接方式；(c) 三层结构网络连接方式

☞ 直连方式：无线 AP 直接和无线 AC 相连，无线 AC 具有以太网交换机的作用。直连模式是最简单的连接模式，受到控制器端口数量的限制，能够连接的无线 AP 数量有限。

☞ 二层结构网络连接方式：无线 AP 和无线 AC 通过二层网络连接，在同一个子网范围内不需要寻址即可发现双方。二层结构网络连接方式通过二层交换机实现连接，可以实现数量较多的 FIT AP 与无线 AC 连接，在连接中需要保证无线 AC 与 FIT AP 间为同一个二层网络。

☞ 三层结构网络连接方式：无线 AP 和无线 AC 通常不在同一个二层网络内，无线 AC 需要连接在三层交换机或路由器上。无线 AP 和无线 AC 通信需要进行 IP 寻址，由三层网络传输。三层结构网络连接可以实现大量无线 AP 的连接，只要 FIT AP 与无线 AC 间三层路由可达即可。

7.4.4 大规模 WLAN 组网

大规模 WLAN 组网采用三层结构网络连接方式。由于 WLAN 是在三层结构有线网络的接入层延伸出无线网络，大规模 WLAN 组网时首先要构建具有足够带宽、高速交换性能、高可靠性和安全性的大规模三层结构的 LAN。

目前大规模的 LAN 一般采取核心层、汇聚层、接入层三层网络架构模式，大规模的网络通常采用双核心冗余结构，设置两台核心层交换机，分别作为主交换机和备用交换机，如图 7-34 所示。当主核心层交换机出现故障时，由备用核心层交换机承担核心交换任务；汇聚层交换机与两台核心层交换机之间采用双链路连接，在主核心层交换机出现故障时，汇聚层交换机通过另外一条链路将数据流量转发到备用核心层交换机，从而保证网络的不中断服务。

WLAN 的无线 AC 采用双冗余结构，设置两台无线 AC，作为主 AC 和备用 AC 连接在两台核心层交换机上；采用三层结构连接方式，通过三层交换实现与各个无线 AP 的通信。当主 AC 出现故障时，由备用 AC 接替主 AC 对各个无线 AP 的控制、安全及管理任务，保障无线网络的不中断服务，提升网络的可靠性。

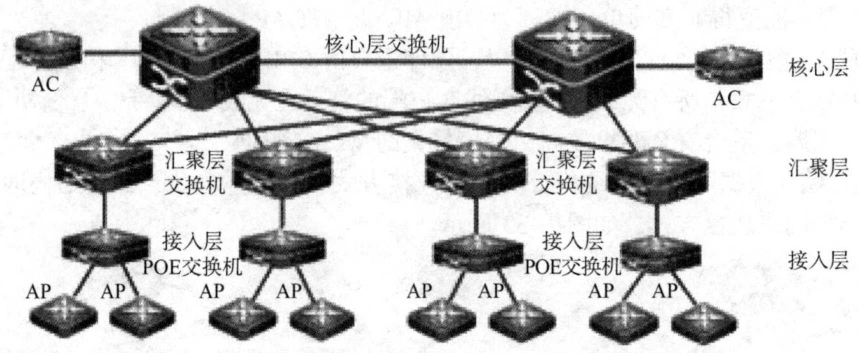

图 7-34　WLAN 的三层网络架构

接入层采用 POE（Power Over Ethernet）交换机解决无线 AP 的供电问题。POE 是在现有的以太网铜缆布线基础架构不作任何改动的情况下，在为一些基于 IP 的终端（如 IP 电话机、无线局域网接入点 AP、网络摄像机等）传输数据信号的同时，为此类设备提供直流供电的技术。采用 POE 交换机能利用原有的接入层布线，在实现无线 AP 接入以太有线网络的同时，实现对无线 AP 的供电，在确保现有结构化布线安全的同时保证现有网络的正常运行，最大限度地降低成本。

第 8 章　网络工程及其规划设计

信息化建设分为网络系统建设、应用系统建设、资源系统建设 3 个方面。网络系统为应用系统、资源系统提供数据传输平台，实现数据传输；应用系统搭建应用系统平台，实现企业、事业单位、校园等应用业务系统的功能，提供应用业务服务；资源系统开发、获取、处理、存储对决策有用的数据，发挥信息的效用，实现信息价值，提供信息资源服务。

网络工程是信息化建设的基础。

8.1　网络工程

网络工程研究网络系统的规划、设计、实施与管理，是为达到一定的建设目标，根据相关的技术标准和规范，通过详细的规划，按照可行的方案将计算机网络的产品、软件、技术、应用和管理等有效地集成在一起的工程。

8.1.1　网络工程概述

网络工程要明确建设目标、建设工期、技术标准、技术要求、网络系统设计方案、施工管理、技术文档、工程施工验收。

1. 建设目标

网络建设是信息化建设中的基础设施建设，网络建设目标是信息化建设目标的具体化，是利用现代信息技术实现各种业务工作的网络化、数字化、智能化，推进现代化进程，提高办公效率，提高服务能力即管理水平。

例如，学校进行校园信息化建设的总体目标是：利用现代信息技术将学校的教学、科研、学科建设、管理、服务等活动移植到数字网络空间环境，推进办公、管理、教学、服务的现代化，达到提高员工工作效率、人才培养质量、学校服务能力和管理水平的目的。

网络工程建设需要明确具体的建设目标。网络建设目标决定了具体的建设内容、网络性能要求和网络建设面临的风险程度。

☞ 不同的建设目标决定了不同的建设内容和网络性能要求。如果网络建设的目标是实现单位内部网上办公，其建设内容则是建设单位内部数据网络和网上办公业务系统，网络性能应满足办公业务的数据传输要求；如果网络建设的目标是开展网络远程教学，其建设内容则是建设网络系统、网络教学平台和网络教学资源，网络性能应满足网络教学的远程传输，多媒体信息传输，语音、数据、视频资源访问等需要；如果网络建设的目标是实现安防监控，其建设内容则是建设能支持视频传输的网络和视频数据的存储系统，网络性能应支持高带宽的视频传输网络和大容量的存储系统的需要。

一个网络建设任务是由若干个子系统的建设构成的，需要建设网络系统平台、网络接入系统、网络出口系统和网络安全系统等。其中，网络出口系统的建设分解成网络防火墙系统建设、入侵防护系统建设、流量控制系统建设、访问内容审计系统建设。

☞ 不同的建设目标意味着不同的风险程度。例如，金融系统的大量资金业务在网络上进行，任何网络故障和安全事故都会带来不可估量的损失，对网络的可靠性和安全性有特殊的要求。支撑金融系统业务的网络建设的风险程度远高于支撑一般应用业务的网络建设的风险程度。

在网络工程建设中，首先要明确网络建设目标，以此来决定网络建设内容、网络性能和网络建设的风险程度，从而决定网络建设对网络结构、网络速率、网络带宽、网络安全性及可靠性等方面的要求。

2. 建设工期

明确建设工期使工程组织者有计划地安排各个过程花费的时间，保证按期完成工程建设。网络建设周期分为规划阶段、设计阶段、实施阶段、运行阶段。实质性的建设是项目实施阶段，实施阶段需要在规划和设计的基础上，进行招标承建、采买设备、安装调试、试运行、优化调试，最终投入使用。网络建设者需要规划好网络建设工期，确保工程项目在预定的时间完成，按时开通网络，提供正常的网络服务。

网络工程建设通常采取“总体设计、分步实施、突出重点、逐步推进”的建设原则，将网络建设的总体任务分解为多个阶段的建设任务来完成。规模比较大的网络建设往往被分成一期工程、二期工程、三期工程等多个阶段逐步完成，在这种情况下，网络工程建设需要认真进行建设任务分解，规划一期、二期、三期等阶段的具体任务，认真考虑各阶段工程之间的衔接、系统对接与相互支撑。

3. 技术标准

网络标准化是网络建设需要遵循的基本原则。网络系统是一个开放式系统，网络设计必须严格遵循技术标准，选用遵循技术标准的协议，购买遵循技术标准的设备。只有遵循技术标准建设的网络才可能是开放的，支撑各种应用业务，实现各个厂家的网络产品的互换、互连，数据的共享交换、业务的相互协同。

网络工程实施需要遵循施工规范。施工规范也是技术标准，例如，网络布线需要遵循网络综合布线技术标准和施工规范，机房工程需要遵循机房工程技术标准。只有按照技术标准的设计和施工才能达到技术要求，满足建设需要，实现建设目标。

网络技术标准有国际标准、国家标准、省级标准、行业标准、企业标准等，其约束范围依次减小，即国家标准要满足国际标准，行业标准要满足国家标准，企业标准要满足行业标准。

4. 技术要求

网络建设必须有详细的技术要求，技术要求通过规划和设计体现。规划和设计提出建设目标、建设内容、技术路线、技术标准、系统结构、业务支持、性能指标、建设周期、施工

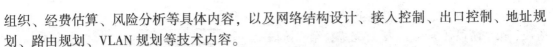

组织、经费估算、风险分析等具体内容，以及网络结构设计、接入控制、出口控制、地址规划、路由规划、VLAN 规划等技术内容。

目前的网络以以太网为技术主流，一般局域网建设的技术路线多采用以太网技术进行组网，根据网络规模，分别采用核心层、接入层二层架构的网络系统结构，或者核心层、汇聚层、接入层三层架构的网络系统结构。规模比较大的网络可以采用核心层、大汇聚层、小汇聚层、接入层的网络系统结构。

网络支持的业务类型很多，不同的业务支持提出不同的网络建设要求和性能指标，规划设计中要明确建设网络的业务支持，并提出满足这些业务支持的网络建设要求和性能指标。

网络技术性能指标一般从网络吞吐量、网络传输延迟、链路带宽、交换速率、安全性、可靠性、扩展性、可管理性等方面提出具体的要求。

5. 网络系统设计

网络信息化工程具有涉及系统多、范围广、技术复杂、相互关联、相互依赖的特点，其设计需要按照顶层设计的理念进行。顶层设计强调工程的整体设计理念，强调完成一项大工程项目设计，必须从整体考虑，从总体上把控，采用设计理念、技术路线、功能协调、结构统一、资源共享、部件标准化等系统论的方法，以全局视角统筹考虑项目的各个层次、要素、进程。顶层设计主要强调信息化建设中的整体设计，即平常说的总体设计、统筹规划，避免重复建设，实现资源复用，突出战略规划的地位。

由于一个系统的建设任务往往是由若干个子系统建设任务构成的，系统设计必须首先实现整体设计，规划出构成系统的子系统和各子系统的实现功能，确认所有子系统的功能覆盖系统需要的所有业务功能。

网络系统设计要坚持顶层设计思想，充分考虑系统的完整性、一致性、共享性、标准化等问题。

6. 施工管理

网络建设工程是一个系统工程，需要严密的施工管理。施工管理涉及工程进度管理、工程质量管理和工程建设成本管理，需要经验丰富的管理人员、技术精湛的施工队伍来保证工程进度和质量，控制工程建设成本。

网络建设工程涉及综合布线、网络集成、系统集成、网络安全等工作，需要相应的技术队伍作支撑，也需要专门的项目经理进行工程管理，从事这些工作的工程管理人员和工程技术人员一般应具有相应的技术资质证书、承担相应工作的技术水平和工程实际经验，才能保证工程进度和工程质量。

☞ 工程进度管理主要控制工程严格按照工程进度计划实施。工程进度计划在建设规划时制定，一般用甘特图描述。

甘特图又称横道图、条状图。它是在第一次世界大战时期发明的，以亨利 · L. 甘特先生的名字命名。甘特制定了一个完整地用条形图表进度的标志系统，通过活动列表和时间刻度表示特定项目的活动顺序与持续时间。

甘特图是一条线条图，横轴表示时间，纵轴表示活动，线条表示在整个期间上计划和实际的活动完成情况。它直观地表明任务计划的进行情况，以及实际进展与计划要求的对比。管理者通过甘特图可以便利地了解一项任务(项目)剩下的工作，评估工作进度。

如图 8-1 所示，总工程任务被分解成 8 个阶段，第一阶段任务在 1 ~2 月完成，第二阶段任务在 2 ~4 月完成，……第八阶段任务在 12 月完成。

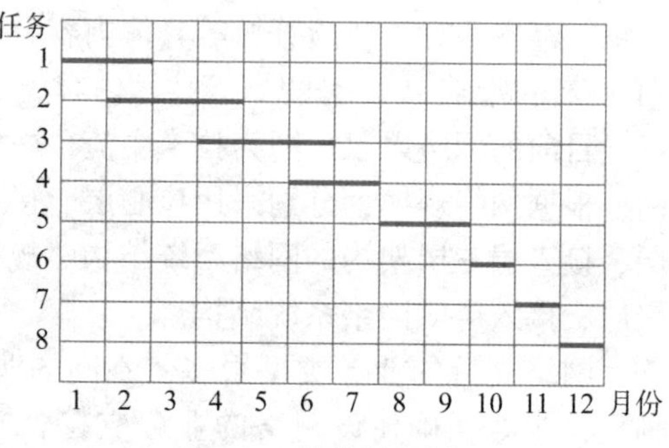

图 8-1 甘特图示例

☞ 工程质量管理涉及的因素较多，工程技术人员的业务水平、设备与产品的质量、施工采取的工艺规范等都会影响网络建设工程的质量。

☞ 工程建设成本管理要注意成本的最低化原则、全面控制原则和目标管理原则，在保证质量的前提下尽量降低施工组织成本。成本管理要从工程开始到结束全面进行控制，制定合理的质量管理目标。

7. 技术文档

完备的工程技术文档是工程建设的重要内容。工程技术文档完整地记录和反映了整个工程的实施过程，是工程实施和验收，以及系统运维管理的重要依据，其建立与整理需要与工程建设同步进行，严格按照工程建设文档标准建档。不满足标准、不完备的工程技术文档是不能进行工程验收的。

工程技术文档一般包含可行性研究报告、需求分析报告、网络系统规划设计、网络建设招标文件(商务要求和技术要求)、网络建设合同文书、网络建设实施方案、网络设备到货验收报告、系统集成进度报告、网络设备变更确认、网络系统竣工总结报告、系统安装测试报告、网络竣工验收意见、网络系统配置手册、网络运维用户手册、运维人员培训手册、网络系统移交报告等，记录了工程建设过程，工程的所有参与人员、使用设备和费用，工程项目的设计、实施、验收、使用，系统集成的设备安装、调试、测试的所有技术细节和技术参数。

工程技术文档是重要的工程资料，要具有高度的真实性，严格按照工程的进度实时制作，事后补做的技术文档不能准确反映当时的真实状态和准确的参数。

所有参与工程工作的人员在相应的文档上签字确认：项目立项批准文件由批准领导签字确认，设计文档由设计师签字确认，工程实施文档由项目管理经理签字确认，项目监理由项目监理经理签字确认，项目完成的测试文档由测试技术人员及建设方人员共同签字确认，工程项目验收由项目验收小组签字确认。

8. 工程竣工验收

工程竣工验收是施工过程的最后一道程序，也是工程项目管理的最后一项工作。它是建设投资成果转入生产或使用的标志，也是全面考核投资效益，检验设计和施工质量的重要环节。严格的工程验收是保证工程质量的重要环节。

工程竣工由项目建设单位、项目施工单位和工程监理单位参加，并聘请相关领域专家组成专家组进行验收。项目验收由施工单位向项目建设单位提出申请，说明工程已经完成，达到合同规定的要求，提请建设单位组织验收。在建设单位同意组织验收后，项目施工单位需要准备项目总结报告、系统测试报告，以及施工过程中建立的各种工程技术档案和相关资料。工程监理单位需准备监理报告。验收文档和资料将在验收会议上提交验收组审查。

工程竣工验收主要审查工程项目是否完成合同要求的全部内容，工程质量是否达到技术标准及验收规范的要求，建成投入使用的建设项目是否能够满足生产的各项要求。

项目验收组在验收过程中，需要踏勘施工现场、观看系统演示、审核竣工文档，并经过专家

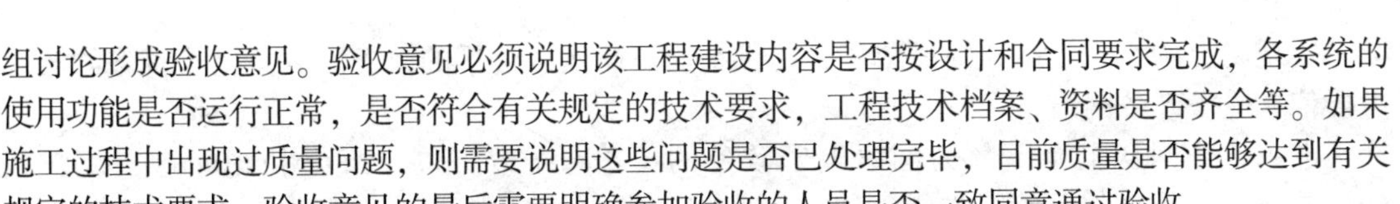

组讨论形成验收意见。验收意见必须说明该工程建设内容是否按设计和合同要求完成，各系统的使用功能是否运行正常，是否符合有关规定的技术要求，工程技术档案、资料是否齐全等。如果施工过程中出现过质量问题，则需要说明这些问题是否已处理完毕，目前质量是否能够达到有关规定的技术要求。验收意见的最后需要明确参加验收的人员是否一致同意通过验收。

8.1.2 网络工程建网类型

1. 家庭网络、部门网络、小规模网络和大规模网络

☞ 家庭网络主要满足个人用户浏览网页、收发电子邮件、下载文件、网上聊天、网上购物、网络游戏、视频点播等需要。家庭网络组网将家庭用户的计算机接入公众网络，实现上网功能。家庭用户主要使用电信宽带网络接入，一般使用电话线的 ADLS 和小区局域网的双绞线接入。目前，电信运营商已经在推广光纤接入小区用户，直接实现光纤接入。家庭网络设计主要考虑接入方式和接入带宽，512 K ~ 2 Mb/s 带宽基本能够满足需求。带宽要求更高的用户可以选择 4 Mb/s 和 10 Mb/s 接入。

☞ 部门网络是在一个部门内部组建的网络，一般用于跨地区的大公司的某些分公司、办事处等机构，实现部门内部的网络办公、信息资源共享。部门网络的信息点规模一般在 100 个以内，涉及一栋大楼内部的几个房间或楼层。部门网络往往借助互联网建立 VPN 隧道，与总公司进行连接，实现公司办公业务。

☞ 小规模网络一般为企事业单位网络，用户地理范围较小，网络的建设仅涉及一栋建筑物内部，信息点规模一般不超过 1 000。这种网络在整个大楼建设一个局域网，通过租用电信营运商线路实现与外部公众网络的互连，内部数据交换能力要求不高，一般使用中低档路由器通过 2 ~ 10 Mb/s 的电信线路接入公众网，实现对 Internet 的访问。

☞ 大规模网络一般为大中型企业网络及高校校园网络，地理范围跨越较大，信息点规模达到几千个或上万个，组网的主要目的是建立企业、校园内部高速信息公路，支撑各种应用业务，同时提供企业网络、校园网络与公众网的互连，为企业网、校园网内的用户提供访问 Internet 的网络服务。大规模网络用户内部数据交换能力要求较高，用户数量大，一般采用多层结构，网络骨干由高性能的交换机实现，通过租用营运商线路，实现与公网互连和对 Internet 的访问。

2. 运营商网络

运营商网络主要指电信运营商建设的网络。电信运营商网络是由中国电信、中国移动、中国联通 3 家公司分别建设，相互连接，覆盖全国，供公众使用的公用数据网，也称公众网或公网。公众网有出口与 Internet 互连，接入公众网就接入了 Internet。

公众网通常由庞大的传输网、信令网、数据网构成，具有以下特点：

(1) 支持各种传输业务，如数据业务、语音业务、视频业务等；

(2) 类型复杂，如 PSTN、FR、DDN、ATM、SDH、以太网、HFC 等；

(3) 采用的交换技术多样，如电路交换、帧交换、信元交换等。

3. 行业专网

行业专网即行业专用网络，用来实现行业内部的网上业务，一般按照国家、省、市(州)、区(县)的行政管理结构，建立覆盖全国，跨越国家、省、市(州)、区(县)的 4 级网络，如覆盖全国的电子政务专网、税务专网、公安专网、教育专网等。这一类网络一般在国家、省、市(州)、区(县)建设地区局域网，通过租用电信的远程通信网(如 SDH)，实现 4 级网络的互连，形成 4 级互连的行业专网。

电子政务专网是典型的行业专网。电子政务是政府利用网络通信等现代化信息技术手

段，实现网上的业务处理和便民服务，提供精简、高效、公平的政务服务。电子政务的实现主要依靠电子政务网络。

电子政务网从上至下分为国家电子政务网、省电子政务网、市(州)电子政务网、区(县)电子政务网4级网络。各级网络之间实现了纵向的互连，即国家网络与省级网络实现互连、省级网络与市(州)网络实现互连、市(州)网络与区(县)网络实现互连。各级网络电子政务网在各级党政单位之间形成网络的横向互连，如省人大、政协、妇联、省委、省政府的内部局域网连接到省电子政务网，市人大、政协、妇联、市委、市政府的局域网连接到省电子政务网，从而形成纵横相连，覆盖全国的电子政务专网。

4. 外网和内网

内网一般指单位内部的网络，而外网是单位外部的网络。一般公司、企业、学校建设的网络是内网，而中国电信、中国移动、中国联通等公司建设的网络相对于公司、企业、学校建设的网络是外网，即公网。

内网与外网是相对而言的。一个学校建设了校园网，校园内的图书馆也建立了图书馆内部的局域网并与校园网互连。对校园网而言，校园网是学校的内网，图书馆网络是校园网络的一部分，而对图书馆内网而言，校园网则是外网。

电子政务网的内外网概念与一般的内外网概念有一定的差别。电子政务外网是与Internet互连的政务网，提供政务信息发布，承载着中央和各级地方政务部门业务协同、社会管理、公共服务、应急联动等面向社会服务的业务应用。电子政务内网是处理政府内部办公业务的信息网。电子政务外网与政务内网是严格物理隔离的，同时电子政务外网在与Internet互连时需要采取逻辑隔离安全措施。

5. 业务专网

业务专网是指专门针对某种业务而建立的网络，一般不与其他业务网络共用物理网络，而为特有的业务建设专门的物理网络。这样的网络在物理上是完全独立的，不和其他任何网络进行物理连接，如专门为财务业务建设的财务专网，专门为视频监控业务建设的安防专网。

在网络建设中，由于某些业务的安全性或带宽要求很高，为了保证该业务网络数据传输的可靠服务，可以通过建设专网来实现。

保密网是用于保密业务的专网，严格限制与其他网络互连，即要求与其他网络实现物理隔离，并设计了许多安全措施，以保证秘密业务的安全开展。如为防止电磁辐射泄密，保密网的综合布线要求严格使用屏蔽双绞线，机房要求使用屏蔽机。省市纪委、反贪局等建设的内部办公网络一般按保密网的方式建设。

8.1.3 网络设计

网络系统设计是决定网络建设能否成功的关键环节，网络工程是一个信息系统工程，负责网络设计的工程人员既要了解网络信息系统集成的一般规律和步骤，全面理解计算机网络的体系结构、协议、标准和规范，掌握计算机网络的系统架构、安全控制、网络管理等技术，熟悉各个厂家的网络产品，了解网络工程实施过程，才能根据不同的网络建设需求，设计出符合建设目标的网络系统。

1. 网络设计概述

网络设计分为规划设计和深化设计，规划设计提出框架性的设计，深化设计具体实现系统设计。

1) 规划设计

规划设计包括非技术层面的规划设计和技术层面的规划设计。

☞ 非技术层面的规划设计是在网络建设立项阶段做出的系统设计，为上级主管部门、决策者和投资者提供决策依据，主要提出网络建设需求、建设目标、建设内容、建设方案、建设工期、投资估算、资金管理、风险规避等内容。这种规划设计更多的是在可行性研究报告中提出的设计，或者以可行性研究报告的形式出现。

☞ 技术层面的规划设计是在需求分析阶段提出的网络系统框架设计，是设计者经过需求调研对采集到的用户需求信息进行整理、研究、分析后提出的系统规划设计，又称系统概要设计或系统初步设计。这种规划设计将提出网络系统的规模、网络的业务支持、整体系统的构建、各子系统的分解，各系统采用的技术路线与功能、性能约定、政策约束、预算约束、时间约束等技术内容。

规划设计的目的是使用户明白设计者是如何满足用户的建网需求的，从而确认设计者的需求调研信息和对需求信息的研究分析能够覆盖用户的建设需求，满足建设目标，实现建设目的。

2) 深化设计

深化设计是在规划设计的基础上进行的设计，是具体实现规划设计的网络设计，是第二阶段的设计，又称详细设计。

深化设计在规划设计的基础上完成网络系统的具体实现，分为逻辑设计和物理设计。逻辑设计主要完成网络总体结构、功能实现、性能实现、地址规划、路由规划、安全性、可靠性、扩展性、可管理性的技术实现设计，是技术路线的设计。物理设计主要包含网络设备选型、系统部署、参数配置、系统测试设计等物理实现的设计，是系统集成的设计。

2. 网络设计原则

网络设计分为一般性设计原则和技术性设计原则。一般性设计原则是通用的设计原则，适用于所有信息系统。技术性设计原则具有较强的针对性，不同的信息系统有不同的技术原则。

1) 一般性设计原则

一个完善的网络设计应考虑其先进性、开放性、实用性、安全性、可靠性、扩展性、管理性。其中，实用性是网络建设的重要原则，安全性和可靠性是保障网络正常运行的前提。

☞ 先进性：选用先进的设计思想、网络架构、软硬件设备和开发工具，先进的技术将给网络带来较高的性能，为系统的扩展提供较好的基础。

☞ 开放性：网络设计采用开放的技术、结构。系统组件和用户接口，遵循国际、国内有关技术标准，保证网络与其他网络的互连，以及与其他网络产品的兼容。

☞ 实用性：网络建设必须最大限度地满足用户的需求，保证网络服务质量。计算机网络技术发展迅速，新技术、新设备层出不穷，价格不断下降，合理的目标定位应坚持实用、够用的原则。

☞ 安全性：网络应提供多方面、多层次的安全控制手段，从网络接入、数据传输、访问控制、入侵防护、病毒防范等方面构建完整的安全防护体系，保证网络的安全，从而保证各种网络业务和数据的安全。为了提高安全性，网络采取了很多安全性措施，往往导致网络速度下降，用户使用网络系统困难。网络系统的安全性设计要根据用户需要设定安全等级、面临的风险程度，充分考虑系统的易用性，处理好系统的安全性与易用性的矛盾。

☞ 可靠性：保证网络不间断地为用户提供服务，即使某些线路、设备、部件出现故障，也能继续提供正常服务。为了提高可靠性，需要采取很多可靠性措施，最常用的可靠性措施是冗余设计，采用设备冗余、链路冗余等措施来保证系统的可靠性，但使设备成本成倍增加，系统的经济性能下降。提高系统的可靠性与提高系统的经济性存在矛盾，在网络设计中，需要解决好可靠性与经济性的矛盾。

☞ 扩展性：由于用户的需求和企业的应用业务在不断地增长、变化，网络设计需要充分考虑对规模变化和业务变化的扩展需要，在结构、设备、模块、线路方面留有扩展余地。

☞ 管理性：网络的正常运行来源于良好的网络管理。网络管理需要借助于智能的网络管理手段，监控网络的运行情况，及时处理网络故障，保证网络的正常运行。网络设计要考虑管理的便利性、可操作性，降低管理成本。

一般性设计原则使建设的网络系统设计更加合理、经济，具有良好的性能，能够很好地支持建设单位的各种网络业务。

2）技术性原则

☞ 简单性原则。网络设计需要采取尽可能简单的网络架构，简单的网络架构组网容易，传输效率高，故障概率低，便于管理和维护，能够减少网络系统成本。

☞ 核心简单，边沿复杂原则。三层架构网络核心层的任务是实现快速交换。复杂的核心层将增加核心层的处理时间，影响速度。为了实现快速交换，核心层不宜设计得太复杂，不宜将过多的控制策略放在核心层。由于边沿一般只会影响局部，不会对整个网络造成影响，因此可以将一些控制策略放到网络的边沿部分。

☞ 路由与交换原则。网络的路由功能主要以软件方式实现，而网络的交换功能主要以硬件方式实现，带来路由实现的速度较慢，而交换实现的速度较快的特点。根据这个特点，网络架构设计要考虑以路由型为主还是交换型为主。以交换型为主的网络具有速度性能高、管理方便的优点，但存在策略制定受限、不同子网之间的频繁通信受限、网络内容易产生广播风暴的不足。以路由型为主的网络具有路由功能强大、安全可靠、便于策略、容易抑制子网间的通信和网络内的广播风暴、方便管理的优点，但存在速度受限的不足。网络设计应根据网络的情况选择强交换、弱路由的网络设计或强路由、弱交换的网络设计。校园网、企业网的路由要求比较简单，网络需要突出交换性能，在网络设计中，核心层应选择弱路由、强交换的网络设计，选择交换机组网，突出核心层的交换能力，满足核心层的交换性能。而广域网、城域网的路由要求比较复杂，需要突出路由性能，在网络设计中，核心层应选择强路由、弱交换的网络设计，选择路由器组网，突出核心层的路由能力，满足核心层的路由性能。

☞ 80/20 原则。网络设计涉及数据流量分析。网络数据流量需求分析是网络系统架构设计、网络功能、性能设计的重要依据。数据流量分为本地流量和出口流量。本地流量是内网交换到核心层的数据流量，核心交换机的交换能力必须满足对主干流量的高速交换。出口流量是内网到外网的数据流量，网络出口带宽必须满足内网到外网所有数据流量的要求。80/20 原则是估算出口带宽需求的设计原则，它指出，网络发生的流量 80% 是本地流量，20% 是出口流量，即一个网络发生在内网的流量占全部流量的 80%，发生在从内网到外网的出口流量占全部流量的 20%。按照这个原则，当网络设计的骨干带宽是 1 000 Mb/s 时，网络出口带宽选择 200 Mb/s；网络设计的骨干带宽是 10 Gb/s 时，网络出口带宽应选择 2 Gb/s，才能满足用户内外网的访问需求。80/20 原则是一般性的原则，在具体的网络设计中，出口带宽需要根据企业的业务需求与外网互连租用的线路费用等综合考虑。

☞ 30 原则。30 原则是设计用户访问网络的极限等待时间，提出用户访问网络的等待时间不宜超过 30 s，是确定网络端到端业务访问时间延迟的依据。例如，用户的端到端业务是访问网页，按照 30 原则，网络接入带宽必须满足一个网页从用户点击超链接到页面完全显示出来的时间不能超过 30 s 的要求。

☞ 影响最小原则。网络设计要充分考虑网络架构不断扩展、不断变化的因素，遵循影响最小原则，在局部网络发生变化时对其他部分的影响最小。考虑到这个因素，网络设计的核心层应该相对稳定，一般完成设计、建成网络后就不再变化，而一些不断扩展的部分应该尽量放到网络的边沿实现，使得这些部分的变化不至于影响整个网络。

☞ 2 用 2 备 2 扩展原则。为了保证网络系统的可靠性，在网络设计中需要考虑冗余设计，包括链路冗余(主要针对入楼光缆、骨干光缆)、设备冗余、部件冗余。在链路冗余设计中一般采用 2 用 2 备 2 扩展原则。例如，进入楼宇的传输链路设计应考虑 2 芯用于网络的数据传输，2 芯用于数据传输备份，2 芯用于业务扩展，即数据业务的入楼光纤至少应该考虑 6 芯。

8.1.4　网络工程建设的流程

网络工程建设的详细流程如图 8-2 所示。

网络工程建设需要先立项，立项得到批准后进行需求分析，通过需求调研，获取用户建网的需求信息，并对采集的需求信息进行梳理分析，明确用户需求后进行网络规划设计。网络规划设计提出具体的网络设计方案，组织该领域的技术专家论证，未通过论证的方案将进一步修改，直至最终通过论证。设计方案通过后，建设方需要编制招标文件，提出资质要求和技术要求，由专门的招标机构组织专家评标，确定承担网络工程建设的集成商(承建方)。

招标工作完成后，承建方开始进行网络工程建设。承建方需要采购网络设备，设备到货后进行网络系统集成，系统集成完成后进行网络系统的试运行，试运行期间对网络进行系统测试，针对系统测试中发现的问题进行排错和优化处理，直至网络功能、性能均达到设计要求。

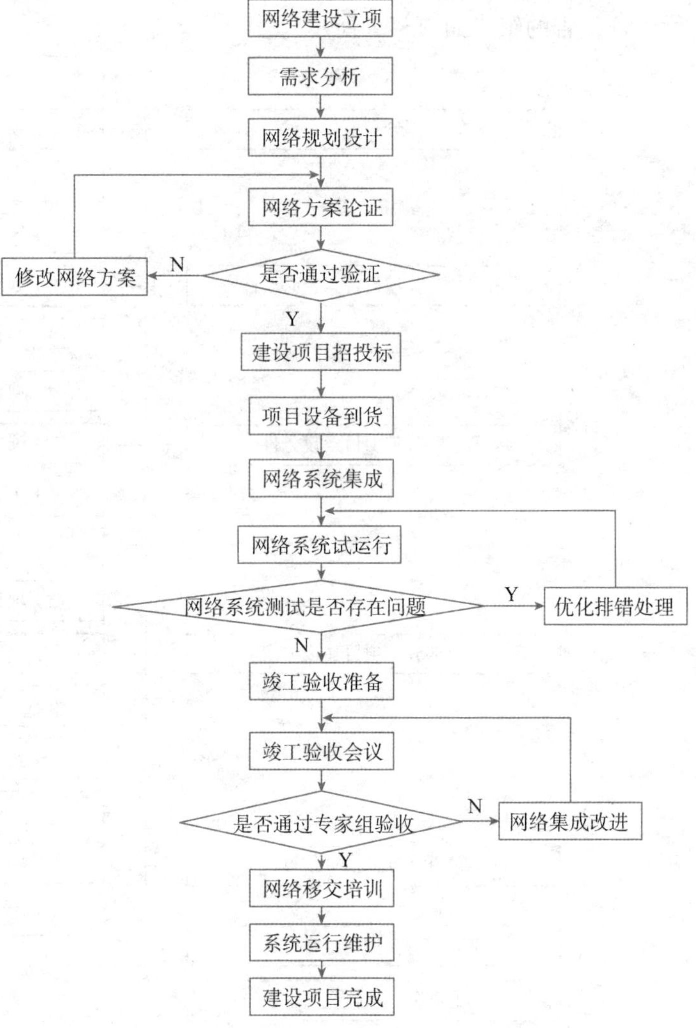

图 8-2　网络工程建设的详细流程

网络的系统集成工作完成后进入网络竣工验收准备。承建方需要准备验收文档资料，邀请验收专家，召开竣工验收会议。工程建设通过竣工验收后进入系统移交阶段，承建方需要对建设单位人员进行网络运行维护的技术培训，移交有关技术文档资料，网络建设单位接手整个网络系统，进入日常的网络运行维护，完成网络建设项目。

下面介绍几个重要的流程。

1. 网络建设立项

网络建设立项是项目建设的第一个环节，属于网络规划设计的阶段，需要提交可行性论证报告。

项目可行性报告需要说明项目建设的必要性、项目建设具备的条件、项目建设实施的可行性、实现项目目标的建设方案、规划设计、投资估算、资金管理、组织管理，进行投资效益和存在风险分析。

对于没有必要建设、没有经费支持、不具备基础条件、技术不成熟等论证没有通过的项目将不再考虑立项。对于有必要建设、具备基础条件，有经费支持但技术、管理等方面存在不足的立项，将按照专家意见进行补充完善，再次进行论证。可行性论证结束后，形成专家论证意见，项目可行性论证报告和专家论证意见作为今后项目建设的纲领性文件。项目可行性论证报告的组成如图 8-3 所示。

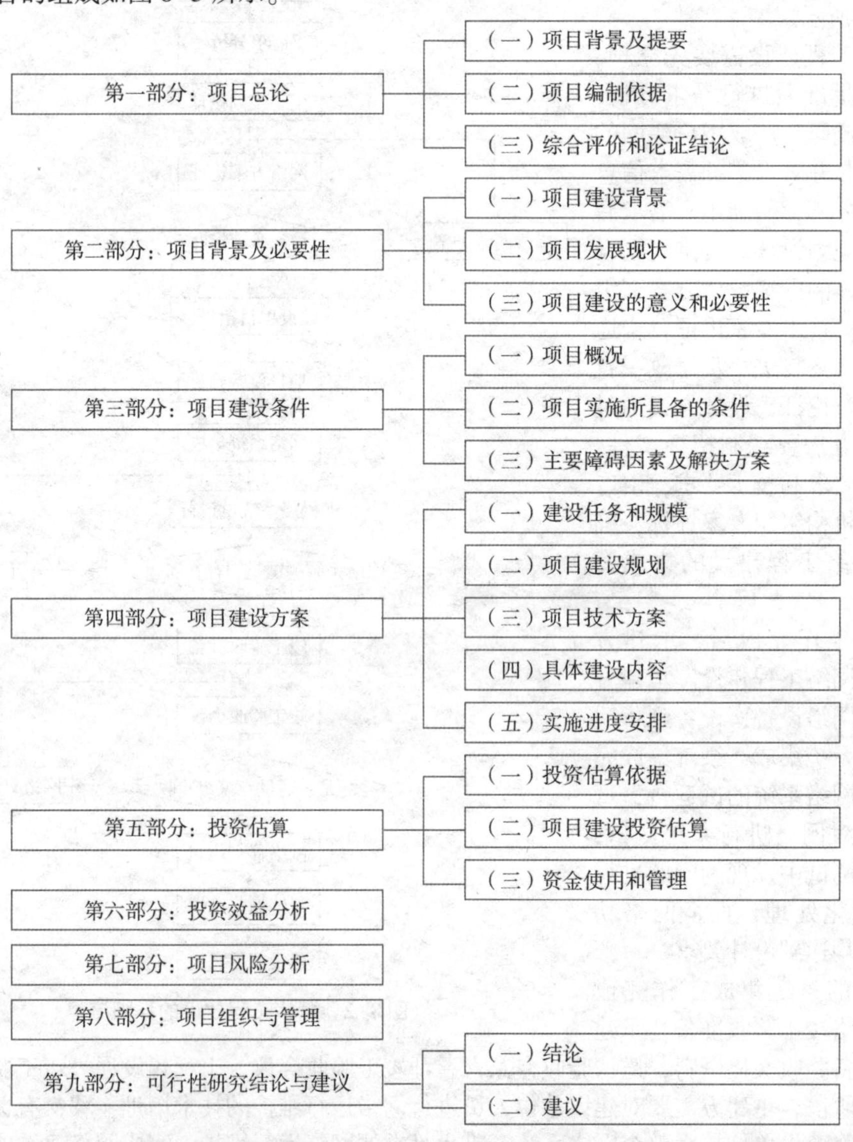

图 8-3　项目可行性论证报告

2. 需求分析

网络设计建立在需求分析的基础上。需求分析能够深入了解用户网络建设的需求，为网络设计提供基本依据，一般需要经过调研用户需求、分析用户需求、编制需求文档、确认用户需求 4 个阶段的工作。

1) 调研用户需求

调研用户需求需要了解如下信息：

☞ 网络建设的总体需求：网络建设的目的和规模、网络上承载的业务、网络期望达到的性能指标、网络建设将投入的资金数量。

☞ 网络建设的园区环境：园区的面积、位置、环境、楼宇分布、楼宇的用房性质、楼层结构。非新建的网络升级改造项目还需要了解建设单位的网络建设现状和目前存在的问题。

☞ 网络系统的覆盖需求：网络对园区、楼宇、房间、有线网络与无线网络的覆盖需求，楼宇房间的用房功能、房间的信息点类别和数量部署需求。

☞ 网络的业务支持：建设单位需要在网上进行的业务，如收发电子邮件、浏览网站、解析域名、下载文件等网络基本业务；内部网络办公业务，如网上文件流转业务、网上教务、教学管理业务、网上学生管理业务、人力资源管理业务；网络视频安防系统、网上数字广播业务、校园一卡通业务、网络流媒体业务等专门网络业务的需求。不同的网络业务对网络的需求不同，甚至差别很大，只有充分了解用户的网络业务需求，才可能设计出能够支撑这些业务开展的网络。

☞ 网络的数据流量情况：用户开展业务对网络接入带宽的需求，包括各种网络业务的数据流量情况，如各栋楼宇汇聚的业务数据流量，全园区汇聚的业务数据流量，高并发、突发性特殊业务的数据流量等情况。网络数据流量需求分析是网络系统架构设计、网络功能与性能设计的重要依据。

☞ 网络互连的需求：多园区的布局情况，包括不同园区的网络互连需求、园区局域网与外网的互连需求，内外网络互连出口的带宽要求，内外网络互连出口的控制要求。

☞ 网络接入的需求：网络的接入方式、接入控制、接入技术等需求。

☞ 网络安全的需求：网络的接入安全、出口安全、互连安全、传输安全和病毒防范，以及系统升级等安全需求和要达到的目标。

☞ 网络扩展性的需求：网络扩展性需求是网络建设中特别需要注意的问题，由于使用网络的用户一般会不断增加，网上开展的应用业务越来越多，应用业务不断变化，新的技术也会不断出现，因此网络需求调研时要特别注意调研建设单位对网络扩展性的需求，确保所建网络不会对新的用户、新的覆盖、新的技术加入形成限制。

☞ 网络管理的需求：网络管理要面对的规模和设备国、网络管理技术的选择、网络管理技术队伍和管理制度的状况。

☞ 网络建设的工期要求：网络工程的分期实施要求，是网络承建方制定工程进度的重要依据。

☞ 网络技术和产品的要求：由于网络技术及产品的发展迅猛，网络承建方除了调研用户建网的需求之外，还需要调研各种网络生产厂家的最新技术和最新产品，保证网络设计具有先进性、可操作性和很好的性价比。

调研用户需求一般存在以下问题：

☞ 需要对不同的用户进行需求开发。用户无法提供具体的、明确的需求，只能给出一个需求的框架，此时，调研人员需要主动向用户解释网络的功能、网络能达到的性能、网络能支持的业务、网络建设需要了解的信息等，通过交流逐渐掌握用户的建网需求，开发出用户的建网需求。在调研中网络承建方需要将专业语言转变成通俗的语言与用户交流，并将用户的非专业描述转换为专业的技术需求描述。

☞ 需要对不同的业务部门进行需求调研。网络建设规模比较大的建设单位业务部门较多，不同的业务部门对网络的要求差别很大，需求调研要深入不同部门，甚至参加部门工作，充分体验、了解各部门的网络业务需求。

☞ 需要对不同的用户群体进行需求调研。对于用户群体众多的单位，不同的用户群体使用网络的需求往往差别较大，关注的网络问题也不同，因此需要对不同的用户群体进行调研，充分了解用户群体使用网络的需求，如建设校园网需要分别对教师、学生、科研人员、管理人员进行需求调研。

☞ 需要采取循序渐进的调研方式。用户提出的需求可能不断地变化，需求调研人员需要采取循序渐进的调研方式，深入地了解用户需求。用户开始提出的建设需求往往是比较简单的，但随着调研的深入，用户逐渐能提出一些深入的问题，支持自身的业务，因此用户的需求是一个不断变化、不断深化的过程。需求调研人员需要有足够的耐心适应用户需求的变化，以多种方式与用户交流，挖掘并全面了解和掌握用户的需求。

☞ 需要把握主动。当用户逐渐了解网络建设，问题会越来越多，甚至可能出现无法满足的情况。网络承建者要保持头脑清晰，在调研过程中注意成熟、稳定的需求，需要进一步求证的需求和可以不予考虑的需求。调研人员在调研过程中，既要深入调研，也要把握主动，明确调研目的，尽快实现调研目标。

2)分析用户需求

分析用户需求通过对调研的建网需求信息进行过滤、分析、归纳、翻译、解释、去伪存真，最终确定用户对网络规模、网络架构、业务类型、网络功能、网络性能、安全性、可靠性、管理性等的要求。

分析用户需求需要从获取的调研信息中梳理并确认网络建设的关键信息，按照最终确认的需求信息提出网络工程的建设目标、建设规模、支撑业务、网络功能、网络性能、网络系统规划，形成网络系统规划设计书，最终完成网络的逻辑设计和物理设计。

在分析用户需求阶段可能碰到以下问题：

☞ 不同的用户提出的要求可能互相矛盾。用户站在自己对于网络理解的角度对网络建设提出要求，同样一个网络需求，不同的用户可能会提出互相矛盾的要求。例如，同一个部门的用户有的提出内网不要与部门外部的网络互连，以获取较高的安全性，而有的用户提出内网要实现与部门外部的网络互连，以实现资源共享。设计人员必须认真分析这些矛盾的需求，提出合理的解决方案。

☞ 网络建设者和用户之间出现分歧。用户希望能够更多地、更方便地占有和使用网络信息资源，而网络建设者需要考虑经费的投入、管理的便利、技术的实现等因素。需求分析人员必须较好地把控用户需求、建设需要、经费投入等因素，提出能满足需求、实事求是、技术合理、可以操作的解决方案。

☞ 网络建设中可能碰到先进性与成熟性的矛盾。有时用户追求先进性，而实际需求并不需要先进的技术和设施，此时，设计人员必须与用户有良好的交流，使用户理解其提出的技术的合理性。

分析用户需求的步骤如下：

(1)分析、梳理并归类用户需求，研究实现用户需求的技术路线和设备产品。分析用户需求时需要将用户需求分解到网络建设的各个方面，分解到组成网络的各个子系统及其技术实现中，将用户需求落实为网络建设的具体实施方案。

(2)在需求与构架分解的基础上，按照顶层设计的思想，提出实现用户需求的网络系统构架设想和初步设计方案。设计者可以根据具体情况提出多个实现方案，并对多个方案进行分析比较，提出更切合用户实际、满足用户需求的解决方案。

(3)在初步方案的基础上，按照调研获取的需求，深入分析初步设计的网络系统架构是否满足用户需求，收集到的需求信息是否能够满足和支撑网络设计所需要的信息要求，是否存在需要进一步调研的信息。分析用户需求需要在分析过程中不断补充调研信息，完善设计方案，这个过程一般要经过多次反复，才能得到较好的结果。

(4)规模较大或新建园区的网络建设需要分为几个阶段完成，在这种情况下，分析用户需求需要整理现在完成建设的任务和后期建设的任务，提出一个总体设计、分步实施的解决方案。

(5)计算网络建设的成本，提出投资概算，分析投资效益和风险，保证在用户的资金范围实现网络建设，规避网络建设过程中的风险，保证用户的投资成效，实现网络建设目标。

(6)做好现状分析。如果网络建设是在原有网络的基础上进行升级改造，则需要对原有的网络系统进行系统的调研，对现有网络的拓扑结构、网络规模、业务支持、网络流量、出口带宽、安全性、可靠性、扩展性等情况进行基本的说明。在调研和分析新建部分的需求时，清晰地表达新建部分的建设内容，以及新建部分与原有部分的关系，提出包含原有网络在内的整体概要设计。

3)编制需求文档

分析用户需求的最终成果是编制一份网络建设系统需求说明书(也称需求规格说明书)和网络系统概要设计书。

(1)需求说明书是根据调研做出的需求调研报告，该报告全面梳理用户的网络建设需求，使用技术语言描述网络系统的建设内容、建设规模、业务支持、网络功能、网络性能、安全性、扩展性、管理性等方面的建设需求，并在网络系统概要设计书中提出满足网络建设需求的网络系统规划设计。

(2)网络系统概要设计书按照调研报告描述的网络建设需求，提出网络系统的整体框架设计，明确网络系统的构建，网络系统包含的子系统，各子系统将实现的功能、性能，提出政策约束、预算约束和时间约束。

☞ 整体网络架构明确说明网络建设的需求，各子系统应逐一地说明满足的建设需求，并提出具体的系统功能约定和性能约定，详细说明这些功能约定和性能约定满足的建设需求。

☞ 政策约束。任何工程都必须遵守国家法律、法规、行业规定、业务规范、技术规范，网络规划设计可能受到政策、规范的限制，存在政策约束，需要明确说明政策约束问题，如实名制上网。

☞ 预算约束。网络规划设计一定会受到经费的限制，存在预算约束。网络规划设计必须考虑预算约束，采取实用、够用的原则，降低系统的建设费用，提高系统的性价比。规划设计应提出系统建设的资金预算，保证建设资金不超过资金预算。

网络建设的资金预算一般存在一次性投资预算和周期性投资预算。一次性投资预算主要用于网络系统建设，包含规划设计费用、建设费用、人员培训费用等。周期性投资预算主要用于后期的网络运行维护，包含运行维护人工费用、运行维护设备材料费用、网络出口线路租用费用、系统升级费用等。尽量采用能降低后期运行维护费用的技术路线是网络规划设计需要考虑的问题。

☞ 时间约束。网络规划设计需要考虑工程的周期，提出明确的工期，系统设计和技术路线要保证在规定的时间完成网络建设，并采取相应的工程进度控制措施。

为了保证规划设计完全覆盖建设需求，避免产生网络建设需求的缺失问题，在需求文档初步完成后需要逐一地检查建设目标，检查调研的需求情况是否全面，需求分析工作是否到位，规划设计是否完整，是否能保证网络建设目标的实现。

4）确认用户需求

确认用户需求是调研和分析用户需求的重要环节，在调研和分析需求基础上提出的需求报告需要得到用户的确认，用户确认需求报告提出的需求是否到位，是否覆盖了所有建设需求，是否能够真正代表和表达建设需求，提出的规划设计是否能满足网络建设目标。

网络承建方提出的网络建设需求一旦被确认，将按照该需求进行网络深化设计与网络建设，用户在建设过程中提出的新需求将无法被满足，因此建设方一定要对网络承建方提出的需求分析报告进行详细的审核，确认提出的需求报告能够满足需求，网络的覆盖区域、楼宇、房间，网络支持的各种业务、实现的各种功能、达到的各种性能、安全性等能满足需求，实现建设目标。需求确认的需求报告和规划设计最好经过第三方专家评审确认，需求报告最终要由网络建设的用户方确认。

3. 项目招投标

招投标是工程项目建设前期的重要环节，是项目建设单位实现低成本、高质量建设的重要工作。招投标活动应当遵循公开、公平、公正、诚实、信用的原则。招投标过程可以分为招标、投标、开标、评标、发布中标通知并签订书面合同 5 个阶段。

☞ 招标是指网络工程建设方阐述自己的招标条件和具体要求，向特定或不特定的信息系统集成商等承包人发出邀请。

☞ 投标是指投标人接到投标通知后，根据招标文件的要求填写投标文件，并将其送达招标单位的行为。在投标阶段，投标商的主要工作有申请投标资格、购买投标书、踏勘工程建设现场、办理投标函、编制和送达投标书等。

☞ 开标。项目建设单位在预先规定的时间和地点按照规定的动作对投标人的投标书正式公开启封揭晓。开标应该有第三方公证单位在场，以确保开标行为的公正性。开标时间应当在招标文件确定的提交投标文件截止时间的同一时间公开进行。开标地点应当为招标文件中预先确定的地点。开标对各投标人的名称、资质、投标报价和工期等重要项目进行唱标，各投标商需要对唱标结果签字确认。

☞ 评标是建设单位根据招标文件要求，对所有标书进行审查和评比的行为。评标由评标委员会进行。

☞ 发布中标通知并签订书面合同。中标人确定后，招标人向中标人发出中标通知书，并将中标结果通知所有未中标的投标人。招标人和中标人自中标通知书发出之日起 30 日内，按照招标文件和中标人的投标文件订立书面合同。签订合同是招标人将合同授予中标人并由双方签署的行为，在这一阶段，招标方和中标方需要对标书中的内容进行确认，并依据标书签订合同。工程合同是实施工程建设、工程验收和工程付款的重要依据。

8.1.5　网络技术标准

技术标准是系统设计的重要组成部分，是由标准化组织在相应技术领域规定的并在该技术领域共同使用和重复使用的技术规则，任何一个系统和产品的设计都离不开技术标准。网络技术标准保证了网络系统的互连互通、对各种应用服务的业务支持，以及网络产品的兼容性和互换性。网络技术标准是由国际标准化组织和国家标准化组织制定，是网络系统建设和产品研制必须遵循的技术标准。

网络技术标准的制定组织主要有 ISO、CCITT、IEEE。网络的主要技术标准见表 8-1。

表 8-1　网络的主要技术标准

E-Y 系统标准	E 系列	网络运营电话业务(E1)
	F 系列	电报数据
	G 系列	传输系统、数字系统、网络系统(G711、G722 等)
	H 系列	视频(H320、H323 等)、音频、多媒体系统
	I 系列	ISDN 系列
	J 系列	广播、组播
	M 系列	电信管理网络
	T 系列	多媒体通信规范
	V 系列	电信通信、调制解调、模拟数据通信等 V35
	X 系列	公用数据(X. 21　X. 25 等)
	Y 系列	IP 网络
IEEE 802 标准	802. 1a	概述系统结构
	802. 1b	寻址、网际互连、网络管理
	802. 1d	生成树标准
	802. 1g	扩展的生成树标准
	802. 2	逻辑链路控制——LLC
	802. 3	总线型 CSMA/CD
	802. 3u	快速以太网
	802. 3z	千兆以太网
	802. 3ae	万兆以太网
	802. 4	令牌总线网
	802. 5	令牌环型网
	802. 6	城域网介质访问控制和物理技术规范
	802. 11a	6 ~ 54 Mb/s 的无线局域网标准
	802. 11b	11 Mb/s 的无线局域网标准
	802. 11g	54 Mb/s 的无线局域网标准
	802. 11n	300 Mb/s 的无线局域网标准

续表

OSI/RM 网络体系结构	应用层、表示层、会话层、传输层、网络层、数据链路层、物理层	
TCP/IP 网络体系结构	应用层	SMTP、FTP、HTTP、TELNET、DNS 等
	传输层	TCP、UDP
	网际层	ICMP、IP、ARP、RARP、BGP 等
	网络接入(口)层	802.3、802.5、X.25、FR、ATM 等局域网。
RFC 文档	IP：791；TCP：793；UDP：768；ICMP：792；ARP：829；FTP：959；SOCK5：1928；CHAP：1994；POP3：1957；RIP：1058；SMTP：2821OSPF：2328；HTTP1.1：2616；IMAP：2060；PPP：1661—1663；DHCP：2131；IPSec：2401—2412；IPv6：2460；SIP：3261；RTP：3550；RADIUS：3575；L2TP：3931	

征求修正意见书(Request For Comments，RFC)是由 IETF 发布的一系列记录互联网规范、协议、过程等的标准文件，以编号排定。RFC 文件格式作为 ARPA 网计划的基础起源于 1969 年。RFC 文档按照技术标准出现时间进行排号。第一份 RFC 文档是由洛杉矶加利福尼亚大学(UCLA)的 Steve Crocker 撰写，在 1969 年 4 月 7 日公开发表的 RFC1。

RFC 文档收集了包含 Internet 的所有重要标准，并对这些技术标准进行了准确的注释。几乎所有的互联网标准都收录在 RFC 文档中。目前，RFC 文档是信息技术领域研究和技术人员查阅技术标准的重要文档。

8.2 网络逻辑设计

网络逻辑设计是网络建设的重要工作，它影响甚至决定了网络的建设规模、基本结构、主要应用内容与模式、资金投入和建设周期等问题。

网络逻辑设计主要完成网络结构设计、路由设计、性能设计等工作。

8.2.1 网络结构设计

1. 设计内容

网络结构设计是网络设计的关键环节，涉及网络的层次架构设计和拓扑结构设计。网络层次架构目前多采用三层架构。

1)层次架构设计

层次化的网络架构将一个较大规模的网络系统分为几个较小的子层，各个子层相对独立又互相联系，不同的处理放在不同的层次，各层完成特定的功能，可以独立设计，通过层间的连接点实现交互，最终实现系统功能。层次化的网络结构清晰、分工合理，降低了网络的复杂程度，使网络设计变得相对简单，更加容易管理。

层次化的网络架构将网络分成若干个更小的单元，一个单元改变或发生故障时不会影响整个网络，故障排除或扩展更加容易，能有效地隔离广播风暴，防止路由循环等潜在问题；层次化的网络可以灵活地实现升级，升级任意层次的网络不会对其他层次造成影响，无须更改整个网络。由于以上原因，层次化的网络架构模型被广泛用于现在的网络架构中，尤其是在规模较大的网络设计中，如校园网、企业网等。

在网络设备中，交换机利用硬件实现数据转发，路由器利用软件实现路由选择。网络架构设计的关键是核心层的设计。核心层的结构需要遵循核心简单、边沿复杂的原则，需要强化交换的地方采用交换机，需要强化路由的地方采用路由器，由此出现了基于交换技术的网络架构设计和基于路由技术的网络架构设计，如图 8-4 所示。

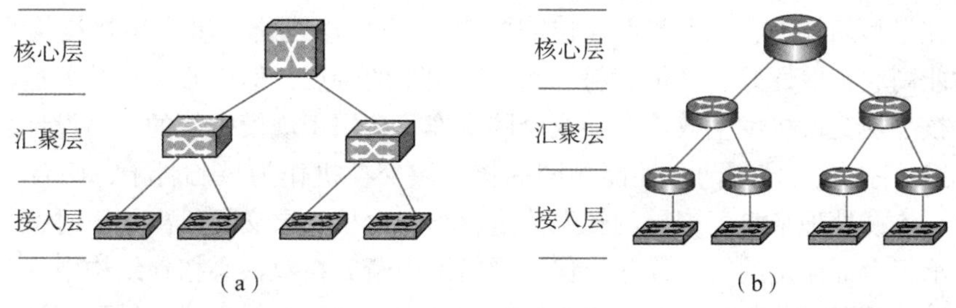

图 8-4　三层网络架构

(a)基于交换技术；(b)基于路由技术

☞ 基于交换技术的网络架构设计采用带有一定路由功能的网络交换机进行网络骨干架构，通过在整个网络使用网络交换机，突出网络的数据交换能力，实现网络数据的高速转发性能，网络路由由交换机的路由功能完成，具有网络结构简单、建网技术易于实现、网络造价低的特点，是目前园区网、企业网、校园网网络架构设计的主要选择。

☞ 基于路由技术的网络架构设计以路由器为主体进行网络骨干架构，而网络的用户采用交换机实现接入，整个网络由路由器和交换机共同构成，具有强大的路由功能，便于不同子网的通信，但网络结构复杂，容易在路由器部分形成性能瓶颈，交换速度性能大大低于基于交换技术的网络构架的网络。路由器的价格远远高于交换机，在局域网网络建设中采用较少，主要用于强路由、弱交换的建网需求中，如城域网、广域网的网络结构设计。

2)拓扑结构设计

在网络工程中，拓扑结构主要有点对点拓扑、星型拓扑、双核心拓扑、环型拓扑、网状拓扑等，如图 8-5 所示。

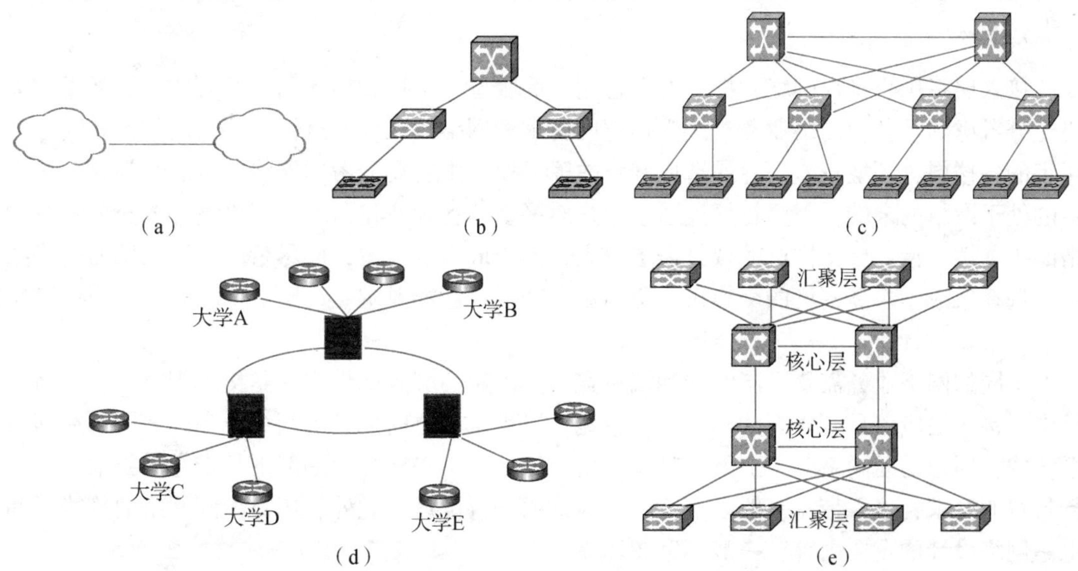

图 8-5　网络拓扑结构

(a)点对点拓扑；(b)星型拓扑；(c)双核心拓扑；(d)环型拓扑；(e)网状拓扑

☞ 点对点拓扑结构由两个网络之间的一条链路连接构成，主要用于两个局域网之间的互连，如两个校区局域网互连、城域网互连，适用于长距离通信等情况。

☞ 星型拓扑结构的各支路都有一条单独的链路与中心节点相连，并通过中心节点进行数据交换。在星型拓扑中，N 个节点互连需要 $N-1$ 条传输线路。星型拓扑结构具有网络结构简单、性能高、扩展性好、维护容易、相互影响小的特点，但中心节点的负担较重，网络可靠性低，核心层交换机发生故障会导致全网瘫痪，多用于规模中等的网络设计。

☞ 双核心拓扑结构使用两台性能相同的核心层交换机作为核心骨干，两台核心层交换机互为备份，均衡处理来自汇聚层的转发流量，当一台核心层交换机出故障时，另外一台核心层交换机承担全部流量的转发任务，保证网络不中断。在双核心拓扑结构中，汇聚层交换机必须以双链路的形式分别接到两台核心层交换机上，这种连接方式将导致汇聚层到核心层的骨干光纤数量增加一倍，增加骨干光纤的敷设成本，但双核心结构具有很高的可靠性，仍然是网络核心层设计选择的主要结构。目前网络规模在几千个到上万个信息点的大型园区网络设计一般采用双核心拓扑结构。

☞ 环型拓扑结构可以实现链路冗余，即当环中任意一处链路发生断路时，环上各台设备间仍然存在通达的链路，维持网络的连通性，具有较好的可靠性，多用于园区面积更大的网络设计或城域网设计，如各个城市的大学城域网的网络结构设计。环型网络所需光缆较少，路由选择比较简单，适用于长距离传输的组网。环形拓扑结构网络的缺点是需要增加较多的骨干交换机。

☞ 网状拓扑结构适用于规模更大且要求高可靠性的网络。如图 8-5(e)所示，4 台核心设备组成环状结构，当任意一条链路发生断路时，仍然保持网络的连通性。每两台核心设备通过双链路与汇聚层设备相连，实现两两互为备份。通过环路的链路冗余和核心设备的设备冗余，大大提高了网络的可靠性。4 台核心设备可以共同分担整个网络的流量转发，大大提高网络的转发性能。网状拓扑结构的设备链路增加，导致网络成本进一步增加。

2. 接入层的设计

接入层将用户接入网络，提供最靠近用户的服务，承担着接入用户所有的数据流量，需要充分考虑满足各种网络业务对接入带宽的要求和网络接入的安全性；接入层的设备间位于楼宇的各楼层，环境较差，容易造成网络故障，设计中要充分考虑网络的可靠性问题；接入层的处于网络的末端，需要较好地适应用户对网络的各种变化需求，网络设计要充分考虑网络的扩展性；接入层交换机的数量需求较大，出于成本的考虑，应尽量简化接入层的网络结构，选择低成本、高密度的交换机，降低设备功能、性能要求。

1)带宽设计

不同的网络业务需要不同的端到端带宽，接入层的端到端带宽就是接入带宽。在网络设计中，接入层应该具有较高的网络接入带宽，以满足单位内部各种网络业务的需要。在网络系统中，用户访问网络时，上下行带宽的要求往往是不一样的，一般下行带宽的要求高于上行带宽的要求，接入带宽一般以下行带宽为依据进行设计。此外，用户访问网络的等待时间也是网络设计的重要内容，一般不宜超过 30s。

各种网络业务对端到端的带宽要求见表 8-2。

表 8-2 各种网络业务对端到端带宽要求

业务类型	最低下行带宽	业务说明
网页浏览	32 Kb/s	每个页面
网上聊天	32 Kb/s	文字聊天
收发电子邮件	128 Kb/s	每封邮件
FTP 下载	256 Kb/s	占用用户实际带宽的 70%
网络游戏	256 Kb/s	因游戏、服务器带宽而定
VOD 点播	256 Kb/s	VCD 标准
视频会议	512 Kb/s	H323 视频会议系统
高清电视会议系统	2 Mb/s	支持 1 080 * 720 分辨率
全高清电视会议系统	4 Mb/s	支持 1 920 * 1 080 分辨率

10 Mb/s 网络接入端口带宽可以满足各种业务在接入层的带宽要求，而目前接入交换机的端口带宽一般选择百兆端口接入，个别的场所甚至选择千兆端口接入，完全能够满足各种网络业务的带宽需求，因此在网络设计时，不必对接入带宽做太多的考虑。

2)交换机设计

接入层的设计要考虑网络建设方对网络信息点的需求，按照网络设计接入端口数量的需求，配备足够数量的交换机。对于密度较高的端口需求情况，可以考虑采用堆叠交换机。堆叠交换机组网时采用菊花链连接可能形成环路，存在产生广播风暴的风险，需要选用支持 IEEE 802.1d 的交换机。

3)端口设计

接入层交换机端口需要为级联扩展端口，为链路聚合预留端口。接入层设计除了需要确认端口数，还需要考虑级联问题，决定上连汇聚端口的带宽和种类。一般接入端口为百兆速率时，上连汇聚层的端口应高出一个数量级，设计为千兆端口，同时根据使用的链路情况决定使用光纤接口还是铜缆接口。

4)安全性设计

接入层的安全性设计要利用 VLAN 技术隔离网络广播风暴和用户间的访问，提高网络的安全性和访问效率。

在网络设计中，VLAN 划分主要是控制用户访问权限和逻辑网段大小，将不同的用户群划分在不同的 VLAN，使得它们发生的多数业务流量限制在该 VLAN 中，减少网络主干的负担，提高交换型网络的整体性能和安全性。

VLAN 划分可以根据单位的部门职能、用户对象组或应用业务将不同地理位置的网络用户划分为一个逻辑网段。例如，学校有教务处、学生处、财务处等职能部门。各部门处于一栋大楼的不同地理位置，通过 VLAN 划分可以将它们划分在不同的 VLAN，使得这些部门之间的网络相互隔离，带来较好的安全性，同时不影响各部门内部的快速访问。对于学生宿舍这样的网络环境，由于学生可能相互攻击，或者玩网络游戏消耗网络带宽资源，可以将交换机的每个端口划分为一个独立的 VLAN，控制各接入端口间的互相访问，达到提高网络安全性的目的。

在一个交换网络中，VLAN 提供网段和机构的弹性组合机制，保证每个用户的数据在不改动网络物理连接的情况下可以任意地将工作站在工作组或子网之间移动，减轻网络管理和维护工作的负担，降低网络维护的费用。网络中考虑 VLAN 设计时，选择的交换机应该支持 IEEE 802.1q 的 VLAN 功能，并提供跨交换机的 VLAN 功能。

在 VLAN 设计中，当网络中的不同 VLAN 间相互通信时，需要路由的支持，一般采用三层交换机或路由器实现。接入层一般使用二层交换机，二层交换机之间的 VLAN 通信，通过汇聚层的三层交换机实现，这种方式能使网络全部使用交换机进行组网，组网相对简单，便于管理。同时使 VLAN 终结在汇聚层，避免对核心层造成影响。接入层采用二层交换机可以大大降低网络建设的成本，但不能有效解决广播风暴和网络安全控制问题，因此在一些高性能的网络设计中，接入层仍然采用三层交换机。

接入层安全设计需要考虑防攻击、防 IP 盗用、防病毒的措施。网络中，用户私设 IP、黑客盗用 IP 等现象经常发生，不仅影响网络的正常使用，也给用户造成了大量的经济损失和潜在的安全隐患。为了防止用户私设 IP 和 IP 地址被盗用，接入层可以将 MAC 地址与 IP 地址绑定，对于动态地址分配情况，在采用代理服务器端分配 IP 地址时，把 IP 地址与网卡地址绑定。此外还可以考虑静态设置 MAC 地址过滤、端口屏蔽等功能，确保网络安全运行。用户终端大量发送病毒包时，可以采用端口屏蔽功能，将该用户端口关闭。黑客攻击接入层时可以采用包过滤策略，过滤攻击包。网络接入层设计需要考虑以上因素时，接入层交换机必须支持以上功能。

接入层的安全设计还需要考虑网络的接入控制，通过 802.11x,、Webportal、PPPOE 等接入认证方式实现接入控制，这一部分内容将在后面讨论。

接入层设计还需要考虑网络扩展和网络管理的问题。接入层处于网络末端，为满足用户不断变化的需求，交换机需要预留足够的端口，方便用户扩充。由于接入层交换机距网络管理中心较远，一般采用具有网络管理功能并且可以进行远程管理的交换机。

3. 汇聚层的设计

汇聚层将低速的接入数据流量汇聚到高速转发的核心层，并屏蔽接入层对核心层的影响。汇聚层的设计主要涉及链路汇聚、流量汇聚、链路聚合、设备选择等问题。

1)链路汇聚

链路汇聚使核心层与接入层之间的连接最小化，是三层网络架构的关键。汇聚层将大量的低速接入设备通过少数宽带的链路接入核心层，实现链路收敛，减少连接到核心层的链路和核心层设备可以选择的路由路径数量，提高网络的传输性能。

链路汇聚在网络设计中需要考虑整个网络系统设置的汇聚节点数量。网络规模不大时，可以在园区内的每栋楼宇设置一个汇聚节点，放置一台汇聚层交换机，楼宇内所有楼层的接入层交换机通过汇聚层交换机实现流量汇聚并接入核心层交换机，如图 8-6(a)所示。网络规模较大时，可以将建设区域划分成若干个区域，每栋楼宇完成一次小汇聚，同一区域的楼宇进行一次大汇聚，再接入核心层，如图 8-6(b)所示。

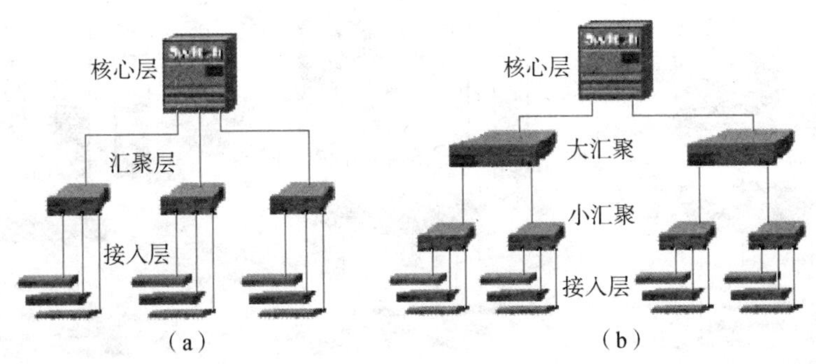

图 8-6　汇聚层网络

(a)设置一台汇聚层交换机；(b)设置大汇聚与小汇聚

2)流量汇聚

汇聚层网络架构确定以后，需要分析汇聚层的流量汇聚，根据汇聚流量考虑汇聚层的交换机性能、连接端口、链路带宽等问题。汇聚层处于接入层和核心层之间，在数据上行传输时将接入层低速接入点的流量汇聚在一起，接入核心层；在数据下行传输时将核心层下行到汇聚层的数据分配给各个接入层交换机。汇聚层的流量汇聚作用在网络设计时，需要考虑汇聚层设备的接入能力和交换性能，接入能力包括汇聚层交换机的下连端口数量和下连链路的链路带宽，交换能力主要考虑汇聚设备对来自接入层的所有汇聚流量的交换处理能力。

在汇聚层的设计中，汇聚设备的下连端口数量要与接入层的上连链路数量匹配，链路带宽要与接入上连链路的设计带宽匹配，汇聚设备的交换性能要与接入层接入的汇聚流量匹配。

汇聚层的网络流量通过汇聚节点接入核心层，汇聚层与核心层的连接需要考虑接入链路带宽，一般来说，可以选择汇聚层上连至核心层的链路带宽为汇聚层下连至接入层链路带宽的 10 倍。例如，下连至接入层的链路为 1 Gb/s，上连至核心层的链路带宽应选择 10 Gb/s。

汇聚层设计需要根据从接入层汇聚到交换机的流量大小选择汇聚层交换机的交换性能参数。例如，某汇聚层交换机下连 10 台 24 口百兆交换机，按照以上接入层流量分析，各种网络业务到端的最大数据流量不超过 2 Mb/s，考虑今后新业务的开展和设计留有一定的冗余，每个接入层端口的流量可以按照 10 Mb/s 进行设计，如果 10 台 24 口交换机接入该汇聚设备，则该汇聚设备需要支持的流量处理能力为 2.4 Gb/s，再考虑 3 ~ 5 倍的冗余设计，该汇聚设备需要的交换能力应该在 12 Gb/s 左右。

3)链路聚合

链路聚合可以实现链路负载均衡。一般情况下，汇聚层上连至核心层的链路带宽为下连至接入层链路带宽的 10 倍。在汇聚层连接的接入层交换机较多时，可能出现汇聚层上连链路带宽不足，发生网络阻塞现象。在这种情况下，可以采用链路聚合增加汇聚层上连链路带宽，即汇聚交换节点，通过双链路或多链路接入核心层，增加上连链路带宽。简单的双链路、多链路会产生负载不均衡现象，可以对增加的链路进行链路聚合，使得两条链路或多条链路实现流量均衡，满足上连链路带宽的扩充要求，如图 8-7 所示。

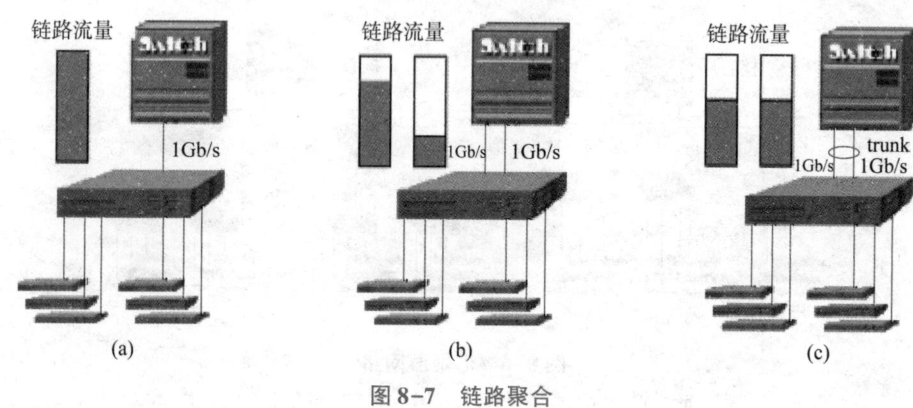

图 8-7　链路聚合

(a)链路带宽不足；(b)链路负载不均；(c)链路负载均衡

4)设备选择

汇聚层处于接入层的上层，当接入层的交换设备是二层设备时，汇聚层需要选择三层设备，接入层 VLAN 的通信通过汇聚层完成，实现接入层 VLAN 间的路由。

在汇聚层设计中，需要考虑交换机的选择。汇聚层是多台接入层交换机的汇聚点，汇聚层交换机必须能够处理来自接入层设备的所有通信量，提供到接入层的下行链路和到核心层的上行链路，需要更高的性能，匹配上下连接的端口数量和端口速率。

汇聚层交换机需要支持不同 IP 网络间的数据转发和高效的网络安全策略处理能力，提供与核心层连接的高带宽链路，保证数据的高速转发，支持负载均衡、自动冗余链路、远程网络管理、网络管理协议 SNMP。

4. 核心层的设计

核心层为来自汇聚层的数据包进行路由选择，实现数据包的高速交换。在园区网、企业网、校园网中，高速交换是核心骨干网络的主要任务，路由选择相对简单。为了实现高速数据包的交换，核心层设计应避免核心层路由配置的复杂程度，选择强交换、弱路由交换技术为主的网络架构，并尽量将数据包过滤、QoS 处理等策略放到核心层以外执行，禁止采用任何降低核心层设备处理能力或增加数据包交换延迟时间的方法，避免增加核心层设备配置的复杂程度，以强化核心层的高速交换能力。

1)拓扑结构设计

目前在园区网、企业网、校园网的核心层主要采用单中心星型拓扑结构和双中心星型拓扑结构，如图 8-8 所示。网络规模较大、地理覆盖面积较大的园区网络采用环型拓扑结构和网状拓扑结构。

单中心星型拓扑结构采用单台核心层交换机，核心层与汇聚层单链路相连，结构简单，建设投资少，适用于网络流量不大、可靠性要求不高的情况，主要用于小规模局域网的网络设计。

双中心星型拓扑结构采用两台核心层交换机，核心层与汇聚层双链路相连大大提高了网络核心骨干的可靠性，很好地实现了负载均衡，是核心层设计目前多采用的网络拓扑结构。

当核心层需要设置 3 台核心交换机时，一般连接成环型拓扑结构；当核心层需要设置 4 台核心交换机时，一般连接成网状拓扑结构。环型拓扑结构和网状拓扑结构较为复杂，主要用于网络规模较大、地理覆盖面较广的园区网络设计中，也被广泛用于城域网的设计中。环型拓扑结构和网状拓扑结构的网络具有极高的可靠性，但是由于核心层构成了路由循环，网络传输开销较大，核心层设备成倍增加，大大增加了网络建设投资。

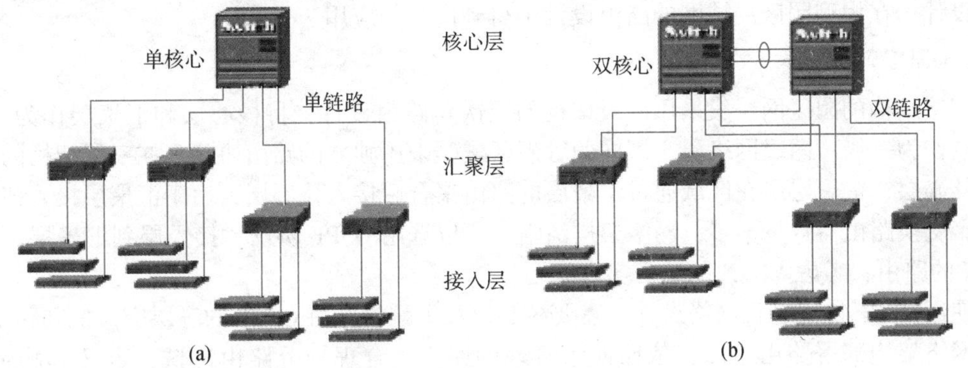

图 8-8　星型拓扑结构

(a)单核心；(b)双核心

2)交换机的选择

核心层设备应选择能够进行高速交换并兼顾路由功能的高端路由交换机，一般采用千兆交换机和万兆交换机，并要求具有高可靠性，支持负载均衡和自动冗余链路。

☞ 核心层处理能力取决于核心层交换机的性能。核心层处于汇聚层的上层，数据上行传输时，所有汇聚层的数据流量汇聚在一起，接入核心层，下行传输时，核心层将下行的数据流转发到不同的汇聚层。核心层交换机的交换能力需要满足来自汇聚层的所有数据流量的交换，应设计为来自汇聚层的所有数据流量的 4 ~6 倍。

☞ 核心层交换机的链路带宽主要取决于汇聚层的数据流量。目前园区网络带宽多为百兆接入、千兆汇聚、万兆核心的结构，汇聚层到核心层的链路带宽一般选择万兆链路，单条万兆链路不能满足带宽要求时，可以采用冗余链路的办法增加链路带宽。如果使用了冗余链路，则需要利用路由技术或生成树协议进行处理。

☞ 背板带宽能力：在规模较大的园区网络中，上连到核心层的万兆链路一般有十几条，核心层交换机的下连万兆端口有几十个，在这种情况下，万兆核心层交换机的背板带宽交换能力至少应该达到几百个 Gb/s 甚至 Tb/s 数量级的处理能力。

3)可靠性设计

核心层位于星型网络的最上端，是网络的骨干，来自汇聚层、接入层的交换都要经过核心层，核心层出现故障将会造成全网瘫痪，其可靠性极为重要。双中心星型结构、环型结构和网状结构能够提高核心层的可靠性。

8.2.2　网络的路由设计

路由是核心层的重要功能，路由设计是核心层设计的重要内容。路由选择问题主要针对广域网和大型园区网，下面讨论大型园区网的路由设计。

大型园区网一般选用动态路由协议，需要根据路由协议的开放性、网络的拓扑结构等因素综合选择路由协议。开放性的路由协议保证了不同厂商的产品对协议进行支持，从而保证网络的互通性，以及将来网络的扩充能力和选择空间。

网络拓扑结构直接影响协议的选择。例如，RIP 路由协议是比较简单的路由协议，一般不支持分层的路由信息计算，对复杂网络的适应能力较差，适用于规模较小的网络；OSPF支持大型网络，具有路由收敛快、占用网络资源少、便于后期扩展等优点，适用于层次化的网络设计，在大型园区局域网的路由设计中得到广泛的应用。

1. OSPF 路由规划

三层结构的园区网一般采用两级架构的层次化路由设计，将核心层和汇聚层作为一级，接入层作为一级。两级网络属于不同的管理区域，采用独立的路由协议。在三层架构的网络中，核心层、汇聚层所在区域通过汇聚层的路由聚合后接入核心层，由于汇聚层接入核心层的汇聚交换路由器数量不多，网络架构清晰，可以选用 OSPF 协议。接入层到汇聚层主要是 VLAN 的路由，考虑 VLAN 的路由实现问题。

使用 OSPF 协议进行网络设计，需要核心层和汇聚层支持 OSPF 的三层交换机和路由器，按照网络架构部署路由策略，依照便于管理的原则，合理划分路由区域，定义 Router ID，设置特殊区域，规划 IP 子网。

在网络设计中，主要按照设备的性能和地理位置划分 OSPF 区域。Area 0 主要完成全网路由汇总交换与数据交换，是全网的核心。任何节点路由额度的改变都将对骨干区域路由产生影响，因此，Area 0 的设计尤为重要。一般可以将核心交换机、区域汇聚交换机、出口路由器划分在 Area 0，其他非骨干区域按照区域所处位置进行划分。考虑到设备性能的限制，一般不宜将区域划分得太大。每台汇聚层交换机上连核心层交换机的接口属于 Area 0，每个区域的汇聚层交换机的其他接口，属于一个相同的 Area。

双核心结构的网络区域可以按照以下原则划分：核心层的两台路由交换机和出口路由器选择为 Area 0，汇聚层的其他三层交换机分别选择为 Area 1、Area 2、Area 3 等。有的设计也将非骨干区域号选择为不连续的号，如 Area 10、Area 20、Area 30 等，便于网络扩展，如图 8-9 所示。

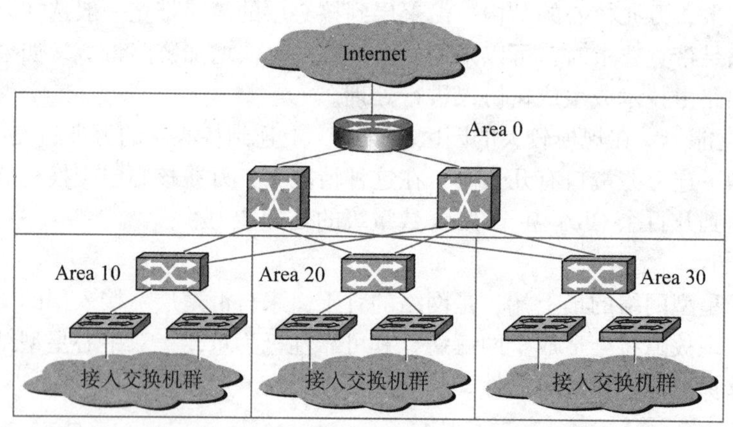

图 8-9　双核心结构网络的 Area 划分

Router ID 是 OSPF 设备的表示，不占用公共 IP，使用一个适合的私有地址段即可。由于 OSPF 的 Router ID 在使用过程中不能随意发生变化，发生变化会导致链路状态通告报文重新泛洪，引起 OSPF 网络的振荡。为了获得稳定的 Router ID，可以采用环回接口地址作为 Router ID。

环回接口是路由器上的虚拟接口，在路由器上可以与物理接口一样对待，为其分配网络，建立和终止连接。路由器初始状态一般未设置任何环回接口，但是大多数厂家的路由器产品都支持环回接口的创建，在 Cisco 路由器中可以使用“interface loopback”命令创建。环回接口需要一个独立的 IP 地址，子网掩码一般设置为 255. 255. 255. 255，以节省资源。环回接口地址在网络运行中非常稳定，不会发生变化、冲突等问题，是 Router ID 的理想选择。

为了便于 Router ID 的记忆和管理，核心层、汇聚层、接入层交换机的 Router ID 都可以选择 Router ID 地址与区域号对应。如果系统没有创建环回接口，Router ID 可以选择并激活具有最高 IP 地址的物理接口。

在实际使用中，应先建立环回接口并为其分配 IP 地址，再启用 OSPF。由于重启 OSPF 进程会导致 Router ID 的重新选举，如果在启用 OSPF 后创建环回接口，该环回接口将不会被用作路由器 ID，带来系统对路由器 ID 的困惑。

OSPF 启动后，在单个区域内，区域内部路由器与相邻路由器交换信息，每个路由器发送拥有自己 ID 信息的 Hello 包，相邻路由器收到这个包后将包内的 ID 信息加入自己的 Hello 包，向相邻路由器发送。如果某路由器收到含有自己 ID 信息的 Hello 包，说明发来 Hello 包的路由器是自己的相邻路由器，则根据接收到的端口建立邻接关系。

邻接关系建立后，区域内部路由器和它的邻接路由器之间相互交换部分 LSA，这个过程完成后，每个区域的路由器都获得了整个网络的状态信息，并建立起 LSA 数据库。各路由器根据 LSA 数据库执行 SPF 算法计算出以自己为根的最短路径，建立自己的路由表，再根据建立的路由表对到达的数据包进行路由选择。该工作过程如图 8-10 所示。

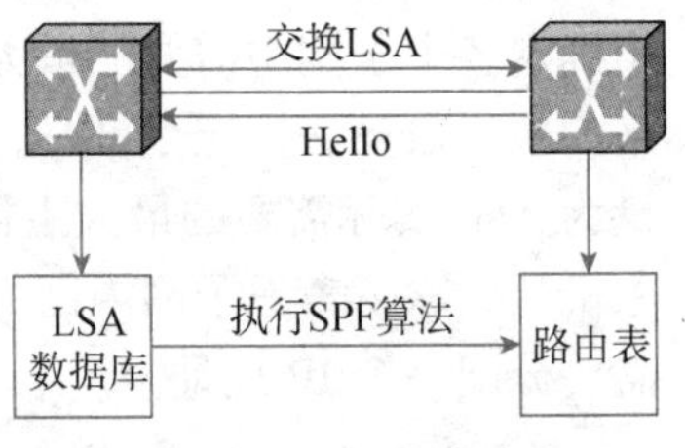

图 8-10　OSPF 路由的工作过程

OSPF 在区域分配时存在末梢区域、完全末梢区域和非完全末梢区域 3 种特殊区域，末梢区域的路由采取默认路由、区域间路由和区域内路由结合的方式，完全末梢区域路由采取默认路由和区域内路由结合的方式，非完全末梢区域需要从末梢区域内引入外部路由，一般应用较少。

非骨干区域统一采用完全末梢区域，只提供到区域边界路由器的默认路由，可以精简路由表。在大部分情况下，园区网中的非骨干区域只需要知道默认路由的出口位置，一般统一设置成完全末梢区域，精简非骨干区域内部路由器的路由条目数量，减少区域内部 OSPF 交互的信息量。对于极少数存在特殊需求的网络，需要根据实际情况灵活使用几种区域类型。

在完成区域分配后，需要优化骨干区域路由器的路由表项，完成非骨干区域的 IP 子网规划和路由聚合。路由聚合将具有相同前缀的路由信息聚合在一起，只发布一条路由信息到其他区域，精简骨干区域路由器的路由表，减少骨干区域内 OSPF 交互的信息量，提高路由表项的稳定性 。

2. 子网划分设计

为了提高网络的传输性能和网络安全性，有效地利用 IP 地址，网络需要进行子网划分设计。子网划分不当容易引起整个网络地址重新设计和部署，导致长时间的停机，还会在重新编址阶段引起不稳定，浪费人力和财力。

在网络设计中，每个子网连接一个路由器接口，对其他子网的访问通过该接口送到路由器，再由路由器根据路由表查找转发接口，经过不断地路由，最终到达目的子网。在三层构架的网络中，处于同一区域的各子网通过区域路由汇聚到核心层，经过核心层、汇聚层的路由实现整个网络的路由。

子网划分需要合理利用地址空间，实现分类控制，可以根据各楼宇的用途或工作性质进行子网划分。如大学的园区网络可以按照楼宇用途划分为办公楼子网、教学楼子网、各学院大楼子网，企业网络可以按照工作性质划分为办公室子网、财务子网、市场部子网、生产部子网等。

子网划分将基于 A、B、C 类的网络 ID 细分为一系列子网。例如，对 B 类网络 ID 进行 4 位子网划分后，会生成 16 个同等大小的子网。基于类的网络 ID 或无类别的网络 ID 中可以存在不同大小的子网，这一规则适合现实世界中的环境，这里就需要可变长的子网掩码技术作为网络设计中子网规划的依据。

在大型园区网的设计中，子网划分需要确定子网和主机的最大数量。最大子网数量的设计既要考虑当前网络规模需要的子网数量，也要考虑未来发展所需要的子网数量，通常取 2^n。例如，当前和未来需要的子网数量为 28，则网络设计的子网数量为 32，即 2^5；如果当前和未来需要的子网数量为 48，则网络设计的子网数量为 64，即 2^6。

整个网络需要的最大主机数量由各个子网需要的最大主机数累加得到，网络设计需要逐个确定各个子网中需要的最大主机数量。每个子网所需的最大主机数量也需要考虑当前和未来的主机数量，按照 2^N 取值。例如，实际需要的最大主机数量为 22，则设计的最大主机数量为 32；实际需要的最大主机数量为 236，则设计的最大主机数量为 256。每个子网的最大主机数，除了考虑子网内部的主机外，还要考虑路由器与该子网连接的接口地址，该接口也需要分配一个 IP 地址。

3. 服务子网设计

在园区局域网中，提供各种网络服务的子网为服务子网。服务子网主要提供两类服务：一类是网络基本服务和网络应用服务，DNS、Web、E-mail、FTP 等网络基本服务；一类是园区内部的网络办公系统、业务服务系统等网络应用服务，如大学校园网中的财务管理、教务管理、学生管理等应用业务系统和企业网络中的办公管理、生产管理、市场管理等业务系统。当这两大类服务较多时，往往需要通过一个服务器群来实现，这些服务器群所处的区域就是服务子网。服务子网设计选择的网络层次对网络性能影响很大，根据服务器部署位置的不同，分为集中式服务设计和分布式服务设计。

☞ 集中式服务设计将所有的网络服务部署在服务子网，并将服务子网部署在网络核心层，服务器群放在网络中心机房，直接连接核心层交换机，如图 8-11 所示。集中式服务设计的网络结构简单，便于管理，但增加了核心层的负担和网络流量，需要部署高性能的核心设备，以处理大量服务访问请求产生的数据流量。

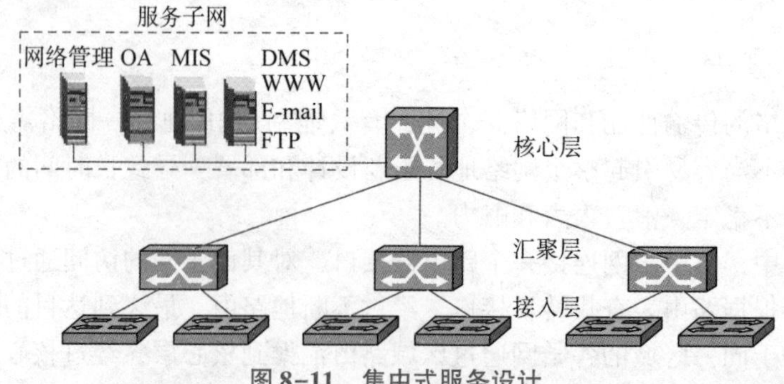

图 8-11　集中式服务设计

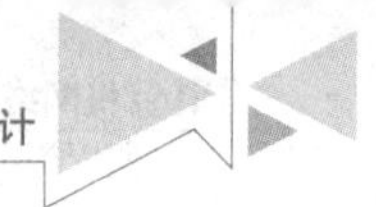

☞ 分布式服务设计将网络基本服务部署在网络核心层，应用服务分布在各个部门，一般部署在汇聚层。在这种模式中，网络基本服务的服务器仍然放在网络中心机房，而各种应用服务的服务器则放在各部门所在楼宇的主配线间机房。分布式服务的网络流量分担合理，核心层设备压力小，但不便于管理，设备利用率不高，主要用于企业园区网络的设计中。

4. 网络地址规划

在 TCP/IP 网络中，每台设备需要 IP 地址作为唯一的标识。在网络设计中，IP 地址规划是网络规划的重要内容，应符合标准，合理利用 IP 地址，满足分类控制，具有规律，易记忆，易扩展，便于路由组织，并充分考虑未来发展的需要，统筹规划与设计。

地址规划与网络架构、网络规模、路由协议、流量规划，以及使用的路由器、交换机、服务器等设备紧密相关，需要结合以上因素统一考虑。IP 地址规划的首要问题是使用 IP 地址的数量和类型。IP 地址的数量可以通过网络中的计算机、服务器、网络设备数量估算。

地址规划使用的网络地址有私有 IP 地址、公有 IP 地址、用户特有的 IP 地址。地址规划需要根据网络建设情况选择地址类型。高校、政府机构的 IP 地址是特有的 IP 地址，一般由上级网络管理机构分配，如高校的 IP 地址由中国教育网国家网络中心分配，市(州)、县电子政务网由省电子政务网络管理中心分配。企业、中小学一般没有特有的 IP 地址，可以使用私有 IP 地址组建内网。

当高校、政府、企业、中小学的内网需要与公网互连时，需要使用公有 IP 地址。公有 IP 地可以在为实现与公网连接租用公网营运商线路时，由运营商分配一定数量的公有地址。运营商一般根据租用线路的带宽和费用，提供相应数量的公有地址，以及与公网连接的路由器端口地址和内外网访问的转换地址。当内网使用特有的 IP 地址或私有 IP 地址组建的内网访问外网时，需要在内外网边界采用 NAT 技术完成内部地址和外部公有地址的转换。

地址规划可以采用静态地址分配和动态地址分配。

地址规划采取自顶向下的设计原则，按照楼宇、设备和服务的分布，以及各区域内的用户数量划分成几个大的区域，再将每个大的区域分成几个子区域。每个子区域从它的上一级区域获取 IP 地址段(子网段)。这种方式充分考虑了网络的层次和路由协议的规划，体现了分层管理的思想。

5. VLAN 路由

企业、政府、学校往往由许多部门组成，每个部门都有一些特定的敏感信息，甚至一些机密信息，如财务、人事等信息，这些信息不应该被其他部门共享，这些部门除了内部需要通信外，不允许与其他部门或外网进行通信。

VLAN 技术将一个局域网络划分成若干逻辑上隔离的虚拟工作组，这些虚拟工作组之间默认情况下不能通信，可以满足上述建网需求，保证每个部门的信息安全。此外，由于一个 VLAN 是一个广播域，一个 VLAN 中的广播信号不会送到这个 VLAN 之外的网络，能隔离广播信息，减小网上的广播信息，有效地提高网络带宽利用率。当 VLAN 间需要通信时，可以通过三层设备(如三层交换机)来实现。为了保证安全，可以在三层交换机上设置过滤规则，限制 VLAN 间的访问。通过 VLAN 技术的应用，组建的网络既能保证部门间信息的安全性，提高链路的带宽利用率，也能满足 VLAN 间的通信需要。VLAN 的优点使 VLAN 技术在网络组网中得到普遍的应用，成为网络设计的重要内容。

在园区网中，合理设计和划分 VALN 非常关键，一个合理的 VLAN 设计可以有效地保证网络安全，减少广播风暴，提高网络的运行效率。VLAN 设计一般应根据企事业单位的情况进行，例如，在企业网中，可以按照部门进行 VLAN 划分，企业内部的财务、市场、销售、生产等部门划分在不同的 VLAN，保证部门间的独立和关键信息的安全性。在高校校园网中，可以将服务器群、学校内部办公、教务管理、学生管理、设备管理等部门划分在不同的 VLAN，学生宿舍信息点较多，可以按照宿舍楼层进行 VLAN 划分，一个学生宿舍或一个信息点作为一个 VLAN，避免学生大量玩游戏影响正常学习。

在划分了 VLAN 的网络设计存在 VLAN 的路由实现问题。VLAN 之间的路由一般采取如下方法：

☞ 利用默认网关实现 VLAN 之间的路由。在主机上配置默认网关，主机将非本地的通信自动送往默认网关，由默认网关指向的设备进行转发。

☞ 网络规模较小的网络可以采用单臂路由方式或多臂路由方式。在单臂路由方式中，所有 VLAN 连接到一个路由器接口，数据帧从该接口进入路由器，又从该接口出来，两条线路重合，如图 8-12 所示。

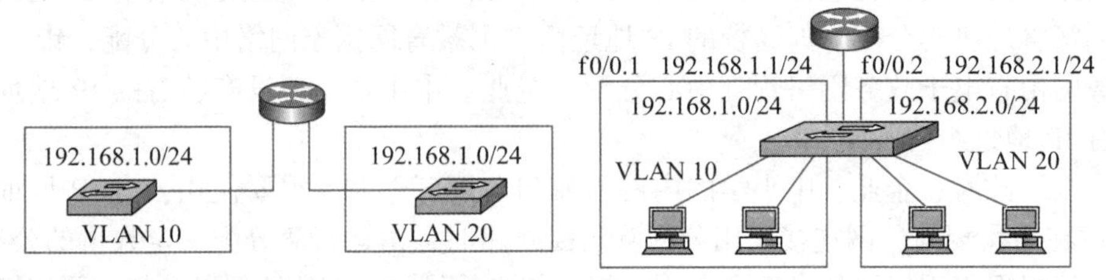

图 8-12　单臂路由方式

在 VLAN 设计中存在 VLAN 间链路和设备的共享，这种共享将带来相互的影响，要尽量减少相互影响的范围，避免 VLAN 跨越核心层交换机和拓扑结构的分层。三层构架的网络可以解决这个问题。由于在接入层和核心层之间有汇聚层存在，VLAN 终止于汇聚层，汇聚层到核心层之间不再有 VLAN，VLAN 不可能跨越核心层交换机，减少了 VLAN 对核心层的影响，而 VLAN 之间的互通策略通过汇聚层交换机实现。三层架构网络的 VLAN 部署如图 8-13 所示。

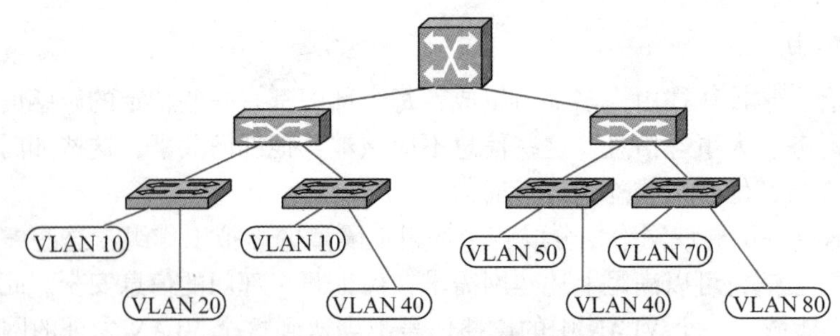

图 8-13　三层架构网络的 VLAN 部署

网络中既存在 VLAN，也存在子网，路由问题将涉及 VLAN-VLAN 的路由、子网-子网的路由、VALN-子网-VLAN 的路由，与 VLAN 路由配置关系最密切的是 IP 子网的划分。VLAN 与子网划分存在以下几种情况：

☞ 网络采用全交换结构，通过桥接方式互连，可以将整个局域网划分成一个 IP 网络，即网络中所有主机地址的网络号相同，可以通过交换机的 MAC 地址表实现不同主机间的寻址、访问，网络中的通信可以不使用路由器。这种网络只有一个 IP 子网，属于同一个 VLAN。

☞ 在 VLAN 划分和子网划分时，VLAN 和 IP 子网一一对应，即一个 IP 子网对应一个 VLAN，该 IP 子网的用户在同一个 VLAN 中，这时，VLAN 的路由和 IP 子网的路由完全重合。

☞ 同一个 IP 子网的成员属于不同的 VLAN，这时需要为 VLAN 成员指定路由。

☞ 同一个 VLAN 的成员属于不同的 IP 子网，VLAN 成员之间的通信需要使用子网之间的路由。这种情况主要发生在地理位置较远、网络业务需求又相近的情况。

☞ 不同的 VLAN 成员属于不同的子网，需要使用子网路由实现成员之间的路由。

子网与 VLAN 的划分关系比较密切，在子网与 VLAN 共存的情况下，需要合理地处理它们之间的关系。在网络设计中，当每个 VLAN 规模较大时，即每个 VLAN 的用户数相对较多时，可以采用 VLAN 与 IP 子网对应的划分模式，此时 VLAN 的路由和 IP 子网的路由完全重合，网络结构清晰，网络设计简单。当每个 VLAN 规模较小时，可以在一个子网内划分若干个 VLAN，在子网内通过三层交换机为 VLAN 指定路由，使用子网路由实现子网间的访问。

8.2.3　网络的性能设计

网络的性能取决于网络设备性能和网络性能设计，性能设计的依据是网络的建设需求，涉及网络带宽、链路聚合、网络服务质量、负载均衡技术等。

1. 网络带宽

在网络系统中，用户流量从接入层发生后汇聚到汇聚层，再由汇聚层转发到核心层，网络性能设计要考虑各层对流量处理性能的要求。三层网络架构一般依次设计接入层、汇聚层、核心层的带宽。

在计算机网络中，网络带宽性能包括交换机的端口带宽和交换性能。

1）端口带宽

在三层架构的网络中，链路带宽设计经常使用非阻塞式和阻塞式带宽设计。

☞ 非阻塞式的链路带宽设计：上层链路带宽大于或等于下层链路带宽的总和，下层流量被转发到上层时，由于下层链路的总体流量不会超过上层链路的总带宽，上层链路不会发生阻塞。上层链路带宽小于下层链路带宽的总和。

☞ 阻塞式的链路带宽设计：下层流量被转发到上层时，由于下层链路的总体流量会超过上层链路的总带宽，上层链路会发生阻塞。

非阻塞式带宽设计能够获得很好的带宽性能，扩展性较好，但网络建设的费用会大大增加；阻塞式带宽设计在下层接入流量没有达到满负荷时，能够有效地实现交换，同时节约网络建设的费用。例如，接入层有 8 台 100 Mb/s 的交换机，汇聚层交换机的链路带宽为 1000 Mb/s，下层链路的总带宽为 800 Mb/s，是一种非阻塞式的带宽设计，如图 8-14(a)所示。接入层交换机增加到 16 台，汇聚层交换机的链路带宽仍为 1 000 Mb/s，下层链路的总带宽为 1.6 Gb/s，是一种阻塞式带宽设计，如图 8-14(b)所示。

非阻塞式和阻塞式带宽设计的上层链路带宽都远大于下层链路带宽，在三层架构的大型园区网中，交换机的端口速率划分为百兆交换、千兆交换、万兆交换，由此形成了百兆桌面、千兆汇聚、万兆核心的三层网络链路带宽架构。

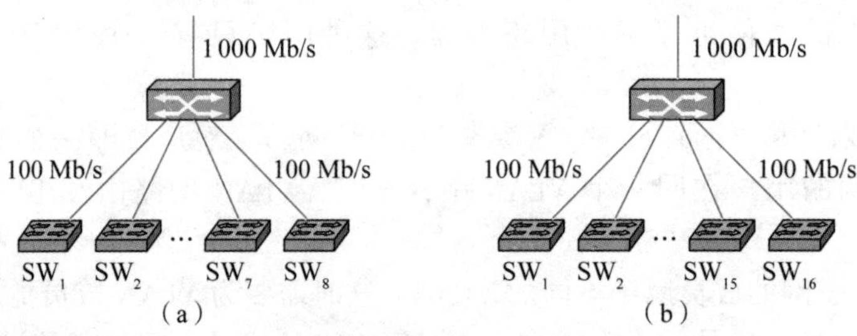

图 8-14　网络带宽设计

(a)非阻塞式；(b)阻塞式

2)交换性能

网络的交换性能取决于交换机的背板带宽性能。三层架构网络的交换机需要的最小总带宽为：

$$总带宽=端口数\times端口速率\times2$$

其中，端口数——每台交换机下连端口的数量；

端口速率——交换机的端口速率，考虑到目前的交换设备支持全双工的工作方式，总带宽要乘以 2。

例如，一台具有 24 个端口的 100 Mb/s 接入层交换机，需要的最小总带宽为 4. 8 Gb/s。在交换机背板性能设计时，考虑到以太网的工作效率一般为 70%，还有数据转发、协议处理等各种冗余开销，在选择交换机设备时，设备的背板指标应大于以上公式计算出来的总带宽，一般为背板带宽总和的 2 ~6 倍，而且越是上层的设备，系数越大。当选择的设备背板带宽大于计算的最小总带宽时，可以认为该交换机的各个端口速率是线速的。背板带宽取最小总带宽的 2 倍，接入层交换机的背板带宽应大于 9. 6 Gb/s；背板带宽取最小总带宽的 4 倍，接入层交换机的背板带宽应大于 19. 2 Gb/s。一台带有 12 个千兆口的汇聚层交换机的最小总带宽为 48 Gb/s，背板带宽取总带宽的 2 倍，汇聚交换机的背板带宽应大于 96 Gb/s；背板带宽取总带宽的 4 倍，接入层交换机的背板带宽应大于 192 Gb/s。一台带有 12 个万兆口的核心层交换机的总带宽为 480 Gb/s，背板带宽取总带宽的 2 倍，核心层交换机的背板带宽应大于 0. 96 Tb/s；背板带宽取总带宽的 4 倍，接入层交换机的背板带宽应大于 1. 92 Tb/s。

3)网络带宽设计

考虑到用户接入网络实际业务的带宽要求和使用网络的间隙性，在实际网络中一般采用阻塞式链路带宽设计，也可以按照集线比设计。

☞ 阻塞式链路带宽设计。在采用阻塞式链路带宽设计时，可以根据网络接入层各种业务所需的业务流量，逐层设计上层链路带宽，并根据下层链路汇聚的所有流量设计交换机的转发性能。

如图 8-14(b)所示，接入层有 16 台 100 Mb/s 交换机，每台有 12 个端口，汇聚层交换机上连到核心层交换机的链路带宽为 1 000 Mb/s。接入层的最大带宽业务是视频业务，每个信息点提供 MPEG-2 质量的视频业务，其最大业务数据流为 2 Mb/s。考虑视频信号的质量，将每个信息点的带宽设计为 4 Mb/s，则每台交换机汇聚的流量为 48 Mb/s。16 台交换机汇聚到核心层的流量为 768 Mb/s。汇聚层交换机 1 000 Mb/s 的链路带宽能够满足视频业务的需要。

视频业务是所有接入层接入的网络业务中带宽占用最大的业务，如果视频业务能够被满足，则其他业务都可以被满足。阻塞式带宽设计可以满足目前所有的网络业务的正常开展。

☞ 按照集线比设计网络带宽。集线比是通信系统中的概念，主要指可用信道与接入用户线的比例。例如，一条 E1 线路有 30 个信道，可以同时接通 30 路电话。按照 1 : 1 的集线比只能接 30 条用户线，按照 1 : 8 的集线比可以接 240 条用户线，仍然可以满足 30 个用户的同时通话，但第 31 个用户需要通话时就需要等待。这个模型是建立在所有用户不会同时通信的基础上的。设每天的通话时间为 12 h，共 720 min，每个用户每天 3 个电话，每次通话时间为 6 min，通信平均间隔时间为 10 min，那么电话服务的最大集线比为 1 : 15，也就是说，一条电话线路最多可以满足 15 个用户使用，一条 E1 线路可以满足 450 个用户使用。

计算机网络集线比的计算比较复杂，一般的经验值为 1 : 8 ~ 1 : 15，也就是说在链路带宽设计中计算接入信息点的业务数据流量时，每 8 ~ 15 个信息点可以取一个接入信息点作为有效业务信息点进行计算。

2. 链路聚合

阻塞式链路带宽设计的下层端口数量较多、业务流量较大时，按照百兆桌面、千兆汇聚、万兆核心的设计，单条上连链路可能会发生上连链路带宽不足，无法满足业务带宽需求，特别是网络处于最繁忙的高峰时刻，上连链路的带宽不足会明显地表现出来。上连链路带宽不足的问题可以通过链路聚合解决。

链路聚合也称端口聚合，链路聚合技术将几条链路捆绑在一起，以增加总的链路带宽，减轻峰值流量的压力，如 4 条 1 Gb/s 链路捆绑在一起，就形成 4 Gb/s 的链路带宽。

现有端口带宽技术只支持链路带宽以 10 为数量级增长，如 10 M、100 M、1 G、10 G 等。链路聚合可以将 n 条物理链路捆绑起来，得到更适宜的 n 倍带宽的链路，是解决网络链路带宽不足的主要技术。

IEEE 802. 3ad 标准定义了将两个或两个以上的以太网链路聚合起来实现网络中的高带宽链路连接的方式，为实现带宽共享、负载均衡提供技术手段。数条链路聚合后将形成一条数据通路，该链路在逻辑上是一个整体，内部的组成和传输数据的细节对上层服务是透明的。

链路聚合可以实现流量均衡，聚合的端口根据报文的 MAC 地址或 IP 地址进行流量均衡，即把流量平均分配到聚合链路的各条链路中。

链路聚合提高了链路可用性，并进一步提高了网络的可靠性。链路聚合中，各条聚合的链路互相动态备份。当某一条链路中断时，其他链路能够迅速接替其工作。链路聚合启用备份的过程对聚合之外是不可见的，而且启用备份过程只在聚合链路内，与其他链路无关，切换可在数毫秒内完成。

链路聚合需要选用支持链路聚合的交换机，聚合线路的速率必须相同(如都为 100 Mb/s 或 1 Gb/s)，而且是全双工的，需要使用同样的传输介质。全双工 100 Mb/s 以太网聚合链路的最大带宽可以达到 800 Mb/s，全双工 1 Gb/s 以太网聚合链路的最大带宽可以达到 8 Gb/s。

3. 网络服务质量

IP 网络是尽力服务的网络，所有业务以同样的优先级进行队列处理，对于实时性要求较高的视频会议、IP 电话网络业务不进行特别处理，因此无法保证这些业务数据包及时到达，从而造成语音或视频的断续、生产抖动、图像不连续等信号延迟问题。解决这些问题需要对数据流进行分类控制，让网络中的交换机、路由器及时处理对实时性要求较高的数据包，保证这些业务正常进行。

网络服务质量主要由传输时延、时延抖动、丢包率、吞吐量等衡量。分组的拆装、传输的转发、排队队列等会引起时延，网络拥塞时，传输时延将进一步增大。对于语音、视频业务，较大的传输延迟将带来语音、视频的断续，产生时延抖动，网络异常时会频繁发生丢包，对业务产生较大影响，网络带宽不足或发生拥塞将降低网络的吞吐量。

网络服务质量不佳主要是由带宽不足、网络拥塞引起的，解决方法有做好网络设计和优先级处理。

☞ 做好网络设计，避免将各种数据处理策略放到网络骨干区域，尽量提高骨干网络的转发性能、网络设备的处理能力、链路带宽性能，保证网络的高速转发能力。

☞ 按照网络业务对数据包分类，进行优先级处理，优先传输、转发对实时性要求高的数据包，保证实时业务数据在网络中的传输。

区分服务（DiffServ）是 IETF 提出的一套服务框架。DiffServ 把网络业务分成不同的类别，不同的业务类型提供不同的优先权，在传输时区别对待，可以根据报文指定的 QoS 提供特定的服务，满足多种业务需求，通过 Car 流量监管技术和队列调度解决 Qos 问题。DiffServ 可以用不同的方法指定报文的 QoS，如 IP 包的优先级、报文的源地址和目的地址等，网络通过这些信息进行报文分类和优先级控制。

☞ Car 流量监管技术。当某个连接的流量过大时，Car 流量监管可以选择丢弃报文或重新设置报文的优先级。在实际中，通常使用 Car 流量监管、限制某类报文的流量，如限制 FTP 报文不能占用超过 50% 的网络带宽。

☞ 队列调度。网络中转发的队列调度是影响 QoS 的重要因素，队列调度算法对传输时延、丢包率等性能指标有直接的影响。常见的队列调度算法有先到先服务（FIFO）、分组公平队列（PFQ）、加权公平排队（WFQ）和优先级排队（PQ）。

FIFO 不选择数据包类型，对所有数据包采取先进先出的算法，在系统中缓冲资源，使用完毕时丢弃后续到达的数据包，是最简单的队列算法。PFQ 预约分类数据包的带宽资源、传输时延，保证特定业务端到端的传输服务质量。WFQ 是一种基于数据流的排队算法，能够识别交互式应用的数据流，并将应用的数据流调度到队列前部，以减少响应时间。PQ 在禁止其他流量的前提下，允许一种业务类型的流量通过，当路由器空闲时反复扫描所有队列，将队列中高优先级的数据包发出，只有当队列中高优先级的数据包转发完毕后，才为低优先级的数据包服务。

DiffServ 实现简单，处理效率高，可以实施分布式部署，但只着眼于网络中的单个路由器，缺乏全局观念，而且在构建网络时，需要为路由器配置相应的规则，配置管理比较复杂，目前主要用于大型网络的骨干网络。

4. 负载均衡技术

随着网络规模的不断扩大，网络业务的不断扩展，网络系统对网络设备的处理能力提出了更高的要求，单台设备已经无法胜任新的要求，负载均衡技术应运而生。负载均衡技术采用负载分发将大并发量的服务请求分发到不同的设备处理，解决单台设备无法承担大并发量服务请求的问题。

1）负载均衡技术的分类

目前负载均衡技术主要分软件负载均衡技术和硬件负载均衡技术。

☞ 软件负载均衡技术在一台服务器上安装多个处理软件来实现负载均衡，如多个 DNS 解析软件并行运行，配置简单，使用灵活，成本低廉，可以满足一般的负载均衡要求，但在服务器上安装额外的软件将造成额外的资源开销，软件功能越强大，系统资源耗费越严重，当请求服务特别大时，服务器将无法承担负载，导致服务失败。

☞ 硬件负载均衡在系统中直接加装专门的负载均衡设备，大并发量的服务请求被分发到不同的负载均衡设备处理，从而提高系统对大并发服务请求的处理能力。大型园区网多采用硬件负载均衡技术。

在如图 8-15 所示的负载均衡系统中，3 台服务器同时承担外网的访问。当一个访问请求进来时，负载均衡设备进行分发处理，将访问请求分发到某台服务器进行响应，下一个访问请求到达时，负载均衡设备将其分发到另外一台服务器进行响应，从而实现负载均衡。

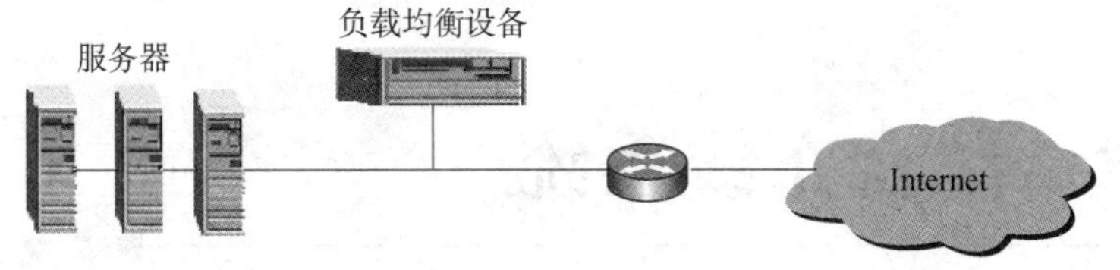

图 8-15　硬件负载均衡

2)不同网络层次的负载均衡技术

针对不同网络层次的负载过载处理，存在不同的负载均衡技术。链路聚合是第二层的负载均衡技术；地址映射是第四层的负载均衡技术，它将一个 Internet 上的合法 IP 地址映射为多个内部服务器 IP 地址，对每次 TCP 连接请求动态地使用其中一个内部 IP 地址，指向一台服务器并为其提供服务，达到负载分发的目的。

3)负载均衡算法

常用的负载均衡通过一定的算法实现负载分发。常用的负载均衡算法如下：

☞ 轮循均衡(RR)将来自网络的服务请求轮流分配给内部的各台服务器，适用于所有服务器有相同的软件和硬件配置，并且服务请求相对均衡的情况。

☞ 加权轮循均衡(WRR)根据服务器的处理能力，给每台服务器分配不同的权值，使它们能够接收相应权值的服务请求，如服务器 A 接收 10% 的服务请求，服务器 B 接收 30% 的服务请求，服务器 C 接收 60% 的服务请求。这种均衡算法能够确保高性能服务器获得更高的使用率，避免低性能服务器负载过重。

☞ 随机均衡(Random)将来自网络的服务请求随机地分配给内部的各台服务器。

☞ 最少连接均衡(LC)记录服务器正在处理的连接数，当有新的服务连接请求时，将当前的服务请求分配给连接数最少的服务器。

4)实现负载均衡的方法

实现负载均衡的技术有 DNS、NAT、反向代理。

☞ DNS。Web 服务器是访问量较大的服务器，为了承担大并发量的访问请求，可以设置多台 Web 服务器，利用 DNS 解析实现负载分发。在 DNS 服务器中将多台 Web 服务器的不同 IP 地址对应一个域名，域名查询时分配不同的 IP 地址，让不同的 Web 服务器响应不同的服务请求，达到负载分发的目的。

☞ NAT。将一个提供服务的 IP 地址映射为多台能够提供服务的内部服务器 IP 地址，用户每次连接的请求被动态地转换为一个内部服务器 IP 地址，从而将来自外部的服务请求分发到不同的服务器，达到负载均衡的目的。

☞ 反向代理。通过代理服务器接收外网上的请求，然后将请求转发给内部服务器，并从内部服务器上获得服务结果，再通过代理服务器返回给外网请求连接的客户端，这时代理对外表现为一个服务器。反向代理负载均衡可以在高速缓存器和负载均衡器上实现，能够提升 Web 页面的访问速度，是大型园区网普遍采用的技术。

第9章　综合布线系统

综合布线系统又称结构化布线系统(Structure Cabling System，SCS)，它通过光纤、电缆和相关连接硬件，实现建筑物或楼宇内的语音、数据、图像及多媒体通信设备彼此相连，是一套用于建筑或建筑群内的通信传输线路系统。

综合布线系统由若干个子系统构成，是一种模块化结构的系统，所有硬件采用积木式的标准组件，方便使用、管理和扩充。

综合布线系统支持UTP、光纤、STP、同轴电缆等传输载体，以及多用户、多类型产品的应用。

9.1　综合布线系统概述

9.1.1　布线系统的标准

1984年，美国人对哈特福德市的一座旧式金融大楼进行智能化改造，在楼内添加了计算机、程控交换机等通信设备，并采用计算机监控空调、电梯、照明、防火防盗系统等，为客户提供语音通信、文字处理、电子邮件和情报资料等信息服务。这个大楼的改造提出了“智能大厦”的概念，形成了综合布线系统的雏形，被认为是世界上第一座智能大厦。从那个时候开始，智能大厦的建设如雨后春笋般地发展起来，智能建筑的综合布线逐渐成为新的技术领域，很多公司推出了自己的布线产品，但由于没有统一的技术标准，各厂家的产品兼容性差。

1985年年初，计算机和通信工业协会(Computer and Communication Industry Association，CCIA)提出智能建筑大楼布线系统标准化的倡议，美国电子工业协会(EIA)和美国电信工业协会(TIA)开始标准化制定工作。1991年7月，ANSI/EIA/TIA 568即《商业大楼电信布线标准》问世，布线通道及空间、管理、电缆性能及连接硬件性能等有关的相关标准同时推出。目前，ANSI EIA/TIA 568标准已经被生产厂家接受，各生产厂家都按照EIA/TIA 568标准生产布线系统产品以及与之配套的系列产品。

结合ANSI EIA/TIA 568标准，我国制定了综合布线工程设计规范，目前最新的国家标准《综合布线工程设计规范》为GB 50311—2016。该规范于2016年8月颁布，自2017年4月1日起实施。

9.1.2 综合布线系统的构成

综合布线系统由建筑群子系统、垂直子系统、水平子系统、工作区子系统、设备间子系统、管理子系统构成，采用模块化和分层的星型拓扑结构。

1. 建筑群子系统

建筑群子系统提供园区内建筑物之间通信传输连接的线缆路由，以及园区内楼宇之间的通信连接，实现外部建筑物与大楼内布线的通信连接。在园区网络架构中，建筑群子系统实现园区网络信息中心所在大楼与园区其他楼宇的通信连接，即实现网络中心机房与其他楼宇主配线间的通信连接，提供从网络信息中心机房到各栋大楼主配线间的通信传输线路。

建筑群子系统由传输介质、配线设备和跳线组成，实现建筑群之间的通信传输线路连接。建筑群子系统的传输介质一般使用光缆，配线组件主要由机柜、光纤盒或ODF架、跳线等组成。

2. 垂直子系统

垂直子系统提供单栋建筑物内部干线的通信连接线缆路由，实现从一栋大楼的主配线间到各楼层配线间的通信线路连接，即实现大楼的主配线间到各楼层配线间的通信传输线路，以及设备间子系统与各楼层管理子系统的连接。

垂直子系统是单个楼宇布线系统的关键传输链路，通常在两个配线单元之间(主配线间与楼层配线间之间)，相关配线组件主要由光纤盒、ODF架、电缆配线架、跳线等组成，传输介质主要由光缆、大对数电缆组成，线路路由一般通过建筑物内部的竖井架设，线缆在竖井内应有较好的固定措施。

垂直子系统以星型结构从主配线间出发延伸到各楼层配线间，布线系统设计需要考虑主配线间位置的选择问题。一般来说，主配线间位置应选在中间楼层，使从主配线间到达各楼层配线间的线缆距离最短，节省线缆，减少线缆距离对传输性能的影响。

3. 水平子系统

水平子系统提供建筑物内各楼层的通信连接线缆路由和通信线路连接，实现从楼层配线间到各工作房间的通信线路，一般采用双绞线实现连接。

水平线路路由一般通过在各楼层的楼内走廊架设桥架实现，线缆放在桥架内从楼层配线间到工作区房间的位置。水平子系统相关配线组件主要包括桥架、水平布线线缆、配线架等标准件。

水平布线的双绞线长度有限制，从楼层配线间到工作区最远的距离为90 m，除了90 m水平电缆外，工作区与管理子系统的接插线及跨接线电缆最长可达10 m，两部分的距离加起来不超过100 m。

由于双绞线受100 m通信距离的限制，水平布线系统设计需要考虑楼层配线间位置的选择问题。选择的原则是让最远端的房间到达相应楼层配线间的距离不超过90 m。由于90 m的限制，在一个建筑物内部的楼层配线间，一层楼可能有多个配线间，多层楼也可能共用一个配线间。

4. 工作区子系统

工作区子系统又称服务区子系统，是一个需要部署工作终端(计算机、电话机、电视机)的区域，实现工作区的终端设备和布线系统连接。工作区子系统由布线系统的信息插座以及延伸到工作终端设备处的连接电缆组成，将计算机接入网络系统、通信电话接入电话系统、用户电视机接入电视系统。

工作区子系统需要根据用房功能部署相应的信息插座，接入电话则部署电话信息插座，接入网络则部署网络信息插座，接入有线电视则部署有线电视信息插座，在布线系统设计时，需要明确工作区需要的信息插座类别和数量。

5. 设备间子系统

设备间是布线系统中建筑物内部安放通信设备的房间，设备间子系统提供通信设备工作所需要的物理环境和设备，实现设备的连接及管理，以及建筑物外部系统设备的互连。

设备间主要有数字程控交换机、网络交换机和网络服务器等网络设备，以及楼宇自控设备等，这些设备一般放置在机柜内，设备间需要考虑安放设备所需的机柜规格和机柜数量。设备间连接组件包括传输线缆、配线架、连接器、跳线及相关支撑部件。

国家相关机房环境要求设备间需要配置足够的电源容量，保证设备的供电，配备机房精密空调，使温度、湿度、通风满足机房环境要求；有较好的接地防雷措施，发生雷击时对雷电产生的冲击电流有很好的泄放，以保证设备的安全。

6. 管理子系统

管理子系统设置在核心机房、主配线间和各个楼层配线间内，提供布线系统各子系统及设备的连接及管理，使布线系统及其连接的设备构成一个完整的有机体。

布线系统由传输线缆、连接组件及跳线构成，通过管理子系统跳线的跳接，实现各子系统通信线路的连接。管理子系统通过跳线管理可以将各种信息系统通信线路定位到建筑物的不同部分、不同的设备或交换机端口，使整个布线系统具有极大的灵活性和可管理性。

9.2 传输介质

9.2.1 双绞线系统

双绞线是综合布线系统中使用最多的传输介质，早期主要用在电话通信中传输模拟信号，现在被广泛用于楼宇中电话模拟信号和网络数字信号的传输。双绞线由粗约 1 mm 的互相绝缘的一对铜导线扭在一起组成，4 对封装在一起，如图 9-1 所示。

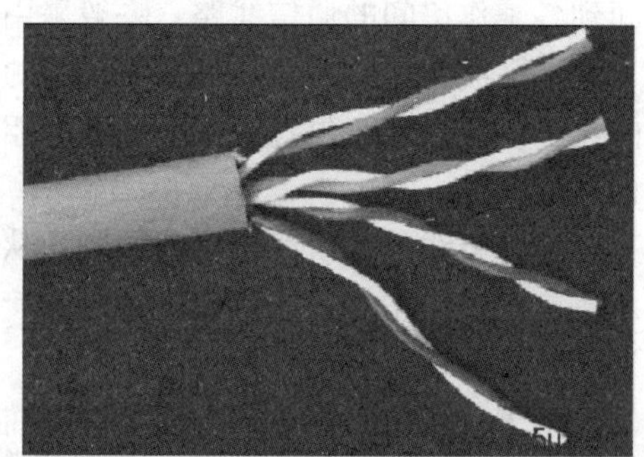

图 9-1 双绞线

双绞线支持的传输距离较短，一般在百米数量级范围内。双绞线的传输距离与数据传输速率有关，传输距离越短，能支持的数据传输速率越高。

双绞线的传输速率一般以 100 m 的传输距离来定义。按照 ANSI/EIA/TIA 568 标准，双绞线的传输距离被限制在 100 m 以内，在这个距离范围内，双绞线的技术性能可以得到很好的发挥，技术指标可以得到保证，超出这个距离，双绞线的技术性能将无法达到技术标准规定的技术指标。

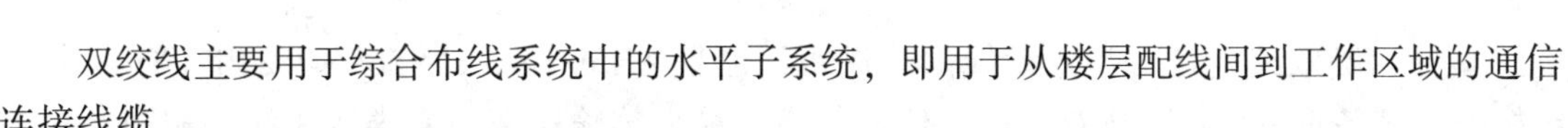

双绞线主要用于综合布线系统中的水平子系统，即用于从楼层配线间到工作区域的通信连接线缆。

1. 双绞线的分类

1) UTP 和 STP

双绞线分为非屏蔽双绞线(UTP)和屏蔽双绞线(STP)。非屏蔽双绞线没有屏蔽层，价格低廉，能满足非涉密要求的网络通信要求，是网络建设广泛使用的一种线缆。屏蔽双绞线的外层由铝箔包裹，将铝箔接地，可以对电信号的辐射起到屏蔽作用，防止电磁泄漏，一般用在涉密网。屏蔽双绞线具有较好的屏蔽性能，传输速率比非屏蔽双绞线高，五类非屏蔽双绞线的速率可以达到 100 Mb/s，而五类屏蔽双绞线的速率则可以达到 150 Mb/s。

2) 大对数电缆

大对数电缆是将许多对双绞线装在一起构成一个具有很多对数的双绞线，有 25 对、50 对、100 对等，主要用于语音通信，每一对线缆可以传输一路语音信号。语音通信的传输距离可达 2 km 左右。在综合布线系统中，电话语音系统主要使用大对数电缆布线。

3) CAT X 类型

随着网络技术的发展，双绞线的传输性能不断提升，EIA/TIA 建立了双绞线的国际标准。双绞线按照不同的应用领域和传输性能被分为 9 种类型，即一类双绞线(CAT1)、二类双绞线(CAT2)、三类双绞线(CAT3)、四类双绞线(CAT4)、五类双绞线(CAT5)、超五类双绞线(CAT5E)、六类双绞线(CAT6)、超六类双绞线(CAT6E)、七类双绞线(CAT7)。

☞ 一类双绞线是 ANSI/EIA/TIA 568-A 标准中最原始的非屏蔽双绞线，用于电话语音通信。

☞ 二类双绞线是 ANSI/EIA/TIA 568-A 和 ISO 二类/A 级标准中第一个可用于计算机网络数据传输的非屏蔽双绞线，传输频率为 1 MHz，用于语音传输和最高传输速率 4 Mb/s 的数据传输。数据传输主要用于早期的令牌网。

☞ 三类双绞线是 ANSI/EIA/TIA 568-A 和 ISO 三类/B 级标准中专用于 10 BASE-T 以太网络的非屏蔽双绞线，传输频率为 16 MHz，可用于语音传输和数据传输，数据传输速率为 10 Mb/s。

☞ 四类双绞线是 ANSI/EIA/TIA 568-A 和 ISO 四类/C 级标准中用于令牌环网络的非屏蔽双绞线，传输频率为 20 MHz，主要用于基于令牌的局域网和以太网的 10 BASE-T。

☞ 五类双绞线是 ANSI/EIA/TIA 568-A 和 ISO 五类/D 级标准中专用于快速以太网的非屏蔽双绞线，传输频率为 125 MHz，传输速率为 100 Mb/s，是快速以太网 100 BASE-T 主要采用的线缆。

☞ 超五类非屏蔽双绞线是对现有五类屏蔽双绞线的部分性能进行改善后的电缆，传输速率仍为 100 Mb/s，但提高了串扰、衰减和信噪比，是目前百兆以太网 100 BASE-T 主要采用的线缆。

☞ 六类双绞线是 ANSI/EIA/TIA 568-B.2 和 ISO 六类/E 级标准中规定的一种非屏蔽双绞线，传输频率可达 200 ~ 250 MHz，是超五类线带宽的 2 倍，最大数据传输速率可以达到 250 Mb/s，能够满足千兆位以太网的需求(4 根 250 Mb/s 双绞线复用得到 1 000 Mb/s)。六类双绞线的 4 对线对之间是用十字骨架分割开的，可以减小串扰，提高传输频率和传输速率。

☞ 超六类双绞线是六类双绞线的改进版，也是 ANSI/EIA/TIA 568-B. 2 和 ISO 六类/E 级标准中规定的一种非屏蔽双绞线，传输频率和最大传输速率与六类双绞线的相同，在串扰、衰减和信噪比等方面有较大改善。

☞ 七类线是 ISO 七类/F 级标准中最新的一种双绞线，支持高速传输的应用，适应高速网络技术的应用和发展。七类线采用屏蔽双绞线，每个线对有一个屏蔽层，8 根芯外还有一个屏蔽层，接口与 RJ 45 的接口不兼容。从物理结构上来看，额外的屏蔽层使七类线有较大的线径。七类双绞线可以提供超过 600 MHz 的整体带宽，最高带宽可以达到 1. 2 GHz，是六类双绞线和超六类双绞线的 2 倍以上，使用特殊设备时传输速率可以达到 10 Gb/s。

2. 双绞线电缆的标识

双绞线产品在出厂时，一般都在双绞线的外部护套上印刷线缆的标识，包括双绞线的类别、尺寸、长度点等。

☞ 类别：双绞线的类别用 CAT 表示，如五类线用 CAT5 表示，超五类线用 CAT5E 表示，六类线用 CAT6 表示。

☞ 尺寸：双绞线的尺寸采用美国线规 AWG 表示，通常 AWG 数值越小，电缆线径越大，如 22 AWG 表示线径为 0. 64 mm，24 AWG 表示线径为 0. 5 mm。

☞ 长度点：表示生产双绞线的长度点，只要将双绞线头部和尾部的长度点数值相减即可得出线的长度。

某双绞线的标识意义如下：

AVAYA-CSYSTEIMAX：生产厂家是 AVAYA；

1061C+：产品号码为 1061C；

4/24 WAG：该线缆为 4 对线缆，线规为 24 WAG；

CM：该线缆为通信通用电缆；

VERIFIEDUL：满足产品经过认证实验室认证；

CAT5E：该线缆为超五类双绞线；

31086 FEET09745. 0METERS：长度点为 31 086 英尺或 9745 m。

3. 技术参数指标

双绞线的技术参数指标反映双绞线的技术性能，主要有直流电阻、衰减、串扰、特性阻抗等参数。

☞ 直流电阻描述双绞线一个线对的导线电阻，一般小于 19 Ω，误差为 0. 1 Ω。由于双绞线的线长度不能超过 100 m，因此直流电阻参数以 100 m 的电阻值度量。

☞ 衰减描述信号在线路传输产生的损耗，值越小越好。衰减值以 dB 为单位，与频率有关，测量时需指明使用频率，如五类线在频率为 100 MHz、线长度为 100 m 时的衰减值为 21 dB。

☞ 串扰描述一对线对另一对线的耦合干扰，分为近端串扰和远端串扰，远端串扰一般影响较小，串扰主要指近端串扰。串扰的数值以信噪比来表示，以 dB 为单位，数值越大，说明信噪比越大，受干扰程度越低。不同的线缆指标不一样，如五类线在频率为 100 MHz、线长度为 100 m 时的串扰值为 29 dB。

☞ 特性阻抗为电路设计提供阻抗匹配的依据。线缆间的分布电感和分布电容等参数导致信号高于一定频率时产生衰减，在后续电路的特性阻抗与双绞线的特性阻抗达到匹配时，传输带宽最宽，能达到的速率最高。不同厂家生产的双绞线特性阻抗不同，一般为 100 Ω、120 Ω、150 Ω。

4. 双绞线的连接组件

综合布线系统的连接组件又称续接设备，双绞线的连接组件主要有模块面板、水晶头、配线架。

1) 模块面板

模块面板是工作区的信息插座，用于连接工作终端设备与布线系统，实现计算机与网络系统的连接。

模块面板有单孔、双孔之分，一般卡在信息模块上。信息模块上有接线线槽，楼层配线间的双绞线通过模块上的线槽与信息模块连接。

信息模块将模块连接到布线进入房间的双绞线上，布线系统双绞线与模块的连接通过打线钳实现。打线钳是双绞线和信息模块连接的专用工具，打线时剥除双绞线的铜线芯，放入模块的线槽，用打线钳压紧即可。

2) 水晶头

水晶头是网络连接计算机终端的接口，又称 RJ45 接口。一根双绞线两边接上水晶头就构成一根双绞线跳线，用于工作区的信息插座与计算机终端的连接，或水平布线系统中配线架端口与交换机端口的跳接。

水晶头与双绞线连接通过线钳实现。线钳又称剥线钳或压线钳，一般有剥线、切线和压线 3 种功能，常见的电话线接头和网线接头是用剥线钳压制而成的。

3) 配线架

配线架是管理子系统中最重要的组件，具有灵活转接、灵活分配和统一管理传输信号的作用。配线架是垂直子系统和水平子系统交叉连接的枢纽，通常安装在机房的机柜中，连接网络设备与通信线路。在没有机房的情况下，配线架可以安装在固定于墙上的配线柜中。

网络工程中常用的配线架有双绞线配线架和光纤配线架，双绞线配线架主要有 110 配线架和模块式配线架。

20 世纪 80 年代末，综合布线系统刚进入中国，信息传输速率低，配线系统主要采用 110 鱼骨架式配线架，分为 50 对、100 对、300 对、900 对壁挂式几种，110 鱼骨架式配线架体积小、密度高、价格便宜。

110 鱼骨架式配线架与 25/50/100 对大对数线缆配套使用，用于端接来自电话主机房的多对数语音线缆。在实际使用时，在 110 配线架上配装 110 连接块，与双绞线连接，通过 110 接插线实现跳接管理，完成程控交换机线缆与房间线缆的连接。

随着网络传输速率的不断提高，布线系统出现了五类双绞线(100 MHz)产品，网络接口统一为 RJ45，开始采用 19 英寸 RJ45 接口的 110 配线架端接传输数据线缆，此种配线架背面进线采用 110 端接方式，正面全部采用 RJ45 接口跳接配线，主要分为 24 口、36 口、48 口、96 口，全部为 19 英寸机架/机柜式安装，其优点是体积小、密度高、端接简单且可以重复端接，用于端接来自工作区桌面信息点的水平双绞线。

随着网络技术和传输速率的高速发展，千兆/万兆以太网技术的出现，超五类、六类布线系统的推出，使用者对网络系统的应用提出了更多需求，如内网(屏蔽)、外网(非屏蔽)、语音、光纤到桌面等。面对较多功能信息端口的管理，对配线系统的多元化、灵活性、可扩展等性能提出了更高要求，一些布线厂商推出了模块式配线架和电子配线架以适应现代网络通信应用对配线系统的要求。

模块式配线架是一种19英寸的模块式嵌座配线架，既可用于语音传输，也可用于数据传输，有24个或48个接口可选，其中24口配线架高度为1U(45.5mm)。模块式配线架使管理区外观整洁，维护方便。一个24口模块式配线架的每个接口接一条4对双绞线，利用RJ45跳线实现交换机到双绞线的连接。在工作区信息口和功能改变时，只需把跳线跳接，即可完成语音与数据的相互转换，使用及维护非常简便，大大减小了管理人员的工作量，节约了管理成本。

电子配线架是最近两年出现的配线架，可以实现方便跳线，LED、显示屏显示跳线，引导跳线、跳线操作纠错、实时记录跳线操作，形成日志文档，以数据库方式保存所有链路信息，以Web方式实现远程管理。

9.2.2 光缆系统

光纤是一种能传输光束的细而柔软的玻璃纤维，是网络中使用最为广泛的传输介质。光纤由于纤细容易折断，不能直接使用，需要进行包裹，制成光缆。在实际的光纤通信线路中，为了保证光纤在各种敷设条件下和环境中长期使用，必须将光纤包裹保护层制作成光缆。一根标准的光缆包括光纤线芯、包层、缓冲层、加强层、PVC外套，如图9-2所示。包层为光的传输提供反射面和光隔离，缓冲层起到缓冲的作用，使光纤可以弯曲，加强层及PVC保护套起到机械保护的作用。

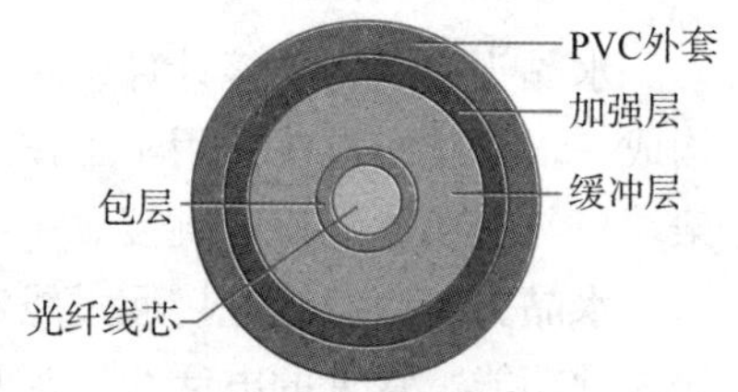

图9-2　光缆的组成

光纤通信利用光在纤芯中射向包层被全反射回来，通过不断地反射向前传输，如图9-3所示。

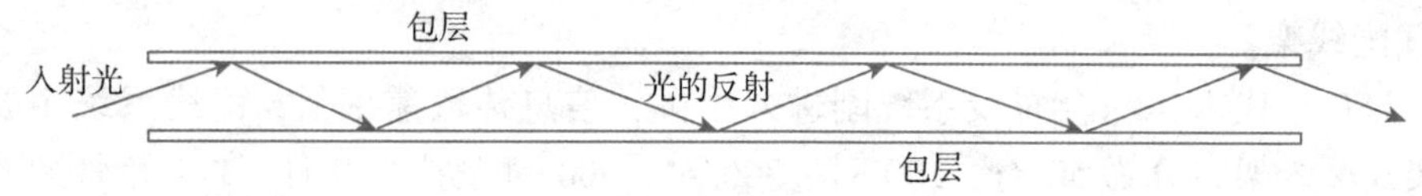

图9-3　光在光纤中的传输示意

1. 光纤的分类

1)多模光纤和单模光纤

光纤按照传输模式分为多模光纤(Multi Mode Fiber，MMF)和单模光纤(Single Mode Fiber，SMF)。

(1)多模光纤的芯径较大，允许光波以多个特定的角度进入光纤，可以传输多种模式的光，但其模间色散较大，导致信号传输过程中发生损失，而且随距离的增加会更加严重，适用于传输距离相对较短的场合。

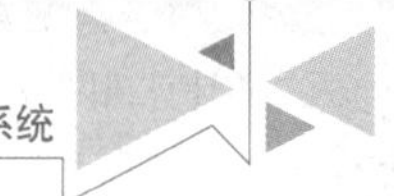

常用的多模光纤芯径有 62.5 μm 和 50 μm 两种，包层直径均为 125 μm。常用的 62.5/125 光纤使用 850 nm 或 1 300 nm 的波长进行传输。

多模光纤收发器多用 LED 作为光源，光源成本低。相对于双绞线，多模光纤能够支持较长的传输距离，在 100 Mb/s 以太网中最长可以支持 2 000 m 的传输距离，在 1 Gb/s 的千兆网中最长可以支持 550 m 的传输距离。

(2)单模光纤的芯径较小，只允许与轴线平行的光进入光纤，只能传输单一模式的光，在光芯内趋于直线传输，传输时信号损耗小，传输距离长，一般用于传输距离在几千米、几十千米，乃至上百千米的场合。

常用的单模光纤芯径为 8 μm、9 μm、10 μm，包层直径均为 125 μm。常用的 8/125 光纤使用 1 310 nm 或 1 550 nm 的波长进行传输。

单模光纤收发器多用激光光源，光源成本高。1 550 nm 的 WAN 接口和 1 310 nm 的 WAN 接口适合在单模光纤上进行长距离的城域网及广域网数据传输，1 310 nm 的 WAN 接口支持的传输距离为 10 km，1 550 nm 的 WAN 接口支持的传输距离为 40 km。不同波长的收发器传输性能不一样，价格差距也较大。

光纤传输与使用的光频率有很大的关系，被指定的光频率为最佳传输频率，最佳传输频率的范围为传输频率窗口。单模光纤按照最佳传输频率窗口分为常规型和色散位移型。常规型单模光纤的传输频率最佳化在单一波长上，如 1 300 μm。色散位移型单模光纤的传输频率最佳化在两个波长上，如 1 300 μm 和 1 550 μm。

2)阶跃型光纤和渐变型光纤

光纤按照折射率分布情况分为阶跃型光纤和渐变型光纤。

☞ 阶跃型光纤的纤芯折射率高于包层折射率，输入的光能在纤芯与包层交界面上不断产生全反射而前进，纤芯的折射率是均匀的。光纤中心芯到玻璃包层的折射率是突变的，只有一个台阶。阶跃型光纤存在模间色散，影响传输带宽。

☞ 渐变折射率多模光纤简称渐变型光纤，光纤中心芯到玻璃包层的折射率逐渐变小，使高次模的光按正弦形式传播，减少模间色散，提高传输带宽，增加传输距离。渐变型光纤的成本较高，但性能优越，得到广泛的应用，现在的多模光纤多为渐变型光纤。

3)短波长光纤、长波长光纤和超长波长光纤

光纤按照工作波长分为短波长光纤、长波长光纤和超长波长光纤。短波长光纤的芯径为 0.8～0.9 μm，长波长光纤的芯径为 1.0～1.7 μm，而超长波长光纤的芯径为 2 μm 以上。光纤的波长越长，则损耗越小，传输距离越远。在远距离的通信环境中，需要选用长波光纤或超长波长光纤。超长波长光纤可以实现上万千米的传输，中间不必加中继站，对于减小通信成本，提高系统的稳定性和可靠性，尤其对沙漠通信、海底通信具有特别重要的意义。

2. 光缆的分类

1)松套式光缆和紧套式光缆

☞ 松套式光缆的光纤可以在套管内可以自由移动。不同的松套管沿中心加强芯绞合制成纤芯，纤芯外加防护材料制成。松套管材料具有耐水解特性和较高的强度，管内填充特种油膏，保护光纤。加强芯处于纤芯中央位置，松套管以适当绞合节距围绕加强芯层绞，通过控制光芯余长和调整绞合节距，使光缆具有很好的抗拉性能和温度特性；松套管和加强芯间

用缆膏填充绞合在一起，保证了松套管和加强芯间的防水性。

☞ 紧套式光缆的光纤不可以在管套里面活动。光缆的径向和纵向防水由多种措施保证，根据不同的要求采用多种抗测压措施。

2）中心管式光缆、层绞式光缆和骨架式光缆

中心管式光缆的光纤（单芯或多芯）把一次性涂覆光纤无绞合地直接放在大套管中，光纤位于光缆的中心位置。层绞式光缆将经过套塑的光纤绕在加强芯周围绞合而成。骨架式光缆将紧套式光缆或一次性涂覆光缆放入加强芯周围的螺线型塑料凹槽内构成。

3）室内光缆和室外光缆

☞ 室内光缆主要由光纤塑料保护套管及塑料外皮构成，保护性较差、柔软、价格低，主要用于楼宇内部垂直系统的布线和光纤直接到办公用房及住宅住户的布线。

☞ 室外光缆具有较好的保护层，可以耐受日照、雨淋，具有一定的硬度，在敷设时不能超出一定的弯曲度，主要用于园区楼宇间的建筑群子系统的布线，实现园区网络信息中心到各楼宇的连接。

3. 光缆的型号

光缆的型号由 8 个部分组成，分别标识光缆的使用类型、加强构件类别、结构类别、护套类别、铠装类别、外被层或外套类别、芯数及传输模式、光纤类型（A 表示多模光缆，B 表示单模光缆）。

如型号为 GYTA12B1 的光缆，其中 GY 表示室外光缆，TA 表示填充式，A 表示铝-聚乙烯黏结护套结构，12 表示芯数是 12，B1 表示 G625 的单模光纤。

4. 光缆的衰减特性

光信号在光纤中传输时，由于吸收、色散和附加损耗等引起信号衰减。光纤的信号衰减特性以每千米衰减的 dB 值（dB/km）表示。

在工程中，光纤熔接点和连接器的连接也会产生衰减，数值分别为 0. 75 dB 和 0. 3 dB。工程中更关心光缆传输路径上的总衰减。

光缆传输路径上的总衰减=总光缆长度的衰减+所有连接器（耦合器）的衰减+所有熔接点的衰减。

在综合布线系统中，光缆传输路径上的总衰减是一个重要的参数。光纤通信中需要使用收发器，如果光缆传输路径上的总衰减大于收发器允许的最大允许衰减，接收方将不能获得足够的光信号强度，通信的收发工作将无法正常进行。

5. 万兆多模光缆

一般来说，光缆可以支持万兆传输，只是一般的光缆在万兆传输时，支持的距离较短，不能满足实际工程的需要。普通的 50/125 多模光缆在 100 Mb/s 时可以支持 2 000 m 的传输距离，在 1 Gb/s 时只能支持 550 m 的传输距离，在 10 Gb/s 速率时只能支持 75 m 的传输距离。

光脉冲在多模光纤传输过程中会发散展宽，当发散状况严重到一定程度后，前后光脉冲之间会相互叠加，使得接收端无法准确分辨每一个光脉冲信号，这种现象称为差分模延迟（Differential Mode Delay，DMD）。

光缆系统主要使用 LED 和激光两种光源作为收发器。LED 发光器件由于本身的性能局限，一般只能用在低速传输中，在 1 Gb/s 以上的高速传输中，主要采用激光作为发光器件，而传统的多模光纤从标准上和设计上均以 LED 方式为基础。为了适应光源的变化，ISO/IEC 11801 制定了新的多模光纤标准等级，即 OM3 类别。

OM1 指传统的 62.5 μm 多模光纤，OM2 指传统的 50 μm 多模光纤，OM3 和 OM4 是新增的万兆光纤。OM3 和 OM4 光纤对 LED 和激光两种带宽模式进行了优化，同时需要经过严格的 DMD 测试认证。在 10Gb/s 以太网中，OM3 光纤的传输距离可以达到 300 m，OM4 光纤的传输距离可以达到 550 m。

6. 光缆的连接组件

与光缆相连的组件有光纤连接器、光纤盒、光纤配线架和交接箱。

1) 光纤连接器

光纤连接器由光纤连接头和光纤连接跳线组成。光纤连接头安装在光纤盒或光纤配线架上，光纤连接跳线简称光纤跳线，是在一段光纤的两头都安装上连接头的线缆，主要作为光纤配线使用。

光纤连接器按照光纤的类型可以分为单模光纤连接器、多模光纤连接器，按照连接头的形式分为 FC、SC、ST、LC、MU、MTRJ 等，目前常用的有 FC、SC、ST。

☞ FC 型连接器的外部加强件采用金属套，紧固方式采用螺丝扣，测试设备多选用 FC 型连接器。

☞ SC 型连接器为模塑插拔耦合式连接器，其外壳采用模塑工艺，用铸模玻璃纤维塑料制成，呈矩形；插针由精密陶瓷制成，耦合套筒为金属开缝套管结构；紧固方式采用插拔销式，不需要旋转。

☞ ST 型连接器采用带键的卡口式锁紧结构(与 BNC 连接结构类似)，常用于光纤配线架，外壳呈圆形；插针体为外径 2.5 mm 的精密陶瓷插针，插针的端面形状通常为 PC 面；紧固方式采用螺丝扣。

光纤连接器的性能主要有光学性能、互换性能、机械性能、环境性能和寿命。插入损耗和回波损耗是影响光纤连接器性能的重要指标。插入损耗指器件的插入而发生的负载功率的损耗。回波损耗又称为反射损耗，是电缆链路由于阻抗不匹配所产生的反射，是一对线自身的反射，不匹配主要发生在连接器的地方。

2) 光纤盒

光纤盒又称光纤终端盒，具有美观大方、分配合理、便于查找、管理容易、安装方便、操作性良好等特点。光纤盒正面安装光纤连接器，连接器后面带有尾缆，从外部引入的光纤芯放入光纤盒后，用专用设备与尾缆熔接，实现连接。光纤盒主要分为 8 口光纤盒、12 口光纤盒、24 口光纤盒、48 口光纤盒等。8 口光纤盒可以安装 8 个光纤连接器，实现 8 根光纤芯的连接。

光纤盒是光传输系统中重要的配套设备，主要用于光缆终端的光纤熔接、光纤连接器安装、光路调接、多余尾纤存储及光缆保护等，具有固定、熔接、调配、存储等功能，对于光纤通信网络的安全运行和灵活使用有着重要的作用。

☞ 固定：对进入机架的光缆外护套和加强芯进行机械固定，加装地线保护部件，进行端头保护处理，并对光纤进行保护。

☞ 熔接：熔接光缆中引出的光纤与尾缆，并保护熔接接头。

☞ 调配：将尾缆上连带的连接器插接到适配器上，与适配器另一侧的光连接器实现光路对接。适配器与连接器应能够灵活插拔，光路可以自由调配和测试。

☞ 存储：熔接完成后，将多余的光纤进行盘绕储存，使它们能够规则、整齐地放置。光纤盒内应有足够的空间，采用适当的方式保证光连接线走线清晰、调整方便，并能满足最小弯曲半径的要求。

3）光纤配线架

一般采用光纤配线架提供光纤的续接。光纤配线架（FiberOptic Distribution Frame，ODF）又称光纤配线柜，是在光纤通信网络中对光缆和光纤进行终接、保护、连接、管理的配线柜设备，是容量更大的光纤盒，可以实现对光缆的固定、开剥、接地保护，以及各种光纤的熔接、跳转、冗纤盘绕、合理布放、配线调度等功能，是传输介质与传输设备之间的配套设备。

光纤配线架的外型美观、结构紧凑、容量大、密度高，适用于带状光缆和普通光缆。机架可定做敞开式或全封闭结构，前后开门，便于操作，防尘效果好，一般放在网络中心机房或楼宇主配线间。

4）光缆交接箱

光缆交接箱是为主干层光缆和配线层光缆提供光缆成端、跳接的交接设备，用于敷设光缆的连接管理，沿管沟等敷设的光缆引入光缆交接箱后，经过固定、端接、配纤，使用跳线连通主干层光缆和配线层光缆。

光缆交接箱安装在户外，要求能够抵御恶劣的工作环境，具有防水汽凝结、防水和防尘、防虫害和鼠害、抗冲击能力强的特点。

光缆交接箱的主要指标参数是交接箱的容量，容量是光缆交接箱最大能成端纤芯的数量，如 144 芯交接箱指它的最大光纤成端芯数为 144 芯。容量的大小与箱体的体积、整体造价、施工与维护难度成正比，增加容量会导致箱体体积增大、设备价格增高、施工与维护难度增加，因此容量不宜过大。光缆交接箱的容量应包括主干光缆直通容量、主干光缆配线容量和分支光缆配线容量。

交接箱线路多被电信运营商使用，主要用于局端的连路管理（转接），一般采用二级管理方式。光缆交接箱在规模较大的企业网、校园网络中可以用来连接园区楼群和管沟内光缆。

7. 光缆的敷设

光缆的敷设有管道、管沟、直埋、架空等方式。

☞ 管道方式按照设计路由，通过挖沟放置并掩埋 PVC 管道，形成光缆管道，一般用于城市道路沿线的光缆敷设。敷设时，光缆放进从出发点到终端点的管道，实现管缆路由。

☞ 管沟方式按照设计路由，通过挖沟、水泥敷设成管沟，安装固定光缆支架，形成光缆管沟，一般用于企业、校园园区楼宇之间或城市沿线的光缆敷设。敷设时，光缆放进从出发点到终端点的管沟，固定在支架上，实现管缆路由。

☞ 直埋方式按照设计路由，通过挖沟、开槽等方式将光缆直接埋在地下，一般用于远

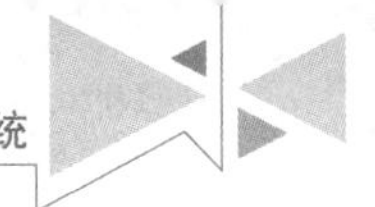

距离的光缆工程或无人区的光缆敷设。

☞ 架空方式按照设计路由，在电杆上走钢丝线，在钢丝线上安放挂钩，一般用于城市沿线的光缆敷设。敷设时，从出发点到终端点进行安放，将光缆挂在钢丝线上的挂钩上，并固定起来，实现管缆路由。

9.3　综合布线系统设计

综合布线工程首先要完成综合布线系统设计，然后按照设计进行工程施工，实现设计。综合布线系统设计需要提出明确的设计原则，调研和分析用户需求，完成系统结构设计、布线路由设计、信息点点位设计、布线施工图纸绘制、布线用料清单编制等工作。

9.3.1　设计概述

1. 系统设计原则

综合布线系统设计必须科学规范地执行综合布线规程和标准，保证系统的先进性、兼容性、灵活性、开放性和可靠性。

☞ 先进性：系统设计尽可能采用先进的技术和产品，使系统在一段时间内保持技术的先进，能够实现设备和系统升级。

☞ 兼容性：布线系统需要充分考虑应用系统(语音、数据、视频、办公系统等)传输线路的复用、共享和互换，使用的产品能够与其他厂家产品互换，获得很好的兼容性。

☞ 灵活性：能够灵活组网，增减相应的应用设备及在配线架上进行跳线管理即可开通设备；能够灵活实现不同拓扑、不同设备、不同端口、不同模块的连接。

☞ 开放性：采用开放式的结构，遵循国家有关标准，选用标准化产品，能够支持任意的网络结构和网络设备，集成各个厂家的产品，未来的扩展、维护可以选用任意厂家的布线产品。

☞ 可靠性：选择通过质检部门检验的产品、经过认证的产品及成熟的主流产品，提高系统的可靠性。

2. 调研和分析用户需求

1)调研用户需求

☞ 需求调研需要获取综合布线系统涉及的园区建筑信息，了解工程涉及的建筑设计，通过建筑设计图纸、问卷调查、面对面交流，了解用户的园区及建筑规模、建筑布局、楼宇数量，以及各单体建筑的面积、楼层、房间情况。

☞ 需求调研需要调查用户园区及楼宇附近的通信环境、供电环境，周边电信数据、语音通信系统的部署情况，电力系统的线路情况，以便考虑园区网络与外部公共网络及公共语音网络的通信，考虑园区网络、语音系统的供电实现以及与周边电源环境的电磁干扰情况。

☞ 需求调研需要了解各布线系统支持的业务系统，各业务系统与外部系统的关系和互连要求；调查用户对数据、语音、视频等业务，以及语音系统、网络系统、其他弱电系统的规模，应用系统部署，各系统的设计架构的需求。

2)分析用户需求

需求分析在获得需求的基础上，分析用户园区及建筑布局情况，语音、数据、视频业务对综合布线系统的支持需求，用户周边通信环境与电力环境，提出园区综合布线系统的整体技术方案，支持数据、语音、视频等业务的技术方案，园区网络与园区外部网络互连的技术方案，电力供电、电磁屏蔽实现的技术方案。

在综合布线系统的整体技术方案中，具体地提出主干布线系统和楼宇布线系统的结构设计、布线系统的主干路由、楼宇的入楼路由、楼内路由及楼层路由、敷设与走线方式、各楼宇与各房间的信息点种类及数量等设计方案。

3. 系统拓扑结构

园区综合布线系统涉及建筑群子系统。园区综合布线系统的建筑群子系统，楼宇内部的垂直子系统、水平子系统、工作区子系统，通常采用多级星型拓扑结构，根节点在网络中心机房，从根节点经建筑群子系统链路连接各楼宇主配线间节点，从主配线间节点出发通过垂直子系统链路连接各楼层配线间节点，再从各楼层配线间出发通过水平子系统链路连接各个工作区的信息插座，如图 9-4 所示。

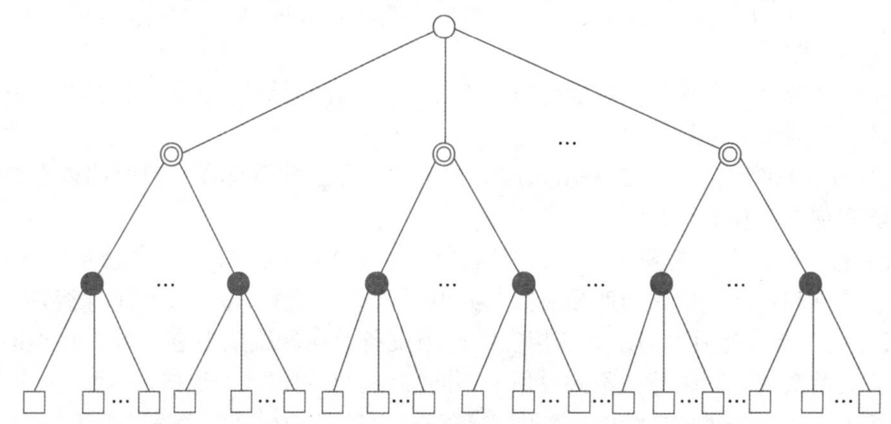

图 9-4　园区综合布线系统

○根节点；◎各楼宇主配线间节点；●各楼层配线间节点；□信息插座

综合布线系统采用布线系统链路结构图描述，如图 9-5 所示。

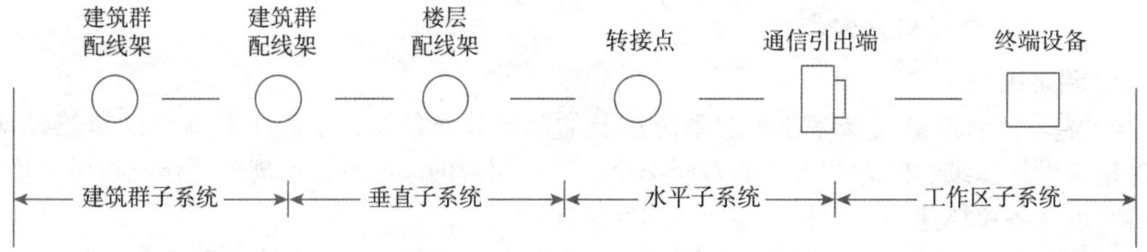

图 9-5　综合布线系统的链路结构

图中表示整个链路的形成从中心机房出发，建筑群子系统的配线架经过建筑群子系统链路到达楼宇主配线间(建筑物主干系统)的主配线架，再经过垂直子系统链路到达楼层配线间的配线架，再按星型拓扑结构将水平电缆连接到各房间工作区的通信引出端，最终连接到工作区的终端设备。

在单栋大楼的布线系统结构图中，系统拓扑结构可以用楼宇综合布线系统结构图表示，指出主配线间、楼层配线间及各配线间到工作区的连接关系。一个多层楼宇的综合布线系统结构如图 9-6 所示。

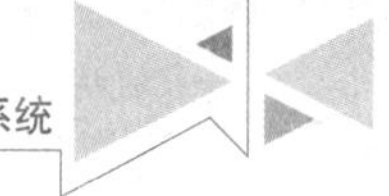

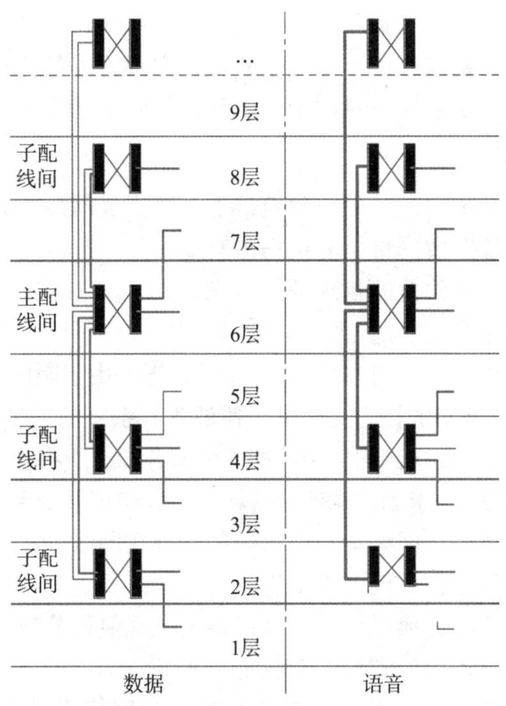

图 9-6　楼宇综合布线系统结构图

——6 芯室内多模光纤；——超 5 类双绞线；——100 对 3 类双绞线

布线系统支持网络及话音业务，主配线间放在楼宇中间层位置，楼层配线间采用多层共用一个配线间的办法。其中 1 层、2 层共用一个配线间；3 层、4 层、5 层共用一个配线间，6 层、7 层共用一个配线间，同时 6 层的配线间又作为本栋大楼的主配线间，8 层、9 层共用一个配线间。

网络传输的楼宇垂直子系统采用 6 芯室内多模光纤，水平子系统采用超五类双绞线；语音传输在楼宇垂直子系统中采用 100 对三类大对数双绞线，在水平子系统中仍然采用超五类双绞线。水平子系统布线采用超五类双绞线，使工作区的信息插座可以更改信息插座模块，并在配线间通过跳线重新配线，根据需要在网络信息插座和语音信息插座之间灵活改变。

综合布线系统工程的目的是实现布线系统的全覆盖，支持数据、语音、视频的通信服务。

☞ 综合布线系统的设计与园区建筑规模、布局、面积、楼层等情况密切相关，设计者必须认真研究园区建筑群情况，合理设计走缆路由、敷设方式、传输介质、连接实现，实现各个房间、楼层、楼宇和园区所有建筑的布线覆盖，建立完整的园区通信线路系统。

☞ 综合布线系统的设计与所支持的应用系统紧密相关，是应用系统实现通信的线路部分，因此必须认真研究支持的应用系统，完整地体现应用系统的各种技术要求，满足应用业务的技术需要。

☞ 网络综合布线系统的设计需要匹配设计的网络系统，根据设计的网络结构进行网络布线系统设计，使网络的业务支持、拓扑结构、带宽速率、信息点位置与数量等要求在布线系统设计中得到体现，满足网络设计的技术要求。

9.3.2　园区综合布线系统设计

园区综合布线系统一般分为园区主干光缆布线系统和楼宇综合布线系统，园区主干光缆布线系统主要完成园区建筑群主干和各栋建筑物主干的布线，涉及建筑群子系统、垂直子系统、管理子系统和设备间子系统。楼宇综合布线系统主要完成各栋建筑物楼宇内部的综合布线，涉及垂直子系统、水平子系统、管理子系统和设备间子系统。

1. 园区主干光缆布线系统设计

在园区主干光缆布线系统的设计中，建筑群子系统完成网络中心机房所在楼宇与园区其他楼宇的连接，管理子系统完成网络中心机房与其他楼宇主配线间的跳线管理。设备间子系统完成满足网络中心机房设备放置的物理环境要求。

1）确定网络中心机房的位置

建筑群子系统设计的关键是确定网络中心机房的位置，由于园区内所有楼宇的布线系统都需要与网络中心机房相连。网络的核心交换机、各种业务系统的服务器安放在网络中心机房，所有对业务系统的访问请求都要送到网络中心的业务服务器，所有楼宇汇聚的网络流量都要到核心交换机交换，而这些访问请求和数据流量传输都通过建筑群子系统送到网络中心机房。

为了节省布线系统的线缆，网络中心机房一般选择在园区中心位置的楼宇，这样由该楼宇到各栋楼宇的线缆距离最短，可以大大节省光缆。

如果网络采用双冗余核心交换机设计，可以将园区建筑群分成两部分，在每部分建筑群中的一个楼宇设置一个中心机房，安放一台核心交换机，各个建筑群就近接入该中心机房，可以较好地达到节省光缆的目的。双冗余核心交换机的网络设计也可以只设置一个中心机房，将两台核心交换机都放在这个中心机房，通过线缆的连接实现双冗余核心的结构。

当园区面积比较大时，一般会设计多台核心交换机，可能需要设置多个中心机房，每个中心机房放置一台核心交换机。如果网络采用 3 台核心交换机的设计，则可以考虑在园区 3 个建筑群比较集中的区域各安排一个中心机房，放置一台核心交换机，各个建筑群就近接入中心机房所在楼宇，减小所需光缆的长度，节省光缆。网络中心机房的位置示意如图 9-7 所示。

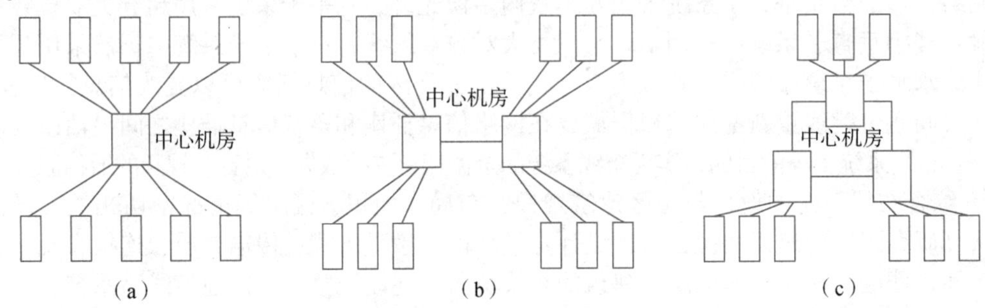

图 9-7　网络中心机房的位置

（a）单个中心机房；（b）两个中心机房；（c）三个中心机房

2）确定楼宇主配线间

建筑群子系统连接网络中心机房和各楼宇的主配线间。楼宇主配线间的选择除了考虑与网络中心机房的连接，还要考虑与水平子系统的连接，选择紧靠楼宇竖井的位置，主配线间与分配线间的连接线缆从竖井放入并到达各个楼层，实现和各楼层配线间的连接。楼宇主配线间所在的楼层可以安排在该楼宇的中间楼层，这样主配线间到各楼层配线间的距离最短，可以节省线缆。

楼宇主配线间对用房面积、房间高度有一定的要求。楼宇主配线间要能放得下需要放置的设备，在楼宇楼层层数、用户业务类型、需要信息点较多的情况下，需要放置的设备也较多，在这种情况下，楼宇主配线间的面积要求较大。楼宇主配线间需要放置机柜，标准机柜高度为 2 m，如果主配线间铺设静电地板，还需要考虑吊顶，3 m 左右的高度才能满足要求。此外，主配线间的装修、供电、接地、安全等都需要满足放置设备的环境要求。

3）确定主干光缆路由和敷设方式

网络中心机房确定后，需要确定从网络中心机房到各个楼宇的线缆走线路由和敷设方式。通往各栋楼宇的道路、强电管网、管沟，网络布线以及其他弱电系统的主干线缆路由和敷设方式可以采取管沟掩埋方式，即强电与弱电使用同一个管沟进行敷设。一般强电线缆走管沟的一侧，弱电线缆走管沟的另一侧。除了管沟方式，主干线缆路由也可以采用掩埋 PVC 管方式，在通往各栋楼宇的道路旁挖沟掩埋足够的 PVC 管，实现弱电线缆路由。

4）确定光缆模式和芯数

按照光缆传输距离的技术参数，一般在 550 m 的距离范围内可以选择多模光纤，超出 550 m 的距离范围应选择单模光纤。如果网络设计的主干是万兆链路，则选择支持万兆传输的 OM3 多缆光纤。多模光纤和多模光纤配套的收发器费用都较低，可以降低工程整体费用。

光缆模式确定后，需要确定光缆的芯数。光缆的芯数取决于网络拓扑结构、布线系统所支持的应用业务、链路冗余设计采用的冗余链路数量和业务扩展设计采用的备用链路数量。

目前园区网络的经典结构为双核心万兆主干、千兆汇聚、百兆接入。核心层到汇聚层为双链路冗余，汇聚层到接入层为单链路。在这种情况下，每个楼宇的汇聚层交换机分别连接两台核心层交换机，汇聚层到核心层的光缆芯数需要增加一倍。如果两台核心层交换机分别放在两栋楼宇的网络机房，经过主干路由管沟到第二台核心层交换机所在楼宇的光缆数也要增加一倍。

5）确定交接箱的位置及容量

对于网络设计为双核心交换机、核心层到汇聚层双链路的双冗余网络结构，可以在两个网络中心机房楼下设置交接箱，如图 9-8 所示。网络中心楼宇的光缆连接到楼下的交接箱，各楼宇的光缆连接到两个交接箱，通过交接箱的跳接实现双核心交换机、核心层到汇聚层双链路的连接。交接箱的续接容量由光缆接到交接箱的光缆总芯数决定，而接到交接箱的光缆总芯数取决于布线系统所支持的应用业务、链路冗余设计采用的冗余链路数量、业务扩展设计采用的备用链路数量。

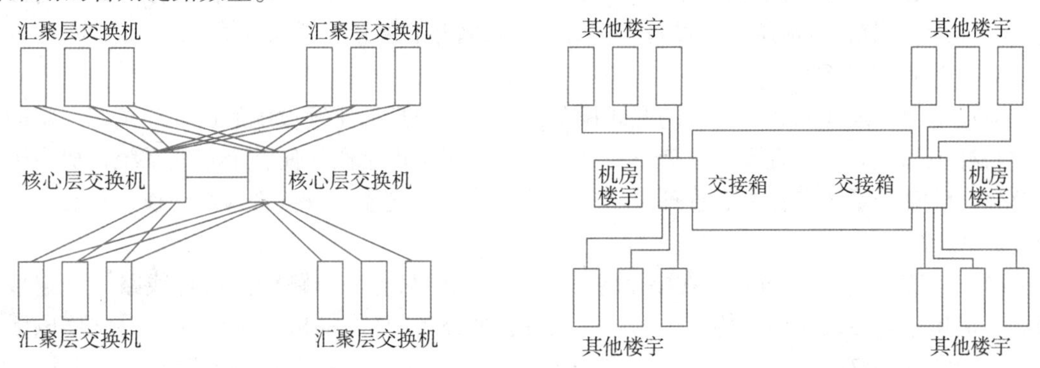

图 9-8 交接箱的位置

例如，布线的网络业务需要支持园区数据网、视频监控网、内部办公网、“一卡通”专网 4 种应用业务，每种业务需要 2 芯光缆支持，并延伸到各栋楼宇，光缆芯数采取 1 主、1 备的设计，即一种业务需要 2 芯，备用 2 芯，则一种业务共需要 4 芯，4 种业务则需要 16 芯光缆。每栋楼宇应有 16 芯光缆进入交接箱。

如果临近第一个中心机房交接箱的楼宇有 12 栋，则这些楼宇进入第一个中心机房交接箱的光缆芯数共 192 芯。如果临近第二个中心机房交接箱的楼宇也是 12 栋，则这些楼宇进入第二个中心机房交接箱的光缆芯数也是 192 芯。由于网络设计采取了核心层到汇聚层为双链路冗余，临近第一个中心机房交接箱光缆要连接到第二个中心机房，两个交接箱之间的光缆芯数将翻一倍，数量达到 384 芯。384 芯的光缆进入中心机房，最终实现与核心层交换机的连接，每个交接箱的容量将达到 756 芯。

6) 确定光纤配线架

光缆到达各楼宇后，需要进入楼宇到达网络中心机房和楼宇主配线间。光缆入楼一般采用以下两种方式：

(1) 光缆从主干管沟进入楼宇地沟，再到主配线间，中间无交叉；

(2) 光缆从主干管沟进入楼宇地沟后接入楼宇交接箱，再接到楼宇主机房或主配线间，光缆进入楼宇时中间有一次交叉连接。

在光缆敷设时，交叉连接次数越少，则光缆损耗越少，信号传输越好。

光缆进入各楼宇后一般采取楼宇本身设计的弱电竖井实现路由。光缆从竖井进入中心机房或主配线间，连接到安放在中心机房和主配线间的光纤配线架上，通过跳线实现光纤与交换机的连接。

光纤配线架根据光缆的芯数进行选择，规模较大的系统光纤芯数较多，需要选用光纤配线柜。光纤配线架或配线柜的端口容量需要满足进入网络中心机房、楼宇主配线间的光缆所有芯数的端接，并考虑一定的冗余量。

光纤配线柜的安放要充分考虑网络中心机房、楼宇主配线间各种设备安放的布局，一般要靠近竖井的入口位置，便于光缆进入网络中心机房或楼宇主配线间。光纤走线的固定、弯曲及熔接完全按照综合布线工艺规范进行。

7) 设计网络中心机房、主配线间

网络中心机房、主配线间提供布线系统和应用业务系统设备安放的主要场所，其设计要满足网络中心机房设备放置的物理环境要求，主要涉及设备布局安排、机房装修、电源配电、温/湿度调节、接地防雷、设备连接管理、设备运行智能监控等子系统。

8) 设计管理子系统

对设备间、配线间、工作区的配线设备，线缆，信息插座等设施的设计应按照一定的模式进行标识和记录，实现配线管理，为其他系统连接提供手段，使整个布线系统构成一个有机整体。管理子系统存在单点管理单交连、单点管理双交连、双点管理双交连、三交连、四交连方式。

☞ 单点管理单交连方式：在整个综合布线系统中只有一个跳线区进行线路交叉连接管理，一般用于规模较小、结构简单的布线系统，如设备间(交换机)-跳线区-计算机(电话)。

☞ 单点管理双交连方式：在整个综合布线系统中有一个跳线区进行线路交叉连接管理，还有一个点通过接线盒硬接线方式实现连接，如设备间(交换机)-(配线架)跳线区-干线电缆-硬接线(跳线区)-计算机(电话)两级网络架构。

☞ 双点管理双交连方式：在整个综合布线系统中有两个跳线区进行线路交叉连接管理，用于信息点较多的建筑物，采用二级配线间，在主设备间和楼层配线间各设置一个交连管理点，如设备间(交换机)-(配线架)跳线区-干线电缆-(配线架)跳线区-配线电缆-计算机(电话)。

建筑物规模较大时可以采取三交连、四交连，一般情况采用三交连，如计算机主机房可以采用网络中心-楼宇主设备间-楼层配线间-信息点的交连方式。综合布线系统中一般不允许超过4个交连。

管理子系统设计还需要考虑线缆标识管理。线缆标识管理对线缆进行标识，按园区、楼宇、楼层、房间、插座进行编码，并将编码打印在配线架上，以便网络管理人员迅速定位线缆的开始和终点位置，进行配线管理。

2. 楼宇布线系统设计

在楼宇布线系统设计中，垂直子系统与水平子系统的连接完成楼宇主配线间与楼层分配线间的连接，水平子系统与工作区子系统的连接完成楼层分配线间与各个房间的连接；工作区子系统完成各种信息插座的部署，以及布线系统与使用设备的连接，管理子系统完成各子系统连接的跳线管理，设备间子系统完成设备放置。

楼宇布线系统设计主要完成以下工作：

(1)确定楼层配线间的数量、具体位置及内部布局；

(2)确定从主配线间到各楼层配线间垂直主干线缆的走线路由和敷设方式；

(3)确定垂直子系统到水平子系统的路由和连接实现；

(4)确定水平子系统到工作区子系统的路由和连接实现；

(5)确定工作区子系统的信息插座类型和数量。

1)工作区子系统的设计

工作区子系统的设计主要是确定每栋建筑中各用房所需的信息插座的类别、数量和安放位置。信息插座的类别和数量取决于用房使用的应用系统。若用房存在特殊要求，可能需要直接将光纤接入用房。

在网络设计中，工作区按照信息点的部署情况分为基本型、增强型和综合型3个等级。

☞ 基本型适用于信息点配置标准较低的场合，配置1个电话信息插座、1个网络信息插座，每个工作区至少部署2对双绞线。

☞ 增强型适用于信息点配置标准中等的场合，配置1个电话信息插座、2个网络信息插座，每个工作区至少部署3对双绞线。

☞ 综合型适用于信息点配置标准较高的场合，配置1个电话信息插座、2个网络信息插座，每个工作区至少部署3对双绞线，并部署1对光缆芯到工作区。该对光缆芯可用于网络信息点扩充，或者作为高速接入信息点使用。

在实际的综合布线系统中，按照实际需要考虑工作区信息点的部署。信息插座的数量根据房间功能、房间大小、使用人数等情况进行设定。

☞ 一般来说，用于办公室的房间每十平方米需要部署1个网络信息插座，20 m^2 的房间可以部署2个网络信息插座、1个电话信息插座，需要使用有线电视的房间再部署1个有线电视信息插座。40 m^2 的房间可以部署4个网络信息插座、1个电话信息插座，需要使用有线电视的房间再部署 1 个有线电视信息插座。

☞ 用作会议室或报告厅的房间一般需要使用网络、电话、有线电视、视频会议等业务，需要部署多个网络信息插座、1 个电话信息插座、1 个有线电视信息插座，考虑到会议室的业务扩展，可以直接部署 2 芯或 4 芯光纤进入会议室。

☞ 用作计算机机房的用房，需要放置大量计算机，除了部署适当的网络信息插座、电话信息插座外，还需要直接部署 2 芯或 4 芯光纤进入用房，通过交换机扩展网络信息点，满足大量计算机使用网络的要求。

除了数据网络、语音电话、有线电视，有的用房还要使用视频监控园区广播业务，需要部署摄像头、扬声器等设施，工作区的布线还需要满足这些业务的要求。

各种信息插座在工作区的位置要便于设备使用，信息插座到终端设备的距离一般不超过 6 m，与地面要有一定的距离，一般安装在距离地面 30 cm 的高度。

各房间信息插座种类和数量确定后，可以确定出各楼层、各楼宇及整个园区的信息插座种类和数量，从而确定信息插座的材料清单和工程造价。

2) 水平子系统的设计

水平子系统设计主要确定楼层配线间的位置及数量，选择水平子系统线缆的走线路由、走线方式、类别，计算所用材料，编制材料清单，计算工程造价。

楼层配线间的位置根据楼层各用房到楼层配线间的距离来确定，由于水平子系统一般采用双绞线作为传输介质，按照双绞线技术标准规定，最大传输距离为 100 m，考虑到线缆进入房间还有一段从信息插座到计算机的线缆，在水平子系统的设计中，最远用房位置到楼层配线间的距离不能超过 90 m。

当实际楼宇的最远用房位置到楼层配线间的距离超过 90 m 时需要增加配线间的数量；当实际楼宇的最远用房位置到楼层配线间的距离不到 90 m 时，多个楼层可以共用一个配线间。楼层配线间需要放置布线系统与应用系统的设备，要有足够的用房面积，此外，装修、供电、接地、安全等都需要满足放置设备的环境要求。

楼层配线间的位置确定后，需要确定水平子系统的线缆走线路由和走线方式。水平子系统线缆走线路由一般采用沿着大楼走廊架设桥架的方式实现，走线方式一般采用将线缆放置在桥架中实现。水平子系统的线缆桥架从楼层配线间出发，架设在走廊靠近房间的地方，到达每个房间时，线缆从桥架引出，从走廊到房间的穿孔引入房间，进入工作区。

水平子系统的桥架横截面尺寸需要容纳所有水平线缆占有的横截面积，一般有 200×100、200×200、300×100、300×200 等，需要根据线缆占用的横截面积计算使用的桥架横截面尺寸，一般按照线缆占用横截面积的 3 倍选择桥架横截面尺寸。

如某楼层共有 100 个网络信息点，使用超五类双绞线，100 根双绞线占用的横截面积为 100 mm^2，则选择 300×100 的桥架。桥架横截面尺寸确定后，还需要根据从楼层配线间到最远房间的距离确定桥架长度。桥架横截面尺寸和长度都确定后，就可以计算桥架的用量，从而计算出桥架的材料清单和工程造价。

走线路由、走线方式、走线桥架确定后，需要根据应用业务系统设计选择线缆，如语音系统使用三类双绞线，网络系统使用超五类双绞线或六类双绞线。布线系统设计主要根据使用的总线缆长度计算线缆的用量，先计算每个信息点使用的平均线缆长度，然后根据信息点总数计算总线缆长度，再根据每箱线缆的长度计算需要的线缆箱数，最后根据每箱线缆价格计算线缆的工程造价。

设距离楼层配线间最远的信息插座的距离为L，最近的信息插座的距离为S，考虑端接点还有一段距离和线缆弯曲等因素，增加6 m的余量，则每个信息点使用的平均线缆长度为(L+S)/2+6。

如某楼层配线间支持的信息点数为200，计算出来的每信息点使用线缆的平均长度为60 m，则总线缆长度为12 000 m，按照每箱线缆300 m计算，共需要40箱线缆。

3）垂直子系统的设计

垂直子系统设计主要是确定楼宇主配线间的位置、垂直子系统的走线路由、楼宇走线与配线间的交叉连接方法、走线线缆的类别及数量。

垂直子系统的干线路由一般通过大楼的竖井实现。在垂直子系统的干线线缆一般有室内光缆、大对数电缆和有线电视电缆等。室内光缆主要用于网络系统，实现主配线间的汇聚层交换机与楼层配线间的接入层交换机的级联；大对数电缆主要用于语音系统的连接；同轴电缆用于有线电视系统的连接。垂直子系统的路由走线距离应尽量短，线缆放在竖井中时需要考虑它们的固定。与水平子系统连接时，从主配线间到楼层配线间最多只有一次交叉连接，最长距离不超过500 m。垂直子系统的语音、数据、视频的走线应该相互分开，走线线缆应留一定的冗余，以便今后的扩充。

垂直子系统的线缆数量按照系统设计进行部署。网络系统中室内光缆的数量一般与楼层配线间相同，考虑冗余链路设计，需要更多的光纤芯数。语音系统使用大对数电缆敷设，进入竖井的大对数电缆数量与电话信息插座的数量相同，按照各楼层配线间的分配，将大对数电缆分接到各楼层配线间，通过楼层配线间分配到工作区房间，实现电话线路到房间的连接。有线电视的传输线路是光缆与同轴电缆组成的混合系统，来自有线电视主干的光缆进入园区后，转换成同轴电缆，由同轴电缆配线网分配后送到各楼宇分线盒，再从各楼宇分线盒经用户引线路引入用户室内。

9.4　综合布线系统测试

综合布线系统按照技术和工艺标准完成施工后，需要进行连通性和性能测试，检验系统的工程质量和达到的技术参数，只有技术参数达到规定指标，才能保证其支持的通信系统的传输性能。

1. 双绞线布线系统的测试

双绞线布线系统测试一般采用数字式电缆测试仪 Fluck DSP-4000。该测试仪具有测试速度快、测量精度高、故障定位准的优点，测试结果可以保存在计算机上并打印出来。

数字式电缆测试仪 Fluck DSP-4000 可以测量线对、长度、阻抗、衰减、串扰等参数。

☞ 线对测试保证接线引脚的正确性。采用 EIA/TIA 586-A 和 EIA/TIA 586-B 标准的接线是不一样的。在 EIA/TIA 586-A 中，1-2 为第一线对，5-4 为第二线对，3-6 为第三线对，7-8 为第四线对，每个线对的第一根线作为发送信号引脚，第二根线作为接收信号引脚。在 EIA/TIA 586-B 中，5-4 为第一线对，1-2 为第二线对，3-6 为第三线对，7-8 为第四线对。

☞ 长度测试保证布线长度不超长。双绞线在水平布线系统中允许的最大长度为90 m，长度测试检查线缆长度是否超过90 m。

☞ 阻抗测试、衰减测试、串扰测试分别保证阻抗、衰减和串扰参数在技术标准允许的范围内，保证布线系统的可用性。

2. 光缆布线系统的测试

光缆布线系统工程按照技术标准和工艺进行敷设，光缆的长度、光缆敷设时的弯曲半径、光纤的熔接、光缆盒连接器的耦合效果会影响光纤信号的传输效果，带来一定的衰减。光缆布线系统需要测试的主要指标如下：

☞ 光链路连通性：测试传输链路是否导通，是否存在断点或不连续点。

☞ 端到端损耗：测试整个光传输链路及各种光连接器总的损耗，单位为dB。信号传输时要使收发正常进行，光缆链路端到端的衰减损耗不能超过光收发器允许的最大衰减值。

☞ 光链路长度：测试从光纤端接的两端之间链路的长度。在收发器之间的光链路长度不能大于收发器支持的最大通信距离。

光缆布线系统测试一般采用光纤时域反射仪（Optical Time-Domain Reflectometer, OTDR）。该测试仪利用光反射原理进行测试，通过导入一定强度的光进入光纤，测试发射回来的时间，计算光缆的长度，如果没有光反射回来，则说明光缆发生断点。测试发射回来的光强度，可以测试出光纤端到端的衰减值。

9.5 网络中心机房建设

网络中心机房用来放置网络交换机、服务器、存储设备及各种通信设备，也称数据中心机房。机房不仅要为各种设备和装置提供安全、稳定、可靠的运行环境，为机房设备的运行和管理以及数据信息安全提供保障环境，还要为工作人员创造健康、舒适的工作环境。

9.5.1 网络中心机房建设的原则

网络中心机房需要按照科学规范、机房建设标准进行建设，满足以下建设原则。

☞ 实用性和先进性：网络中心机房建设要满足当前，兼顾未来，根据机房建设的实际需要，采用先进的技术、设备和材料，使整个系统在当前及一段时期内保持技术的先进性，并具有良好的扩展增容能力，以适应未来信息产业的发展和技术升级的需要。

☞ 安全性和可靠性：为保证各项业务应用，网络中心机房必须具有较高的安全性和可靠性。机房设计时，要对机房布局、结构设计、设备选型、供电系统、接地防雷、日常维护等各个方面进行安全性和可靠性的设计。在关键设备采用硬件备份、冗余等可靠性技术的基础上，采用相关的软件技术提供较强的管理机制和控制手段，以及事故监控与安全保密等技术措施，提高机房的安全性和可靠性。

☞ 灵活性与可扩展性：网络中心机房必须具有良好的灵活性与可扩展性，能够根据业务发展的需要，扩大设备容量，提高用户的数量和质量，具备支持多种网络业务、网络结构、物理接口和连接方式的能力，提供技术升级、设备更新的灵活性。

☞ 标准化和规范化：网络中心机房的设计与施工要严格按照国家颁布的有关机房的建设标准进行，包括各种建筑设计标准、机房设计标准、电力电气保障标准，以及计算机局域网、广域网标准，各种机房建设的施工规范，坚持统一标准、统一规范的原则，为未来的设备安置、系统运行提供保障，为未来的业务发展、设备增容奠定基础。

☞ 可管理性和可监控性：网络中心机房涉及多个子系统，具有一定复杂性，随着业务的不断发展，管理的任务必定会日益繁重。在网络中心机房的设计中，必须建立一套全面的、完善的机房管理和监控系统。选用的设备应智能化，具有可管理的功能，同时采用先进的管理监控设备及软件，实现集中管理与实时监控，简化管理人员的维护工作，为网络中心机房安全、可靠地运行提供最有力的保障。

9.5.2 网络中心机房设计

网络中心机房的建设涵盖了建筑装修、供电、照明、防雷、接地、不间断电源(UPS)、精密空调、环境监测、火灾报警及灭火、门禁、防盗、闭路监视、综合布线和系统集成等技术，一般包括装修工程、空调工程、配电工程、接地防雷、灭火系统、监控系统等工程。

1. 机房的环境条件

1)机房的位置选择

机房的位置必须保证具有最佳的电气特性、传输特性、安全、洁净，应该选择电力稳定可靠，通信方便，远离电磁干扰、粉尘、油烟及有害气体的环境。

除了考虑良好的环境，机房的位置还需要考虑综合布线系统设计的需要，便于综合布线的管沟建设、线缆敷设的工程施工，尽量缩短机房到其他楼宇的路由，节省线缆走线长度和工程费用。

2)机房的面积确定

机房的面积主要考虑设备的安放空间、机房空调气流的组织、机房维护人的活动空间等因素，保留足够的冗余空间，实际的机房面积一般可以考虑为实际设备机柜占地面积的4~6倍。

3)机房的布局设计

机房需要放置网络交换机、网络服务器、网络存储设备及其他通信设备，以及布线架机柜、电器设备柜、空调机、UPS等设备，网络管理人员需要在机房内操作管理设备，因此机房设计需要有科学的布局。

机房布局设计需要因地制宜地将机房空间划分成若干个区域，不同的设备放在不同的区域，方便设备之间的连接和设备管理。机房一般划分为光纤配线架机柜区域、交换机机柜区域、服务器机柜区域、空调设备区域、电源设备机柜区域、UPS设备区域、灭火设备区域、网络管理人员工作区域。

☞ 光纤配线架机柜主要安放若干个光纤盒，来自各栋楼宇的汇聚光纤通过竖井到达网络中心机房，最终连接到机柜的光纤盒上。光纤配线架机柜区域应根据进入机房的光纤数量，考虑足够的空间，并尽量靠近竖井的入口，方便光纤进入机房后的连接。

☞ 交换机机柜区域主要安放网络交换机，一般安放园区网络的核心层交换机。核心交换机既要与来自各个楼宇的光纤连接，又要与放置在机房的服务器相连，所以交换机机柜区域应尽量靠近光纤配线架机柜区域，并考虑与服务器的相连。

☞ 服务器机柜区域主要安放园区的各种办公系统、应用业务系统的服务器群和存储阵列等设备。这些设备与交换机的连接往往通过跳线来实现，在机房内一般通过机柜上方的上走线架来实现。在较大规模的园区网络中，网络交换机一般由网络管理人员负责管理，而各种应用服务器的维护由专门的软件信息管理员负责，所以服务器机柜区域可以布局在与网络交换机区域隔开的区域，使两组人员在不同的区域工作。

☞ 空调设备区域主要安放空调。网络中心机房的空调一般是机房专用精密空调，体积较大，需要连接空调外机。空调外机一般需要放在室外，因此空调设备区域适宜放在靠近窗户或放置外机的位置。

☞ 电源设备机柜区域主要安放各种电气开关仪表，需要与进入机房的强电电缆连接，同时需要把电源分配到各个设备区域。一般来说，强电电缆沿着竖井到达网络中心机房，所以电源设备柜区域应尽量放在靠近竖井，又便于与其他各个设备区域进行连接的位置。

☞ UPS 设备区域安放 UPS 设备，在线路供电电源中断时继续供电，保证网络服务和业务服务不中断。UPS 系统存在大量的蓄电池，重量累计可达吨数量级，考虑到机房地板的承重问题，一般将 UPS 设备区域放在网络中心机房所在楼宇的底层，再将 UPS 逆变后的电源通过电缆送到网络中心机房。

☞ 灭火设备区域安放气体灭火系统，有储存灭火气体的钢瓶或钢瓶柜等设施。在机房规模不大时，可以将灭火系统的钢瓶柜等设施放在机房内合适的位置，在机房规模较大时，会有较多的气体钢瓶，要考虑布置专用的房间放置气体钢瓶。

☞ 网络管理人员工作区域安放工作台，网络管理人员在该区域利用计算机、监视器进行设备运行管理。网络管理人员工作区域适宜放在靠近门口的位置，尽量远离噪声设备和空调气流进出口位置，按每人 3 ~ 5 平方米设置。

机房内部各机柜是一排排顺序放置的，各排机柜间需要留出网络管理人员行走和工作的空间，所以机房中的各排机柜之间需要留有一定的距离。机柜之间的距离为 0.8 ~ 1.5 m。靠近墙体的机柜与墙的距离不小于 0.5 m。

4) 机房环境标准

需要按照国家机房环境标准规范设计机房温度、湿度、洁净度。网络中心机房一般按照国家机房 A 级或 B 级标准进行建设，见表 9-1。

表 9-1　网络中心机房的环境标准

环境因素	A 级标准	B 级标准
温度/℃	18 ~ 22	18 ~ 28
湿度/%	45 ~ 65	40 ~ 70
空气含尘量/粒・升	18 000	18 000

2. 机房装修

机房装修应体现其作为重要信息汇聚地的室内空间特点，在充分考虑网络系统、服务器系统、空调系统、UPS 系统等设备的安全性与先进性的前提下，体现美观、大方的风格，有现代感。

机房的装修设计要以自然材质为主，做到简明、淡雅、柔和，并充分考虑环保因素，有利于工作人员的身心健康。地板一般选择灰色的抗静电地板，静电地板与地面至少留 30 cm 的高度，作为机房空调的送风通道，地面需要进行防尘处理，铺装抗静电地板或抗静电地砖。天花板选择乳白色的微孔轻质铝合金板吊顶。墙面选择灰色彩钢板，起到屏蔽作用，在要求不高的场合，也可以选择乳白色或浅灰色乳胶漆。如果机房有区域隔断的要求，可以采

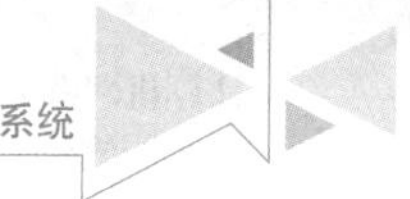

用轻质隔墙隔断、不锈钢饰边框大玻璃隔断或乳胶漆饰面石膏板隔墙。机房装修可能涉及空调外机安放架或内外机隔断的制作，以及走线架的制作和安装。

3. 机房空调系统

为确保机房内计算机系统安全、可靠、正常地运行，网络中心机房需要提供符合要求的温/湿度。一般采用恒温/恒湿机房专用精密机房空调自动调节温/湿度并过滤空气，保证机房的温/湿度和空气质量。

1) 机房空调系统的组成

机房空调主要由控制监测系统、通风系统、制冷循环系统、加湿系统、加热系统、水冷机循环系统等部分组成。

☞ 控制监测系统：通过控制器显示温/湿度和空调机组的工作状态，分析各传感器的反馈信号，对机组各功能项发出工作指令，达到控制温/湿度的目的。

☞ 通风系统：对机房内空气进行处理，完成热、湿的交换，及时过滤悬浮于空气中的尘埃，将洁净的空气送入机房。

☞ 制冷循环系统：空调由室内机和室外机组成，室内机利用压缩机作功将制冷剂压缩成高压气体，送到冷凝器里冷凝成液体，这个过程吸收热量，空气温度下降，达到制冷的目的。吸热后温度上升的气体被送到室外机降温散热后重新送回室内机，被压缩机压缩成高压气体，进行潜热制冷，如此反复循环，最终完成室内温度的下降调节。

☞ 加湿系统：通过电极加湿罐来实现湿度调节。

☞ 加热系统：采用电热管形式进行加热，在室外环境温度太低时，空调需要加热来维持设定的温度。

☞ 水冷机循环系统：冷凝器设在机组内部，循环水通过热交换器将制冷剂气体冷却凝结成液体。

2) 机房空调系统的特点

机房空调系统具有如下特点：机房中的网络交换机、服务器、存储设备是 7×24 h、365 天开机运行的，要求机房空调 7×24 h，365 天开机；机房空调的功率一般在几千瓦，要求机房空调制冷转换效率高，达到节电的目的；机房设备的电子器件对温度极度敏感，温度变化太大会导致设备故障，机房空调故障也会引起网络服务和业务服务中断，要求机房空调具有较高的精度和可靠性。目前的机房要求温度变化不超过 1℃/10 min，每小时湿度变化不超过 5%。机房空调的温度控制精度可以达到±2℃，湿度控制精度可以达到±5%，高精度机房空调的温度控制精度可以达到±0. 5℃，湿度控制精度可以达到±2%。有的机房为了做到高可靠性，还采取 N+1 备份方式，一台空调出了问题，其他空调可以马上接管整个系统。

3) 机房空调系统的设计

机房空调系统的设计主要包括空调制冷量计算、空调系统送风与回风方式选择、内机与外机安放、漏水检测系统配置等部分。

(1) 机房空调制冷量可以采用设备功率和面积结合的方式进行计算，也可以采用单纯的机房面积估算法进行计算。采用设备功率和面积结合的方式时，需要根据机房的实际面积及设备发热量计算空调的制冷量，计算比较复杂。采用单纯的机房面积估算法时，只需要根据机房的实际面积计算空调的制冷量。在机房布局按照以上介绍的标准进行规划的基础上，可以采用单纯的机房面积估算法进行计算，方法如下：

按照机房面积计算制冷量标准，机房的制冷量为 280～300 大卡①/m^2。设计时，根据机房的实际面积计算需要的总制冷量，再按照机房空调功率与制冷量的关系计算机房空调的功率。例如，某单位机房面积为 140 m^2，则估算的制冷量为 42000 大卡，按照机房空调功率与制冷量的关系，算出机房空调功率为 49 kW，设备选型时，可以选择 50 kW 的空调。

(2) 机房空调系统的送风与回风可以有下送风上回风和上送风下回风两种方式。下送风上回风方式空调的送风直接送到静电地板下的送风通道，然后随气流上升至天花板，经天花板回到空调回风口，完成气流循环。上送风下回风方式刚好相反，空调的送风直接送到天花板，经天花板到达各机柜，从各机柜上方吹到机柜中的设备上，再从机柜底部的开口进入静电地板下方，通过静电地板下方送到空调回风口，完成气流循环。经过建模算法分析，下送风上回风方式顺应设备发出热量的自然气流流动方向，使机房气流处于最佳组织状态，制冷效率高，温度稳定性好，是机房送风与回风的最佳方式。

(3) 内机与外机安放。机房专用空调机组安装质量的好坏将直接影响机组长期运行的稳定性，因此，机组的安装工作一般应由厂家委派的安装队完成。空调内机放在机房内部，需要考虑合理的位置、气流的组织、漏水的防范；外机放在机房外部，需要考虑承重与散热、冷凝管道的走向及长度。内外机之间连接有热流管道和回液管，热流管、回液管需要严格按照厂家的规定进行安装，以保证空调的正常工作。

(4) 漏水检测系统配置。漏水检测系统又称漏水报警系统和漏液检测系统，用于保护网络中心机房、配电室、档案室、博物馆等场所的服务器设备和重要资料安全，一旦出现漏液和漏水事故，则通过声光报警和短信等方式告知值班人员及时发现漏水或漏水事故并进行处理。

漏水检测系统由检测线缆(绳)和控制器组成，控制器实时采集机房被保护区域中预先安装好的检测线缆(绳)的工作状态，发生漏水时，及时、准确地报告机房的漏水位置，并产生告警通知用户，同时通过继电器输出控制信号切断泄漏源，有效地消除漏水隐患。

4. 机房配电系统

机房配电系统需要按照机房现场设备负载进行设计。机房往往采用机房专用配电柜来规范机房供配电系统，保证机房供配电系统的安全。

1) 机房配电系统规划

机房配电系统规划要满足国家配电系统设计规范。网络中心机房负载分为主设备负载和辅助设备负载。主设备负载指网络交换机、服务器、存储设备、通信设备等，这些设备进行数据的实时处理与传递，对电源的质量与可靠性的要求最高。一般除了市电进行供电，还要采用 UPS 来保证供电的稳定性和可靠性，UPS 需配备相应的蓄电池以便在突然停电时支持一定后备时间的电源供应。辅助设备负载指专用精密空调系统、动力设备、照明设备、测试设备等，由市电直接供电，不必经过 UPS 供电。

机房配电一般采用市电双回路和 UPS 后备的供电方式，对可靠性要求更高的机房可以将发电机作为主要的后备动力电源。市电双回路能实现互为备份，当一路电源断电时，另外一路电源将持续供电，提高了机房供电的可靠性。从外部进入的双回路供电先到达机房总配

---

① 1 kW = 860 大卡。

电柜，从总配电柜出来后分成两个大回路，一个大回路为辅助设备供电，一个大回路送到UPS电源系统，经UPS电源系统后送出为主设备供电。

在进行中心机房配电系统设计时，要考虑以下因素：

(1) 机房进线电源采用三相五线制，机房内用电设备供电电源为三相五线制或单相三线制。

(2)机房用电设备、配电线路安装过流过载保护(空气开关)，配电系统各级之间有选择性地配合，配电以放射式(经过各个回路)向用电设备供电。各个部分的电源容量需要满足要求。

(3)机房各类设备的供电尽量分成独立的回路，以减少相互影响，所有回路电缆的(粗细)平方数要满足电源功率要求。

(4)机房配电系统所用线缆均为阻燃聚氯乙烯绝缘导线及阻燃交联电力电缆，敷设镀锌铁线槽SR、镀锌钢管SC及金属软管CP。

(5)机房配电设备与消防系统联动，发生火灾时自动断电。

2)机房总配电量规划

在机房配电系统设计中，需要计算网络中心机房的总配电量，以便考量总配电室的配电容量，选择各电源回路使用的电缆直径和开关功率。网络中心机房总配电量是所有主设备与辅助设备用电量的总和。机房电源总容量还需考虑一定的余量，以适合将来增加设备的需要。机房的总配电量应该满足：

机房的总配电量=(各主设备回路的配电量总和+各辅助设备回路的配电量总和)×余量因子。

机房采用3级供电方式：从大楼总配电室取电引到中心机房配电柜，从中心机房配电柜引到每排机柜，从每排机柜到每个机柜，最终从每个机柜到每台设备。机房所有配电由机房总配电柜送出，负责对UPS、备用空调、维护插座、照明等辅助设备的供电，UPS输出的电力分配到网络交换机、服务器存储系统等主设备。配电柜必须符合相关技术标准，外观完美、安全可靠，选用的主开关要求配置电子脱扣器，具有可调式LT(长延时)过负荷保护、ST(短延时)短路电流保护、INST(瞬时)电流保护，主要的配电设备选用进口的高可靠性配电设备。

3)机房供电回路规划

机房供电回路规划需要尽量减少设备间的相互影响。主设备供电可以采用一排机柜一条回路，每个机柜设置一个电源插座，电源插座选择功率大、质量好、安全性高的电源分配单元(Power Distribution Unit，PDU)插座，PDU插座的每个插孔都有独立开关，以保证每台交换机或服务器至少有一路电源开关控制，其电源发生故障不会影响其他服务器的电源系统。辅助设备供电可以采用一个辅助设备一条回路，如空调系统、新风系统、灭火系统、照明系统各一个回路。考虑到节电，照明系统可以考虑一组灯一条回路，无人在机房时仅开一组灯，有人在机房时根据需要打开多组灯。

4)UPS供电规划

UPS能够提供持续、稳定的电源，在机房中为主设备提供可靠的后备电源。UPS一方面提供在外边交流供电断电时，继续对设备提供持续的供电，一方面也具有稳压的作用，为主设备提供恒定的电源供给。恒定的电源供给是中心机房设备储存数据资料的重要保证。

UPS 由 AC/DC 整流器、充电器、DC/AC 逆变器、蓄电池组等组成，如图 9-9 所示。市电正常时，AC/DC 整流器将交流电整流成直流电，为蓄电池充电，DC/AC 逆变器将直流电逆变为标准的正弦波交流电；市电断电时，电池为逆变器供电，继续提供持续的供电，在 UPS 发生故障时将输出转换为旁路供电。线式 UPS 输出的电压和频率最稳定，能为用户提供高质量的正弦波电源。通信接口将 UPS 的工作状态以数据形式送出，供机房运行监控系统采集使用。

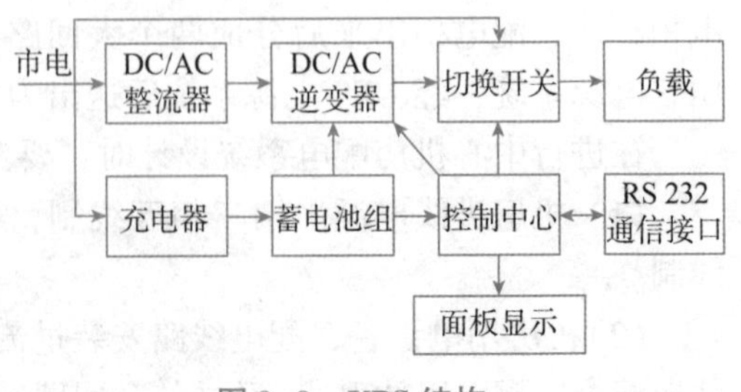

图 9-9　UPS 结构

在机房设计中，UPS 供电规划需要计算 UPS 的功率大小，确定 UPS 的后备时间并计算 UPS 的蓄电池数量。

UPS 是为主设备的可靠供电而设置的，其功率要与主设备的总配电量匹配，即 UPS 的功率大小由主设备的总配电量来决定。

(2) UPS 的后备时间是蓄电池以恒定电流从满电压放电到终止电压的时间。取决于机房中安放的设备不间断运行的可靠性要求，可靠性要求越高，后备时间要求越长。但后备时间要求太长，需要大量增加蓄电池，导致成本增加，地板承载重量增加，从经济和机房地板承重的角度考虑，增加蓄电池数量是不太适宜的。一般来说，后备时间考虑在 2 h 以内，可以考虑仅用 UPS 作为后备电源供电，大于 2 h 的后备时间采用发电机作为后备电源供电。采用发电机后，市电电源供电与备用发电机供电在机房配电室进行切换，再经过 UPS 对计算机设备供电。

(3) 根据主设备供电设计后备延迟时间，根据蓄电池的终止电压、安时数、功率因素、逆变效率、放电电流等参数计算蓄电池的数量。

☞ 终止电压：蓄电池以规定的放电电流进行恒流放电时，端电压下降到所允许的临界电压，12 V 的单节电池终止电压为 10.5 V。

☞ 安时数：代表蓄电池容量的大小。电池的额定容量指该电池以恒定电流放电至终止电压的容量，一般用 Ah 表示，如 12 V 100 Ah 的电池指该电池以 50 A 的电流恒定放电直至终止电压 10.5 V，可连续放电 2 h。目前市场上的蓄电池有 12 V 100 Ah、24 V 100 Ah、12 V 200 Ah 几种产品。

☞ 功率因素：有用功率和无用功功率之比，UPS 系统的功率因素一般为 0.8 左右。

☞ 逆变效率：电池的能量并非都能直接提供给负载，它还包含了把电池能量转换为负载可使用的能量的转换效率，即逆变效率。UPS 的逆变效率一般为 0.8。

☞ 放电电流：后备时间确定后，需要先计算蓄电池的放电电流，再计算出所需的电池数量。计算放电电流的公式如下：

$$放电电流=\frac{UPS\ 容量\times 负载功率因素}{逆变器效率\times UPS\ 终止电压}$$

以山特 10 kVA UPS 为例：UPS 容量为 10 kVA，功率因素取 0.8，12 V 的单节电池终止电压为 10.5 V，每组电池(16 节)的 UPS 终止电压计算公式如下：

$$单只电池终止电压\times UPS\ 电池组电池数量=10.5\ V\times 16=168\ V$$

一组 16 节 12 V 100 Ah 的电池放电电流如下：

$$10\ kV\cdot A\times 0.8/(0.85\times 168)\ V=56\ A\approx 50\ A$$

在每组电池的放电电流已经计算出来的情况下，可以计算出一组 16 节 12 V100 Ah 的电池在支持功率为 10 kV · A 情况下，可以放电 2 h。

如果设计一个 30 kV · A 的 UPS 电源，延时 4 h。根据以上例子，一组 16 节 12 V 100 Ah 的电池在功率为 10 kV · A 情况下，可以放电 2 h，则支持 30 kV · A 功率，延迟 2 h，需要 3 组 16 节 12 V 100 Ah 的电池；如果需要延迟时间为 4 h，则需要 6 组电池，共 96 节电池。

5. 接地防雷系统

机房的接地防雷系统是网络中心机房建设的重要系统，机房防雷接地措施不当将导致机房中交换机、路由器、服务器等电子设备遭受损害，造成网络服务、应用业务中断。

雷电对电子设备的破坏主要有两类：第一类是直击雷的破坏，即雷电直击在建筑物或设备上，使其发热燃烧或机械劈裂破坏；第二类是感应雷的破坏，即雷电的第二次作用，强大的雷电磁场产生的电磁效应、静电效应使金属构件和电气线路产生高至数十万伏的感应电压，危及建筑物、电子设备，甚至人身安全。

在雷击的情况下，会有很大的电流流入大地，电流的幅值一般在数千安培甚至更大，接地极及其附近的大地电位将产生瞬时高电位。

防雷的主要技术是采用良好的接地，将雷电引起的电流引入大地，而不作用在设备上，避免设备的损坏。接地是避雷技术最重要的环节，接地电阻越小，散流就越快，被雷击物体的高电位保持时间就越短，危险性也越小。

1)接地规范

电子计算机机房接地装置的设置应满足人身的安全及电子计算机正常运行和系统设备的安全要求，电子计算机机房应采用下列 4 种接地方式：

(1)交流工作接地，接地电阻不应大于 4 Ω；

(2)安全工作接地，接地电阻不应大于 4 Ω；

(3)直流工作接地，接地电阻应按计算机系统具体要求确定，一般不应大于 1 Ω；

(4)防雷接地，应按现行国家标准《建筑防雷设计规范》执行。一般防雷接地电阻应小于 10 Ω。

交流工作接地指带电子设备的外壳接地；安全工作接地又称零线接地，指交流电零线接地；直流工作接地指仪器设备的电路接地，按计算机设备及系统的要求接地；防雷接地指防止建筑物本身遭雷击采取的接地方式。

在中心机房中，一般可以采取交流工作接地、安全工作接地、直流工作接地、防雷接地等 4 种接地共用一组接地装置的办法，以此种方式进行接地的接地电阻按其中最小值确定；防雷接地单独设置接地装置时，其余 3 种接地宜共用一组接地装置，其接地电阻不应大于其中最小值，并应按现行国标准《建筑防雷设计规范》要求采取防雷措施。

2)等电位连接

当多个电子计算机系统共用一组接地装置时，宜将各电子计算机系统分别采用接地线与接地体连接，使它们形成等电位，减少各金属物与系统之间的电位差，将雷击电磁脉冲的影响减少到最小。

等电位连接宜采用金属板，并与钢筋或其他屏蔽构件进行多点连接。当多个电子计算机系统共用一组接地装置时，宜将各电子计算机系统分别采用接地线与接地体连接。

3)直流工作接地线的接法

☞ 串联法在地板下敷设一条截面积为(0.4 ~ 1.5 mm)×(5 ~ 10 mm)的青铜(或紫铜)带。各设备把各自的直流地就近接在地板下的铜带上。串联法简单易行，但铜带上的电流流向单

一、阻抗大，使铜带上各点电位有些差异，一般用于较小的系统中。

☞ 汇集法 在地板下设置一块厚 5 ~ 20 mm、截面积为 500 mm×500 mm 的铜板，各设备用多股屏蔽软线把各自的直流地接在铜板上。这种接法也称并联法，其优点是各设备的直流地无电位差，缺点是布线混乱。

☞ 网格法(均压环) 使用截面积为 2. 5 mm×50 mm 左右的铜带，整个机房敷设网格地线(等电位接地母排)，网格的网眼尺寸与防静电地板的尺寸一致，交点焊接在一起。各设备把自己的直流地就近连接在网格地线上。网格法既有汇集法的逻辑电位参考点一致的优点，又有串联法连接简单的优点，而且大大降低了计算机系统的内部噪声和外部干扰，但造价昂贵，施工复杂，适用于计算机系统较大、网络设备较多的机房。

4) 电源系统三级防雷

电源防雷防止雷电和其他内部过电压侵入设备，造成损坏，主要在供电电路上并联电源防雷器进行防雷。采用电源防雷器能在最短时间内将电路上因雷击感应而产生的大量脉冲能量短路泄放到大地，降低设备各接口间的电位差，保护电路上的设备。电源系统防雷一般实施低压供电系统电源的三级防雷保护。

☞ 电源第一级防雷 并联于电线进线，对机房而言，该进线来自大楼总配电室配电盘。对于城市供电网三相四线制系统，第一级电源防雷四线采用 4 个高能避雷器，在 3 条火线和 1 条零线上各并联一个高能避雷器与地连接。

☞ 电源第二级防雷 并联于机房配电柜出端，在从配电柜送到各回路的进线端并联电源防雷器，采用 4 个过压保护器，在 3 条火线和 1 条零线上各并联一个过压保护器与地连接。在正常情况下，保护器处于高阻状态，当电网由于雷击或开关操作出现瞬时脉冲电流时，过压保护器内藏模块里的氧化锌压敏电阻元件立即在纳秒时间内迅速导通，将该脉冲电流短路泄放到大地，从而保护所有设备。无雷击时，保护器变为高阻状态，不影响设备的供电。

☞ 电源第三级防雷 作用于机房各排机柜电源进线端，用于保护机柜中的交换机、服务器等重要电子设备。

三级防雷系统的三级泄放使雷电感应电流基本泄放完毕，从而有效地保护设备免受雷电侵入导致的损害。

6. 机房灭火系统

随着国家经济建设的迅速发展，大批工业和民用建筑，尤其是高层建筑的不断涌现，对楼宇灭火提出了新的要求。随着高科技的发展，大量昂贵的智能电子设备进入建筑，对安放这些电子智能设备的房间的灭火提出了更高要求。对于扑灭可燃气体、可燃液体、电器火灾，以及计算机机房、网络中心、数据中心机房、重要文物档案库、通信广播机房、微波机房等不宜用水灭火的火灾，气体消防作为最有效、最干净的灭火手段，成为机房灭火系统的首要选择。

目前使用的气体灭火系统为七氟丙烷气体灭火系统，它主要由气瓶、管道、电子阀门、喷头、传感器、控制器、报警器等组成，存储在气瓶的灭火气体通过管道延伸到机房内部设备的上方，传感器通过烟雾、火光、温度等采集火警信号，将报警信号送到控制器，控制器启动报警器实现声光报警，打开电子阀门，使气体喷出，达到灭火的目的，适用于电子计算机房、电信中心、地下工程、海上采油、图书馆、档案馆、珍品库、配电房等重要场所的消防保护。

7. 机房监控系统

随着科学技术的发展，计算机网络在各个领域得到广泛的运用，对网络中心机房的环境要求越来越高，机房内工作的环境设备越来越多。配电设备、发电机组、UPS、空调系统、消防、漏水报警、门禁设施等设备出现故障，将对网络中心机房内部设备的运行，以及数据传输、存储的可靠性造成极大的威胁。如果故障不能及时排除，造成的经济损失可能是无法估量的，因此机房内的各种设备的运行监控显得尤为重要。

随着信息网络技术的快速发展，各类规模大小不等、设备种类和数量不同的网络设备机房广泛分布于用户各分支机构所在地域，机房值守问题日益突出。人工值守不仅会加重管理人员的负担，还将造成人力、财力的浪费。在这种背景下，能实现机房设备运行状态和环境监控的机房监控系统应运而生。

机房监控系统通过对机房动力、环境、安保方面的监控，全面实现机房内部设备的集中监控。

☞ 机房动力监控：通过测量低压配电柜与UPS设备的入端和出端的电压、电流、频率、电功率值，在监视屏上直观地显示各路电力参数，了解供电品质、各路载荷情况和UPS设备运行状况，确保安全供电。

☞ 机房环境监控：在机房的主要设备工作间需要安装温度和湿度传感探头，对温度、湿度进行实时检测，同时通过空调机、新风机通信接口，采集空调机、新风机工作状态进行设备运行状态监控。

☞ 机房安保监控：实现门禁系统、视频安防、安全防破坏、火警消防、机房漏水等监测功能。门禁系统监测主控机可以与门禁装置进行通信，收集并显示每个门禁装置内储存的持卡人出入工作间的磁卡号和出入时间/日期。视频安防监测通过摄像机采集机房图像，并与单位视频安防系统连接，实现视频监控、联动报警，记录事件，及时预警和处理突发事件。安全防破坏监测在主要设备工作间安装双鉴红外探头，一旦有破坏性入侵，双鉴探头立即发出信号，监视器即时显示破坏性入侵部位，并驱动报警装置进行声光报警。火警消防监测根据安装在主控室、主机室、终端室、通信网络室、微机房等重点消防区的感烟探测器及感温探测器发出的信号，在出现火警时显示火警方位，发出声光报警。机房漏水监测在环绕机房的重点部位及空调机的加湿管、抽湿管、本体等部位的活动地板下设置漏水传感器，在机房出现漏水时显示漏水部位并报警。

机房监控系统由信号采集、信号处理、运行显示和报警服务部分组成。信号采集由传感器采取温度、湿度、电压、电流等监控信息，通过被控设备的通信接口送至控制主机，控制主机处理后，送至显示部分，显示各设备与设施的运行情况，供网络管理人员监控设备的运行状态。当设备与设施需要调节时，控制主机发出调节控制执行信号，回送到相应设备或设施进行调节；当设备运行出现异常时，通信接口采集到的异常信息经控制主机处理后送至报警服务部分进行声光、短信等报警处理。

机房监控系统对网络运行环境的电力供应、温度、湿度、漏水、空气含尘量等环境变量，以及配电、UPS、空调、新风、除尘、除湿等设备及系统的运行状态进行24 h实时监视，并按照需要自动进行智能化调节控制，保证机房设备及环境处于良好的状态，同时保证网络软硬件资源与设备，以及相关信息数据资产的安全。

机房监控系统能够实现机房设备的统一管理，实时进行语音电话报警和事件记录，大大减轻机房维护人员的值守负担，有效提高系统的可靠性，实现机房的智能化、科学化管理。

附录　字母缩写对照表

ACSE：Adaptive Chirplet Signal Expansion，相关控制服务元素
ADM：Add-Drop Multiplexer，分插复用器
APNIC：Asia-Pacific Network Information Center，亚太互联网络信息中心
ARIN：American Registry for Internet Numbers，美国 Internet 号码注册中心
ARP：Address Resolution Protocol，地址解析协议
AS：Autonomous Systems，自治域
ASIC：Application Specefic Integrated Circuit，高性能专用集成电路
ASP：Active Server Pages，动态服务器界面
ATM：Asynchronous Transfer Mode，异步传输模式
BGP：Border Gateway Protocol，边界网关协议
B-ISDN：Broad band Integreted Service Digital Network，宽带综合业务数字网
BPSK：Binary Phase Shift Keying，二进制相移键控
BRI：Basic Rate Interface，基本速率接口
BSS：Basic Server Set，基本服务集
CA：Certification Authority，认证中心
CCK：Complementary Code Keying，补码键控
ccTLD：country code Top-Level Domains，国家和地区顶级域名
CGI：Common Gateway Interface，通用网关接口
CIDR：Classless Inter-Domain Routing，无类别域间路由
CMIS/CMIP：Common Management Information Service/Protocol，公共管理信息服务/协议
CPU：Central Proccessing Unit，中央处理器
CSMA/CD：Carrier Sense Multiple Access/Collision Detect，载波侦听多路复用/冲突检测
DAPRA：Defense Advanced Research Projects Agency，国防部高级研究计划局
DCE：Data Communication Equipment，数据通信设备
DEC：Data Encryption Standrad，数据加密标准
DHCP：Dynamic Host Configuration Protocol，动态主机设置协议
DLCI：Data Link Connection Identifier，数据链路连接标识符
DNA：Distributed Network Architecture，分布式网络结构

DNS：Domain Name System，域名系统

DS：Distribution System，分布系统

DSAP：Destination Service Access Point，目的服务访问点

DSSS：Direct Sequence Spread Spectrum，直接序列扩频

DTE：Data Terminal Equipment，数据终端设备

DXC：Digital Cross Connect equipment，数字交叉连接设备

EGP：Exterior Gateway Protocol，外部网关协议

FCC：Federal Communication Commission，美国联邦通信委员会

FHSS：Frequency Hopping Spread Spectrum，调频扩频

FLP：Fast Link Pulse，快速链路脉冲

FR：Frame Relay，帧中继

FRAD：Frame Relay Access Device，帧中继访问设备

FRS：Frame Relay Swith，帧中继交换机

FTP：File Transfer Protocol，文件传输协议

gTLD：generic Top-Level Domain，通用顶级域名

GUI：Graghical User Interface，图形用户界面

HDLC：Highlerd Data Link Control，高级数据链路控制

IAB：Internet Activities Board，互联网结构委员会

IBSS：Independent Basic Service Set，独立基本服务集

ICANN：The Internet Corporation for Assigned Names and Numbers，互联网名称和地址分配公司

ICMP：Internet Control Message Protocol，Internet 报文控制协议

IDS：Intrusion Detection Systems，入侵检测系统

IEEE：Institute of Electrical and Electronics Engineers，电气和电子工程师协会

IETF：the Internet Engineering Task Force，互联网工程任务组

IGMP：Internet Group Management Protocol，网际组管理协议

IGP：Internet Gateway Protocol，内部网关协议

IIS：Internet Information Services，互联网信息服务

IMP：Interface Message Processor，接口信息处理机

IOS：Intermework Operating System，交换机操作系统

ISDN：Integrated Service Digital Network，综合业务数字网

ISO：International Organization for Standardization，国际标准化组织

ISP：Internet Service Provider，互联网服务提供商

JSP：Java Server Pages，Java 服务器页面

KDC：Key Distribution Center，密钥分配中心

LACNIC：Lation American and Caribbean Internet Address Registry，拉丁美洲和加勒比地区互联网地址注册管理机构

LACP：Link Aggregation Control Protocol，链路汇聚控制协议

LAN：Local Area Network，局域网

LLC：Logic Link Control，逻辑链路控制
LSA：Link-State Advertisement，链路状态通告
LSAP：Link Service Access Point，链路服务访问点
LSDB：Link State Database，链路状态数据库
MA：Message Authentication，报文鉴别
MAC：Media Access Control，介质访问控制
MDI：Media Dependent Interface，媒体独立接口
MIB：Management Information Base，管理信息库
MSAP：Media Service Access Point，介质服务访问点
MTU：Maximum Transmission Unit，最大传输单元
NAT：Network Address Translation，网络地址转换技术
N-ISDN：Narrow band Integreted Service Digital Network，窄带综合业务数字网
NIST：National Institute of Standards and Technology，美国国家标准与技术研究院
NNI：Network Node Interface，网络-网络接口
OC：Optical Carrier，光学载波
OFDM：Orthogonal Frequency Division Multiplexing，正交频分复用技术
OSI/RM：Open System Interconnection/Reference Model，开放式系统互连参考模型
OSPF：Open Shortest Path First，开放式最短路径优先
PAD：Packet Assembler Disassembler，分组拆装设备
PBX：Private Branch Exchange，专用分组交换机
PDU：Power Distribution Unit，电源分配单元
PHP：Hypertext Preprocesso(原名 Personal Home Page)，超文本预处理器
PMD：Physical Medium Dependent，物理介质相关
PRI：Primary Rate Interface，一次群速率接口
PSAP：Physics Service Access Point，物理服务访问点
PSTN：Public Switched Telephone Network，公共交换电话网络
PVC：Permanent Virtual Ciruit，永久虚拟电路
QAM：Quadrature Amplitude Modulation，正交调幅
QPSK：Quadrature Phase Shift Keying，四相相移键控
RARP：Reverse Address Resolution Protocol，反向地址转换协议
REG：Regenerative Repeater，再生中继器
RIP：Routing Information Protocol，路由信息协议
RIPE：Reseaux IP Europeens，欧洲网络信息中心
RIR：Regional Internet Registry，地区性互联网注册机构
RMON：Remote Network Monitoring，远端网络监控
ROSE：Remote Operations Service Element，远程操作服务元素
RSVP：Resource Reservation Protocol，资源预留协议
SAP：Service Access Point，服务访问点
SCS：Structure Cabling System，结构化布线系统，也称综合布线系统

SDH：Synchronous Digital Hierarchy，同步数字体系
SGMP：Simple Gateway Management Protocol，简单网关监控协议
SHA：Secure Hash Algorithm，安全散列算法
SMTP：Simple Mail Transfer Protocol，简单邮件传输协议
SNA：System Network Architecture，系统网络结构
SNMP：Simple Network Management Protocol，简单网络管理协议
SSAP：Source Service Access Point，源端服务访问点
SSID：Service Set ID，服务集标识码
STDM：Statistacal Time Division Multiplexing，统计时分多路复用
STM：Synchronous Transfer Mode，同步传输模式
STP：Spanning Tree Protocol，生成树协议
SVC：Switching Virtual Circuit，临时虚拟电路
TC：Transmission Convergence，传输汇聚
TCP/IP：Transmission Control Protocol/Internet Protocol，传输控制协议/因特网互联协议
TM：Termination Multiplexer，终端复用器
UDP：User Datagram Protocol，用户数据报协议
UNI：User Nerwork Interface，用户-网络接口
URL：Uniform Resource Locator，统一资源定位器
VC：Virtual Circuit，虚电路
VLAN：Visual Local Area Network，虚拟局域网
VLSM：Variable Length Subnet Mask，可变长子码掩码
WLAN：Wirele Local Area Network，无线局域网
WWW：World Wide Web，万维网

参考文献

[1]兰少华，杨余旺，吕建勇. TCP/IP 网络与协议[M]. 2 版. 北京：清华大学出版社，2017.
[2]谢希仁. 计算机网络[M]. 6 版. 北京：电子工业出版社，2013.
[3]雷震甲. 网络工程师教程[M]. 北京：清华大学出版社，2014.
[4]黄传河. 网络规划设计师教程[M]. 北京：清华大学出版社，2009.
[5]王群. 计算机网络教程[M]. 2 版. 北京：清华大学出版社，2009.
[6]尤克，黄静华，任力颖，等. 通信网教程[M]. 北京：机械工业出版社，2009.
[7]何林波. 网络设备的配置与管理技术[M]. 北京：北京邮电大学出版社，2010.
[8]冯昊，黄治虎. 交换机/路由器的配置与管理[M]. 2 版. 北京：清华大学出版社，2009.
[9]尚晓航. 计算机网络基础[M]. 北京：清华大学出版社，2012.
[10]张仕斌，陈麟，方睿. 网络安全基础教程[M]. 北京：人民邮电出版社，2009.
[11]张卫，俞黎阳. 计算机网络工程[M]. 2 版. 北京：清华大学出版社，2010.
[12]吴功宜. 计算机网络[M]. 3 版. 北京：清华大学出版社，2011.
[13]朱仕耿. HCNP 路由交换学习指南[M]. 北京：人民邮电出版社，2017.
[14]石淑华，池瑞楠. 计算机网络安全技术[M]. 4 版. 北京：人民邮电出版社，2016.
[15]黄林国. 网络信息安全基础[M]. 北京：清华大学出版社，2018.
[16]陈鸣，李兵. 网络工程设计教程：系统集成方法[M]. 3 版. 北京：机械工业出版社，2014.
[17]董茜. 网络综合布线设计与案例[M]. 2 版. 北京：电子工业出版社，2008.
[18]胡云，童均. 综合布线工程项目教程[M]. 北京：中国水利水电出版社，2013.
[19]方水平，王怀群，王臻，等. 综合布线实训教程[M]. 3 版. 北京：人民邮电出版社，2014.